国家自然基金资助项目
千人计划资助项目

设施农田土壤重金属污染控制原理与技术

乔玉辉　商建英　李花粉　芮玉奎　等编著

中国农业大学出版社
·北京·

内 容 简 介

设施栽培与普通农田相比其处于相对封闭的环境，是一类相对较特殊的现代农业生产系统。在该系统中，设施菜地土壤的酸化、盐渍化、养分过度累积等问题，均可能导致土壤重金属化学行为的特异性。本书在作者们大量研究和实践基础上，针对设施农田系统中重金属的污染现状、污染来源分析、重金属迁移累积特性及如何更加全面、高效地通过农艺措施调控、寻找新的方法、材料新技术等合理高效地控制重金属在蔬菜中的累积等方面进行了详细的阐述，并基于社会—生态框架的区域土壤重金属风险评价与分区等方法提出了相应的调控对策，为解决设施农业产地环境健康及人们关注度日益提高的农产品安全生产问题提供了理论和技术上的指导。

图书在版编目(CIP)数据

设施农田土壤重金属污染控制原理与技术／乔玉辉等编著. —北京：中国农业大学出版社，2016.10

ISBN 978-7-5655-1718-1

Ⅰ.①设… Ⅱ.①乔… Ⅲ.①设施农业-土壤污染-重金属污染-污染防治 Ⅳ.①X53

中国版本图书馆 CIP 数据核字(2016)第 255615 号

书　　名　设施农田土壤重金属污染控制原理与技术
作　　者　乔玉辉　商建英　李花粉　芮玉奎　等编著

策　　划　丛晓红　潘晓丽　　　**责任编辑**　潘晓丽
封面设计　郑　川　　　**责任校对**　王晓凤
出版发行　中国农业大学出版社
社　　址　北京市海淀区圆明园西路 2 号　　　**邮政编码**　100193
电　　话　发行部 010-62818525，8625　　　读者服务部 010-62732336
编辑部 010-62732617，2618　　　出　版　部 010-62733440
网　　址　http://www.cau.edu.cn/caup　　　**E-mail** cbsszs@cau.edu.cn
经　　销　新华书店
印　　刷　涿州市星河印刷有限公司
版　　次　2016 年 10 月第 1 版　　2016 年 10 月第 1 次印刷
规　　格　787×1 092　　16 开本　　19 印张　　350 千字
定　　价　58.00 元

编 委 会

编著者名单（按姓氏拼音排序）

陈国炜　陈雪娇　李花粉　李　杨　林启美　乔玉辉

芮玉奎　商建英　苏德纯　孙丹峰　田彦芳　王彬武

王　钢　王　坤　王　婷　王　燕　郑晓丽

前　言

随着工业化进程和科技的进步，设施蔬菜已经成为现代农业产业化中的主导产业，而设施蔬菜生产过程中肥料、农药以及水份的高投入，使设施蔬菜生产过程中污染物的累积越来越严重，并且蔬菜是比较容易吸收重金属元素的农作物，当土壤被重金属污染后，蔬菜会富集多种重金属，造成蔬菜品质下降。目前，我国菜地土壤重金属污染形势非常严峻，特别是城市郊区地带，同时也是设施栽培比较集中的区域，作为蔬菜生产并供给城市的重要基地，成为重金属污染的重要区域。

虽然土壤重金属污染的危害人尽皆知，但是很多人对土壤重金属的污染种类、污染程度、污染区域以及今后的趋势和相关治理修复技术等相关知识的认识还不系统、不全面。设施农田的土壤污染和安全关系到蔬菜的生长和安全，长期食用重金属超标农产品可能严重危害人体健康。2011 年我国第一个“十二五”国家级专项规划聚焦在重金属污染防治这一领域，显示了我国政府对重金属污染问题的高度重视。近年来，随着农田生态系统重金属调控、污染评价及预测、土壤修复等研究领域的发展，国家相关部门对农业环境和食品安全研究的支持力度和投入也逐年增长。

在此背景下，需要相关的专著阐述蔬菜吸收重金属的土壤因素以及探讨不同蔬菜对重金属吸收的差异，对于调控重金属向食物链的迁移非常重要。中国农业大学“重金属污染农田修复与安全利用工程技术”研发团队长期从事土壤环境安全和农产品安全研究，在十几项国家自然科学基金和科技部项目的支持下，常年从事土壤重金属的研究，积累了大量的一手资料和数据。本书在作者们大量研究和实践基础上，针对设施农田系统中重金属的污染现状、污染来源分析、重金属迁移累积特性及如何更加全面、高效地通过农艺措施调控、寻找新的方法、材料、新技术等合理高效地控制重金属在蔬菜中的累积等方面进行了详细的阐述，并基于社会一生态框架的区域土壤重金属风险评价与分区等方法，提出了相应的调控对策，为解决设施农业产地环境健康及人们关注度日益提高的农产品安全生产问题提供了理论和技术上的指导。

本书适合大专院校及相关科研院所的专家学者、研究生、本科生的教学教材和课外学习所用，也适合地方农技及推广部门和设施农业种植大户学习借鉴。我们殷切希望广大读者和相关专家对本书提出批评和进一步改进的意见建议，为继续深入开展我国的设施农田土壤污染控制和治理做出应有贡献。让我们为了我国的农业环境安全、农产品安全和人民的身体健康做出共同努力。

本书的出版得到了中组部“青年千人计划”项目(21985001、D1201040)的大力支持和帮助，得到了农业部公益性行业专项“农产品产地重金属污染源头控制技术与示范”(200903015)、国家自然科学基金重点项目“高集约化农区土地利用系统过程模拟及其环境风险控制”(41130526)、国家自然科学基金面上项目“不同投入模式下的农田土壤重金属累积效应及其风险控制”(41371471)、“长期土壤污染条件下蚯蚓对重金属镉毒性的整体防御体系”(41471410)、“畜禽粪便有机肥中重金属在农田土壤中的形态归趋及生物有效性演变机理”(41271488)、“硒缓解水稻累积镉的根际调控机制研究”(41471271)、“土壤微观环境对胶体协同核素污染物运移的影响机理及模拟”(41501232)、国家自然科学基金青年项目“基于微观水文—物理模型的土壤微生物多样性影响机制研究”(41401265)和中国农业大学优秀人才项目“土壤和地下水的污染与修复”(2015RC002)的支持，在此一并感谢。

本书共分10章，按农田中重金属的来源、污染现状到相关技术解决方案的顺序编写。第一、二章概括了设施农田生态系统中重金属来源及污染现状；第三、四章的内容着重讨论了农田中土壤重金属污染的源头控制阈值以及金属在包气带系统中的分布与运移情况；第五、六章主要介绍了重金属在土壤—蔬菜系统中的迁移累积规律以及相关农田修复、利用的农艺措施；第七、八、九章主要介绍了微生物、生物炭和蚯蚓粪对土壤重金属修复治理的作用、影响机制等应用技术；第十章基于社会—生态框架，对土壤重金属区域进行风险评价与调控对策的研究和建议。

本书采取文责自负的方式，由各中国农业大学的各位教师和专家共同完成。本书各章的编写分工如下：第一章，乔玉辉、林启美、田彦芳；第二章，乔玉辉、王婷、苏德纯、李花粉；第三章，乔玉辉、王婷、李花粉、苏德纯；第四章，商建英、郑晓丽；第五章，李花粉、苏德纯；第六章，苏德纯、芮玉奎、李花粉；第七章，王钢、陈国炜、王燕；第八章，陈雪娇、林启美；第九章，乔玉辉、李杨、王坤；第十章，孙丹峰、王彬武。

编写组

2016年9月5日于北京

目 录

第一章 绪 论 …… 1

一、我国设施农业发展现状及存在的土壤环境问题 …… 1

二、设施农田系统重金属污染与控制 …… 5

三、设施农田系统重金属污染控制研究展望 …… 11

第二章 设施农田中重金属来源及污染现状 …… 17

一、设施农田中重金属来源概述 …… 17

二、我国畜禽粪便及商品有机肥中重金属含量特征 …… 21

三、磷肥中重金属含量及污染现状 …… 33

四、设施农田污泥的施用及其重金属含量特征 …… 38

五、设施农田灌溉水中重金属含量特征 …… 44

六、研究不足和未来研究发展方向 …… 46

第三章 设施农田生态系统中土壤重金属污染源头控制阈值 …… 52

一、农田重金属流平衡分析方法 …… 52

二、蔬菜种植体系土壤重金属流平衡分析 …… 61

三、土壤蔬菜系统土壤重金属年度累积速率 …… 65

四、设施农田生态系统中土壤重金属污染源头控制阈值控制 …… 68

五、土壤重金属污染源头控制存在的问题和发展方向 …… 70

第四章 重金属在土壤系统中的分布与运移 …… 75

一、土壤重金属污染和运移特征 …… 75

二、重金属在土壤中吸附和运移的机制模型 …… 83

三、微观环境和尺度效应对重金属在土壤中迁移的影响机制 …… 86

四、存在的问题和研究展望 …… 89

第五章 重金属在土壤—蔬菜系统中的迁移累积规律 …… 95

一、重金属的根际过程与植物效应 …… 95

二、重金属在蔬菜体内的运移分配 …… 105

三、重金属在蔬菜体内的富集规律 …… 110

四、存在的问题和研究展望 …… 117

第六章　重金属污染设施农田修复与利用的农艺措施 …… 125
一、作物品种选择与农产品质量安全 …… 125
二、作物互作修复利用重金属污染农田土壤 …… 129
三、重金属污染农田上农田废弃物管理 …… 137
四、施肥与作物对重金属的吸收 …… 142
五、农艺措施修复利用重金属污染农田存在的问题和研究展望 …… 157
第七章　微生物在土壤重金属污染修复中的作用和影响机制 …… 163
一、土壤微生物分布特性与重金属污染土壤生物修复 …… 163
二、微生物对土壤重金属生物有效性的影响和作用机制 …… 167
三、微生物对土壤重金属形态转化与运移的影响和作用机制 …… 171
四、土壤重金属污染微生物修复存在的问题与研究展望 …… 173
第八章　生物质炭在土壤重金属污染治理中的应用 …… 183
一、生物质炭基本特性 …… 183
二、生物质炭对土壤重金属生物有效性的影响及其原理 …… 197
三、生物质炭对作物吸收富集重金属的影响与机制 …… 206
四、存在的问题及研究展望 …… 213
第九章　蚯蚓粪在土壤重金属污染治理中的作用 …… 225
一、蚯蚓粪的基本性质及其在设施农田中的应用 …… 225
二、蚯蚓粪应用于修复土壤重金属污染方面的潜能 …… 227
三、蚯蚓粪对土壤中重金属镉赋存形态的影响 …… 230
四、蚯蚓粪中可能起钝化土壤重金属镉作用的主要因素 …… 235
五、蚯蚓粪对白菜吸收重金属镉的影响 …… 242
第十章　基于社会-生态框架的区域土壤重金属风险评价与分区调控对策 …… 253
一、区域土壤重金属社会-生态系统框架 …… 253
二、土壤重金属物质流风险评价模型以及时空风险制图技术 …… 256
三、社会-生态管理分区技术研究 …… 272
四、调控的社会经济、技术工程与立法政策等相关研究 …… 285
五、存在的问题及研究展望 …… 289

第一章 绪 论

一、我国设施农业发展现状及存在的土壤环境问题

世界人口的日益增加，食物需求的增加成为未来世界面临的最大挑战之一，为解决这一问题，需要依靠集约化农业来增加食物供应量。随着生物技术、工程技术和计算机等高新技术在农业上的广泛应用，设施农业也因此成为全球最重要的农业生产方式之一(FAO,2002)。

设施农业是运用现代科技成果和方法，现代农业工程和机械技术，为农产品生产提供可以人为控制和调节的环境条件，甚至最适宜的环境资源条件，使作物处于最佳生长状态，保证和提高农产品产量，一定程度上摆脱了对自然环境的依赖而进行有效生产的农业。它具有高投入、高技术含量、高品质、高产量和高效益等特点，设施栽培基本脱离自然条件，可全年生产，反季节种植，从而可以获得最大的经济效益，是最有活力的农业新型产业(安国民等，2004)。

设施农业包括塑料大棚、温室、植物工厂化 3 种不同的技术层次，广义的设施农业主要包括设施栽培和设施养殖 2 个方面(李萍萍，2002；朱德文等，2007)。其中设施栽培主要是指蔬菜、花卉及果类的设施栽培，其主要设备有各类温室、塑料棚和人工气候室(箱)及其配套设备；设施养殖主要是指畜禽、水产品及特种动物的设施养殖，本书中涉及的设施农田主要是指设施栽培的内容。

(一)设施农业发展现状与趋势

设施农业技术在 20 世纪 60 年代得到飞速发展，在荷兰、以色列、美国、日本等一些发达国家，主要是利用各种现代化的温室，进行工厂化农业生产，并开发出包括品种培育、环境调控、水肥管理及栽培等在内的一整套设施栽培技术和配套的设备。

我国设施农业的发展始于 20 世纪 30 年代，在 70 年代末至 80 年代初温室产业得到了大规模的发展，主要是从日本引进的日光温室栽培技术。“九五”期间，我国在设施农业方面的投资达 20 亿元，设施面积达 140 万 hm^2(王焕然，2006)。具体来看，20 世纪 70 年代，地膜覆盖技术引入中国，对保温、保墒起到了很大的作用。80 年代，以日光温室、塑料大棚和遮阳网覆盖栽培为代表的设施园艺取得长足进步，形成以塑料棚为主的与风障、地膜覆盖、阳畦与温室等相

配套的保护地蔬菜生产体系。90 年代，我国大规模地引进国外大型连栋温室及配套栽培技术，设施农业也以超时令、反季节的设施园艺作物生产为主得到迅猛发展。

20 世纪末至 21 世纪初，我国设施农业迅猛发展(图 1-1)，2010 年我国设施园艺面积已达 363 万 hm^2，其中设施蔬菜面积达 344 万 hm^2，占我国设施栽培总面积的 95%以上，占全球设施栽培总面积的 80%以上，成为世界上设施蔬菜面积最大的国家，并且还以每年 10%左右的速度增长，设施蔬菜总产量超过 1.7 亿 t，占蔬菜总产量的 25%，产值占 65%以上，年人均供应量达 200 kg，在解决我国蔬菜均衡供应方面发挥了巨大的作用(魏晓明等，2010；郭世荣等，2012；初江等，2004；杨其长，2001)。

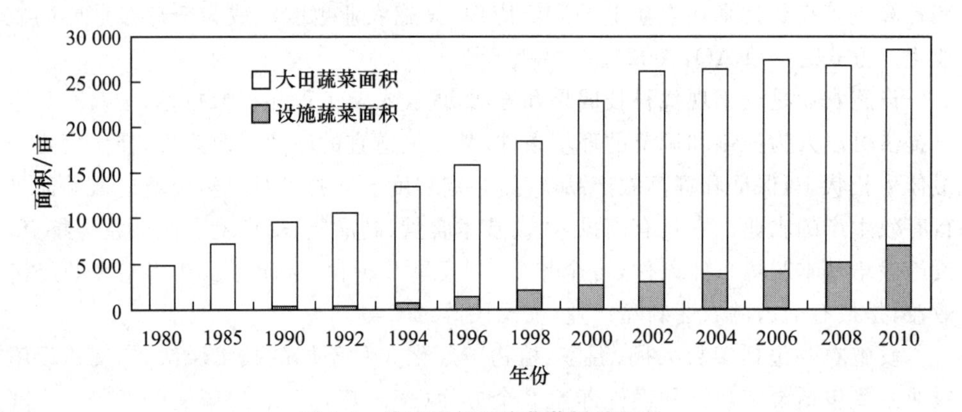

图 1-1　我国历年设施蔬菜播种面积

注：亩为非法定单位，1 亩＝666.7 m^2。

设施蔬菜生产优势区域主要集中在环渤海及黄淮地区，包括辽宁、北京、天津、河北、山东、河南及安徽中北部、江苏北部等冬春光热资源相对丰富、适宜发展设施蔬菜生产的地区(表 1-1)，面积约占全国设施蔬菜总面积的 50%以上，其中山东省设施蔬菜面积约占全国的 1/5 以上(华小梅等，2013)。

表 1-1　我国设施蔬菜主要类型、优势品种和优势区域

设施类型	优势蔬菜品种	主要优势区域
日光温室	茄果类、瓜类、豆类、西甜瓜等喜温瓜菜；芹菜、韭菜等喜凉蔬菜	东北、华北、西北等光能资源较充足的地区，如辽宁、北京、天津、河北、山东、河南等
大中棚	果类、瓜类、豆类和叶菜类	北京、天津、河北、山东、河南
小拱棚	果菜、根菜、叶菜、水生蔬菜等	长江中下游地区以及西南、华南地区

资料来源：华小梅等，2013。

(二)我国设施农业存在的主要环境问题

与露地蔬菜生产相比,设施蔬菜生产复种指数高,农药、化肥、有机肥、农膜等投入量大,封闭或半封闭的设施环境温度高、湿度大、无雨水淋洗等特点,明显不同于露天蔬菜产地生态环境,易造成污染物在土壤中积累及有效性增加,设施土壤盐渍化、酸化、污染物累积等环境问题日益严重,从而对设施蔬菜产地土壤生态环境及人体健康造成一定的负面影响。我国设施农业存在的主要环境问题如下:

1. 设施蔬菜产地土壤投入高,导致环境污染风险高

由表1-2可见,从2009年的肥料投入来看,全国耕地平均化肥使用水平为444 kg/hm^2,而设施蔬菜的化肥使用水平为950 kg/hm^2,是全国耕地化肥使用水平的2倍多,从不同作物设施菜地与露地蔬菜的投入来看,化肥用量是露地的1.1～1.6倍;农膜用量为3～8倍;农药的用量从费用上来看也是露地的1.2～1.6倍。土壤是自然界各种污染物最终归属地,是污染物的源和汇,由于设施蔬菜产地土壤环境负荷高,设施土壤中各类污染物累积加剧,重金属、农药、酞酸酯等各类污染物的残留问题较为突出,污染风险较高。

表1-2 2009年主要设施蔬菜与露地蔬菜农用物质投入比较

化肥投入		番茄		黄瓜		茄子		菜椒	
		设施	露地	设施	露地	设施	露地	设施	露地
费用/元	化肥	413.16	271.78	329.98	277.46	386.95	249.89	301.55	340.01
	农家肥	228.47	198.11	249.11	184.73	147.48	133.77	76.75	145.04
	农药	183.60	148.85	183.17	128.15	145.55	82.68	129.09	106.29
	农膜	361.93	83.52	354.38	51.88	199.66	56.79	188.34	48.63
化肥用量/(kg/亩)		69.48	43.70	57.13	48.60	61.70	45.16	51.68	47.27
农膜用量/(kg/亩)		24.20	6.39	24.10	3.72	13.01	4.17	3.30	3.30

注:资料来源:《2010年全国农产品成本收益资料汇编》,各类蔬菜均为大中城市统计数据。

我国设施农业平均灌溉量50～60 mm/次,平均每季氮肥施用量(以氮计)超过1 000 kg/hm^2,农药用量达179万t/年,远远超过作物的需要(樊兆博,2014)。这不仅降低经济效益,而且导致土壤退化,对农药、化肥的依赖性增强,甚至还降低农产品质量,重金属和农药含量超标。同时,设施土壤也存在较严重的盐渍化、养分过度富集化等并存的问题(刘德等,1998;姜勇等,2005),且这种变化一定程度上与施肥存在直接关系,会导致土壤质量和生产力的衰退(曾希柏等,2010)。

2. 设施农田土壤结构性能和质量下降

设施农田土壤由于经过长期耕作，其对土壤质量的影响主要表现在土壤结构性能下降、孔性变差等方面。例如，设施蔬菜地常处于半封闭状态，与露地生态环境条件相比有明显差异，同时由于有机肥和化肥（尤其是氮肥）的大量施用等不合理的施肥和耕作，导致设施土壤理化性状和生物学性状发生了重大变化（Riffaldi 等，2003；Liu 等，2006），主要表现为土壤酸化、盐渍化、养分不平衡。设施土壤已出现了明显的酸化趋势，且随着设施种植年限的延长，土壤酸化程度增加（Riffaldi 等，2003；党菊香等，2004；曾希柏等，2010）。

设施栽培土壤常年处于薄膜覆盖状态，缺少雨水淋洗，而且农业生产资料的投入量较大，产生了一系列产地环境质量下降的问题，如农作障碍及存在“白色污染”隐患等。调查发现绝大多数种植户的废旧塑料薄膜未进行任何处理，全部遗留在田间。长此以往将严重破坏土壤结构，造成地力大幅下降，影响农作物收成，而且这种污染长时间内根本无法消除。

3. 过量投入导致食品安全问题

氮磷在设施蔬菜产地土壤中的高量积累严重影响到周围水体和田间蔬菜的质量。南方设施蔬菜生产中不合理的灌水或揭棚洗盐方式，使得氮磷向地表水的排放负荷超出露天蔬菜产地 2～3 倍。而北方设施蔬菜种植区大量积累的氮磷通过较沙的土壤进入地下水，大部分地下水硝态氮平均含量均超过了我国《生活饮用水卫生标准(GB 5749—2006)》限值，远远高于大田区。此外，设施蔬菜硝酸盐含量也显著高于露地蔬菜，如叶菜类硝酸盐最高可达蔬菜硝酸盐最高限量标准的 1.4 倍（黄标等，2015）。农药持久性的增加，导致施药后设施蔬菜农药残留是同期露地蔬菜的 1.3～2.1 倍，进一步增加了农药对蔬菜的危害效应（黄标等，2015）。

土壤中酞酸酯会直接被蔬菜根系吸收并向地上部运移，或挥发至空气中后被蔬菜吸收。典型设施蔬菜产地调查结果表明，6 种酞酸酯在蔬菜可食部分的积累量可达 0.79～7.30 mg/kg，是露天蔬菜中的 2～3 倍。其中具有类雌激素作用的邻-苯二甲酸二辛酯浓度出现高于欧盟食品最高限制量（1.5 mg/kg）的情况（汪军等，2013）。

土壤中抗生素的积累可引起周围地表水或地下水的污染，其生态风险不容忽视。对南京周边地区设施蔬菜土壤抗生素污染调查发现，一些设施蔬菜产地周边河流和水塘的水体中监测到高含量、与土壤中抗生素类型一致的抗生素类药物，明显高于一般河流淡水中的抗生素浓度，高出一般淡水中的 3～15 倍（黄标等，2015）。此外，长期施用畜禽粪便的土壤可诱导产生 70%的抗生素抗药性菌株，有可能给环境生物、人类健康造成不利影响。

从整体看，目前国内外的相关研究主要集中在土壤盐渍化、酸化、养分积累、微生物数量等方面，而重金属作为关系到土壤环境和农产品质量安全的具有潜在危害的重要污染物，其污染不仅对土壤质量产生负面影响，当其积累至一定程度至过量时，还会抑制作物生长发育、降低作物产量与品质，并最终通过食物链危害动物和人类的健康。

二、设施农田系统重金属污染与控制

(一)设施蔬菜中重金属污染现状

设施栽培土壤中重金属、农药等污染物的累积造成农产品的数量和质量下降，导致区域粮食安全问题。目前，我国菜地土壤重金属污染形势非常严峻。特别是城市郊区地带，同时也是设施栽培比较集中的区域，由于城郊与城市相连，交通方便，作为蔬菜生产并供给城市的重要基地，同时城郊往往又与工业生产区、污灌区、交通干线接近，成为重金属污染的重要区域。

被誉为“中国蔬菜之乡”的寿光是我国最大的蔬菜生产基地，然而化学肥料的大量施用等，使得寿光地区部分蔬菜重金属含量超标(徐晓慧等，2010)。蚌埠市市售蔬菜中，叶菜类蔬菜中主要是Pb、Cd超标，其中Pb超标率为100％，最高含量可达0.473 mg/kg，超出国家允许量的2.37倍，平均超标1.6倍(朱兰保等，2006)。福州市不同区域种植的蔬菜样品中重金属含量与其对应区域土壤中重金属含量的高低大体一致，也是城郊区蔬菜重金属含量较高，蔬菜中重金属含量出现超标的元素为Pb、Cd，其中Cd在城郊区、近郊区、中低山区和滨海区都出现超标现象(魏为兴，2007)。

由此可见，根据中国的蔬菜食品卫生标准，我国目前蔬菜重金属污染现状已不容乐观，各主要大、中城市郊区的蔬菜都已受到一定程度的重金属污染。尽管各城市采用的评价标准不一，但重金属元素在蔬菜中的积累是很明显的，部分已达到了较高的残留水平，有的甚至已超过了食品卫生标准。

(二)设施农田系统土壤重金属污染现状

蔬菜中累积的重金属主要来源于土壤，国外对设施菜地重金属方面的研究涉及较少，主要是因为国外多采用的是无土栽培技术，而我国设施栽培目前主要是有土栽培，农用化学品和有机肥的投入量大、复种指数高，因此设施土壤的重金属累积甚至超标问题较为严重。李树辉(2011)调查了北方典型区域(山东寿光、河南商丘、吉林四平和甘肃武威)的设施菜地，发展这四个区域中以土壤中Cd的超标问题最为突出，样本超标比例顺序为“吉林四平(39.8％)＞山东寿光(27.4％)＞河南商丘(6.1％)＞甘肃武威(1.0％)(表1-3)”。

表 1-3 我国几个农业主产区耕地表层重金属含量状况 mg/kg

重金属元素	吉林四平(*n*=147)				山东寿光(*n*=128)			
	平均值±标准差①	超过Ⅰ级%②	超过Ⅱ级%③	超过Ⅲ级%④	平均值±标准差①	超过Ⅰ级%②	超过Ⅱ级%③	超过Ⅲ级%④
Zn	74.5±27.9	15.6	0	0	104±55	42.2	3.1	0.8
Cu	26.0±14.7	21.8	0	0	28.6±12.6	18.8	0	0
Cd	0.6±0.9	42.2	21.1	7.5	0.4±0.4	59.4	18.0	4.7
Cr	46.9±14.8	0.7	0	0	51.4±9.9	0	0	0
As	8.9±3.0	0.7	0	0	9.7±2.0	1.6	0	0
Ni	21.2±5.6	0	0	0	29.9±7.7	10.2	2.3	0
Pb	15.2±4.0	0	0	0	18.4±4.3	1.6	0	0

重金属元素	河南商丘(*n*=182)				甘肃武威(*n*=135)			
	平均值±标准差①	超过Ⅰ级%②	超过Ⅱ级%③	超过Ⅲ级%④	平均值±标准差①	超过Ⅰ级%②	超过Ⅱ级%③	超过Ⅲ级%④
Zn	70.9±13.4	2.7	0	0	82.3±15.4	11.1	0	0
Cu	22.8±6.6	3.8	0	0	32.1±6.8	23.7	0	0
Cd	0.3±0.2	52.2	17.6	1.6	0.4±0.2	85.9	11.9	0.7
Cr	52.1±11.7	1.1	0	0	53.4±4.1	0	0	0
As	10.9±2.3	4.9	0	0	13.7±2.1	25.2	0	0
Ni	27.2±4.4	1.6	0	0	29.1±2.3	0	0	0
Pb	15.9±3.9	1.6	0	0	20.7±3.6	0.7	0	0

①Mean±Standard deviation;②>standard Ⅰ%;③>standard Ⅱ%;④>standard Ⅲ%。

土壤重金属随种植年限增加而增加已成普遍现象。李见云等(2006)研究发现,设施土壤的重金属 Cu、Zn、Pb 均随着种植年限的延长而升高,而 Cd 增加的幅度相对较小。还有研究发现,南方城郊设施蔬菜基地种植 5 年以上,重金属 Cu、Cd、Zn 等即出现明显积累,积累量可达背景的 1.5 倍以上。而北方日光温室土壤中 Cd、Cu、Zn、Hg 含量随种植年限增加的趋势更为明显,Cd、Cu、Zn、Hg 的平均累积速率分别为 68、5 100、9 300 和 7 g/(hm^2·年)。某些地方种植 10 年左右的设施蔬菜产地土壤 Cd 含量最高可比露天菜地土壤高出 5 倍多(Yang 等,2013;Chen 等,2014)。整体来说,Cu 和 Zn 的累积速率最快,而 Cd 的累积速率最低,但其达到国家Ⅱ级标准值的时间最短,风险相对较高(李树辉,2011)。张汝洁(2013)对天津三个区县保护地大棚的研究也发现了类似规律,Zn 元素的累积速率最大,为 2.43 mg/(kg·年),Cu 和 Cd 元素的累积程度最高。

随着设施土壤重金属的累积,超标问题比较严重。不少设施蔬菜基地发现土壤某些重金属含量超过《温室蔬菜产地环境质量评价标准(HJ/T 333—2006)》(国家环境保护总局,2006)。即使未超标,但随着设施蔬菜土壤高强度利用条件下土壤理化性质的剧烈变化,如土壤 pH 明显降低、有机质积累、土壤盐分含量明显升高等,明显提高了土壤中重金属的生物有效性和作物对重金属的吸收。这导致设施蔬菜中一些重金属含量普遍高于露天蔬菜,甚至出现超过《食品中污染物的限量(GB 2762—2005)》(中华人民共和国卫生部,2005)的现象,尤其叶菜类蔬菜超标较多。而设施蔬菜产地周边的露天蔬菜中则较少出现超标(Yang 等,2013;Chen 等,2014)。

(三)设施农田系统土壤重金属污染来源

土壤中重金属的来源主要有自然来源和人为干扰输入两种途径。在自然因素中,成土母质和成土过程对土壤重金属的影响很大;随着城市化进程及工农业的迅速发展,人为原因导致的重金属迁移进入生物圈已经日益成为重金属环境地球化学循环的重要过程之一(郑袁明,2003)。Luo 等以整个国家为研究范围,统计了各个不同来源向我国农田土壤带入重金属的状况(Luo 等,2009),包括大气沉降、畜禽粪、肥料与农药、污灌、污泥等,发现对于 As、Cr、Hg、Ni 和 Pb 的总输入量,大气沉降贡献率占 43%～85% ,对于 Cd、Cu、Zn,畜禽粪贡献率分别约为 55%、69%、51%。在设施农田中,因为是封闭的空间,来自大气的重金属污染源很少,设施农田的重金属主要来自污水灌溉,化学肥料和有机肥料的使用。

设施农田中有机肥料的大量施用也带来了大量重金属和抗生素等污染物。据调查,我国主要商品有机肥和有机废弃物的重金属含量状况,鸡粪中以 As、Cd、Cu 超标为主;猪粪中以 Cu、Zn、Cd 超标为主;牛粪中以 Cd、Zn 超标为主;以鸡粪、猪粪为原料的有机肥中普遍残留重金属。我国商品有机肥重金属含量变异很大,若参照德国腐熟有机肥重金属限量标准,鸡粪中 Cu、Ni、Cd 等超标率为 21%～66%,牛粪中 Cd 等超标率为 2%～38%,猪粪中 Zn、Cu、Cd 超标率为 10%～69%,堆肥 Ni、Cd 的超标率分别为 83% 和 42%(刘荣乐等,2005)。可见,有机肥大量施用是造成设施蔬菜土壤重金属污染的直接原因。

污水灌溉在世界范围内是普遍存在的现象,其可以为污水的排放提供方便,能够为作物生长提供养分,且为土壤提供有机质,同时也会对土壤环境和作物生产造成的负面的影响,造成土壤重金属的累积,以及地下水质量的污染。中国自 20 世纪 70 年代初期以来实行用生活污水和工业污水灌溉农田(陈怀满,1996),特别是北方地区。

农业生产过程中施用含有重金属的农药、含重金属的劣质化肥和有机肥,都可导致土壤中重金属的污染。大量含有重金属的农药是造成土壤重金属污染的另一个重要原因,比如含砷、铜的杀菌剂长期使用会导致土壤中砷和铜的积累(谢正苗等，2006）。此外，由于农用塑料薄膜生产时使用的热稳定剂中含有镉和铅，农业生产中大量使用塑料薄膜也可造成土壤重金属的污染（郑喜坤等，2002）。

大田重金属污染具有很强的区域性，不同地区污染农田的重金属种类和含量差异很大，与相应的污染源密切相关。设施农田重金属没有十分明显的区域性，主要取决于养分管理、种植制度等因素，尤其是施用的肥料种类和数量，在很大程度上决定了设施农田土壤重金属种类和含量，例如，施用猪粪超过5年，土壤中Cu含量从1～2 mg/kg增加到3～10 mg/kg；长期大量施用磷肥，会使得土壤中Cu、Zn、Cd污染指数增高（高砚芳等，2007）；硝酸铵、磷酸铵、复合肥中砷含量高达50～60 mg/kg（崔德杰和张玉龙，2004），长期施用必然导致土壤砷污染。除了肥料，为防止病虫害、促进作物生长发育、提高作物产量等，农药和化肥在设施蔬菜的生产过程中也得到广泛使用，然而农药和化肥中均不同程度的含有重金属，过量或不合理施用势必导致重金属在设施菜地土壤中累积，从而加剧设施蔬菜重金属污染。其中农药中常含有汞、砷、铜、锌等重金属，如真菌农药中常含有铜和锌，波尔多液等制剂中含有一定数量的铜。此外，污水灌溉产生的重金属污染也不容忽视，工矿企业污水中大量的汞、镉、铅、锌、砷等重金属元素以灌溉形式进入土壤，被土壤截留、固定后形成累积，同时也容易产生重金属淋移，污染地下水。

不同作物吸收、转移、富集重金属的能力有明显的差异，水稻、小麦、玉米等粮食作物，根系吸收的重金属转移到籽粒的比例比较低，因此，即使土壤遭受轻微的污染，不会对食物安全构成明显的危害。然而设施栽培主要种植瓜果、蔬菜，这些作物生育期短，吸收富集重金属能力相对比较强，尤其是叶菜类、根茎类作物，比起粮食作物，其食用部分更容易遭受重金属污染（王登启，2008）。

因此，蔬菜对重金属元素的吸收与累积威胁着人类的食品安全，尤其是Cd和Pb等环境中最受人们关注的有毒元素。王丽英等（2009）研究发现河北省设施蔬菜土壤中出现了不同程度的重金属污染和累积，其中进口磷肥是设施菜地中污染的主要来源，无限量标准的畜禽粪便和有机肥是重金属的主要来源。通过调查，杭州市蔬菜基地和由于受到人为活动的影响而在土壤中有所积累，远超当地的土壤背景值的相关研究也表明，设施菜地中重金属含量与菜地种植年限呈显著正相关（谢正苗，2006；李树辉，2010）。从总体上看，对设施菜地这种特殊种植模式下的土壤环境质量问题缺少针对性的系统研究，因此还需引起各界学者的高度重视。

（四）设施农田系统重金属控制路径

随着农田土壤重金属污染问题的日益严重，大量设施农田生产力下降，我国的环境安全和粮食安全面临严峻挑战，如何解决这一问题，成为未来环境工作者的工作重点。由于设施农田重金属来源、种类以及影响程度和范围等与大田重金属污染有明显的差异，需在设施农田重金属污染控制方面，遵循大田重金属污染控制基本原理、技术规范与标准，研究农田重金属污染防控战略及其技术对策。

国内外用于修复土壤重金属污染的技术有：物理修复技术、化学修复技术和生物修复技术。物理修复技术主要包括溶液淋洗法、物理分离法、固化稳定法、电动力法、冻融法等；化学修复技术主要包括溶剂萃取法、土壤改良剂投加法、氧化法、还原法等。但是由于物理、化学修复技术的成本高，容易破坏土壤结构和土壤微生物，以及易造成“二次污染”等应用局限性的问题，因此生物修复技术越来越受到重视。生物修复主要是利用植物、微生物和动物的代谢作用来降低或稳定污染物的毒性。生物修复技术主要为微生物修复技术、动物修复、植物修复和酶学修复 4 种类型。

目前，传统的修复方法对局部污染严重的土壤效果显著，但其成本高且对土壤扰动较大，难以应用到大规模的设施农田污染中去。以植物修复和微生物为中心的生态修复方法弥补了现有各种污染修复方法的不足，同物理、化学和生物修复相比，生态修复已经有了进一步的拓宽和深化。在我国，污染土壤修复经历了清洁技术、生物修复的历程，已经进入生态修复阶段。可以说，生态修复研究是修复污染环境介质发展与提高的需要。关于生态修复的理论还比较粗浅，但随着研究的深入，新的修复理论必将在指导污染土壤修复的实践方面发挥重要作用。设施农田重金属污染防控路径及技术对策具体可包括如下几个方面：

1. 完善农业产地重金属评价方法与技术体系

利用当地土壤环境背景标准对土壤环境重金属污染状况进行评价，综合分析和了解当地土壤重金属污染的状况与影响程度。积极借助于先进的技术手段，如空间信息技术等，研究土壤重金属污染的有效方法及其适用条件，同时利用如内梅罗综合污染指数法、模糊数学法、地质累积指数法等多种不同适用范围的土壤重金属污染的评价方法，科学、合理、准确评价土壤中重金属的污染程度，制定相应的国家标准，建立全过程质量监控监测网络，以及相关的技术规程与规范等。

2. 研究农业产地重金属污染的物理防控技术

对污染面积较大且主要以中轻度为主的重金属污染设施农田而言，其修复技术与方式的选择需充分考虑农业生产方式和开发类型，同时要统筹兼顾有效性、经济性和推广性。如开展工程技术措施，主要包括客土法、翻耕混匀法、去表土法、表层洁净土壤覆盖法等技术模式。但农田重金属污染工程治理技术涉及工程量大，成本高，一般只适宜于小面积且染污严重的土壤修复，而且容易引起农田肥力减弱，耕层破坏。

3. 提高农业产地重金属污染的化学防控技术

为治理受重金属污染的土壤，可采用化学修复方法。如原位钝化修复技术，其主要原理是通过调节土壤理化性质（如吸附、沉淀、离子交换、腐殖化、氧化-还原等一系列反应），将土壤中的有毒重金属固定起来，或者将重金属转化成化学性质不活泼的形态物质（例如形成某些活性比较稳定的螯合物或者土壤团聚体等），从而降低其对生物侵害的有效性，阻止重金属从土壤通过植物根部向土壤上部的迁移变化，达到污染农田土壤修复的技术。其具有修复较快、稳定性好，费用较低、操作简单等特点，同时可以实现边修复边生产，尤其适用于修复大面积中轻度重金属污染的农田土壤。试验结果表明，土壤经钝化修复后，重金属铬、铅等有效态含量可降低 30%～60%；农作物（稻米、蔬菜地上部）中 Cr、Pb 等钝等含量可降低 30%～70%。郑煜基等（2014）研究发现施用硅肥可以减少作物对土壤中 Cd 的吸收。另外，生物黑炭和生物炭可以作为重金属污染土壤治理的备选改良剂（侯艳伟等，2014）。

4. 严格控制有机肥质量以及污水灌溉问题，并辅助以农艺措施

目前我国设施农田施用的有机肥主要来自鸡粪、猪粪等畜禽粪便，由于养殖业不合理地应用饲料添加剂，导致有机肥料原材料重金属含量超标。同时，工业废水及生活污水灌溉农田，造成的土壤重金属累积和地下水的污染，应从源头控制开始，严格控制饲料、污水灌溉引起的污染问题。

农艺技术与水肥调控则有助于缓解这两种污染来源产生的毒害。农田耕作调控法主要包括水分管理、施肥调控、低累积作物品种替换、调节土壤 pH、调整种植结构等综合措施来控制与缓解农田重金属的毒害，其合理应用可直接或间接达到修复农田重金属污染的目的。在农田重金属含量处于污染临界值附近或已受重金属污染的土壤上，应避免施用高量的酸性肥料（如尿素、氯化铵、过磷酸钙）以及其他酸性物料。在常用磷、钾肥中，磷酸二铵和硫酸钾在铬污染土壤上施用更为适合。

5. 选育品种，创新种植制度并加强设施农田生态环境建设

利用现代分子生物学技术，选育低吸收富集重金属作物品种，优化种植结构，创新种植制度，一方面利用非食用作物吸收逐渐降低土壤重金属含量，另一方面最大限度地阻断重金属在作物可食器官转移和累积。加强设施农田生态环境建设，改善设施周边环境，严格管控非农业重金属污染源，在设施农田周边植树造林，建立隔离防护带，降低大气降尘和汽车尾气的污染。避开污染工厂或企业，严格执行污灌水质和污泥农用标准。同时进行重金属污染与控制科普宣传教育，使控制重

金属污染变成生产者自觉的行为。有试验报道：镉在不同作物中的累积大小为“葱蒜类＞叶菜类＞根茎类＞豆类＞茄果类＞瓜类”，所以对菜地重金属镉污染，可以通过调整农作物品种起到修复效果的作用。在农作物生长期中，对作物茎叶表面合理喷施硒肥、锌肥或硅肥等中微量元素肥料，可以抑制或拮抗农作物对重金属镉、砷等的吸收累积。为了降低土壤砷的毒性，一般可采用水田改旱地种植模式加以修复。但在 Cd、As 复合污染下，水田改旱地会降低砷对生物毒害的有效性。为此对镉、砷污染农田治理需要统筹考虑，以免在降低镉污染的同时，却加重砷的污染。

三、设施农田系统重金属污染控制研究展望

设施栽培与普通大田相比，其处于相对封闭的环境，是一类相对较特殊的现代农业生产系统。在该系统中，设施菜地土壤的酸化、盐渍化、养分过度累积等问题，均可能导致土壤重金属化学行为的特异性(李树辉，2011)。那么，针对设施农田系统中重金属的累积问题如何控制？如何更加全面、高效地了解设施农田中重金属污染的全方位动态、寻找新的方法、材料新技术等合理高效地控制重金属等都是值得深入探讨的问题，也是直接关系到设施农业产地环境健康及人们关注度日益提高的农产品安全生产问题。

(一)设施农田土壤及投入品重金属限量标准研究

重金属在土壤中的累积规律，往往是研究其在土壤中导致污染发生的主要机制。微观机制会从形态、生物有效性和吸附—解吸过程等方面阐述重金属在土壤环境中的主要化学行为(郭观林，2006)。要尽快通过设施蔬菜生产基地土壤重金属积累状况调查和重金属在设施土壤中的环境化学行为、迁移转化规律等以修订现行的设施土壤重金属环境质量标准。

在设施农业农用投入品方面，尽快构建设施农业条件下农用投入品生产、安全使用规范与污染物控制限量标准，尤其是针对目前商品有机肥标准的不健全，如未列入监管的抗生素及 Cu、Zn 等元素的限定标准等，完善相应的标准体系，为设施农业土壤环境质量管理提供依据。设施蔬菜生产中污染物来源较为单一，即肥料是污染物的主要来源。源头控制是实施环境管理的关键。应在畜禽养殖业饲料添加剂、有机肥原料、商品肥料等各个农用投入品生产环节建立污染物限值标准，加强污染物含量监测。同时，在肥料投入环节建立各种污染物投入总量控制标准，实施总量控制。根据农膜使用在源头和末端两个环节问题较多的实际情况，通过制定严格农膜生产质量标准来规范农膜生产企业的生产，杜绝不合格农膜上市流通；政府部门可通过免税或补贴政策倡导企业生产可降解地膜；在农膜末端处置环节，

建设废旧农膜回收站和田间垃圾回收点，建立废旧农膜回收、处置及资源化利用技术导则。

（二）开展设施蔬菜产地环境定点监测与风险评估

开展设施土壤环境质量状况的系统调查与定位监测，逐步建立设施产地土壤环境质量监测与评价体系，实时了解区域设施土壤污染的特征与程度，及时反馈给规划和决策部门。同时关注设施蔬菜生产基地土壤污染风险。目前，有关农田生态系统中重金属流及其平衡的研究较少（徐勇贤等，2008），因此需加强对农田系统中重金属的输入、输出的途径及量化分析，以便于准确地了解系统中重金属累积及其平衡情况，进行农田土壤重金属元素的积累预测分析及农田生态风险和农业可持续发展评估，预期研究结果可为农产品的安全生产和产地环境安全提供科学依据。因此，后续可在这些研究基础上，制定设施蔬菜生产基地土壤污染的风险评估技术和土壤修复技术导则，开展设施蔬菜产地污染土壤对环境和人体健康的风险评估。

（三）开展设施蔬菜产地重金属污染的防控工作

对于设施蔬菜产地土壤污染物累积与污染问题，应遵循“以防为主，防治结合”的原则。对于未出现污染物超标的设施蔬菜产地，坚持源头控制，严格监管和限制污染物进入环境。对于有一定污染物累积但未形成风险的设施蔬菜产地，可通过筛选、组装和推广土壤污染调控关键技术进行污染物累积过程阻断。对于已出现污染物累积超标的，可采取多种修复手段结合的方法，实现污染的末端治理。

除了常规方法（注意施肥等），建议采取综合治理措施，修复受损的土壤环境。次生盐渍化严重的土壤可以采取水利工程措施，大水洗盐或采用暗管排盐（张振华等，2003），也可以采用滴灌和覆膜技术防止盐分向上迁移；栽培上还要采取轮作换茬或休耕闷棚等措施以改善土壤环境。总之，平衡施肥和恰当的耕作管理措施的综合应用是解决肥料问题的根本途径（王艳群等，2005）。王艳群等（2005）通过采用盆栽、土培、田间以及田间模拟试验相结合的方法，系统地研究了平衡施肥、工程措施、秸秆和风化煤等综合措施对设施农田土壤环境、肥力以及作物产量、品质的影响。发现这些措施提高了土壤有机质含量，改善了土壤环境，提高了作物产量与品质。这样就可以在设施农田中少使用肥料，有利于土壤维持健康稳定的环境和质量。在作物方面，选育低吸收富集重金属的作物品种，优化种植结构，创新种植制度，一方面利用非食用作物吸收逐渐降低土壤重金属含量，另一方面最大限度地阻断重金属在作物可食器官转移和累积。

(四)从试验研究到实际的推广应用

总体来看,现有研究大都局限于盆栽试验或者田间微区土壤样点,对设施农田大块环境下的产地环境质量与作物重金属含量之间的关系及机制缺乏整体性和深层次的认识,大多仍停留在单一或有限影响因素的研究,缺乏宏观、微观结合对农田重金属来源的准确判断与定量解析,因此也就缺乏建立土壤—作物中重金属迁移转化以及污染预测模型所必需的大量因子,难以阐明重金属污染的环境行为,不能满足指导实际田间生产的需要(曾希柏等,2013)。

相关性分析、因子分析、聚类分析等经典统计学和地统计学等空间分析方法相结合,为准确识别农田重金属污染源提供了良好的技术支撑;遥感、GPS 等信息技术的发展使收集到土壤、地下水和作物水平和垂直方向上的大量信息成为可能,这也为土壤—作物过程的空间建模提供了重要条件。开展区域尺度的土壤—作物系统不同来源重金属的污染行为,建立土壤—作物系统重金属污染的迁移转化模型有利于把握整个区域重金属变迁的基础。

参考文献

Chen Y,Huang B,Hu W Y,et al. Assessing the risks of trace elements in environmental materials under selected greenhouse vegetable production systems of China[J]. Science of the Total Environment,2014,470:1140-1150.

FAO. Water:Precious and finite resource[M]. FAO multimedia group,2002.

Liu Y,Hua J,Jiang Y,et al. Nematode communities in greenhouse soil of different ages from Shenyang Suburb[J]. Helminthologia,2006,43(1):51-55.

Luo L,Ma Y,Zhang S,et al. An inventory of trace element inputs to agricultural soils in China[J]. Journal of Environmental Management,2009,90(8):2524-2530.

Riffaldi R,Saviozzi A,Levi-Minzi,et al. Organically and Conventionally Managed Soils:Characterization of Composition[J]. Archives of Agronomy and Soil Science,2003,49:349-355.

Yang L Q,Huang B,Hu W Y,et al. The impact of greenhouse vegetable farming duration and soil types on phytoavailability of heavy metals and their health risk in eastern China. Chemosphere,2013,103:121-130.

安国民,徐世艳,赵化春. 国外设施农业现状与发展趋势[J]. 现代化农业,2004(12):34-36.

陈怀满. 土壤-植物系统中的重金属污染[M]. 北京:科学出版社,1996:7-8.

初江,徐丽波,姜丽娟,等. 设施农业的发展分析[J]. 农业机械学报,2004,35(3):191-192.

崔德杰,张玉龙.土壤重金属污染现状与修复技术研究进展[J].土壤通报,2004,35(3):366-370.

党菊香,郭文龙,郭俊炜,等.不同种植年限蔬菜大棚土壤盐分累积及硝态氮迁移规律[J].中国农学通报,2004,20(6):189-191.

樊兆博.滴灌和漫灌施肥栽培体系下设施番茄产量和水氮利用效率的评价[D].北京:中国农业大学,2014.

高砚芳,段增强,郇恒福.太湖地区温室土壤重金属污染状况调查及评价[J].土壤,2007,39(6):910-914.

郭观林.东北黑土重金属污染发生机理及健康动力学研究[D].北京:中国科学院研究生院,2006.

郭世荣,孙锦,束胜,等.我国设施园艺概况及发展趋势[J].中国蔬菜,2012,18:1-14.

国家环境保护总局.HJ/T 333—2006 温室蔬菜产地环境质量评价标准.北京:中国环境科学出版社,2006.

侯艳伟,池海峰,毕丽君.生物炭施用对矿区污染农田土壤上油菜生长和重金属富集的影响[J].生态环境学报,2014,23(6):1057-1063.

华小梅,何跃,吴运金,等.我国设施农业产地环境问题与土壤环境保护管理对策[C].中国环境科学学会学术年会论文集.北京:中国环境科学出版社,2013:1381-1385.

黄标,胡文友,虞云龙,等.我国设施蔬菜产地土壤环境质量问题及管理对策.中国科学院院刊,2015,30(Z1):194-202.

黄治平,徐斌,涂德浴,等.规模化猪场废水灌溉农田土壤Pb、Cd和As空间变异及影响因子分析[J].农业工程学报,2008,24(2):77-83.

姜勇,张玉革,梁文举.温室蔬菜栽培对土壤交换性盐基离子组成的影响[J].水土保持学报,2005,19(6):78-81.

李见云,侯彦林,王新民,等.温室土壤剖面养分特征及重金属含量演变趋势研究[J].中国生态农业学报,2006,14(3):43-45.

李萍萍.设施农业现状与发展趋势[J].农业装备技术,2002(1):12-14.

李树辉,曾希柏,李莲芳,等.设施菜地重金属的剖面分布特征[J].应用生态学报,2010,21(9):2397-2402.

李树辉.北方设施菜地重金属的累积特征及防控对策研究[D].北京:中国农业科学院,2011.

刘德,吴风芝,栾非时.不同连作年限土壤对大棚黄瓜根系活力及光合速率的影响[J].东北农业大学学报,1998,29(3):219-223.

刘荣乐,李书田,王秀斌,等.我国商品有机肥料和有机废弃物中重金属的含量状况与分析[J].农业环境科学学报,2005,24(2):392-397.

汪军,骆永明,马文亭,等.典型设施农业土壤酞酸酯污染特征及其健康风险[J].中国环境科学,2013,33(12):2235-2242.

王登启.设施菜地土壤重金属的分布特征与生态风险评价研究[D].泰安:山东农业大学,2008.

王焕然.我国目前设施农业状况[J].农业装备技术,2006,32(5):21-23.

王丽英,陈丽莉,张彦才,等.河北省设施蔬菜土壤微量金属元素状况评价及来源分析[J].华北农学报,2009,24(增刊):268-272.

王艳群,彭正萍,薛世川,等.过量施肥对设施农田土壤生态环境的影响[J].农业环境科学学报,2005,24(增刊):81-84.

王艳群.设施农田土壤生态环境修复技术及其效应研究[D].保定:河北农业大学,2005.

魏为兴.福州市主要蔬菜基地土壤重金属的影响评价[J].福州地质,2007(2):100-107.

魏晓明,齐飞,丁小明,等.我国设施园艺取得的主要成就[J].农机化研究,2010(12):227-231.

谢正苗,李静,徐建明,等.杭州市郊蔬菜基地土壤和蔬菜中Pb、Zn和Cu含量的环境质量评价[J].环境科学,2006,27(4):742-747.

徐晓慧,高宗军,庞绪贵,等.山东寿光地区蔬菜重金属赋存现状研究[J].安徽农业科学,2010,38(28):15830-15831.

徐勇贤,黄标,史学正,等.典型农业型城乡交错区小型蔬菜生产系统重金属平衡的研究[J].土壤,2008,40(2):249-256.

杨其长.设施农业现状与发展趋势[J].中国农村科技,2001(3):10-11.

曾希柏,徐建明,黄巧云,等.中国农田重金属问题的若干思考[J].土壤学报,2013,50(1):187-192.

张汝洁.天津市保护地土壤红金色花现状及风险评价[D].北京:中国农业大学,2013.

张振华,姜冷若,胡永红,等.设施栽培大棚土壤养分、盐分调查分析及其调控技术[J].江苏农业科学,2003(1):73-76.

郑喜坤,鲁安怀,高翔,等.土壤重金属污染现状与防治方法[J].土壤与环境,2002(1):79-84.

郑煜基,陈能场,张雪霞,等.硅肥施用对重金属污染土壤甘蔗镉吸收的影响研究初探[J].生态环境学报,2014,23(12):2010-2012.

郑袁明,陈同斌,陈煌,等.北京市不同土地利用方式下土壤铅的积累特征[J].地理学报,2005,60(5):791-707.

中华人民共和国卫生部，中国国家标准化管理委员会. GB 2762—2005 食品中污染物的限量[S]. 北京：中国标准出版社，2005.

朱德文，陈永生，程三六. 我国设施农业发展存在的问题与对策研究[J]. 农业装备技术，2007(33)：5-7.

朱兰保，高升平，盛蒂，等. 蚌埠市蔬菜重金属污染研究[J]. 安徽农业科学，2006，34(2)：2772-2773.

第二章　设施农田中重金属来源及污染现状

一、设施农田中重金属来源概述

(一)农田中重金属来源

目前,世界范围内都存在着严重的重金属污染问题(C. Mico L. Recatala,2006),世界各国土壤均存在不同程度的重金属污染。我国土壤重金属污染物主要来源于污水灌溉、工业废渣、城市垃圾、工业废弃物堆放及大气沉降(王文兴,2005),且污水中占较大比例的工业废水是土壤重金属污染物的主要来源之一(俄胜哲,2009)。据我国农业部进行的全国污灌区调查,在约 140 万 hm^2 的污灌区中,遭受重金属污染的土地面积占污灌区面积的 64.8%,其中轻度污染的占 46.7%,中度污染的占 9.7%,严重污染的占 8.4%(骆永明,2006)。

重金属污染的增加,农药、化肥的大量使用,造成土壤有机质含量下降、土壤板结,导致农产品产量与品质下降。根据相关统计数据,由于农药、化肥和工业导致的土壤污染,我国粮食每年因此减产 100 亿 kg。环保部门估算,全国每年因重金属污染的粮食高达 1 200 万 t,造成的直接经济损失超过 200 亿元。

农田生态系统的重金属循环主要是指围绕土壤—物体系进行的包括重金属输入、输出以及重金属在系统内部的流动。其中,重金属的输入主要包括大气沉降、污水污泥输入以及随肥料施用的投入等;重金属的输出则主要包括通过作物收获物携带、土壤水的淋洗、径流以及部分重金属元素的挥发等(曾希柏,2010)。Culbard 等通过采集英格兰、苏格兰和威尔士地区的 50 个城市、城镇和乡村菜园土共 4 000 多个样本发现,当地菜地土壤 Pb、Zn 平均浓度分别为 266 mg/kg 和 278 mg/kg,其最大浓度分别高达 14 100 mg/kg 和 14 700 mg/kg。土壤重金属的来源主要有人为干扰输入和自然来源两种途径。在自然因素中,成土母质和成土过程对土壤重金属含量的影响很大(郑喜坤等,2006)。在各种人为因素中,主要包括工业、农业和交通等来源引起的土壤重金属污染。有关的欧洲报道也指出,有机肥、化肥和农药的大量使用是土壤中重金属污染的主要途径(张民等,1996)。

关于英格兰和威尔士农田重金属输入的研究表明,主要的来源包括大气沉降、污泥、畜禽粪、无机肥、农药、灌溉水、工业废弃物以及固废堆肥。在整个农田范围上来看,大气沉降对多数重金属来说是主要的来源,其贡献率占总输入量的 25%~85%。

对于Zn来讲，畜禽粪的贡献率占37%～40%，对于Cu，污泥的贡献率占8%～17%，然而在个别地区，施用的畜禽粪、污泥、工业废物是重金属的主要来源(Nicholson等，2003)。

关于我国农田中重金属来源的研究表明，如表2-1所示，Lei Luo以整个国家为研究范围，统计了各个不同来源向我国农田土壤带入重金属的状况，以及由作物带出的情况(Luo等，2009)。其主要来源与英国和威尔士相似，分别为大气沉降、畜禽粪、肥料与农药、污灌、污泥等，对于As、Cr、Hg、Ni和Pb的总输入量，大气沉降贡献率占43%～85%，对于Cd、Cu、Zn，畜禽粪贡献率分别约为55%、69%、51%。由于源的时空差异性，在个别过分施用污泥、肥料的地区，其也可成为主要源(Lei Luo等，2009)。

表2-1　我国农业土壤微量元素年输入量(Lei Luo等，2009)　t/年

来源	As	Cd	Cr	Cu	Hg	Ni	Pb	Zn
大气沉降	3 451	493	7 392	13 145	7 092	7 092	24 658	78 973
畜禽粪便	1 412	778	6 113	49 229	23	2 643	2 594	95 668
总化肥	835	113	3 429	2 741	87	504	1 565	7 874
氮钾肥	nd	0.61	nd	62	7.8	nd	0.67	389
磷肥	299	24	1 626	843	17	215	727	2 518
复合肥	536	89	1 803	1 836	62	289	838	4 967
农药	0	<1	<1	5 000	0	0	0	125
灌溉水	219	30	51	1 486	1.3	237	183	4 432
污泥	7.4	1.4	85	224	1.3	36	60	669
总输入	5 925	1 417	17 071	71 824	286	10 512	29 061	187 741
总输出	192	178	1 038	12 158	18.2	2 432	208	60 792
净输入	5 733	1 239	16 033	59 666	268	8 080	28 853	126 949
增长量	0.02	0.004	0.057	0.21	0.001	0.029	0.1	0.45
安全年限/年	920	50	2 433	364	455	802	525	389

(二)菜地土壤重金属污染状况

土壤作为开放的缓冲动力学体系，在与周围的环境进行物质和能量的交换过程中，不可避免地会有外源重金属进入这个体系(顾继光，2003)。重金属对土壤的主要污染途径是工业废渣、废气中重金属的扩散、沉降、累积，含重金属废水灌溉农田，以及含重金属农药、磷肥的大量施用。目前，我国受镉、砷、铅等重金属污染的耕地面积近2.0×10^7 hm^2，约占总耕地面积的1/5；其中工业“三废”污染耕地1.0×10^7 hm^2，污水灌溉的农田面积3.3×10^6 hm^2(孙波，2003；徐应明，2003)。由于进入土壤植物系统中的重金属会通过食物链传递危害人体健康，因此有关陆地生态系统重金属

污染物循环迁移累积规律的研究已成为环境科学领域的热点问题(张乃明,2001)。

菜地是利用强度大、投入和产出高、受人类活动影响大的一类农业土壤(曾希柏,2007)。有关蔬菜地重金属累积的研究,国内外近年来已有大量报道(Khairiah 等,2004;Chojnacha 等,2005;Alexander 等,2006),尤其对城市郊区、污水灌溉区、交通繁忙区、受工矿活动影响区的菜地土壤进行了大量的研究(Culbard 等,1988;Mapanda 等,2005;George 等,2006;Huang 等,2006;Nabulo 等,2006)。1978—2004 年,蔬菜播种面积从 3.331×10^6 hm^2 增加至 1.8414×10^7 hm^2,增长了 5.53 倍,目前全国蔬菜总产量达 6.02×10^8 t(中国统计年鉴,2009)。随着生活水平不断提高,蔬菜品质也得到越来越多的关注。

影响蔬菜品质的因素有许多种,除了常见的化肥和农药使用不当、优良品种缺乏等,土壤重金属含量超标的问题也得到越来越多的研究者的关注。中国 24 个省(市)城郊、污水灌溉区、工矿等经济发展较快地区的 320 个污染区中,重金属含量超标的农作物种植面积占全国总超标种植面积的 80% 以上,蔬菜的重金属含量超标问题也十分严重(孙波,2005;徐应明,2005)。林玉锁等对中国 3.0×10^5 hm^2 基本农田保护区土壤重金属抽样监测的结果表明,其中已有 3.6×10^4 hm^2 土壤重金属含量超标。如中国科学院南京土壤研究所对苏南某市郊区 5 个蔬菜基地进行调查,结果表明,5 个蔬菜基地土壤中 Cd 超标率为 21.9%~80.0%,有些地方土壤中 Hg 超标率达到 44.4%。此外,按照国家无公害蔬菜标准,所调查的蔬菜样品中,Cr 超标率 15%,Cd 超标率 20%,Pb 超标率 20%。江苏全省有 15%蔬菜地土壤已受不同程度重金属污染,主要分布在苏南,且 Cd、Hg 分担率较高(许学宏,2005)。对国内蔬菜重金属污染调查结果表明,东莞市及其不同区域菜地的重金属污染,以 Pb 污染最严重(夏运生,2004)。沈阳市菜地土壤 Cd、Pb 和 Zn 的平均值分别为背景值的 7.06 倍、3.96 倍和 3.87 倍(戴军等,1995)。陈桂芬 2004 年调查监测南宁市菜地土壤重金属含量,结果显示,25 个样品中有 14 个受污染,并且有 9 个样品达到中、重污染水平。与北京市土壤铅背景值相比,北京市蔬菜基地的土壤铅平均积累指数为 1.21(陈同斌等,2006)。

由此可见,我国蔬菜已受到不同程度的重金属污染。这些现象在很大程度上是由其特殊经营方式引起的,菜地土壤高度集约化的经营方式可能在一定程度上增加了重金属的输入。不同地区比较来看,在有重金属污染源的地区,由于重金属可以通过多种途径输入到农田中,因此在一定程度上造成了重金属含量超标,污染的风险也明显增大。

(三)土壤—蔬菜系统中重金属的输入

重金属的输入途径主要包括大气沉降、污水污泥输入、肥料施用的输入以及随农药施用的投入等。随着目前工业的发展,在人类活动频繁,工矿业发达的地区,大气沉降几乎成为重金属输入的主要来源，对重金属的贡献率较高（崔德杰等，2004）。太原作为全国大气污染最严重的城市，其降尘对该灌区土壤中重金属累积的贡献非常明显（张乃明，2002）。污泥/垃圾等固体废弃物的农业利用，也在一定程度上提高了农田土壤的环境风险，并成为菜地土壤重金属含量增高的重要原因。由于工矿活动频繁，目前污水中重金属含量较高，因此大量重金属随灌溉而施入农田。目前我国每年污水排放量已超过 400 亿 t，污灌面积约 426 万 hm^2，我国沈阳市张士灌区污灌面积约 2 800 hm^2，有 20 多年的污灌历史，Cd 污染严重（刘红樱等，2004），以施用城市垃圾为主的菜田土壤中，Pb、As、Cd 的含量高于背景值的 1/3～1 倍，Hg 含量高于背景值 30 多倍（周艺敏等，1990）。农药、化肥、塑料薄膜等农用化学品以及有机肥料的使用，均可能是土壤中重金属的重要输入源。据估计，人类活动对土壤 Cd 的贡献中，磷肥占 54%～58%（何振立，1998）。我国畜牧业每年都产生大量的畜禽粪便，大部分直接应用于农田，随着 Cu、Zn、As 等微量元素添加剂在饲料中的广泛使用，加之畜禽对微量重金属元素吸收利用率低，大部分积累在畜禽粪便中。如刘荣乐等对 8 省（市）商品有机肥的调查结果表明，有机肥中各种重金属均存在不同程度的超标现象。Han 等（2000）报道，连续 25 年施用猪粪（10 t/hm^2），导致土壤表层（0～20 cm）Zn 含量（60.8 mg/kg）是对照的 7.5 倍。

据了解，我国畜禽粪便中的重金属主要来源于动物饲料，尤其高 Cu 饲料，90% 以上的 Cu 不能被机体吸收而随粪便排出（于炎湖，2003）。畜禽饲料污染带来的重金属污染值得关注。相关资料如表 2-2（张晓旦，2011）所示：

表 2-2　我国畜禽粪便等有机废弃物中的不同重金属超标率（张晓旦，2011）

有机废弃物类别	鸡粪	猪粪	牛粪	羊粪*	废弃物	堆肥
主要超标金属	Cd、Ni	Zn、Cu、Cd	Cd	Cd、Ni	Cd、Ni	Cd、Ni
超标率范围/%	21.3～66.0	10.3～69.0	2.4～38.1	6.7～20.0	38.7～83.3	22.6～41.7

从 2002 年起，我国禁止使用含有 Hg、As、Pb 的农药，而且随农药带入的重金属含量较少，因此农药输入途径不予考虑，所以此研究主要就是对受到人为因素影响的来源途径进行探索。

（四）土壤—蔬菜系统中重金属的输出

生产系统中重金属研究表明，在生产系统中的重金属输出主要是作物收获方式。蔬菜是最易“吸收”重金属元素的农作物，因此，当土壤被环境重金属污染后，生长的蔬菜与其他作物相比，富集量要大得多，试验结果表明，在被污染的土壤里生产出的蔬菜的有毒物质含量可达土壤中有害物质含量 3～6 倍（李想，2008）。在考虑土壤—作物系统重金属污染时，不能忽视的土壤中重金属的输出。徐勇贤等（2009 年）研究表明：对长三角区域蔬菜年输出量 Cu 为 340 g/hm^2、Pb 为 40 g/hm^2、Zn

为 2 156 g/hm^2、Cd 为 16.6 g/hm^2。农产品中携带的重金属是其输出农田生态系统的重要途径，也是重金属危害人体健康的重要途径(曾希柏，2010)。

输出的途径主要分为两大类，一是通过植物生长吸收进入植物体内，然后伴随植物的收获而被带走。长沙市各主要蔬菜基地生产的 13 个蔬菜种类铅和镉污染严重，超标率分别为 60%和 51%(沈彤等，2005)，上海宝山区蔬菜采样分析表明，上海市蔬菜已经受到重金属污染，尤其以 Pb 和 Cd 最为严重，分别超标 81.97%和 54.1%(李秀兰，2005)。二是土壤的淋溶与老化，在土壤蔬菜系统中土壤的淋溶所占的比例很小(Anddersson 等，1988)，所以在研究中就不做主要计算。对比得出，菜地重金属的主要输出途径为作物收获，因此本研究主要研究重点放在植物生长吸收带走的重金属。国内外研究也对重金属元素的环境行为进行了有益的探索(Chen 等，2001；Miller 等，2004)，因此研究土壤蔬菜系统中金属元素的平衡与流动，对于食品生产安全及人体健康具有重要意义。

二、我国畜禽粪便及商品有机肥中重金属含量特征

(一)我国畜禽粪便资源量及其重金属污染概况

1. 我国畜禽粪便资源量

随着我国畜牧业的快速发展，畜禽养殖已转向区域化、集约化方向。畜禽饲养规模不断扩大，畜禽粪便的产生量不断增加。经苑亚茹(2008)调查研究，如图 2-1 和图 2-2 所示，2001—2006 年间我国有机废物年产生量累年递加，而且 2006 年我国的畜禽粪便排放量占到有机废物的一半以上。据黄鸿翔等(2006)估算，2003 年我国畜禽粪便为 22.1 亿 t，占农业有机废弃物资源的 40%以上，其中以猪粪、鸡粪、牛粪、羊粪为主，共占畜禽粪便总量的 90%以上。预计到 2020 年，全国畜禽粪便的排放量将达 45 亿 t。

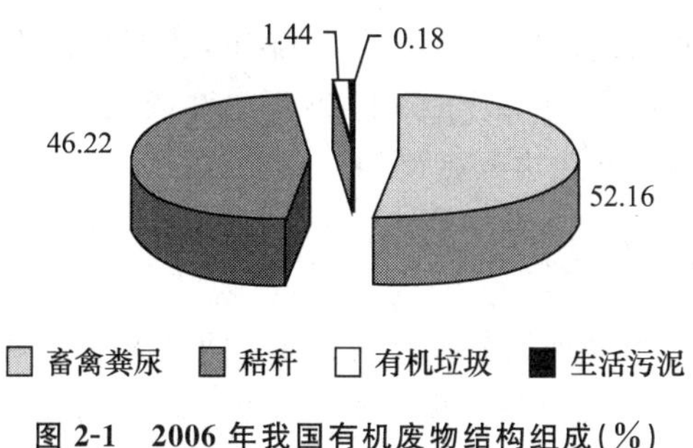

图 2-1　2006 年我国有机废物结构组成(%)

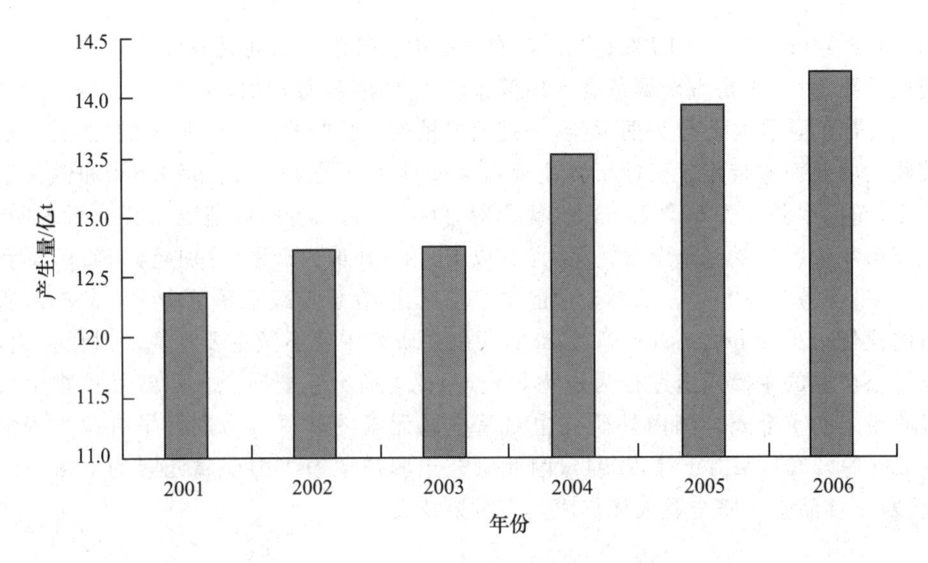

图 2-2 我国有机废物产生量的年际变化

我国蔬菜产业也经历了一个与养殖业几乎一样的快速发展历程，2013 年的种植面积和产量分别为 1980 年的 6.2 倍和 10.3 倍(FAO,2015)。种植面积占到整个农作物种植面积的 12.7%(国家统计局,2014)，其中设施蔬菜的发展尤为快速，2010 年种植面积达到 467 万 hm^2(喻景权,2011)。并且与养殖业比较类似的情况是，集约化菜田也集中在大城市及其周边地区，由于受运行成本和设备成本的限制，我国集约化养殖场的粪肥大多数进入了与其在空间分布上具有匹配性的蔬菜生产体系，高产菜田离不开粪肥。为尽快培肥土壤，在生产管理中多采用盲目大量施肥和施用畜禽粪肥/有机肥进行土壤培肥的办法。畜禽粪肥外观(干基/鲜基)、养分含量、配比不统一，难以计算用量，不易推广。商品有机肥的外观、养分含量、毒性、残留等均有明确的标准限定，使用方便、易于推广，土壤和食品安全更有保障。下面我们就分别从畜禽粪肥和有机肥两方面探讨其重金属污染状况。

据苑亚茹(2008)报道，2006 年我国畜禽养殖主要集中在河北、山东、河南及四川等省份，畜禽粪排放量也以这四省最多；近年来，我国有机废物产生量逐年递增，而其中畜禽粪尿占总量的一半以上；综上，我国畜禽粪便的年终排放量是极为可观的，由此带来的各种污染问题也开始得到广泛关注。

2. 我国有机肥重金属污染概况

当今畜牧业生产中大量使用各种能促进生长和提高饲料利用率、抑制有害菌的微量元素添加剂，如 Zn、Cu、As 等金属元素添加剂。黄鸿翔等(2006 年)调查发现，仔猪和生猪的饲料中添加锌达 2 000～3 000 mg/kg，添加硫酸铜达 100～250 mg/kg，且这些无机元素在畜禽体内的消化吸收利用率非常低，因此在排放的粪便中含量相当高，从而导致了畜禽粪中含有超标的残留重金属元素，并且发现添加到饲料中的铜有 90%以上将会随畜禽粪便排出(Komegay,1996)。人们对这个问题逐渐重视起来，并对粪肥的来源及其重金属含量做了一些调查。

2005 年以来的几次调查最为全面，采样包括了我国多个畜禽养殖区。张树清等(2005)对我国 7 个省、市、自治区的典型规模化养殖畜禽粪的主要化学组成进行了测定。刘荣乐等(2005)在全国 14 个省(市)取样并调查测定了 184 个有机肥样品，分析了我国主要商品有机肥料和畜禽粪便等有机废弃物的重金属含量状况。李书田等(2008)在全国范围内包括山东、山西、河北、黑龙江等 20 个省市规模化养殖场采样并分析了我国 20 个省(市)主要畜禽粪便的养分含量。这些数据(表 2-3)与 20 世纪 90 年代相比，各含量数值均有较大涨幅，也说明了畜禽粪等有机肥中的重金属含量越来越高，带来的污染状况也越来越严重，然而畜禽粪便等有机肥持续在农用，随之而来，农田土壤、农产品等也将继续被重金属污染，给人类生活带来了威胁。

3. 有机肥重金属污染特征研究方法

调查研究中所得的畜禽粪有机肥及商品有机肥中重金属含量数据是通过文献查阅及实地采样分析两种方法：文献来源以中国知网文献数据库为主，以万方数据库为辅，自 1980—2010 年的 200 多篇相关文献中收集了 84 篇有重金属含量数据的文献；此外还有部分数据来自相关书籍，文献数据主要为 2000—2010 年的数据(占总文献的 86%)，因此在进行数据分析时，主要针对的是这 10 年的数据(表 2-3)。

表 2-3　我国畜禽粪便及商品有机肥中重金属含量文献数据调查表

文献类别		时间分布			
		1980—1989	1990—1999	2000—2010	总计
畜禽粪便	文献数/篇	6	4	51	61
	样本数/组*	14	14	101	129
商品有机肥	文献数/篇	0	2	21	23
	样本数/组	0	4	45	49

*：由于来自文献中的数据，大多数据均为多个样本的测定均值，故在此称样本组数。

实地采样则是通过参照我国畜禽粪便及商品有机肥资源量区域分布，再经对文献数据统计分析后，在我国山东、河北、北京、河南等 13 个省市又补充采集了 219 份有机肥样品(42 份畜禽粪便样品和 177 份商品有机肥的样品)，经 HNO_3-$HClO_4$ 湿法消解后用电感耦合等离子体质谱(ICP-MS)测定。

(二)我国畜禽粪便有机肥中重金属含量特征

1. 2000—2010 年文献资料中我国有机肥中重金属含量特征

表 2-4 和表 2-5 是 2000—2010 年的文献中关于畜禽粪有机肥中重金属含量的数据分析,文献中畜禽粪有机肥数据范围也很大,数据分散,既不服从正态分布也不服从对数正态分布(偏态分布),因此用百分位值分布来对数据进行具体的分析。对照最新的有机肥标准——有机肥料重金属限量指标(NY 525—2012)(As、Hg、Pb、Cd)进行统计,超标率最高的为 As,29.41%以上有机肥超标,Cd 元素超标率低于 As 元素,而 Pb 元素超标率较低。

表 2-4　2000—2010 年畜禽粪文献中重金属含量统计表

元素	样本组数	最小值/(mg/kg)	最大值/(mg/kg)	均值/(mg/kg)		分布		超标率/%
				算术均值	标准误	偏斜度	峰度	
Ni	21	4.29	32.99	13.74	1.96	0.84	−0.52	—
Cu	97	9.69	1 126.00	276.27	31.86	1.30	0.54	—
Zn	93	25.00	5 004.17	577.23	89.34	3.68	15.26	—
As	51	0.00	89.30	14.17	2.81	1.95	3.62	29.41
Cd	63	0.03	107.40	6.03	2.19	4.46	21.33	19.38
Hg	35	0.00	250.61	10.94	7.36	5.26	29.09	14.28
Pb	68	0.72	197.44	17.80	3.65	4.26	21.38	5.97

表 2-5　2000—2010 年畜禽粪文献重金属含量百分位数值表　mg/kg

元素	样本组数	分布类型	5%	10%	25%	50%	75%	90%	95%
Ni	21	偏态分布	4.38	5.21	5.96	9.26	21.22	29.52	32.73
Cu	97	偏态分布	22.28	24.87	50.15	117.00	500.00	779.68	1 011.61
Zn	93	偏态分布	54.54	92.18	161.62	298.80	653.31	1 092.53	2 336.20
As	51	偏态分布	痕量	0.00	1.26	4.25	19.60	51.54	59.96
Cd	63	偏态分布	0.14	0.25	0.56	1.20	2.36	14.00	53.02
Hg	35	偏态分布	0.00	0.01	0.03	0.06	0.13	27.03	100.06
Pb	68	偏态分布	1.63	1.91	3.75	10.02	17.81	32.86	85.28

表 2-6 和表 2-7 是 2000—2010 年的文献中关于商品有机肥中重金属含量的数据分析,文献中商品有机肥数据范围也很大,数据分散,既不服从正态分布也不服

从对数正态分布(偏态分布),因此用百分位值分布来对数据进行具体的分析。对照最新的有机肥标准——有机肥料重金属限量指标(NY 525—2012)(As、Hg、Pb、Cd)进行统计,超标率最高的为 As,26.47%以上有机肥超标,Hg 和 Cd 元素超标率略低于 As 元素,而 Pb 元素全部合格。

表 2-6　2000—2010 年商品有机肥文献中重金属含量统计表

元素	样本组数	最小值/(mg/kg)	最大值/(mg/kg)	均值/(mg/kg)		分布		超标率/%
				算术均值	标准误	偏斜度	峰度	
Cr	31	0.10	250.61	40.33	8.25	3.37	14.84	3.22
Ni	10	8.39	21.10	17.71	1.15	−2.07	5.44	—
Cu	38	13.00	1 454.00	272.37	53.36	1.85	3.56	—
Zn	37	14.10	1 763.00	445.86	77.53	1.54	1.35	—
As	34	0.01	77.20	15.89	3.74	1.82	2.41	26.47
Cd	41	0.11	8.14	1.71	0.30	1.83	3.47	17.07
Hg	23	痕量	4 52.20	47.15	25.97	2.95	7.79	21.74
Pb	41	0.01	40.79	13.55	1.90	0.62	−0.53	0.00

表 2-7　2000—2010 年商品有机肥文献重金属含量百分位数值表　mg/kg

元素	样本组数	分布类型	5%	10%	25%	50%	75%	90%	95%
Cr	31	偏态分布	0.10	0.13	18.20	33.29	49.90	68.76	163.06
Ni	10	偏态分布	8.39	9.22	17.10	17.96	20.39	21.08	21.10
Cu	38	偏态分布	20.45	35.46	50.07	113.20	377.55	700.25	1003.37
Zn	37	偏态分布	15.81	20.44	141.05	268.51	4 70.55	1 422.04	1 527.33
As	34	偏态分布	0.04	1.17	2.40	6.32	26.20	59.11	73.92
Cd	41	偏态分布	0.14	0.21	0.41	0.77	2.40	4.56	7.17
Hg	23	偏态分布	0.004	0.02	0.07	0.17	4.60	285.46	444.70
Pb	41	偏态分布	0.29	0.41	0.88	12.79	22.30	30.90	39.70

2. 实地采样有机肥中重金属含量特征分析

通过采集全国畜禽粪,共获得了 231 个样品,对畜禽粪中重金属的含量进行了分析,分析结果见表 2-8。由表 2-8 中可得出实际采样所含的重金属(Cd、Pb、As、Hg、Cu、Zn、Ni 及 Cr 这 8 种)含量仍均属于偏态分布,且其算术均值和中位值相差较大，所以仅用均值不能代表实际情况，仍需进一步对其含量的各百分位数值进行详细分析(表 2-9)。

对应有机肥标准 NY 525—2012，采样畜禽粪样品中 Cd 元素超标率 16.02%为最高；而 As、Cr 元素含量超标率都较低；Pb 元素超标率仅为 2.16%；Hg 元素全部合格。

表 2-8 畜禽粪采样样品中重金属含量统计表

元素	样本组数	最小值/(mg/kg)	最大值/(mg/kg)	均值/(mg/kg)		分布		超标率/%
				算术均值	标准误	偏斜度	峰度	
Cr	201	0.47	2 278.14	54.42	14.63	8.25	77.80	5.97
Ni	191	2.46	47.49	18.92	0.64	0.62	0.19	—
Cu	231	0.80	1 742.13	175.13	19.42	2.44	6.13	—
Zn	231	0.00	11 546.85	419.91	61.02	9.16	100.03	—
As	229	0.00	110.00	6.29	0.95	5.02	29.75	7.42
Cd	231	0.00	51.51	2.64	0.36	5.87	42.93	16.02
Hg	200	0.00	1.98	0.10	0.01	7.37	60.91	0.00
Pb	231	0.30	1 919.86	26.50	8.55	14.68	218.13	2.16

表 2-9 畜禽粪采样样品中重金属含量百分位数值表 mg/kg

元素	样本组数	分布类型	5%	10%	25%	50%	75%	90%	95%
Cr	201	偏态分布	3.33	4.38	6.13	11.96	22.58	93.11	184.53
Ni	191	偏态分布	6.28	8.37	12.01	17.82	24.66	30.74	35.44
Cu	231	偏态分布	15.11	17.70	25.14	41.99	123.50	660.67	836.10
Zn	231	偏态分布	46.82	62.31	98.48	217.17	474.85	746.60	1 215.49
As	229	偏态分布	0.05	0.13	0.79	2.39	5.68	12.82	33.58
Cd	231	偏态分布	0.10	0.15	0.60	1.25	2.32	4.75	11.27
Hg	200	偏态分布	0.02	0.02	0.03	0.06	0.09	0.16	0.23
Pb	231	偏态分布	2.18	4.04	8.70	14.97	24.82	34.24	43.72

同时还采集了全国商品有机肥的样品 298 个，对商品有机肥中重金属的含量进行了分析，分析结果见表 2-10、表 2-11。对照最新的有机肥标准——有机肥料重金属限量指标(NY 525—2012)(As、Hg、Pb、Cd、Cr)进行统计，超标率最高的为 Cd，超标率为 15.44%，而 Hg 元素超标率最低，为 3.36%。

表 2-10　商品有机肥采样样品中重金属含量统计表

元素	样本组数	最小值/(mg/kg)	最大值/(mg/kg)	均值/(mg/kg)		分布		超标率/%
				算术均值	标准误	偏斜度	峰度	
Cr	298	0.06	85 080.00	349.15	266.29	17.76	316.72	4.36
Ni	298	1.12	160.60	22.08	1.37	3.09	10.93	—
Cu	298	0.00	998.56	88.01	7.42	3.14	12.88	—
Zn	298	0.00	63 647.50	553.22	202.51	16.72	290.99	—
As	298	0.00	540.20	12.85	2.12	9.57	120.48	6.04
Cd	298	0.01	256.02	3.68	0.99	12.15	158.51	15.44
Hg	298	0.00	15.08	0.44	0.07	7.50	70.15	3.36
Pb	298	0.35	1 352.05	36.03	5.34	9.21	115.22	5.37

表 2-11　商品有机肥采样样品中重金属含量百分位数值表　mg/kg

元素	样本数	分布类型	5%	10%	25%	50%	75%	90%	95%
Cr	298	偏态分布	2.49	4.20	9.13	18.14	51.32	142.18	367.36
Ni	298	偏态分布	4.88	7.01	9.27	13.70	24.50	44.91	81.37
Cu	298	偏态分布	6.31	9.50	17.53	32.86	92.75	240.80	386.50
Zn	298	偏态分布	15.54	23.06	46.16	134.23	325.04	844.50	1 268.15
As	298	偏态分布	0.10	0.32	1.79	4.91	8.81	19.41	70.06
Cd	298	偏态分布	0.14	0.20	0.44	1.19	2.48	4.91	8.72
Hg	298	偏态分布	0.02	0.03	0.06	0.12	0.30	0.83	1.81
Pb	298	偏态分布	3.23	3.69	6.50	13.17	26.16	64.93	182.14

3. 近十年文献查阅和采样结果综合分析

(1)畜禽粪便有机肥　表 2-12 和表 2-13 为近 10 年文献查阅和采样分析中畜禽粪中重金属元素含量综合的统计分析结果，根据表 2-12 中峰度和偏斜度两项数据可以得出，8 种重金属元素的分布类型均为偏态分布，因此需用中值代替算术均值代表整体数据的集中水平，Cd、As、Hg、Pb、Cr、Cu、Zn、Ni 的中值分别为 1.25、2.50、0.060 0、13.6、12.0、53.0、238、17.6 mg/kg。从表 2-13 中可以看出，畜禽粪中重金属元素 Cd 的含量范围是0.000～107 mg/kg，均值是 3.37 mg/kg，中位值为 1.25 mg/kg；As 的含量范围是 0.000～110 mg/kg，均值为 7.81 mg/kg，中位值为 2.50 mg/kg；Hg 的含量范围是 0.000～251 mg/kg，均值为 1.71 mg/kg，中位值为 0.060 0 mg/kg；Pb 的含量范围是 0.300～1 920 mg/kg，均值为 24.5 mg/kg，中位值为 13.6 mg/kg;Cr 的含量范围是 0.470～2 278 mg/kg,均值为 54.4 mg/kg,中位值为 12.0 mg/kg;Cu 的含量范围是 0.800～1 742 mg/kg,均值是 205 mg/kg,中位值为 53.0 mg/kg;Zn 的含量范围是 0.000～5 004 mg/kg,均值为 411 mg/kg,中位值为 238 mg/kg;Ni 的含量范围是 2.46～47.5 mg/kg,均值为 18.4 mg/kg,中位值为 17.6 mg/kg。

表 2-12 畜禽粪中重金属元素含量基本情况统计表

元素	样本组数	最小值/(mg/kg)	最大值/(mg/kg)	均值/(mg/kg)		分布	
				算术均值	标准误	偏斜度	峰度
Cd	292	0.000	107	3.37	0.554	7.20	63.0
As	265	0.000	110	7.81	0.953	3.86	17.4
Hg	235	0.000	251	1.71	1.11	13.7	198
Pb	291	0.300	1 920	24.5	6.63	16.3	274
Cr	201	0.470	2 278	54.4	14.6	8.25	77.8
Cu	328	0.800	1 742	205	16.8	2.01	3.74
Zn	322	0.000	5 004	411	31.6	4.62	29.7
Ni	212	2.46	47.5	18.4	0.619	0.600	0.072 8

注:由于查阅文献所得数据,多数为多个样本的测定均值,故在此称为样本组数。

表 2-13 畜禽粪中重金属元素各个百分位值含量统计表 mg/kg

元素	样本组数	分布类型	5%	10%	25%	50%	75%	90%	95%
Cd	292	偏态分布	0.100	0.160	0.598	1.25	2.32	4.97	14.5
As	265	偏态分布	0.014 2	0.109	0.838	2.50	7.01	19.0	41.0
Hg	235	偏态分布	0.011 8	0.021 3	0.034 0	0.060 0	0.090 0	0.167	0.333
Pb	291	偏态分布	1.87	3.10	7.42	13.6	23.8	33.9	44.7
Cr	201	偏态分布	3.33	4.38	6.13	12.0	22.6	93.1	185
Cu	328	偏态分布	16.0	19.6	28.5	53.0	196	698	885
Zn	322	偏态分布	50.1	64.6	106	238	507	827	1217
Ni	212	偏态分布	5.62	7.15	11.0	17.6	24.4	30.6	34.9

注:由于查阅文献所得数据,多数为多个样本的测定均值,故在此称为样本组数。

(2)商品有机肥 表 2-14 和表 2-15 为文献资料和采样分析中商品有机肥中重金属元素含量的统计结果,从表 2-14 可以看出,商品有机肥中重金属元素 Cd 的含量范围是 0.009 00～256 mg/kg,均值是 3.13 mg/kg,中位值为 1.06 mg/kg;As 的含量范围是 0.000～77.2 mg/kg，均值为 6.76 mg/kg，中位值为 4.62 mg/kg；Hg 的含量范围是 0.000～4.60 mg/kg，均值为 0.301 mg/kg，中位值为 0.115 mg/kg；Pb 的含量范围是 0.000～1 352 mg/kg，均值为 21.9 mg/kg，中位值为 11.7 mg/kg；Cr 的含量范围是 0.043 5～5 201 mg/kg，均值为 61.7 mg/kg，中位值为 18.1 mg/kg；Cu 的含量范围是 0.000～1 454 mg/kg，均值是 98.3 mg/kg，中位值为 34.2 mg/kg；Zn 的含量范围是 0.000～63 047 mg/kg，均值为 485 mg/kg，中位值为 136 mg/kg；Ni 的含量范围是 1.12～84.4 mg/kg，均值为 16.8 mg/kg，中位值为 13.3 mg/kg。根据表 2-14 中峰度和偏斜度两项数据可以得出，八种重金属元素的分布类型均为偏态分布，因此需用中值代替算术均值代表整体数据的集中水平，Cd、As、Hg、Pb、Cr、Cu、Zn、Ni 的中值分别为 1.06、4.62、0.115、11.7、18.1、34.2、136、13.3 mg/kg。

表 2-14 商品有机肥中重金属元素含量基本情况统计表

元素	样本组数	最小值/(mg/kg)	最大值/(mg/kg)	均值/(mg/kg)		分布	
				算术均值	标准误	偏斜度	峰度
Cd	340	0.009 00	256	3.13	0.923	12.8	174
As	333	0.000	77.2	6.76	0.510	4.25	24.5
Hg	322	0.000	4.60	0.301	0.036 1	4.60	22.9
Pb	340	0.000	1 352	21.9	4.24	15.2	251
Cr	330	0.043 5	5 201	61.7	17.6	13.9	210
Cu	337	0.000	1 454	98.3	9.35	3.77	18.4
Zn	336	0.000	6 3647	485	192	17.5	314
Ni	308	1.12	84.4	16.8	0.675	2.22	7.24

注：由于查阅文献所得数据，多数为多个样本的测定均值，故在此称为样本组数。

表 2-15 商品有机肥中重金属元素各个百分位值含量统计表 mg/kg

元素	样本组数	分布类型	5%	10%	25%	50%	75%	90%	95%
Cd	340	偏态分布	0.137	0.190	0.416	1.06	2.25	3.84	6.07
As	333	偏态分布	0.094 8	0.304	1.58	4.62	8.10	13.1	22.9
Hg	322	偏态分布	0.020 0	0.029 0	0.055 0	0.115	0.238	0.574	1.23
Pb	340	偏态分布	1.63	3.40	5.63	11.7	23.7	35.1	48.9
Cr	330	偏态分布	2.45	4.20	9.11	18.1	43.1	87.0	141
Cu	337	偏态分布	6.25	9.53	18.0	34.2	87.6	271	428
Zn	336	偏态分布	14.5	22.8	46.8	136	302	620	1112
Ni	308	偏态分布	4.85	6.70	9.06	13.3	21.0	31.1	40.9

注：由于查阅文献所得数据，多数为多个样本的测定均值，故在此称为样本组数。

(三)不同来源的有机肥中重金属含量比较分析

据了解,我国畜禽粪便中的重金属主要来源于动物饲料,尤其高 Cu 饲料,90%以上的 Cu 不能被机体吸收而随粪便排出(于炎湖,2003;Bonazzi,2003)。其他种类有机肥中重金属含量较高的是城市垃圾、污泥等制成的堆肥,其来源也大都跟城市污水、工业废水等有关(中国有机肥料资源,1999)。据对近 30 年来文献总结及实地采样结合分析所得(表 2-16),以畜禽粪便为原料的有机肥比例最大,约占80%,而由污水或工业废水带来重金属污染已有较多的相关研究,不胜枚举,所以说对有机肥而言,畜禽饲料污染带来的重金属污染才是更值得关注的。

表 2-16 我国畜禽粪便等有机废弃物中的不同重金属超标率

有机废弃物类别	鸡粪	猪粪	牛粪	羊粪*	废弃物	堆肥
主要超标金属	Cd、Ni	Zn、Cu、Cd	Cd	Cd、Ni	Cd、Ni	Cd、Ni
超标率范围	21.3～66.0	10.3～69.0	2.4～38.1	6.7～20.0	38.7～83.3	22.6～41.7

参照德国腐熟堆肥(VerdoNi,2001)中重金属限量标准。

重金属元素污染饲料的途径主要有以下三条:一是"工业三废"的排放和农用化学物质的使用;二是某些地区自然地质条件特殊,某些重金属元素天然含量高;三是饲料的生产加工过程中所使用的机械、管道、容器等的携带,以及使用杂质过高饲料添加剂(于炎湖,2001)。当今畜牧业生产中大量使用各种能促进生长和提高饲料利用率、抑制有害菌的微量元素添加剂,如 Zn、Cu、As 等金属元素添加剂,而这些无机元素在畜禽体内的消化吸收利用率极低,在排放的粪便中含量相当高(徐伟朴,2004;郝秀珍,2008)。

水生生物对砷有极强的富集能力,一些海产品加工为动物性饲料后也多会超过国家标准(2 mg/kg),而其作为饲料添加剂或加工辅助剂(周明,2001)也会相应增加饲料中总砷含量。陈建华等(2002)用国标(GB/T 3079—1999)规定的方法对湖北省 18 家生产企业生产的 19 种饲料中总 As 进行测定,结果发现有 9 种饲料中 As 超过国家标准,超标率为 47.37%。

Cu 和 Zn 是畜禽必需的微量元素,对动物正常生长发育有着极其重要的作用,Cu 主要促生长并提高饲料利用率(刘学剑,2001),而 Zn 主要提高畜禽繁殖和免疫能力(王志武,2005)。目前我国尚未对饲料中 Cu 和 Zn 的含量作出限量标准,加拿大、美国饲料协会规定日粮中 Cu 的最大限量为 125 mg/kg(喻兵权,2005),Zn 最大限量为 500 mg/kg(游金明,2003)。英国的大多数饲料中 Cu 和 Zn 的含量都较高,其中猪饲料中 Zn、Cu 含量分别为 150～2 920 mg/kg 和 18～217 mg/kg(Nicholsona F A,1999,Jackson B P,2003)。

在我们的调查研究中,畜禽粪便或者商品有机肥的原料来源中,猪粪和鸡粪都占到70%左右，但是农用直接施加畜禽粪便时所用的猪粪要比鸡粪高10%，而商品有机肥的原料则是鸡粪比猪粪高了35%左右。

从表2-17可得出，我国畜禽粪便中除了Cd和Cr是鸡粪中的重金属含量高于猪粪之外，其他几种重金属元素的含量都是猪粪高于鸡粪，然后牛粪、羊粪依次递减的。

表2-17　畜禽粪便不同种类重金属含量表($\bar{x}\pm s$)　mg/kg

重金属种类	猪粪(n=70)	鸡粪(n=49)	牛粪(n=25)	羊粪(n=5)	其他粪便(n=18)
Cd	11.26±14.56	14.15±19.14	4.31±6.45	0.08±0.02	1.20±1.11
Pb	20.34±11.24	15.15±14.27	10.83±6.91	7.8±3.27	21.44±17.30
As	20.67±25.08	5.63±6.99	4.28±3.54	—	21.35±26.97
Hg	290.08±7.56	30.72±20.84	4.24±6.65	—	7.31±11.59
Cu	747.11±301.54	187.55±103.71	50.63±30.77	35.29±5.59	109.93±70.44
Zn	930.54±970.40	294.71±160.86	151.48±93.15	102.42±19.20	272.97±143.18
Ni	97.63±4.71	1 183.39±6.65	134.91±0.00	—	94.81±4.84
Cr	24.36±20.92	2 704.24±4 498.59	12.75±4.36	—	—

从表2-18可得出，我国商品有机肥中除了Cu和Zn是猪粪中的重金属含量高于鸡粪之外，其他几种重金属元素的含量都是鸡粪高于猪粪，然后是有机质、牛粪、羊粪依次递减的，其中牛粪、羊粪中重金属含量差别较小。由于有机肥的来源有73%是畜禽粪便，而且其中比例与畜禽粪便的一致，都以鸡粪和猪粪为主要成分，所以下面以鸡粪和猪粪两种来源的畜禽粪便和商品有机肥为代表，进一步分析不同来源重金属含量超标率。

表2-18　商品有机肥不同原料来源的重金属含量($\bar{x}\pm s$)　mg/kg

重金属种类	猪粪(n=30)	鸡粪(n=106)	牛粪(n=8)	羊粪(n=7)	其他粪便(n=13)	有机质(n=62)
Cd	1.19±1.06	2.75±3.03	0.51±0.33	1.27±1.38	0.85±0.79	1.73±1.92
Pb	10.53±9.10	61.69±72.95	6.60±2.20	6.49±2.08	26.29±41.87	36.99±47.34
As	17.92±13.80	37.08±40.67	6.92±2.56	6.26±2.90	21.26±21.37	—
Hg	6.36±0.01	8.25±0.04	0.04±0.02	0.13±0.02	0.69±0.07	—
Cu	274.84±161.72	111.79±89.37	19.30±6.73	17.51±12.44	278.59±299.16	123.32±118.79
Zn	458.23±251.26	670.30±666.47	88.21±55.03	205.89±241.17	554.60±444.86	503.96±569.54
Ni	10.15±3.19	36.56±34.21	11.46±3.15	9.31±3.76	26.21±20.15	38.79±46.52
Cr	96.66±105.20	1 149.65±2 047.08	49.09±38.96	762.37±1 268.18	80.34±61.41	1 015.53±1 822.88

由表2-19可以看出，以猪粪为原料时，畜禽粪便中各个重金属元素的含量均超过了相应的商品有机肥，而以鸡粪为原料时，除了铜元素外，畜禽粪便中各个重金属元素的含量均低于相应的商品有机肥，结合前面"我国畜禽粪便有机肥中重金属含量特征"部分结论中畜禽粪便与商品肥中重金属含量规律，由于畜禽粪便其组成以猪粪为最大比例，而商品有机肥是以鸡粪为主要原料，则所得出的结论是与该部分相符的，而且以猪粪为原料的畜禽粪便与商品有机肥其中的重金属含量超标率均高于相应的以鸡粪为原料的畜禽粪便与商品有机肥。

表2-19　猪粪和鸡粪两种畜禽粪便中重金属含量超标率　%

有机肥类别	来源	Cd	Pb	As	Hg	Cu	Zn	Ni	Cr
畜禽粪便	猪粪	39.13	0.00	36.11	11.76	82.09	70.31	21.43	0.00
	鸡粪	11.76	0.00	8.33	4.35	39.53	21.43	20.00	16.67
有机肥	猪粪	21.43	0.00	13.04	10.53	78.57	42.86	0.00	20.83
	鸡粪	36.05	18.60	29.11	13.70	32.69	38.46	34.78	24.39

* 参考德国腐肥标准(VerdoNi O,1998)。

(四)有机肥中重金属的生物有效性

进入土壤的中重金属不容易被微生物降解，可以在土壤中不断积累，经生物富集并最终通过食物链进入人体。所以说，土壤重金属污染不但对土壤环境本身和农产品质量产生威胁，同时也将极大地影响人类和动物的健康。经历了早期重金属污染带来的严重灾难后，人们对重金属污染不仅在公众意识上有了提升，也在实践中做了广泛深入的研究(Bensonw,1994;Deorajc,2003)，其中研究污染土壤中重金属元素的生物有效性是环境科学领域里的一个热点和难点课题。

增施有机肥后，有机肥料分解所产生的腐殖质含有一定量的有机酸、糖类、酚类及N、S的杂环化合物具有活性基团，与土壤中Cu、Zn、Fe、Mn等金属元素发生络合或螯合反应，影响土壤微量元素的有效性。另外，有机质在土壤中具有一定的还原能力，可促进土壤溶液中Hg和Cd形成硫化物而沉淀，减少水溶态，降低毒性。因此，有机肥可以改变土壤中重金属的化学行为，影响作物对重金属的吸收。有机肥对土壤重金属有效态含量的影响比较复杂，与有机肥种类、施用量、土壤类型有关。

畜禽粪便等富含有机物质的有机肥可明显促进土壤重金属的活化和迁移淋滤。王开峰等(2008)研究表明，长期施用中、高量猪厩肥处理明显提高了稻田土壤Cu、Zn和Cd的有效性，高量有机肥处理土壤Cu、Zn和Cd有效态含量分别比对照增加了 65.8%、87.3%和 41.4%。在水稻土和赤红壤中施入含 Cu、Zn 和 As 的鸡粪和猪粪，粪肥处理土壤有效态 Cu、Zn、As 分别提高 5.2～19.4 mg/kg、4.0～65.9 mg/kg、0.011～0.034 mg/kg（姚丽贤，2008）。研究表明，连续施用猪粪水，土壤 DTPA-Cu、DTPA-Zn 含量明显增加。施用鸡粪、牛粪和猪粪后，土壤的有效 Cu 的含量比对照分别增加 5.2%、2.6%和 32.4%（赵征宇，2006）。施用鸡粪对土壤 Zn 含量影响不大，但显著增加土壤 Cu、Cd、Cr、Pb 含量，畜禽粪便能增加土壤重金属的移动性，因为其所含有机酸能与金属结合形成水溶性化合物或胶体，而且有机酸能降低土壤 pH，增加重金属的可溶性（吴清清，2010）。

三、磷肥中重金属含量及污染现状

（一）设施农田中磷肥的施用

农田中化肥的施用已经成为目前提高粮食产量的一个重要的增产措施，据联合国粮农组织 2000 年统计资料表明，过去 40 年中，世界粮食产量增加了一倍，而粮食产量与化肥的投入量表现出极显著的线性正相关关系（黄国勤等，2004）。中国从 1901 年开始使用化学肥料，一百余年来，化肥对中国的农业发展起了巨大的作用。我国磷肥施用量从 20 世纪 90 年代末的不足 900 万 t（折纯 P_2O_5），到 2005 年的接近 1 100 万 t，增长率也有明显增加的趋势，从 3%逐步上升到 6%。按这样的速率计算大约每 667 m^2 农田土壤平均使用磷肥 6 kg，在未来 10 年全国磷肥的需求量将达到 1 500 万 t P_2O_5 左右。目前，中国已经是世界上第一大化肥消费国和化肥进口国，世界第二大化肥生产国；中国农民生产投资高，化肥的投入约占全部生产性支出的 50%，而其中磷肥的施用占到化肥施用量的 20%。

图 2-3 为我国 2000—2008 年磷肥生产量、消费量、进口量与出口量的历年变化值，从图 2-3 可以看出 2006 年以前我国磷肥生产量为 1.2×10^7 t，要低于消费量，而磷肥进口量 1×10^6 t 要显然高于出口量；但是随着我国化肥施用量的不断增加磷肥的生产逐渐成为农业生产的主导，在 2008 年生产量达到最大值 1.4×10^7 t，并有很大一部分 3×10^6 t 用于出口；磷肥消费量呈不断上升的趋势，在 2006 年消费量最大达到了 1×10^7 t，环境问题的日益突出以及肥料在土壤中的过量使用，已经逐渐引起了人们的注意，2006 年以后磷肥的使用呈现出下降的趋势。

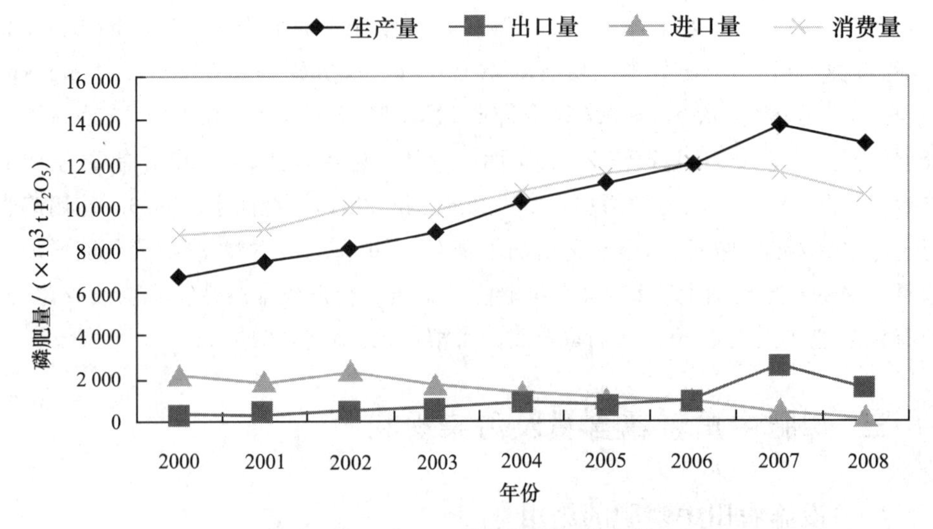

图 2-3 2000—2008 年我国磷肥消费情况

(http://www.fertilizer.org/ifa/HomePage/STARISTICS)

由于设施栽培的高投入以及栽培年限的增加,农民为了追求高产出,不惜大量投入肥料,据调查,在设施蔬菜栽培生产中,肥料的投入量有的高达需求量的10倍甚至数十倍以上,这种不合理投入,不仅导致肥料的浪费,二期污染土壤环境,尤其是磷肥在土壤中移动性小,磷肥的当季利用率低,一般大田正常施肥量条件下磷素利用率仅为10%~25%,过量投入导致磷素在土壤中大量累积。化学肥料中含有多种有毒有害的物质,其中重金属元素是化肥中最主要的污染物质,尤其在磷肥中重金属含量很多,也是土壤和粮食作物污染的主要贡献者(郑良永等,2005)。因为磷肥主要来源于磷矿石,磷矿石中含有许多的有害物质,其中包括镉、铅等重金属元素,这些重金属元素60%~80%会在农业生产过程中转移到肥料中,而磷肥的当季利用率仅达到10%~25%,大部分随磷肥施入土壤中的重金属不能被当季作物利用而积累在土壤中(高阳俊等,1994),所以过多施用磷肥会导致土壤中重金属含量增加,进而对人畜健康造成潜在的威胁。

(二)磷肥中的重金属含量特征

我国施用的磷肥种类很多,主要包括钙镁磷肥、磷酸铵、过磷酸钙、复合肥、磷矿粉等。磷肥的生产原料是磷矿石,其成分比较复杂,不像合成氨肥、制造氮肥那样单纯。磷矿石中本身含有各种杂质,在生产工艺流程中也会造成污染,因此磷肥中常常含不同种类的污染物质,像重金属元素、有毒有机化合物,以及放射性物质等。土壤中的重金属较难迁移,具有残留时间长、隐蔽性强、毒性大等特点,并且可能经作物吸收后进入食物链,或者通过某些迁移方式进入到大气、水体中,从而威胁到人类和其他生物的繁衍生息。因此治理重金属污染的土壤一直是研究和治理的重点(莫争等,2002;黄国勤等,2004;李东坡,武志杰,2008;刘卫星,2005;柴世伟等,2004;李本银等,2010)。

2010—2011 年间,在全国采集 159 个含磷肥料样品。其中在 5 个磷矿富集省(云南、贵州、湖北、湖南、四川)采集了 85 个样品,在其他省份采集了 74 个样品。采集的肥料样品均为市售且使用普遍的品种,包括国产 146 个和进口 13 个。表 2-20、表 2-21 为磷肥中重金属元素含量的统计结果,表 2-22 是国产肥料和进口肥料中重金属含量比较的结果。

从表 2-20 中可以看出,以 P_2O_5 计,含磷肥料中重金属含量的分布都属于偏态分布。根据表 2-21 中峰度和偏斜度两项数据可以得出,八种元素均为偏态分布,因此用中值代替算术均值代表整体数据的集中水平。肥料中重金属元素 Cd、Cu、Zn、Cr、Pb、Ni 以及 As 和 Hg 的含量范围、均值以及中位值分别为(单位:mg/kg,以 P_2O_5 计):Cd 痕量~71.2,均值 4.48,中位值 1.48;Cu 痕量~4 881.7,均值 258.4,中位值 99.8;Zn 痕量~16 114.7,均值 767.4,中位值 364.2;Cr 1.26~2 743.2,均值 190.0,中位值 84.5;Pb 痕量~2 388.3,均值 151.3,中位值 42.9;Ni 1.38~2 350.5,均值 134.5,中位值 47.8;As 痕量~5 631.2,均值 155.8,中位值 101.2;Hg 痕量~837.4,均值 8.79,中位值 0.38。

将检测结果与我国国家标准对照,重金属 Cd、Cr、Pb、As、Hg 参照标准 GB/T 23349—2009(肥料中镉、铬、铅、砷、汞生态指标),限值分别为 10、500、200、50、5 mg/kg 肥料。目前,对于重金属 Cu、Zn、Ni 没有相应的标准限值。所有检测样品中只有一个磷酸一铵样品中 As 和一个磷酸二铵样品中 Cd 超标,其余样品中重金属含量都在标准限值内。

表 2-20　磷肥中重金属元素含量基本情况统计表(mg/kg,折纯 P_2O_5 计算)

元素	样本组数	最小值/(mg/kg)	最大值/(mg/kg)	均值/(mg/kg)		分布		超标率/%
				算术均值	标准误	偏斜度	峰度	
Cd	159	痕量	71.2	4.48	10.3	4.84	25.2	0.63
As	159	痕量	5 631.2	155.8	448.5	11.7	143	0.63
Hg	159	痕量	837.4	8.79	66.79	2.63	7.01	0
Pb	159	痕量	2 388.3	151.3	317.1	4.18	21.5	0
Cr	159	1.26	2 743.2	190.0	190.0	4.26	22.7	0
Cu	159	痕量	4 881.7	258.4	537.8	5.45	38.5	0
Zn	159	痕量	16 114.7	767.4	1 701.5	6.25	47.53	0
Ni	159	1.38	2 350.5	134.5	317.2	4.92	26.6	0

表 2-21 磷肥中重金属元素各个百分位值含量统计表(mg/kg,折纯 P_2O_5 计算)

元素	样本组数	分布类型	5%	10%	25%	50%	75%	90%	95%
Cd	159	偏态分布	0.210	0.260	0.610	1.48	3.87	8.37	15.4
As	159	偏态分布	痕量	37.8	62.7	101.2	153	222	298
Hg	159	偏态分布	痕量	痕量	0.023	0.38	3.83	11.3	16.8
Pb	159	偏态分布	1.68	4.57	9.13	42.9	132	818	818
Cr	159	偏态分布	19.9	25.7	45.8	84.5	142	429	947
Cu	159	偏态分布	0.00	9.78	35.5	99.8	226	577	1072
Zn	159	偏态分布	35.1	83.4	146	364.2	774	1 320	2 643
Ni	159	偏态分布	8.44	14.0	24.6	47.8	91.4	209	589

表 2-22 是将采集的肥料按国产和进口分类后进行统计分析的结果(以肥料计),由表 2-22 可以看出采集的进口肥料重金属 Cd 含量均值为 3.20 mg/kg,是国产肥料 Cd 含量均值的 5.8 倍左右。在采集的 13 个进口磷肥中有一个肥料样品中镉的含量很高,达到 27.2 mg/kg,对进口肥料镉的平均值贡献较大,剔除这个高镉样品后,进口肥料重金属 Cd 含量均值为 1.20 mg/kg。进口的肥料主要来自美国、摩洛哥、比利时、德国、希腊、以色列等国。另外,与国产肥料相比,进口肥料中 Cu、Cr 和 Hg 均值分别为 39.4、26.6 和 0.47 mg/kg,高于国产肥料,Zn、Pb、Ni、As 的均值低于国产肥料。

表 2-22 国产磷肥和进口磷肥中重金属含量的比较 mg/kg

元素	国产肥料(146 个)			进口肥料(13 个)		
	范围	均值	中位值	范围	均值	中位值
Cd	痕量~9.59	0.55	0.23	0.02~27.2	3.20	0.41
Cu	痕量~556.1	35.3	13.7	痕量~323.8	39.4	12.1
Zn	痕量~1 323.6	113.8	54.4	6.72~72.8	32.2	33.2
Cr	0.10~371.1	23.9	13.6	痕量~73.1	26.6	12.1
Pb	痕量~181.7	17.7	6.32	痕量~23.1	4.17	2.56
Ni	0.79~371.7	15.6	8.30	0.05~70.1	12.7	7.49
As	0.025~51.7	19.6	19.8	痕量~34.2	17.8	18.3
Hg	痕量~3.99	0.44	0.08	痕量~3.68	0.47	0.04

(三)含磷肥料中镉全量和有效态含量的统计分析

通过 ICP-MS 将含磷肥料消解液和浸提上清液中 Cd 进行了检测分析,此外,由于农田磷肥的施用量都是以肥料中五氧化二 P_2O_5 含量计算的,因此,将含磷肥料中 Cd 含量以 P_2O_5 为基础也进行了分析换算，表 2-23 是含磷肥料中 Cd 全量和有效态含量以肥料和 P_2O_5 计的统计分析结果。

表 2-23　含磷肥料中 Cd 全量、有效态基本情况统计表　mg/kg

元素	最小值	最大值	均值	标准误差	5%	25%	50%	75%	95%
全量(以肥料计)	痕量	27.2	0.77	2.42	0.04	0.11	0.23	0.57	2.57
全量(以 P_2O_5 计)	痕量	71.2	4.48	10.3	0.21	0.61	1.48	3.87	15.4
有效态(以肥料计)	痕量	2.34	0.14	0.28	0.001 3	0.011	0.050	0.13	0.57
有效态(以 P_2O_5 计)	痕量	10.92	0.89	1.47	0.002 9	0.096	0.34	0.98	4.55

含磷肥料中 Cd 全量和有效态含量的分布都属于偏态分布。以肥料为基础计算，肥料中 Cd 全量范围为痕量～27.2 mg/kg，均值为 0.77 mg/kg，50%的样品小于 0.23 mg/kg，75%的样品小于 0.57 mg/kg，5%的样品大于 2.57 mg/kg。肥料中 Cd 有效态含量范围为痕量～2.34 mg/kg，均值为 0.14 mg/kg，50%的样品小于 0.050 mg/kg，75%的样品小于 0.13 mg/kg，5%的样品大于 0.57 mg/kg。

以 P_2O_5 为基础计算，肥料中 Cd 全量范围为痕量～71.2 mg/kg P_2O_5，均值为 4.48 mg/kg P_2O_5，50%的样品小于 1.48 mg/kg P_2O_5，75%的样品小于 3.87 mg/kg P_2O_5，5%的样品大于 15.4 mg/kg P_2O_5。肥料中 Cd 有效态含量范围为痕量～10.92 mg/kg P_2O_5，均值为 0.89 mg/kg P_2O_5，50%的样品小于 0.34 mg/kg P_2O_5，75%的样品小于 0.98 mg/kg P_2O_5，5%的样品大于 4.55 mg/kg P_2O_5。

将检测结果与我国国家标准对照，Cd 参照标准 GB/T 23349—2009(肥料中镉、铬、铅、砷、汞生态指标)，肥料中镉的限值为 10 mg/kg。所有检测样品中只有一个磷酸二铵样品中 Cd 超标，其余样品中 Cd 含量都在标准限值内。

将采集含磷肥料按种类进行划分，表 2-24 是不同种类含磷肥料镉(Cd)全量和有效态含量的比较分析结果。从范围值和均值来看，不同种类含磷肥料 Cd 含量差异较大，其中过磷酸钙中 Cd 全量含量最高，其次是磷酸二胺；含磷复合肥中 Cd 有效态含量最高，其次是过磷酸钙，钙镁磷肥中 Cd 有效态含量较低。

含磷复合肥 Cd 全量和有效态含量均值分别为 2.87 和 1.20 mg/kg P_2O_5，有效态含量占 Cd 总量的百分比平均为 45.97%。过磷酸钙 Cd 全量和有效态含量均值分别为 8.07 和 1.17 mg/kg P_2O_5，有效态含量占 Cd 总量的百分比平均为 25.98%。磷酸一铵 Cd 全量和有效态含量均值分别为 2.43 和 0.58 mg/kg P_2O_5，有效态含量占 Cd 总量的百分比平均为 47.82%。磷酸二铵 Cd 全量和有效态含量均值分别为 4.94 和 0.28 mg/kg P_2O_5，有效态含量占 Cd 总量的百分比较小，仅为3.81%。此外，硝酸磷肥中 Cd 有效态占 Cd 总量的百分比较高，为 39.48%，Cd 全量和有效态含量均值分别为 2.04 和 0.85 mg/kg P_2O_5。

表 2-24　不同种类含磷肥料中 Cd 全量、有效态基本情况统计表(mg/kg,以 P_2O_5 计)

肥料种类	范围		均值		中位值		标准偏差	
	全量	有效态	全量	有效态	全量	有效态	全量	有效态
含磷复合肥	痕量～30.44	痕量～10.92	2.87	1.20	1.34	0.55	0.54	0.21
过磷酸钙	0.12～71.71	0.10～6.14	8.01	1.17	3.31	0.57	2.51	0.25
磷酸一铵	0.26～18.72	痕量～2.07	2.43	0.58	0.53	0.23	1.64	0.21
磷酸二铵	0.07～67.03	痕量～5.09	4.94	0.28	1.08	0.01	2.13	0.16
钙镁磷肥	0.88～8.37	痕量～0.000 8	3.40	痕量	0.95	痕量	5.48	痕量
硝酸磷肥	1.48～2.45	0.29～1.37	2.04	0.85	2.18	0.88	0.29	0.31
磷矿	0.19～0.63	0.05～0.21	0.34	0.13	0.22	0.13	0.14	0.04

四、设施农田污泥的施用及其重金属含量特征

(一)设施农田污泥的施用及其存在的问题

我国人口剧增,废水排放量日益增加,污泥量也随之增加,避免污泥的二次污染,是目前污水处理厂比较关注的问题。污泥作为农业生产的有机肥源,能够为植物生长提供养分,提高农产品产量和品质,维持和提高土壤肥力,减少其发挥负面影响,实现其资源的循环利用。但是污泥中重金属易对土壤和农作物产生不利影响,因此了解关于污泥在农业上的施用效果和对环境的影响,可以对污泥在农业上的应用和建立污泥使用的指标体系提供科学依据。

杨晓琴等(2008)在沙壤土上进行污泥应用效应研究,发现在常规施化肥基础上,增施污泥堆肥可明显提高番茄、辣椒、茄子、莴笋的产量,且作物品质较高,说明污泥能够改善作物营养,促进养分平衡,作物品质有所提高。边伟等(2009)在"重金属在施污土壤中分布及被大豆植株的吸收"一年试验中,结果表明在施污剂量分别为 10、30、60 t/hm^2 的土壤中,重金属 Pb、Cu、Zn 含量基本未超过我国土壤环境质量标准的限值,大豆植株的不同器官中,Pb、Cd 的富集能力为"茎叶＞根＞籽粒",Cu、Zn 则相反,为"籽粒＞根＞茎叶"。土壤中 4 种重金属在大豆体内富集系数的高低顺序依次为"Cd＞Cu＞Zn＞Pb"。比较污泥中的 Zn、Pb、Cd 在小麦幼苗根和叶中的富集系数发现 3 种金属在根中的富集系数均大于其在叶中的富集系数,Zn、Pb、Cd 在根部的含量范围分别在 55.4～109.17 mg/kg、1.88～5.62 mg/kg、4.80～14.83 mg/kg(李晓晨等,2007)。李琼等(2009)通过田间污泥试验发现,作物籽粒中 Zn 含量(mg/kg)与土壤中污泥施加量(kg/hm^2)之间存在着显著的线性回归关

系，土壤中增施 1 t/hm^{2}污泥，小麦和玉米籽粒中 Zn 含量分别增加 0.570 mg/kg 和 0.118 mg/kg。黄雅曦等(2005)在施用污泥堆肥对土壤和生菜重金属积累特性的影响试验中的结果表明，生菜地上部组织重金属含量随着污泥施用量的增加而增加，所有处理中 Zn 的含量均超出我国蔬菜食品卫生标准，在污泥肥量为 50%时 Cu 的含量超出标准；Cd 的含量在污泥施肥量在 10%及以上时，开始出现超标现象；由于生长期不同，生菜重金属含量具有明显的差别，在生产上，应选择重金属含量较低的时期采收。唐俊等(2007)在研究中得出，污泥质量浓度为 10 g/kg 时，生菜和萝卜中重金属 Zn、Cd、Cr、Cu 和 Pb 含量均在国家食品卫生标准范围内，硝酸盐和亚硝酸盐含量也符合卫生标准；当污泥质量浓度为 30 g/kg 时，生菜中重金属 Cd 含量超标，萝卜中亚硝酸盐含量超标，超标率分别达 20%和 15%。

农作物与人类的日常生活息息相关，如果农作物中重金属超标，就会给人体健康带来严重影响，所以在使用污泥作为土壤肥料时，不仅要考虑到污泥对环境的影响，更要考虑到其中的重金属在作物可食部分的积累情况，因此要确立污泥在农业利用中的施用标准，使农产品中重金属含量严格控制在国家食品卫生标准范围内。

(二)污泥中重金属含量特征及时间变化

1. 污泥中重金属含量特征

污泥中的重金属种类很多，如 Pb、Cd、Hg、Cr、Ni、Cu、Zn、As 等，能污染土壤、水体及食物链，其中人们较为关注的重金属主要为 Pb、Cd、Cu、Zn。陈同斌等(2003)对国内(1994—2001 年)报道的城市污泥重金属的资料进行统计分析表明，我国城市污泥的重金属含量变化幅度很大，极差最高达几千(单位：mg/kg)；Zn 是含量最高的元素，均值为 1 450 mg/kg；次高量为 Cu、Cr，毒性较大的重金属元素 Hg、Cd、As 含量较低，通常在几到十几(单位：mg/kg)范围内。按照中国 1984 年颁布的《农用污泥污染物控制标准》(GB 4284—84)的规定，在统计样本中 Hg、Cd、As、Pb、Cr 没有超标案例，超标率最高的是 Zn，其次是 Cu、Ni(表 2-25)。但是，按照《城镇污水处理厂污染物排放标准》的规定，我国城市污泥中 Zn、Cu 的超标率别为 9%、12%；如果按照美国环保局的标准，我国城市污泥的重金属都不超标(陈同斌等，2003)。我国广州市污泥中 Cu、Zn 的含量分别为 1 000、5 219 mg/kg，均大大超过控制标准，而 Pb、Ni 的含量在控制标准以内；西安市污泥中 Zn 和 Ni 也显著超标。

表 2-25 中国城市污泥中重金属含量(陈同斌等,2003)

重金属	样本数①	变化范围/(mg/kg)	平均值②/(mg/kg)	统计样本的超标率/%		
				GB 4284—84 pH≥6.5	新标准③	USEPA 标准
Hg	33	0~9.3	2.84	0	0	0
Cd	54	0.05~16.80	2.97	0	0	0
As	26	0.29~47.00	16.1	0	0	0
Ni	35	10.4~374.0	77.5	11	11	0
Pb	55	0.6~669.0	131	0	0	0
Cr	37	0.4~728.0	185	0	0	—
Cu	59	28.4~3 068.0	486	30	12	0
Zn	57	16.8~7 384.0	1 450	55	9	0

①统计样本数几位污水处理厂数,资料的年限为 1994—2001 年;②由于成城市污泥中的重金属含量正在逐年下降,因此表中 1994—2001 年的平均值高于当前的重金属含量平均值;③《城镇污水处理厂污染物排放标准》,国家环境保护总局。

了解重金属的种类和含量是对城市污泥进行合理处置利用的基础,杨军等(2009)共采集了来自全国不同城市的 107 个污泥样品,经消解后,测定其中重金属含量,得到结果如表 2-26,采用 K-S 法检验城市污泥中 As、Cd、Cr、Cu、Hg、Ni、Pb、Zn 含量的分布,结果表明,此 8 种重金属含量均不服从对数正态分布。用 Box-Cox 均值表征污泥的重金属含量,As、Cd、Cr、Cu、Hg、Ni、Pb、Zn 的平均含量分别为 20.2、2.01、93.1、219、2.13、48.7、72.3、1 058 mg/kg。与表 2-25 资料所查的污泥中重金属含量相比,Cd、Hg、As、Ni 含量相差较小,Cr、Pb、Cu、Zn 含量相差较多。

表 2-26 中国城市污泥的重金属含量(*n*=107)(杨军等,2009) mg/kg

重金属	含量						
	最小值	中值	最大值	算数均值	几何均值	标准差	Box-Cox 均值
As	0.8	19.9	268	25.2	19.7	26.8	20.2
Cd	0.04	1.74	999	18.2	2.33	109	2.01
Cr	20.0	85.3	6 365	259	103	714	93.1
Cu	51.0	223	9 592	499	257	1131	219
Hg	0.04	2.2	17.5	3.18	1.98	3.13	2.13
Ni	16.4	46.2	6 260	167	58.8	719	48.7
Pb	3.60	83.6	1 022	112	78.2	134	72.3
Zn	217	1025	30 098	2 089	1 235	3 819	1 058

2. 近 30 年来我国污泥重金属含量变化特征

1980—2009 年，随着我国社会经济的快速发展和城市化进程的推进，城市供水不断增加，污水处理厂的数量也随之增加，每年产生的污泥量也迅速增加，污泥对环境的危害也越来越得到人们的重视，尤其是污泥中重金属含量对环境和人类的影响，所以对污泥中重金属的研究也越来越多，主要是对植物和土壤影响严重的 Cd、Pb、Cr、Cu、Zn 的研究，对于 As、Hg、Ni 的研究相对较少。

表 2-27、表 2-28 为 2000—2009 年污泥重金属元素含量的统计分析结果，该组数据的标准差和变异系数也较大，数据比较离散。由样本数可以看出对污泥中重金属的研究越来越广泛，技术的迅速发展，污水处理能力的增强，污泥产量的加大，其中的重金属对环境和人类健康的危害越来越被人们所重视。与 1980—1989 年、1990—1999 年的各重金属数据的分布类型相同，都服从偏态分布，近 10 年内 Cd、Pb、Cr、As、Hg、Cu、Ni、Zn 的中位值分别为 1.14±29.58、76.40±135.07、106.60±505.98、12.80±62.39、1.92±8.95、277.50±1 302.47、66.10±316.49、1 004.00±1 879.09 mg/kg（表 2-28）。

表 2-27　2000—2009 年污泥中重金属元素含量的统计分析

元素	算术平均值/(mg/kg)		分布类型	几何平均值/(mg/kg)		最小值/(mg/kg)	最大值/(mg/kg)	变异系数/%	样本数
	均值	标准差		均值	标准差				
Cd	8.33	28.69	偏态分布	2.52	29.27	0.005	497.6	344.33	433
Pb	114.36	129.62	偏态分布	62.02	139.9	0.01	973	113.15	457
Cr	284.62	473.54	偏态分布	106.41	506.11	0.63	3 837.2	166.38	360
As	27.69	60.58	偏态分布	13.19	62.3	0.035	671	218.82	236
Hg	4.32	8.63	偏态分布	1.56	9.06	0.000 4	101.56	199.81	225
Cu	591.26	1264.03	偏态分布	283.11	1301.12	0.16	1 6253	213.79	476
Ni	137.3	308.35	偏态分布	71.29	315.39	0.29	4705	224.58	303
Zn	1 521.06	1 808.49	偏态分布	904.99	1 910.76	0.08	15 890	118.9	465

表 2-28　2000—2009 年污泥中重金属元素含量的统计分析　mg/kg

元素	最小值	最大值	5%值	10%值	25%值	50%值	75%值	90%值	95%值
Cd(433)	0.005	497.6	0.05	0.27	0.19	0.45	0.1	1.14	2.52
Pb(457)	0.01	973	1.16	3.24	3.28	12.36	35.37	76.4	150
Cr(360)	0.63	3 837.2	0.84	1 254	4.67	15.61	43.9	106.6	335.27
As(236)	0.035	671	3.04	3.83	3.06	4.2	7.14	12.8	22.6
Hg(225)	0.000 4	101.56	0.2	0.26	0.11	0.2	0.7	1.92	4.74
Cu(476)	0.16	16 253	5.72	37.9	44.4	88.7	148.4	277.5	508.5
Ni(303)	0.29	4705	0.47	11.2	13.44	24.32	34.8	66.1	141.95
Zn(465)	0.08	15 890	5.91	70.9	120.5	264.59	440.42	1004	1738

从文献中查阅到 30 年污泥中重金属元素含量的平均值汇总结果(表 2-29)来看，污泥中 Cd、Pb、Cr、As、Hg、Ni 的含量符合农用污泥中污染物控制标准，可以在酸性、中性、碱性土壤上施用；Zn 的含量较高，1980—1989 年和 2000—2009 年，这两个阶段污泥中 Zn 的含量超出了农用污泥中污染物控制标准，在酸性土壤上施用含 Zn 超标的污泥，会造成对土壤的破坏，进而可能影响到人类健康；污泥中 Cu 含量超出了酸性土壤上对农用污泥中污染物控制标准值，但是符合 pH≥6.5 的土壤上施用的标准。以上说明，由于污泥中某种重金属含量较高，可能造成一些地区土壤重金属积累问题，因此需要因地制宜，有针对地提出相应的应对措施。

表 2-29　近 30 年污泥中重金属元素含量的平均值　mg/kg

重金属	1980—1989		1990—1999		2000—2010	
	样本数	均值±标准差	样本数	均值±标准差	样本数	均值±标准差
Cd	34	2.35±6.28	121	1.73±10.24	433	1.14±29.58
Pb	32	73.60±275.64	131	81.60±309.43	457	76.40±135.07
Cr	26	116.85±232.26	116	91.20±628.05	360	106.60±505.98
As	30	13.15±31.53	79	10.30±65.00	236	12.80±62.39
Hg	25	2.17±9.83	81	1.43±17.76	225	1.92±8.95
Cu	25	428.10±713.23	137	336.0±1 015.97	476	277.50±1 302.47
Ni	10	81.15±515.97	99	95.55±447.31	303	66.10±316.49
Zn	21	1 480.00±2 044.03	131	673.9±2 389.43	465	1 004.00±1 879.09

从 30 年污泥中重金属元素含量的年际变化可以看出，污泥中 Cd、Cu 的含量逐渐下降的，分别由 20 世纪 80 年代的 2.35、428.10 mg/kg 下降到近 10 年的

1.14、277.50 mg/kg，表明 Cd、Cu 污染已引起相关部门的重视，其污染程度也得到一定程度的缓解；Hg、As、Cr 和 Zn 4 种元素在污泥中的平均含量则是呈现“先下降后上升”的趋势，Ni、Pb 在污泥中的平均含量呈现出“先上升后下降”的趋势，这 6 种元素在污泥中的变化不确定，需要随时观测其在污泥中的含量，防止其含量过高，造成对环境的影响。

对田间试验点（长沙、石家庄、福州）以及北京地区的几个污水处理厂产生的污泥进行采样分析，并与文献中搜集的数据进行比较，共采集污泥样品 15 个，其中包括福建污泥样品 1 个，长沙污泥样品 1 个，北京污泥样品 9 个，石家庄污泥样品 4 个，由于样本数较少，不满足数据分布类型的条件，所以之后的采样污泥分析使用算术平均值。若将污泥施用在酸性土壤上，搜集到的 1980—2009 年污泥重金属数据（中位值）中 Cu、Zn 超过了农用污泥中污染物控制标准值，并且 Zn 超标严重，是标准限值的 2 倍，而采样污泥中的重金属 Hg 和 Zn 超标，且 Zn 超标也很严重；在中性或碱性土壤上，搜集到的 1980—2009 年污泥重金属数据和采样污泥重金属数据中，只有 Zn 的含量超过了标准限值，且超标较少。因此，在施用污泥时应考虑到土壤的 pH 对重金属的活化作用，污泥中 Zn 的含量应该加以控制，使其低于农用污泥的标准限值（表 2-30）。

表 2-30 1980—2009 年、2010 年采样污泥中重金属含量 mg/kg

重金属	1980—2009 年（中位值）	2010 年采样污泥（算术平均值）	农用污泥中污染物控制标准值（GB 4284—84）	
			酸性土壤上（pH<6.5）	中性碱性土壤上（pH≥6.5）
Cd	2.52	1.43	5	20
Pb	76.40	71.82	300	1 000
Cr	106.60	70.68	600	1 000
As	12.80	15.87	75	75
Hg	1.92	8.26	5	15
Cu	277.50	188.02	250	500
Ni	66.10	23.63	100	200
Zn	1 004.00	1 154.93	500	1 000

2010 年在长沙、石家庄、福建、北京的污泥样品的采样分析所得重金属含量，与在文献中查阅到的 1980—2009 年污泥重金属数据的均值相比，采样污泥中 Cd、Ni、Pb、Cr、Cu 高于 1980—2009 年资料所示污泥中重金属的均值，其中采样污泥中 Cd、Ni、Cr 的含量远高出 1980—2009 年污泥中重金属的均值；对于重金属 Hg、As、Zn，则是 1980—2009 年污泥中重金属的均值高于采样污泥中重金属含量。由于污水处理厂中污水来源广泛，污泥中重金属含量变化范围大，所以应加强监测控

制，在环境承受能力范围之内对其加以利用。

(三)污泥中重金属生物有效性

一方面，重金属污染物对包括土壤和沉积物环境在内的陆地生态系统具有一定的蓄积毒性；另一方面，通过植物吸收、生物积累和生物放大对人和动物的健康造成危害(王畅等,2009)。重金属在土壤中的生理毒性及迁移转化规律与其化学形态和集合方式密切相关。一般土壤中重金属的形态可分为水溶态离子交换态、碳酸盐结合态、有机质结合态、铁锰氧化物结合态和残渣态，其中可被植物吸收利用的为水溶态、离子交换态和部分强代换剂提取态，即为重金属的生物可利用态或有效形态(钱进等,1995)。重金属的生物有效性是指重金属能被生物吸收或对生物产生毒性性状。人们对此进行了大量研究，主要是研究施用污泥后对土壤重金属形态及对植物吸收重金属的影响。弄清楚污泥中重金属与水溶性重金属盐植物有效性之间的关系，此数量关系可以为制定污泥农用标准提供一定的依据(徐兴华等,2008)。

徐兴华等(2008)利用盆栽试验研究在土壤中施用污泥和等量的重金属盐对作物苗期地上部吸收重金属量的影响，计算污泥中重金属的植物有效系数。研究表明，北京城市污泥中 Cu 和 As 的植物有效性要低于水溶性重金属盐的植物有效性，污泥中重金属有效性相当于水溶性重金属盐有效性的 54.8%～80.9%。北京市污泥的施用可以明显增加番茄、玉米苗期地上部 Zn、Cu、As 的含量，但污泥在高施用量时对植物体中 Cr、Ni、Pb 含量影响不大，Cd 的含量随污泥的施用反而降低。关于污泥中重金属与可溶性重金属盐的植物有效性比较，大多是关于污泥中 Cd 与 Cd 盐的比较，Brown 等(1998)研究表明污泥中 Cd 的植物性有效性要低于重金属 Cd 盐的有效性，并且作物地上部 Cd 含量也没有随着污泥有机质的分解而增加。McLaughlin 等(2007)也研究表明，污泥中 Cd 在小麦上的有效性低于无机 Cd 盐的有效性，Street 等(1977)研究表明，施用污泥时可以使重金属盐的植物有效性降低。由此也可以看出，建立污泥中重金属与水溶性重金属无机盐的植物有效性之间的数量关系，可以为污泥农用提供一定的理论基础。

五、设施农田灌溉水中重金属含量特征

本研究中设置的情景是在设施蔬菜生产，其灌溉用水主要为地下水，因此以“地下水，重金属”为关键字，发表时间设为 2000—2012 年，在中国知网数据库已经发表的期刊论文中检索。文献采用的原则为地下水源远离工矿企业等易污染的区域，这样，从中筛选出可用文献共 19 条，采样时间为 2000—2011 年。

表 2-31 和表 2-32 为全国地区地下水中重金属含量的统计分析结果，从表 2-31

看,八种重金属元素的均值和标准差相差均比较大,算术均值和几何均值也相差比较大,说明数据比较离散,另外,数据的偏度值均较大。结合表3-32的八种元素重金属含量的偏度和峰度值,从统计分析结果来看,除了As、Cu、Zn是属于对数正态分布,其余均为偏态分布。其中地下水中As、Cu、Zn的含量特征用几何均值±标准差描述。

表2-31 全国地下水中重金属元素含量基本情况统计表 μg/L

元素	样本数	最小值	最大值	算术均值		几何均值		分布			
				均值	标准差	均值	标准差	偏度	偏度的标准误	峰度	峰度的标准误
Cd	130	0.010 0	10.0	0.407	1.23	0.092 1	1.27	5.99	0.212	39.7	0.423
As	122	0.010 0	51.8	4.46	6.77	2.10	7.18	3.97	0.219	21.0	0.435
Hg	82	0.001 30	0.800	0.071 8	0.149	0.022 8	0.157	3.31	0.266	11.4	0.529
Pb	148	0.001 00	110	6.69	13.8	1.77	14.6	4.22	0.199	23.6	0.397
Cr	129	0.010 0	97.0	8.19	15.5	2.07	16.7	3.68	0.213	15.7	0.425
Cu	125	0.010 0	990	29.6	113	2.30	117	6.47	0.217	48.0	0.431
Zn	97	0.010 0	1 136	49.6	137	12.3	142	6.31	0.245	45.4	0.488
Ni	63	0.100	810	81.1	189	2.80	205	2.53	0.302	5.88	0.595

表2-32 全国地下水中重金属元素含量百分位含量统计表 μg/L

元素	样本数	分布类型	均值	标准差	5%	10%	25%	50%	75%	90%	95%
Cd	130	偏态分布	0.100	1.27	0.010 0	0.010 0	0.030 0	0.100	0.200	1.00	1.55
As	122	对数正态分布	2.10	7.18	0.258	0.403	1.00	2.32	4.65	10.0	18.6
Hg	82	偏态分布	0.017 0	0.159	0.003 00	0.004 96	0.009 20	0.017 0	0.050 0	0.244	0.490
Pb	148	偏态分布	2.00	14.6	0.014 0	0.196	1.00	2.00	5.00	22.6	33.8
Cr	129	偏态分布	3.00	16.4	0.010 0	0.070 0	2.00	3.00	6.34	25.1	36.7
Cu	125	对数正态分布	2.30	117	0.113	0.210	0.633	1.56	6.97	52.0	180
Zn	97	对数正态分布	12.3	142	0.467	1.72	4.61	11.1	47.1	96.4	203
Ni	63	偏态分布	1.00	205	0.200	0.300	0.560	1.00	4.40	346	598

注:灌溉水数据来自中国农业大学资源环境学院重金属研究小组。

结合表2-33我国旱作农田灌溉水质标准GB 5084—2005,由表2-34可知,全国范围的地下水除Cd外均符合农用标准,合格率均为100%,地下水中Cd含量合格率为99.2%。

表 2-33 农田灌溉水质标准(GB 5084—2005) μg/L

项目类别	作物种类	
	水作	旱作
总 Hg	1	
Cd	10	
总 As	50	100
Cr(六价)	100	
Pb	200	
Cu	500	1 000
Zn	2 000	

表 2-34 我国地下水中重金属元素合格率 %

元素名称	地下水重金属元素合格率	
	华北地区	全国范围
Cd	100	99.2
As	100	100
Hg	100	100
Pb	100	100
Cr	100	100
Cu	100	100
Zn	100	100

六、研究不足和未来研究发展方向

我国肥料资源丰富,包括畜禽粪便、堆肥、秸秆、饼肥、绿肥类、有机肥、污泥肥等,而且目前已经有很多企业参与到商品有机肥的生产当中,我国已经逐渐成为化肥的主要消费大国。据统计,我国已有500多家企业投入到生产商品有机肥的行列中,而且成为肥料发展的一个趋势。由于肥料中携带重金属及对土壤中重金属的有效性的影响作用,长期施用有机肥对农作物和人类带来的后果尚不明确,而且肥料的使用比例、种类的不同造成的影响也各不相同,因此我们也需要研究施肥对作物系统中重金属的平衡,施用后也需要进一步跟踪监测对周围环境的影响。我们还应该加强对我国目前肥料生产的关注,以及对其中各种肥料中污染元素的控制,以保证农田土壤的安全使用和作物的安全生产。

对于污泥和磷肥来说，污泥和磷肥在土地上的利用不能只考虑到当前利益，而忽略了其中重金属在土壤中长期积累带来的各种环境风险。污泥施用因地制宜，严格控制污泥施用量，在安全使用年限内施用，施用后应定期监测土壤中及周围水体中重金属及营养元素的含量等情况，避免二次污染。研究人员应增加长期施用污泥和磷肥后对土壤重金属的影响及其重金属的生物有效性研究，为制定全面的、科学的污泥土地利用标准及污泥施用量和安全使用年限提供科学依据。各省市环保部门应积极宣传法规政策，杜绝滥施滥用污泥，制定科学合理的土地利用中污泥重金属含量控制标准，在环境承受能力范围内，安全施用。

参考文献

Micó C,Recatalá L,Peris M,*et al*. Assessing heavy metal sources in agricultural soils of an European Mediterranean area by multivariate analysis[J]. Chemosphere,2006,65(5):863-872.

Luo L,Ma Y,Zhang S,*et al*. An inventory of trace element inputs to agricultural soils in China[J]. Journal of Environmental Management, 2009, 90(8): 2524-2530.

Tessier A,Campbell P G C,Bisson M. Sequential extraction procedure for the speciation of particulate trace metals[J]. Analytical Chemistry,1979,51(7):844-851.

Mantovi P,Bonazzi G,Maestri E,*et al*. Accumulation of copper and zinc from liquid manure in agricultural soils and crop plants[J]. Plant and Soil,2003,250(2):249-257.

Verdoni N,Mench M,Cassagne C,*et al*. Fatty acid composition of tomato leaves as biomarkers of metal-contaminated soils[J]. Environmental Toxicology and Chemistry,2001,20(2):382-388.

Nicholson F A,Chambers B J,Williams J R,*et al*. Heavy metal contents of livestock feeds and animal manures in England and Wales[J]. Bioresource Technology,1999,70(1):23-31.

Jackson B P,Bertsch P M,Cabrera M L,*et al*. Trace element speciation in poultry litter[J]. Journal of Environmental Quality,2003,32(2):535-540.

Odlare M,Pell M,Svensson K. Changes in soil chemical and microbiologicalproperties during 4 years of application of various organic residues[J]. Waste Management,2008,28(7):1246-1253.

Nicholson F A,Chambers B J,Williams J R,*et al*. Heavy metal contents of livestock feeds and animal manures in England and Wales[J]. Bioresource Technology,1999,70(1):23-31.

Moreno-Caselles J,Moral R,*et al*. Fe,Cu,Mn,and Zn input and availability in calcareous soils amended with the solid phase of pig slurry[J]. Communications in Soil Science and Plant Analysis,2005,36(4-6):525-534.

Nicholson F A,Smith S R,Alloway B J,*et al*. An inventory of heavy metals inputs to agricultural soils in England and Wales[J]. Science of the Total Environment,2003,311(1):205-219.

Brown E F,Bildsten L,Rutledge R E. Crustal heating and quiescent emission from transiently accreting neutron stars[J]. The Astrophysical Journal Letters, 1998,504(2):L95.

McLaughlin M J,Champion L. Sewage sludge as a phosphorus amendment for sesquioxic soils[J]. Soil Science,1987,143(2):113-119.

Street J J,Lindsay W L,Sabey B R. Solubility and plant uptake of cadmium in soils amended with cadmium and sewage sludge[J]. Journal of Environmental Quality,1977,6(1):72-77.

王文兴,童莉,海热提.土壤污染物来源及前沿问题[J].生态环境,2005,14(1):1-5.

俄胜哲,杨思存,崔云玲,等.我国土壤重金属污染现状及生物修复技术研究进展[J].安徽农业科学,2009(19):9104-9106.

骆永明.污染土壤修复技术研究现状与趋势[J].化学进展,2009,21(0203):558-565.

覃志英,唐振柱,谢萍.农产品中铅镉污染监测的研究进展[J].广西医学,2006,28(9):1403-1405.

陈怀满,郑春荣.中国土壤重金属污染现状与防治对策[J].人类环境杂志,1999,28(2):130-134.

李一锟.土壤-蔬菜系统重金属富集规律研究[J].沿海企业与科技,2007(2):43-45.

邵孝侯,邢光熹.连续提取法区分土壤重金属元素形态的研究及其应用[J].土壤学进展,1994,22(3):40-46.

王学锋,杨艳琴.土壤-植物系统重金属形态分析和生物有效性研究进展[J].化工环保,2004,24(1):24-28.

陈世俭,胡霭堂.土壤铜形态及有机物质的影响[J].长江流域资源与环境,1995,4(4):367-371.

苑亚茹.我国有机废弃物的时空分布及其利用现状[D].北京:中国农业大学,2008.

黄鸿翔,李书田,李向林,等.我国有机肥的现状与发展前景分析[J].土壤肥料,

2006(1):3-8.

张树清,张夫道,刘秀梅,等.规模化养殖畜禽粪主要有害成分测定分析研究[J].植物营养与肥料学报,2005,11(6):822-829.

刘荣乐,李书田,王秀斌,等.我国商品有机肥料和有机废弃物中重金属的含量状况与分析[J].农业环境科学学报,2005,24(2):392-397.

李书田,刘荣乐,陕红.我国主要畜禽粪便养分含量及变化分析[J].农业环境科学学报,2009,28(1):179-184.

于炎湖.饲料安全性问题(3)畜禽日粮中添加高铜、高锌导致的问题及其解决办法[J].养殖与饲料,2003(1):5-7.

何平安,邢文英.中国有机肥料资源[J],1999.

徐伟朴,陈同斌,刘俊良,等.规模化畜禽养殖对环境的污染及防治策略[J].环境科学,2004,25(6):105-108.

郝秀珍,周东美.畜禽粪中重金属环境行为研究进展[J].土壤,2008(4):509-513.

于炎湖.警惕饲料中镉的污染与危害[J].中国饲料,2001(5):21-23.

周明.动物营养与饲料研究的历史、现状与未来[J].畜禽业,2001(9):22-25.

陈建华,冯其明.硫化矿有机抑制剂分子结构设计与作用原理[J].广西大学学报:自然科学版,2002,27(4):276-280.

刘学剑.关于发展生态畜牧业的思考[J].农业环境与发展,2001,18(1):15-16.

王志武,毛杨毅,罗惠娣,等.饲喂代乳品对羔羊早期断奶技术的研究[J].畜牧兽医杂志,2005,24(5):10-11.

喻兵权,陆伟,王琤韡,等.猪的微量元素添加与饲料安全[J].江西畜牧兽医杂志,2005,5:28-31.

游金明,翟明仁,张宏福.猪饲料中必需微量元素的盈缺对养猪生产的影响[J].中国饲料,2003,8:16-17.

王辉,董元华,张绪美,等.集约化养殖畜禽粪便农用对土壤次生盐渍化的影响评估[J].环境科学,2008,29(1):183-188.

闫秋良,刘福柱.通过营养调控缓解畜禽生产对环境的污染[J].家畜生态,2002,23(3):68-70.

任继平,李德发,张丽英.镉毒性研究进展[J].动物营养学报,2003,15(1):1-6.

刘荣乐,李书田,王秀斌,等.我国商品有机肥料和有机废弃物中重金属的含量状况与分析[J].农业环境科学学报,2005,24(2):392-397.

黄鸿翔,李书田,李向林,等.我国有机肥的现状与发展前景分析[J].土壤肥料,2006(1):3-8.

王飞,赵立欣,沈玉君,等.华北地区畜禽粪便有机肥中重金属含量及溯源分析[J].农业工程学报,2013,29(19):202-208.

王开峰，彭娜，王凯荣，等．长期施用有机肥对稻田土壤重金属含量及其有效性的影响[J]．水土保持学报，2008，22(1)：105-108.
姚丽贤，李国良，党志，等．施用鸡粪和猪粪对2种土壤As、Cu和Zn有效性的影响[J]．环境科学，2008，29(9)：2592-2598.
赵征宇，蔡葵，赵明．畜禽有机肥料对土壤有效铜锌铁锰含量的影响[J]．山东农业科学，2006(5)：40-42.
吴清清，马军伟，姜丽娜，等．鸡粪和垃圾有机肥对苋菜生长及土壤重金属积累的影响[J]．农业环境科学学报，2010，29(7)：1302-1309.
黄国勤，王兴祥，钱海燕，等．施用化肥对农业生态环境的负面影响及对策[J]．生态环境，2004，13(4)：656-660.
郑良永．农业施肥与生态环境[J]．热带农业科学，2005，24(5)：79-84.
高阳俊，张乃明．施用磷肥对环境的影响探讨[J]，1994.
莫争，王春霞．重金属Cu、Pb、Zn、Cr、Cd在水稻植株中的富集和分布[J]．环境化学，2002，21(2)：110-116.
黄国勤，王兴祥，钱海燕，等．施用化肥对农业生态环境的负面影响及对策[J]．生态环境，2004，13(4)：656-660.
李东坡，武志杰．化学肥料的土壤生态环境效应[J]．应用生态学报，2008，19(5).
刘卫星，顾金刚，姜瑞波，等．有机固体废弃物堆肥的腐熟度评价指标[J]．土壤肥料，2005(3)：3-7.
柴世伟，温琰茂，张云霓，等．广州郊区农业土壤重金属含量与土壤性质的关系[J]．农村生态环境，2004，20(2)：55-58.
李本银，黄绍敏，张玉亭，等．长期施用有机肥对土壤和糙米铜、锌、铁、锰和镉积累的影响[J]．植物营养与肥料学报，2010，16(1)：129-135.
罗彬源，曾佳敏．城镇污水处理厂污泥处理处置技术探讨[J]．广东化工，2010，37(7)：243-244.
胡佳佳，白向玉，刘汉湖，等．国内外城市剩余污泥处置与利用现状[J]．徐州工程学院学报(自然科学版)，2009，24(2)：45-49.
陈同斌，黄启飞，高定，等．中国城市污泥的重金属含量及其变化趋势[J]．环境科学学报，2003，23(5)：561-569.
杨军，郭广慧，陈同斌，等．中国城市污泥的重金属含量及其变化趋势[J]．中国给水排水，2009(13).
郑建敏．城市污泥堆肥在园林植物中的应用[J]．安徽农业科学，2004，32(2)：334-334.
杨晓琴，王成端，杨居义．污泥堆肥农用效应研究[J]．江苏环境科技，2008，21(1)：30-32.

边伟，鄂勇，胡振帮，等. 重金属在施污土壤中分布及被大豆植株的吸收[J]. 东北农业大学学报，2009，40(8)：37-43.

马海涛，李晓晨，郭志勇，等. Zn、Pb 和 Cd 对小麦幼苗生理生化的影响[J]. 安徽农业科学，2007，35(3)：647-648.

李琼，徐兴华，左余宝，等. 污泥农用对痕量元素在小麦-玉米轮作体系中的积累及转运的影响[J]. 农业环境科学学报，2009，28(10)：2042-2049.

付克强，王殿武，李贵宝，等. 城市污泥与湖泊底泥土地利用对土壤-植物系统中养分及重金属 Cd、Pb 的影响[J]. 水土保持学报，2006，20(4)：62-66.

黄雅曦，李季，李国学，等. 污泥资源化处理与利用中控制重金属污染的研究进展[J]. 中国生态农业学报，2006，14(1)：156-158.

唐俊，郑晓春，李学德，等. 污泥对生菜、萝卜产量及有害物质积累的影响[J]. 安徽农业科学，2007，35(5)：1409-1410.

王畅，郭鹏然，陈杭亭，等. 土壤和沉积物中重金属生物可利用性的评估[J]. 岩矿测试，2009，28(2)：108-112.

钱进，王子健，单孝全. 土壤中微量金属元素的植物可给性研究进展[J]，1995.

徐兴华，马义兵，韦东普，等. 污泥和水溶性重金属盐的植物有效性比较研究[J]. 中国土壤与肥料，2008(6)：51-54.

第三章　设施农田生态系统中土壤重金属污染源头控制阈值

随着工业的迅猛发展，农田重金属污染日趋严重，我国菜地土壤也普遍受到重金属污染。农田土壤中重金属的主要污染源来自畜禽粪便的施用和大气沉降（Nicholson 等，2003；邵学新等，2007），其中农田土壤中 69%的铜来自畜禽粪便，有机肥、污灌、污泥等也是不可忽视的重金属来源（Luo 等，2009；王立群等，2009；Franklin 等，2005）。

目前对蔬菜生产系统研究多以土壤和蔬菜中重金属的污染评价为主（Khairiah 等，2004；Chojnacha 等，2005；Alexander 等，2006；Culbard 等，1988），而关于蔬菜生产系统中重金属元素平衡的研究相对较少（Mapanda 等，2005；Geoge 等，2006；Huang 等，2006）。要对土壤蔬菜系统进行评价，针对的并非具体条件（具体时间及地点）的蔬菜生产系统，而是对区域性的土壤蔬菜系统进行评价分析，因此在蔬菜生产系统内，可以通过研究重金属输入、输出的途径及对各途径的量化分析并建立平衡模型，准确了解该系统中重金属污染及平衡情况，从而掌握重金属元素的积累趋势，建立为重金属平衡模型，对菜地土壤中重金属容量进行测算，确定土壤重金属污染源头控制阈值，保证蔬菜及蔬菜地土壤安全，为生态污染风险和农业可持续发展的评估提供重要依据。

一、农田重金属流平衡分析方法

（一）数据库的建立

数据主要有两种来源，一是中国知网数据库，万方数据库为辅，从已经发表的文献中筛选获得；二是通过对各地调查采样获得。结合大气沉降、化肥、畜禽粪有机肥、商品有机肥、灌溉水输入的不同变量，以及作物带出量等变量，设置不同的情景计算土壤蔬菜系统重金属的净积累量，并在不同情景下进行肥料中重金属含量安全阈值的推算。

土壤蔬菜系统模型的计算主要是运用建立的数据库对重金属流及各来源中重金属元素的阈值进行情景分析。输入模块包含大气沉降、畜禽粪有机肥、商品有机肥、磷肥、地下水重金属含量数据库，输出模块为蔬菜可食用部分重金属含量数据库。计算模块主要为重金属流分析计算的方法。以土壤蔬菜系统中的 8 种重金属元素的输入与输出为主要研究对象，其中，土壤蔬菜系统中重金属的输入途径主要为大气沉降、化肥、有机肥、污泥、灌溉水，输出途径主要为蔬菜的收获，包括可食用部分和不可食用部分。

在化肥中除磷肥外其他肥料带入的重金属较为有限，因此在化肥输入中只把磷肥作为研究对象；有机肥主要为畜禽粪有机肥和商品有机肥，在蔬菜种植过程中畜禽粪和商品有机肥都有巨大的施用量，尤以畜禽粪有机肥居多，因此在本研究中有机肥输入源中考虑畜禽粪有机肥和商品有机肥两种输入途径；污灌虽然已经被禁止，但是污泥农用的趋势却有所增长，污泥重金属含量也会造成巨大危害，但本研究主要考虑全国范围内的蔬菜地，剔除特殊条件下的危害，因此不把污水灌溉和污泥农用作为研究对象；我国蔬菜种植灌溉用水主要为地下水，虽然地下水中重金属含量很低，但是因其用量大，由此带入农田的重金属量不容忽视，因此把地下水列为研究对象。对于农药重金属残留，Luo 等(2009)的研究结果显示，施用农药引起的土壤重金属含量增加量相对于大气沉降、有机肥、磷肥等的输入量来说非常微小，可忽略不计，因此，在本文中暂不考虑农药使用对土壤重金属含量增加的影响。淋溶作为重金属输出的又一途径，通常认为重金属主要在土壤 0～20 cm 的表层积累，其纵向迁移趋势不明显(Barry 等，1995；夏曾禄等，1985)，土壤的淋溶所占的比例很小(Anddersson 等，1988)。因此本研究只把蔬菜的可食用部分作为主要输出途径。土壤蔬菜系统的重金属流平衡图如图 3-1 所示。

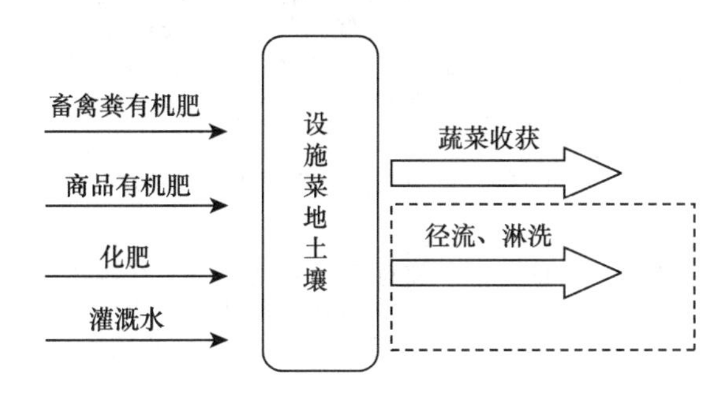

图 3-1　设施菜地土壤蔬菜系统重金属流

(二)平衡分析模型

1. 模型的输入模块变量和参数

模型的输入模块变量主要包括大田中有机肥用量、磷肥(以 P_2O_5 计)用量、灌溉水用量。其中肥料施用量和蔬菜产量来源于文献和中国主要作物施肥指南(张福锁等，2009)。蔬菜种类不同，其肥料施用量和蔬菜产量也不同，灌溉水用量是根据中国农田灌溉水质标准(GB 5084—2005)中蔬菜灌溉标准和相关蔬菜种植文献

(表 3-1)。在重金属流的分析计算中,这些变量都可以根据实际的投入量取值。

表 3-1 农田重金属铜输入输出体系中各参数的时间范围及具体来源途径

参数	时间范围	参数来源	样本数范围
大气沉降通量	1999—2006 年	Luo 等 2009	61～148
磷肥使用量	2007 年	张福锁等 2009;李红莉等 2010;李忠芳 2009	2 457
磷肥重金属含量	2011 年	课题组采样分析	112～159
畜禽粪使用量	2009 年	张福锁等 2009;李红莉等 2010;李忠芳 2009	—
畜禽粪重金属含量	2000—2010 年	课题组采样数据	201～328
		王昌全等 2005;任顺荣等 2005;张晓旦 2010;董占荣 2006	
商品有机肥使用量	2007 年	张福锁等 2009;李红莉等 2010;李忠芳 2009	—
商品有机肥重金属含量	2000—2010 年	课题组采样数据及文献数据;王昌全等 2005;任顺荣等 2005;张晓旦 2010;董占荣 2006	308～340
灌溉水年用量	2000—2011 年	王淑芬等 2006;AQSIQ 2005	48
灌溉水重金属含量	2000—2011 年	刘进 2010;刘卫东 2012;陈干,2009;张华等 2009;陆琴等 2005;王铁军等 2008;吴健华等 2010;余彬 2010;赵兴敏 2008;周海红,张志杰 2001;丁昊天等 2009	23～168
作物籽粒/可食部位年产生量	2000—2010 年	中国农业年鉴(2001—2010)	11
作物籽粒/可食部位重金属含量	2000—2011 年	徐德利等 2008;杨晓艳,杜钰娉 2011;郭明慧,2011;姜丽娜等 2009;吴传星 2010;徐勇贤等 2008;谢正苗等 2006	64～199
作物秸秆/残余物重金属含量	2000—2011 年	徐德利等 2008;杨晓艳,杜钰娉 2011;郭明慧,2011;姜丽娜等 2009;吴传星 2010;徐勇贤等 2008;谢正苗等 2006	4～55
地表年排水量	2000—2011 年	余青 2010	37
地表排水中重金属含量	2000—2011 年	王淑芬等 2006;AQSIQ 2005	1～16
		刘进 2010;刘卫东 2012;陈干,2009;张华等 2009;陆琴梅 祖明 2005;王铁军等 2008;吴健华等 2010;余彬 2010;赵兴敏 2008;周海红,张志杰 2001;丁昊天等 2009	

模型的输入模块参数主要包括畜禽粪重金属含量、商品有机肥重金属含量、磷肥重金属含量，这三者为中国农业大学资源与环境学院重金属研究小组的已有数据，其中畜禽粪数据包含2000—2010年文献数据及2008—2009年补充采样的数据，商品有机肥数据包含2000—2010年文献数据及2005—2009年补充采样数据，磷肥数据为2010—2011年采样数据。大气沉降输入量通过Luo等(2009)的研究获得，他统计了1999—2006年的大气沉降向农田中输入重金属的数据，八种重金属的样本量均为大样本，因此本文采用了他的数据作为参数来源。灌溉水重金属含量数据来源于文献中。

由于蔬菜自身的特性，因此将蔬菜分为叶菜类、瓜果菜类和根茎菜类三大类。模型的输出模块变量主要为蔬菜的产量，因大类不同其变化也不同。因为蔬菜的产量和其种植过程中生产资料的投入显著相关，所以其产量值选择普通的种植情况下的产量。由于张福锁课题组做了较为详细的研究，因此本文采用其数据作为重要参数(张福锁等，2009)。三大类蔬菜的重金属含量特征作为重要的参数(表3-2)。

表3-2　模型的输出模块变量和参数

参数	时间范围	参数来源
叶菜类重金属含量	2001—2010年	CNKI、万方
瓜果菜类重金属含量	2001—2010年	CNKI、万方
根茎菜类重金属含量	2001—2010年	CNKI、万方

2. 模型的输入模块变量和参数

(1)土壤静容量模型　模型计算模块见表3-3。

表3-3　模型计算模块

类别	项目	重金属含量计算公式
重金属输入项	大气沉降带入量	大气沉降通量
	有机肥带入量	有机肥使用量×有机肥重金属含量
	化肥带入量（主要为磷肥）	磷肥使用量×重金属含量
	灌溉水带入量	灌溉水使用量×灌溉水重金属含量
重金属输出项	蔬菜带出量	蔬菜年产量×蔬菜重金属含量

模型计算模块的核心思想是物质守恒，即重金属的土壤累积量=输入总量－输出总量，重金属元素每年向土壤中的净输入量用A表示，输入总量用I_{Total}表示，

输出总量用O_{Total}表示，三者的单位均为“g/(hm^2·年)”。

在公式$A=I_{Total}-O_{Total}$中， (3-1)

$I_{Total}=I_a+I_m+I_s+I_f+I_w$， (3-2)

$O_{Total}=Ot-Oz$， (3-3)

其中，I_a为大气沉降带入量；I_f为化肥带入量；I_m为畜禽粪有机肥带入量；I_s为商品有机肥带入量；I_w为灌溉水带入量；O_v为蔬菜带出量；

上述6项的单位均为“g/(hm^2·年)”。

土壤中某重金属元素安全年限的计算方法：

$Y=(S-X)/a$， (3-4)

式中，Y为农田土壤重金属安全年限(年)；S为土壤环境质量标准(mg/kg)；X为目前土壤中重金属含量(mg/kg)；a为土壤中重金属元素的年净累积量[mg/(kg·年)]。

其中，$a=A/2300$ (3-5)

其中，A为每公顷土壤重金属元素的年净累积量[g/(hm^2·年)]

具体计算如下：

按照耕层厚度为20 cm，土壤容重为1.15 g/cm^3，则：

$$a=(A\times10^3)\text{mg}/(10^4\times10\,000\ \text{cm}^2\times20\ \text{cm}\times1.15\ \text{g/cm}^3\div10^3)\text{kg/年}$$

因此简要表示为：$a=A/2\,300$

(2)土壤动容量模型　土壤动容量计算公式，这种计算是根据污染物的残留计算出土壤的环境容量，计算公式为：

$$Qt=Q_0Kt+QK(1-Kt)/(1-K) \tag{3-6}$$

式中，Qt为土壤中重金属在t年后的浓度(mg/kg)；Q_0为土壤中重金属的起始浓度(mg/kg)；Q为每年外界重金属进入土壤量折合成土壤浓度[mg/(kg·年)]；K为土壤重金属的年残留率(%)。

计算过程中，Qt的值按照我国土壤环境质量标准(GB 15618—1995)的二级标准取值，Q_0的值按土壤背景值统计的75%的分位值取值。

在数据统计过程中，对于文献获得的数据，以文献中的一个样本组为一个样本，在文献中为统计结果且未列出样本量的均按一个样本进行统计，对文献数据进行归一化处理，蔬菜中重金属含量均为鲜重计，单位为“mg/kg”，因此单样本组中的样本个数在本文不单独列出，均看作一组样本；对于实地调查采样获得的数据，在数据统计过程中，以一个取样点为一个样本。统计分析包括算术均值及标准差，数据的分布类型，变异系数，置信度为5%、10%、25%、50%、75%、90%的值。因为数据分布较为离散，且数据变化范围较大，因此均值不能代表全部样本实际的重金属含量情况，因此在本文计算时使用值为各个元素含量的百分位值，进行安全施用年限计算，情景分析和阈值推算。数据处理及图表分析工具使用 Microsoft

Excel 2010 和 SPSS17.0 软件。

按照输出项的蔬菜 3 大类分类，其输入项的施用量和输出项产量均不同，如表 3-4 所示，瓜果菜类由于其自身生物特性，其在肥料施用量上均高于叶菜类和根茎菜类，在蔬菜产量上也是瓜果菜类高于根茎菜类，二者均高于叶菜类（表 3-5）。

表 3-4　输入项的平均施用量

项目	蔬菜类	施用量/[kg/(hm^2・茬)]
磷肥（P_2O_5计）	叶菜类	80
	瓜果菜类	120
	根茎菜类	100
畜禽粪有机肥	叶菜类	15 000
	瓜果菜类	22 500
	根茎菜类	18 000
商品有机肥	叶菜类	4 500
	瓜果菜类	7 500
	根茎菜类	6 000
灌溉水		3 000 000

注：数据来源（张福锁，2009）

表 3-5　输出项的蔬菜平均产量

项目	产量/[kg/(hm^2・茬)]
叶菜类	90 000
瓜果菜类	105 000
根茎菜类	75 000

注：数据来源（张福锁，2009）

（三）蔬菜中重金属含量特征分析

以“蔬菜、重金属”为关键字在中国知网数据库中检索文献，发表时间设定为 2001—2012 年。筛选的原则：采样点远离交通要道、工矿企业等污染源，无污水灌溉，不使用污泥，农田土壤合乎我国土壤环境质量标准，蔬菜品种为当地广泛种植的品种，且均为成熟期采样。经筛选，关于蔬菜重金属含量的可用文献就全国范围共有 50 篇文献。

收集的蔬菜中重金属含量数据几乎都是对蔬菜可食用部分重金属含量的测定资料，因此在本研究中蔬菜中重金属含量即为蔬菜可食用部分的重金属含量。由于蔬菜品种众多和其自身性状等差异，而且蔬菜种类的不同其输入源也有所不同，为了更方便于本研究的分析计算，因此将蔬菜分类三大类：叶菜类、瓜果菜类和根茎菜类。

表 3-6 和表 3-7 为我国叶类蔬菜中重金属元素含量数据统计分析表，元素 Ni 的样本量很小，仅有 26 个，可能是因为与 Cd、As、Hg、Pb、Cr 这 5 种重金属有毒元素，以及 Cu、Zn 这两个元素相比较，Ni 相对不受重视有关。根据表 3-6 中偏斜度和峰度两项数据得出，这 8 种重金属含量数据均属于偏态分布，需用中值代表总体数据规律，且其含量变化范围较大，所以简单的均值分析不能代表样品实际重金属含量概况，也不可以应用到接下来章节的计算，因此需进一步对其含量的各百分位数值进行计算分析。

表 3-6　叶菜类重金属元素含量统计

元素	样本组数	最小值/(mg/kg)	最大值/(mg/kg)	均值/(mg/kg)		分布	
				算术均值	标准误	偏斜度	峰度
Cd	148	0.000	3.15	0.090	0.024 3	8.65	83.8
Pb	151	0.006	4.30	0.290	0.043 5	4.93	29.0
As	68	0.002	10.1	0.233	0.148	8.09	66.2
Cr	93	0.004	3.47	0.282	0.051 9	3.87	18.7
Hg	55	0.000	0.038	0.004	0.001	3.75	17.6
Cu	96	0.010	17.5	2.31	0.364	2.77	8.30
Zn	104	0.110	59.8	7.51	0.718	4.20	25.8
Ni	26	0.041	0.900	0.176	0.034	3.42	13.1

表 3-7　叶菜类重金属元素含量百分位值含量统计表　mg/kg

元素	样本组数	分布类型	5%	10%	25%	50%	75%	90%	95%
Cd	148	偏态分布	0.003	0.005	0.018	0.030	0.066	0.154	0.251
Pb	68	偏态分布	0.017	0.033	0.066	0.130	0.280	0.683	0.890
As	55	偏态分布	0.003	0.005	0.016	0.041	0.090	0.278	0.454
Cr	151	偏态分布	0.012	0.021	0.056	0.130	0.243	0.998	1.390
Hg	93	偏态分布	0.000	0.001	0.001	0.002	0.003	0.012	0.015
Cu	96	偏态分布	0.158	0.309	0.486	0.797	2.630	8.070	9.100
Zn	104	偏态分布	1.68	2.58	3.55	5.86	8.61	14.9	17.6
Ni	26	偏态分布	0.046	0.059	0.099	0.127	0.173	0.344	0.757

我国近 10 年的叶类蔬菜中 Cd 的含量范围为 0.000～3.15 mg/kg，均值为 0.090 mg/kg，中位值为 0.03 mg/kg；As 的含量范围是 0.002～10.1 mg/kg，均值

为0.233 mg/kg,中位值为0.04 mg/kg;Hg的含量范围是0.000～0.038 mg/kg,均值为0.004 mg/kg,中位值为0.002 mg/kg;Pb的含量范围是0.006～4.30 mg/kg,均值为0.290 mg/kg,中位值为0.130 mg/kg;Cr的含量范围是0.004～3.47 mg/kg,均值为0.282 mg/kg,中位值为0.130 mg/kg。

总体来看,叶菜类的样本组数最多,应该和常见的蔬菜品种有关,其中以叶菜居多,瓜果类蔬菜样本量相对较小,根茎类蔬菜样本量最小。不同种类的蔬菜其同种元素重金属含量不同,同一类蔬菜中不同元素重金属含量也不同,瓜果类蔬菜和根菜类蔬菜数据见表3-8至表3-11,具体数据将在后续章节介绍,这里就不再一一赘述(见第五章中的“重金属在蔬菜体内的富集规律”部分的描述)。

表3-8　根茎菜类重金属元素含量统计表

元素	样本组数	最小值/(mg/kg)	最大值/(mg/kg)	均值/(mg/kg)		分布	
				算术均值	标准误	偏斜度	峰度
Cd	47	0.001	0.610	0.044	0.013	5.52	34.0
Pb	47	0.003	4.51	0.325	0.109	4.43	22.2
As	17	0.005	1.72	0.204	0.122	2.69	6.15
Cr	30	0.000	1.70	0.231	0.077	2.64	6.20
Hg	18	0.000	0.725	0.080	0.051	2.74	6.32
Cu	28	0.010	11.4	1.83	0.458	2.74	8.59
Zn	23	0.084	7.43	3.64	0.431	0.264	0.700
Ni	4	0.034	0.191	0.092	0.035	1.25	0.949

表3-9　根茎菜类重金属元素含量百分位值表　　mg/kg

元素	样本组数	分布类型	5%	10%	25%	50%	75%	90%	95%
Cd	47	偏态分布	0.002	0.003	0.010	0.018	0.050	0.092	0.151
Pb	17	偏态分布	0.004	0.009	0.040	0.100	0.236	0.956	1.94
As	18	偏态分布	0.005	0.007	0.011	0.020	0.056	1.42	1.72
Cr	47	偏态分布	0.003	0.005	0.029	0.057	0.232	1.18	1.49
Hg	30	偏态分布	0.000	0.000	0.001	0.004	0.013	0.621	0.725
Cu	28	偏态分布	0.127	0.270	0.604	0.957	1.61	5.02	8.89
Zn	23	偏态分布	0.187	0.840	2.30	3.32	5.31	6.92	7.38
Ni	4	偏态分布	0.034 0	0.034	0.038	0.072	0.167	0.191	0.191

表 3-10　瓜果菜类重金属元素含量统计表

元素	样本组数	最小值/(mg/kg)	最大值/(mg/kg)	均值/(mg/kg)		分布	
				算术均值	标准误	偏斜度	峰度
Cd	104	0.000	5.19	0.103	0.053 5	8.36	75.6
Pb	113	0.002	5.68	0.178	0.053	8.66	82.0
As	71	0.001	1.48	0.067	0.024	5.72	36.9
Cr	76	0.003	2.24	0.136	0.040	4.80	24.0
Hg	64	0.000	0.086	0.006	0.002	3.84	14.5
Cu	57	0.078	16.0	1.92	0.374	2.88	10.31
Zn	61	0.012	57.4	5.54	1.09	4.31	23.1
Ni	15	0.021	0.587	0.137	0.043	1.82	2.76

表 3-11　瓜果菜类重金属元素含量百分位值含量统计表　mg/kg

元素	样本组数	分布类型	5%	10%	25%	50%	75%	90%	95%
Cd	104	偏态分布	0.001	0.001	0.004	0.010	0.020	0.065	0.400
Pb	71	偏态分布	0.007	0.014	0.038	0.072	0.140	0.278	0.407
As	64	偏态分布	0.001	0.001	0.005	0.019	0.039	0.085	0.468
Cr	113	偏态分布	0.004	0.006	0.014	0.042	0.107	0.253	0.500
Hg	76	偏态分布	0.000	0.000	0.000	0.001	0.003	0.010	0.052
Cu	57	偏态分布	0.137	0.254	0.425	0.811	1.79	6.57	7.21
Zn	61	偏态分布	0.113	0.874	1.74	2.82	5.78	12.0	22.4
Ni	15	偏态分布	0.021	0.022	0.028	0.060	0.250	0.475	0.587

表 3-12 为我国食品中重金属限量卫生标准，Cd、Pb、As、Cr、Hg 5 种元素参照标准 GB 2762—2012，其他三种元素 Cu、Zn、Ni 无对应标准，因此不进行超标率分析。表 3-13 为参照表 3-12 的限量标准值计算得到的 3 大类蔬菜中重金属含量超标率。3 类蔬菜中重金属含量超标率各不相同，其中 Pb 超标率在 3 类蔬菜中均为最高，蔬菜中又以瓜果菜类最高，达到 35.4%，叶菜为 23.2%，根茎菜类为 29.8%；其次 3 类蔬菜中超标率较高的为重金属 Hg，在根茎菜类中达到最高，为 27.8%，叶菜类和瓜果菜类中稍低，但是也分别达到 10.9% 和 7.81%；超标率最低的为叶菜类中 As，大约为 2.94%，As 在瓜果菜类中也不太高，为 4.23%；Cd 元素的超标率在 3 类蔬菜中相差较小，瓜果菜类稍高，为 10.6%；Cr 元素在瓜果菜类中超标率较低，仅高于超标率最低的叶菜类中的 As 元素，为 3.95%，但是在叶菜类和根茎菜类中其超标率达到 9.68% 和 10.0%；综合 3 类蔬菜中五种元素来看，根茎菜类超标率高于其他两类，这可能与根茎菜类的样本量较小和其自身的生物特性有关系；瓜果菜类超标率也稍高，和其生物特性应该也不无联系，5 种元素中 Pb 元素的超标率高于其他 4 种元素，可能和其不同种类蔬菜中不同的限量标准有关。

表 3-12 蔬菜中重金属标准限值 mg/kg

重金属元素名称	叶菜类	瓜果菜类	根茎菜类
镉(以 Cd 计)	0.2	0.05	0.1
无机砷(以 As 计)	0.5		
总汞(以 Hg 计)	0.01		
铅(以 Pb 计)	0.3	0.1	0.2
铬(以 Cr 计)	0.5		

表注:参照标准 GB 2762—2012

表 3-13 蔬菜中重金属含量超标率 %

元素	叶菜类	瓜果菜类	根茎菜类
Cd	6.08	10.6	6.38
Pb	23.2	35.4	29.8
As	2.94	4.23	11.8
Cr	9.68	3.95	10.0
Hg	10.9	7.81	27.8

二、蔬菜种植体系土壤重金属流平衡分析

(一)叶菜类

表 3-14 为叶菜类种植土壤重金属输入输出情况、土壤累积量及累积速率。蔬菜种植以一年一茬计,每年 Cd、As、Hg、Pb、Cr、Cu、Zn 通过大气沉降、磷肥、畜禽粪以及灌溉水 4 种途径向土壤中输入,总输入量分别达到 22.6、84.6、2.37、175、162、561、2 518 g/(hm^2·年),而总输出量仅为 2.70、3.7、0.19、11.70、11.7、71.7、527 g/(hm^2·年),各元素的总输入量都大于总输出量,因此,每年土壤中重金属元素 Cd、As、Hg、Pb、Cr、Cu、Zn 的增加量分别为0.009、0.035、0.000 95、0.071、0.065、0.213、0.865 mg/(kg·年)。

在设施蔬菜种植条件下,由于是保护地耕作,大气沉降所带来进入系统的重金属基本上可以忽略,同时由于种植条件的改善,种植季节延长,一年可以种植 2~3 季蔬菜,甚至更多,本研究采用一年两季的种植制度进行解释可能在蔬菜种植体系中发生的重金属累积状况,供大家参考。从计算的结果来看,在设施栽培条件下虽然没有了大气沉降来源的重金属,但是由于种植的茬口增多,投入品所带来的重金属量也翻倍,因此从土壤重金属净累积总量来看,是原来露天蔬菜种植的重金属累积量的 1.31 倍(As);对于 Pb、Cr、Cu、Zn 都接近 2 倍。

从叶菜类种植区各输入项占总输入量的百分比来看(表 3-15),畜禽粪便中的

重金属来源占比最大，As 和 Hg 占比最小，在 25%～30%；其次是 Cd、Pb、Cr 为 55.2%～80%；而 Cu 和 Zn 占比最高，达到了 94%以上。而来源于灌溉水和大气沉降的重金属比例对于 Cd 和 As 来讲，基本相当，都在 20%～30%，Hg 来源于大气沉降的比例占到了 60%；而来源于磷肥中的重金属比例最小，都在 10%以下。另外，在设施栽培条件下，由于缺少了大气沉降的重金属来源，重金属污染源的比例中来自畜禽粪便的重金属的比例进一步加大，特别是原来大气沉降中重金属来源占比比较大的 Cd、As 和 Hg(表 3-15)。

表 3-14　叶菜类种植区土壤重金属流平衡分析

类别	项目	重金属输入输出量/[g/(hm²·年)]						
		Cd	As	Hg	Pb	Cr	Cu	Zn
重金属输入项	大气沉降	4.00	28.0	1.40	5.10	11.1	2.30	29.1
	磷肥	0.118	7.56	0.194	3.43	6.76	7.98	27.3
	畜禽粪	12.48	25.0	0.600	136	119.6	530	2375
	灌溉水	6.00	24.0	0.174	30.0	24.0	20.6	86.100
	输入总量	22.6	84.6	2.37	175	162	561	2518
重金属输出项	叶菜类	2.700	3.699	0.189	11.70	11.70	71.7	527
	输出总量	2.70	3.7	0.19	11.70	11.7	71.7	527
土壤重金属净累积量/[g/(hm²·年)]		19.9	80.9	2.179	163	150	489	1990
土壤重金属年累积速率/[mg/(kg·年)]		0.009	0.035	0.000 95	0.071	0.065	0.213	0.865
设施菜地土重金属净累积量/[g/(hm²·年)]		31.796	105.72	1.556	315.46	277.32	973.76	3922.8
设施菜地/露天菜地重金属净累积量之比		1.60	1.31	0.71	1.94	1.85	1.99	1.97

表 3-15　叶菜类种植区各输入项占总输入量的百分比　%

元素	露天菜地				设施菜地		
	大气沉降	磷肥	畜禽粪	灌溉水	磷肥	畜禽粪	灌溉水
Cd	17.7	0.5	55.2	26.6	0.6	67.1	32.3
As	33.1	8.9	29.6	28.4	13.3	44.2	42.5
Hg	59.1	8.2	25.3	7.3	20.1	62.0	17.9
Pb	2.9	2	77.9	17.2	2.1	80.2	17.7
Cr	6.9	4.2	74.1	14.9	4.5	79.5	16.0
Cu	0.4	1.4	94.5	3.7	1.4	94.9	3.7
Zn	1.2	1.1	94.3	3.4	1.1	95.4	3.4

(二)瓜果菜

表 3-16 为瓜果菜类种植土壤重金属输入输出情况、土壤累积量及累积速率。蔬菜种植以一年一茬计，每年 Cd、As、Hg、Pb、Cr、Cu、Zn 通过大气沉降、磷肥、畜禽粪以及灌溉水四种途径向土壤中输入，总输入量分别达到 22.7、88.3、2.46、176、165、565、2 531 g/(hm² · 年)，与叶菜类的输入差别不大，而总输出量包括瓜果菜本身，同时还有其他一些可能会被移出蔬菜生产体系以外的茎干等部分，两部分合到一起为 4.73、5.3、0.92、26.15、15.0、251.2、872 g/(hm² · 年)，各元素的总输入量都大于总输出量，因此，每年土壤中重金属元素 Cd、As、Hg、Pb、Cr、Cu、Zn 的增加量分别为 0.008、0.036、0.000 67、0.065、0.065、0.136、0.722 mg/(kg · 年)。由于输出的重金属量较多，相对于叶菜类的种植，重金属的累积量略低。

表 3-16　瓜果菜种植区土壤重金属流平衡分析

类别	项目	重金属输入输出量/[g/(hm² · 年)]						
		Cd	As	Hg	Pb	Cr	Cu	Zn
重金属输入项	大气沉降	4.00	28.0	1.40	5.10	11.1	2.30	29.1
	磷肥	0.178	11.35	0.290	5.15	10.14	11.97	40.9
	畜禽粪	12.48	25.0	0.600	136	119.6	530	2 375
	灌溉水	6.00	24.0	0.174	30.0	24.0	20.6	86.100
	输入总量	22.7	88.3	2.46	176	165	565	2 531
重金属输出项	瓜果菜	1.890	2.100	0.370	10.46	5.99	100.5	349
	瓜果菜其他部分	2.84	3.2	0.55	15.69	9.0	150.7	523
	输出总量	4.73	5.3	0.92	26.15	15.0	251.2	872
土壤重金属净累积量/[g/(hm² · 年)]		17.9	83.1	1.540	150	150	314	1 660
土壤重金属年累积速率/[mg/(kg · 年)]		0.008	0.036	0.000 67	0.065	0.065	0.136	0.722
设施菜地土重金属净累积量/[g/(hm² · 年)]		27.856	110.1	0.288	290	277.48	622.74	3 260
设施菜地/露天菜地重金属净累积量之比		1.56	1.32	0.19	1.93	1.85	1.98	1.96

在设施蔬菜种植条件下，同叶菜类种植一样；虽然没有了大气沉降来源的重金属，但是由于种植的茬口增多，投入品所带来的重金属也翻倍，因此从土壤重金属净累积总量来看，是原来露天蔬菜种植的重金属累积量的 1.32 倍(As)；对于 Pb、Cr、Cu、Zn 都接近 2 倍。

从瓜果菜类种植区各输入项占总输入量的百分比来看(表 3-17)，畜禽粪便中的重金属来源占比最大，As 和 Hg 占比为 28.3%和 24.4%；其次是 Cd、Pb、Cr，占比为 55.1%～77.2%；而 Cu 和 Zn 占比最高，达到了约 94%。而来源于灌溉水和大气沉降的重金属比例对于Cd和As来讲，基本相当，都在20%～30%或以上，Hg来源于大气沉降的比例占到了56.8%；而来源于磷肥中的重金属比例最小，除了As和Hg都在10%以下。另外，在设施栽培条件下，由于缺少了大气沉降的重金属来源，重金属污染源的比例中来自畜禽粪便的重金属的比例进一步加大，特别是原来大气沉降中重金属来源占比比较大的Cd、As和Hg(表3-17)。

表3-17　瓜果菜种植区各输入项占总输入量的百分比　%

元素	露天菜地				设施菜地		
	大气沉降	磷肥	畜禽粪	灌溉水	磷肥	畜禽粪	灌溉水
Cd	17.7	0.8	55.1	26.5	1.0	66.9	32.2
As	31.7	12.8	28.3	27.2	18.7	41.4	39.8
Hg	56.8	11.8	24.4	7.1	27.3	56.4	16.4
Pb	2.9	2.9	77.2	17	3.0	79.5	17.5
Cr	6.7	6.1	72.6	14.6	6.5	77.8	15.6
Cu	0.4	2.1	93.8	3.6	2.1	94.3	3.6
Zn	1.1	1.6	93.8	3.4	1.6	94.9	3.4

(三)根茎菜

表3-18为根茎菜类种植土壤重金属输入输出情况、土壤累积量及累积速率。蔬菜种植以一年一茬计，每年Cd、As、Hg、Pb、Cr、Cu、Zn通过大气沉降、磷肥、畜禽粪以及灌溉水四种途径向土壤中输入，总输入量分别达到22.6、86.5、2.42、175、163、563、2 525 g/(hm^2・年)，而总输出量仅为1.34、2.5、1.17、9.61、5.7、108.3、376 g/(hm^2・年)，各元素的总输入量都大于总输出量，因此，每年土壤中重金属元素Cd、As、Hg、Pb、Cr、Cu、Zn的增加量分别为0.009、0.036、0.000 54、0.072、0.068、0.198、0.934 mg/(kg・年)。

从根茎菜类种植区各输入项占总输入量的百分比来看(表3-19)，畜禽粪便中的重金属来源占比最大，As和Hg占比最小，在24%～29%之间；其次是Cd、Pb、Cr，从55.2%到77.5%；而Cu和Zn占比最高，达到了94%以上。而来源于灌溉水和大气沉降的重金属比例对于Cd和As来讲，基本相当，都在17%～30%之间，Hg来源于大气沉降的比例占到了57.9%；而来源于磷肥中的重金属比例最小，As和Hg分别为10.9和10，其他元素都在10%以下。另外，在设施栽培条件下，由于缺少了大气沉降的重金属来源，重金属污染源的比例中来自畜禽粪便的重金属的比例进一步加大，特别是原来大气沉降中重金属来源占比较大的Cd、As和Hg(表3-19)。

表 3-18　根茎菜种植区土壤重金属流平衡分析

类别	项目	重金属输入输出量/[g/(hm² · 年)]						
		Cd	As	Hg	Pb	Cr	Cu	Zn
重金属输入项	大气沉降	4.00	28.0	1.40	5.10	11.1	2.30	29.1
	磷肥	0.148	9.45	0.242	4.29	8.45	9.98	34.1
	畜禽粪	12.48	25.0	0.600	136	119.6	530	2 375
	灌溉水	6.00	24.0	0.174	30.0	24.0	20.6	86.100
	输入总量	22.6	86.5	2.42	175	163	563	2 525
重金属输出项	根茎菜	0.75	1.425	0.656	5.400	3.18	60.83	211.5
	根茎菜其他部分	0.59	1.1	0.51	4.21	2.5	47.4	165
	输出总量	1.34	2.5	1.17	9.61	5.7	108.3	376
土壤重金属净累积量/[g/(hm² · 年)]		21.3	83.9	1.248	166	158	455	2148
土壤重金属年累积速率/[mg/(kg · 年)]		0.009	0.036	0.000 54	0.072	0.068	0.198	0.934
设施菜地土重金属净累积量/[g/(hm² · 年)]		34.576	111.9	−0.308	321.36	292.7	904.56	4 238.4
设施菜地/露天菜地重金属净累积量之比		1.62	1.33	−0.25	1.94	1.85	1.99	1.97

表 3-19　根茎菜种植区各输入项占总输入量的百分比　　%

元素	露天菜地				设施菜地		
	大气沉降	磷肥	畜禽粪	灌溉水	磷肥	畜禽粪	灌溉水
Cd	17.7	0.7	55.2	26.5	0.8	67.0	32.2
As	32.4	10.9	28.9	27.8	16.1	42.8	41.1
Hg	57.9	10	24.8	7.2	23.8	59.0	17.1
Pb	2.9	2.4	77.5	17.1	2.5	79.9	17.6
Cr	6.8	5.2	73.3	14.7	5.6	78.6	15.8
Cu	0.4	1.8	94.2	3.7	1.8	94.5	3.7
Zn	1.2	1.4	94.1	3.4	1.4	95.1	3.4

三、土壤蔬菜系统土壤重金属年度累积速率

对土壤蔬菜系统土壤重金属的累积情况做统计分析，具体计算过程：①输入途径中的大气沉降使用最小值计算，磷肥和灌溉水由于占重金属总输入量的百分比较低，使用中位值计算；②输出项蔬菜的重金属含量以 50%分位值计算；③主要调控畜禽粪和商品有机肥，即畜禽粪取 5%分位值时，商品有机肥分别取 5%、10%、25%、50%、75%、90%，同理，畜禽粪取 10%、25%、50%、75%、90%。因此，每种重金属元素可以得到 36 个土壤累积量数据。

土壤蔬菜系统叶菜类种植土壤重金属镉(Cd)、铅(Pb)、砷(As)、铬(Cr)、汞(Hg)、铜(Cu)、锌(Zn)、镍(Ni)的年增加量变动范围分别为0.000 085 5～0.039 3、0.166～0.292、0.515～0.155、0.033 1～0.785、0.000 227～0.002 34、0.092 1～5.06、0.165～6.46、0.046 9～0.262 mg/(kg·年)；瓜果菜类土壤重金属Cd、Pb、As、Cr、Hg、Cu、Zn、Ni的年增加量变动范围分别为0.001 31～0.610、0.026 6～0.449、0.000 606～0.234、0.050 3～1.20、0.000 334～0.003 66、0.147～7.68、0.448～10.0、0.073 7～0.404 mg/(kg·年)；根茎菜类土壤重金属Cd、Pb、As、Cr、Hg、Cu、Zn、Ni的年增加量变动范围分别为0.008 92～0.048 6、0.021 9～0.360、0.006 19～0.189、0.042 3～0.966、0.000 223～0.002 88、0.117～6.14、0.361～8.02、0.060 0～0.324 mg/(kg·年)(表3-20)。表3-21是土壤年增加量50%和90%表。

表3-20　土壤蔬菜系统土壤重金属年增加量　　mg/(kg·年)

元素	Cd	Pb	As	Cr	Hg	Cu	Zn	Ni
叶菜类 (n=36)	0.000 085 5～0.039 3	0.166～0.292	0.515～0.155	0.033 1～0.785	0.000 227～0.002 34	0.092 1～5.06	0.165～6.46	0.046 9～0.262
瓜果菜类 (n=36)	0.001 31～0.610	0.026 6～0.449	0.006 06～0.234	0.050 3～1.20	0.000 334～0.003 66	0.147～7.68	0.448～10.0	0.073 7～0.404
根茎菜类 (n=36)	0.008 92～0.048 6	0.021 9～0.360	0.006 19～0.189	0.042 3～0.966	0.000 223～0.002 88	0.117～6.14	0.361～8.02	0.060 0～0.324

表3-21　土壤年增加量50%和90%表　　mg/(kg·年)

百分位	蔬菜种类	Cd	Pb	As	Cr	Hg	Cu	Zn	Ni
50%	叶菜类	0.007 70	0.096 3	0.028 2	0.125	0.000 73	0.372	1.42	0.127
	瓜果菜类	0.013 4	0.150	0.042 7	0.202	0.001 12	0.573	2.41	0.194
	根茎菜类	0.010 6	0.121	0.035 5	0.163	0.000 85	0.458	1.93	0.156
90%	叶菜类	0.032 3	0.232	0.131	0.628	0.001 54	4.56	5.31	0.220
	瓜果菜类	0.049 5	0.352	0.195	0.942	0.002 46	6.84	8.11	0.337
	根茎菜类	0.039 4	0.282	0.157	0.756	0.001 92	5.47	6.49	0.271

图3-2为土壤蔬菜系统土壤中镉(Cd)、铅(Pb)、砷(As)、铬(Cr)、汞(Hg)、铜(Cu)、锌(Zn)、镍(Ni)的年累积量的频率分布图。叶菜类的Cd的累积量主要集中在0.018 7 mg/(kg·年)以下，占到总体的80%左右，瓜果菜类和根茎菜类的Cd的累积量分布比较相似，主要集中在0.024 mg/(kg·年)以下，也占到总体的84%左右。三大菜类的Pb的累积量分布情况也比较相似，主要集中在0.02 mg/(kg·年)以下，叶

菜类和根茎菜类占到总体的80%左右,而瓜果菜类只占到67%左右。三大菜类的As的累积量分布情况也较为相似,主要集中在0.09 mg/(kg·年)以下,均占到总体的80%左右。叶菜类和根茎菜类Cr累积量分布主要集中在0.3 mg/(kg·年)以下,大约为总体的80%,瓜果菜类主要集中分布在0.33 mg/(kg·年)以下,约为总体的84%。Hg的累积量分布在大于0.002 5 mg/(kg·年)以上时,分布较为离散,主要集中在0.002 mg/(kg·年)以下,叶菜类占到总体的97%,根茎菜类占到总体约95%,瓜果菜类最低,约占总体的70%左右。Cu的3种累积量分布比较相似,叶菜类、瓜果菜类和根茎菜类主要集中在1.79、2.00和2.22 mg/(kg·年)以下,占到总体的83%、78%和83%;叶菜类和根茎菜类Zn的累积量主要集中在1.71和2.37 mg/(kg·年)以下,均占到总体的62%,在瓜果菜类中主要集中在3.40 mg/(kg·年)以下,约占总体的67%。Ni的累积量三种分布均较为均匀,叶菜类主要集中在0.3 mg/(kg·年),占到总体的97%,瓜果菜类和根茎菜类0.4和0.35 mg/(kg·年)以下,占到总体的91%左右。

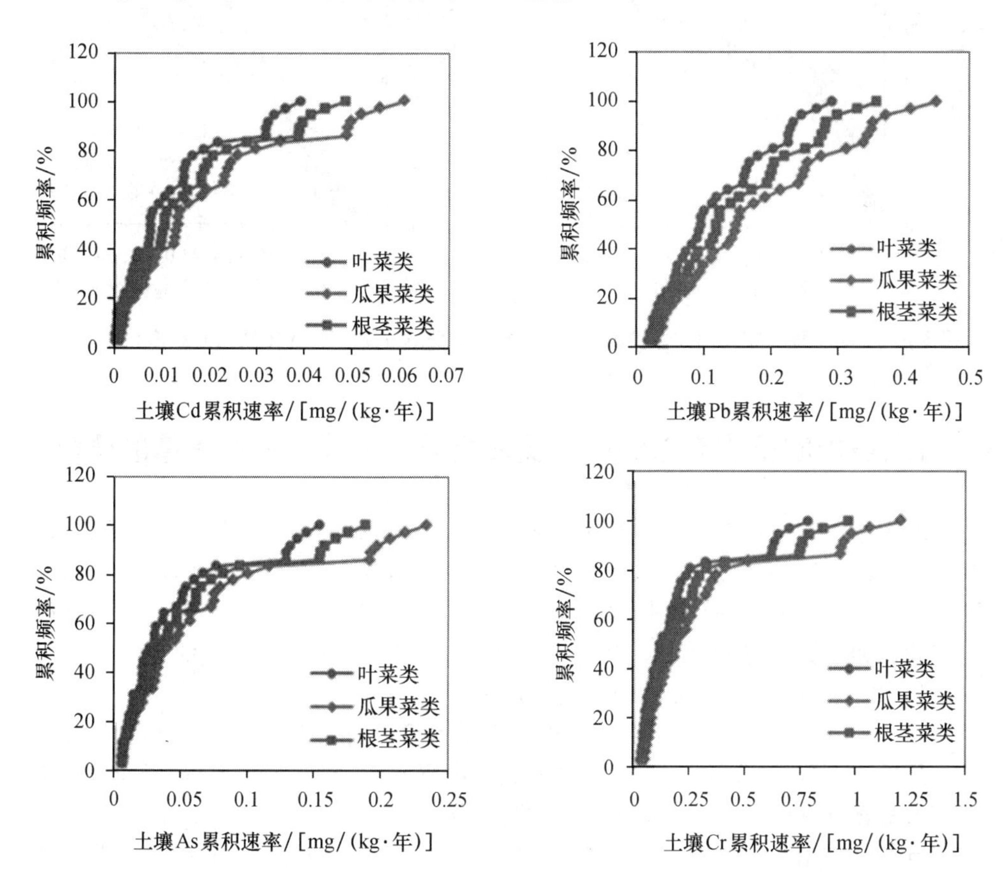

图3-2 土壤蔬菜系统土壤中重金属Cd、Pb、As、Hg、Cr、Cu、Zn和Ni年累积量频率分布(一)

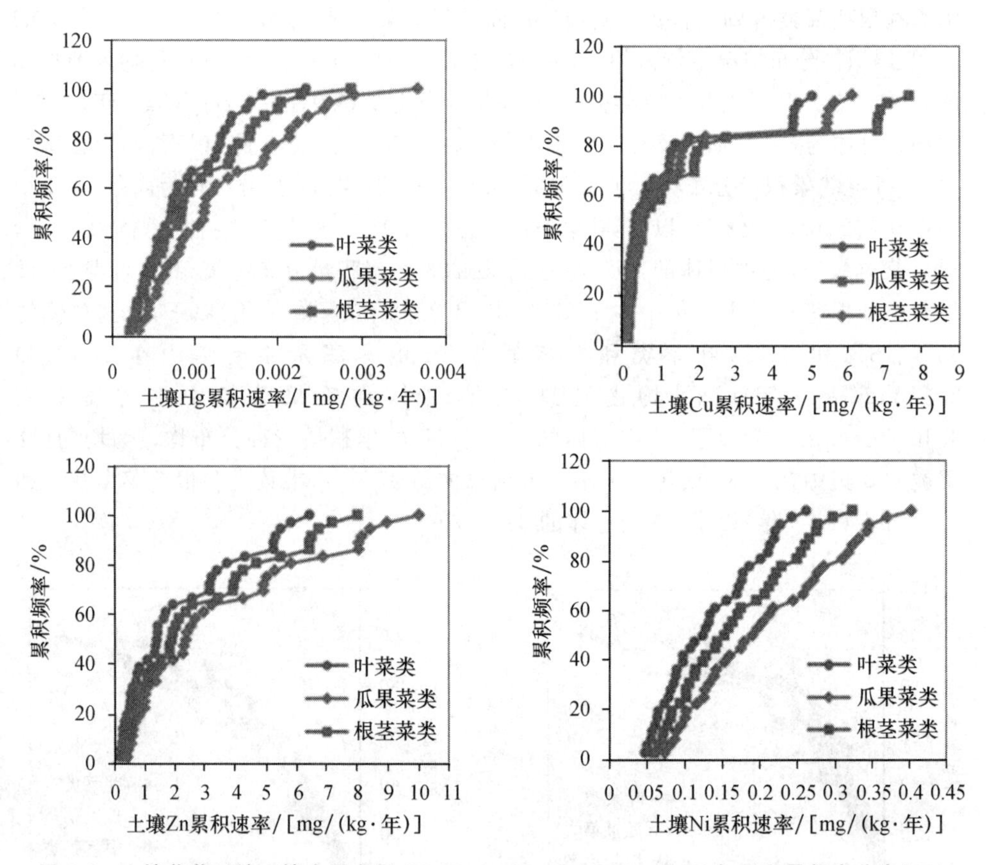

图 3-2 土壤蔬菜系统土壤中重金属 Cd、Pb、As、Hg、Cr、Cu、Zn 和 Ni 年累积量频率分布(二)

四、设施农田生态系统中土壤重金属污染源头控制阈值的调控

农田系统重金属有 4 种主要输入途径，即大气沉降、磷肥、畜禽粪以及灌溉水，其中大气沉降这一重金属输入途径主要是由于工业废气及汽车尾气排放所导致，不易调控，因此在反推标准时，只反推磷肥、畜禽粪、灌溉水，同时将反推的标准阈值跟我国相关标准进行比较。目前我国肥料、有机肥、灌溉水参照的标准分别为 GB/T 23349—2009、NY 525—2012、GB 5084—2005)。

表 3-22 为保障土壤 100 年安全磷肥重金属含量标准值，其中磷肥是以 P_2O_5 计。从整体上分析，无论是畜禽粪、磷肥还是灌溉水，在相同 pH 下，对于同一重金属元素的标准，叶菜类区＞瓜果菜区＞根茎菜区，对于叶菜类区，Cd、Hg、Pb、Cr、Cu、Zn 的标准值随 pH 增大而增高，而 As 则随 pH 增大而降低，同理，瓜果菜区和根茎菜区也有相似规律。

表 3-22 蔬菜体系重金属阈值反推结果汇总

输入项目	蔬菜类别	pH	Cd	As	Hg	Pb	Cr	Cu	Zn
磷肥（以 P_2O_5 计）/(mg/kg)	叶菜类	<6.5	6.13	421.19	5.4	634* 1 265	1 069* 2 134	104	423
		6.5～7.5	6.13	293	10.1	778* 1 552	1 371* 2 736	305	581
		>7.5	12.3	165	21.9	921* 1 840	1 673* 3 340	305	739
	瓜果菜	<6.5	5.92	405	5.22	614* 1 225	1 035* 2 064	129	438
		6.5～7.5	5.92	282	9.75	754* 1 502	1 327* 2 649	330	592
		>7.5	11.8	159	21.1	893* 1 781	1 620* 3 234	330	745
	根茎菜	<6.5	5.36	411	5.57	609* 1 215	1 057* 2 110	117	419
		6.5～7.5	5.36	286	10.2	747* 1 491	1 655* 2 708	324	580
		>7.5	10.7	160	21.7	885* 1 767	1 655* 3 306	324	741
畜禽粪/(mg/kg)	叶菜类	<6.5	5.17	11.2	0.13	198* 394	151* 301	56	290
		6.5～7.5	5.17	7.8	0.25	242* 483	194* 386	165	398
		>7.5	10.3	4.4	0.54	287* 573	236* 471	165	507
	瓜果菜	<6.5	4.98	10.8	0.13	196* 391	148* 295	69	308
		6.5～7.5	4.98	7.89	0.25	253* 505	200* 398	186	438
		>7.5	9.96	4.47	0.55	300* 599	244* 486	186	552
	根茎菜	<6.5	4.52	10.9	0.14	197* 392	149* 297	61	282
		6.5～7.5	4.52	8.93	0.3	284* 566	225* 449	199	459
		>7.5	9.04	5.02	0.63	336* 671	274* 548	199	586

续表 3-22

输入项目	蔬菜类别	pH	Cd	As	Hg	Pb	Cr	Cu	Zn
灌溉水/(μg/L)	叶菜类	<6.5	4.14	17.9	0.1	73*	51*	103	694
						145	100		
		6.5~7.5	4.14	12.5	0.1	89*	65*	139	867
						178	129		
		>7.5	8.29	7	0.3	106*	79*	207	1 041
						211	158		
	瓜果菜	<6.5	3.99	17.2	0.1	72*	50*	424	1 076
						144	98		
		6.5~7.5	3.99	12	0.1	88*	63*	847	1 345
						176	127		
		>7.5	7.98	6.8	0.3	105*	78*	847	1 614
						209	155		
	根茎菜	<6.5	3.62	17.5	0.1	72*	50*	206	556
						144	99		
		6.5~7.5	3.62	12.2	0.1	89*	64*	413	695
						177	128		
		>7.5	7.25	6.8	0.3	105*	78*	413	834
						209	156		

注：* 为保障土壤 200 年安全的重金属含量标准值。

在设施蔬菜种植条件下，由于是保护地耕作，尽管大气沉降所带来进入系统的重金属基本上可以忽略，减少了一部分重金属的输入；但同时由于种植条件的改善，种植季节延长，一年可以种植 2~3 季蔬菜，甚至更多；这种生产方式需要更多的投入品，投入品所带来的重金属也翻倍。因此从土壤重金属净累积总量来看，设施栽培重金属累积量是原来露天蔬菜种植的重金属累积量的 1.31 倍(As)，甚至接近 2 倍(对于 Pb、Cr、Cu、Zn)；土壤中的重金属的累积速率也就是随之增加。因此从保障土壤安全的角度来看，在设施栽培条件下，这些污染源的重金属标准应更为严格。

五、土壤重金属污染源头控制存在的问题和发展方向

(一)现有研究存在的主要问题

近年来，蔬菜及土壤重金属污染问题受到广泛的关注与重视，对蔬菜种植中的大气沉降、畜禽粪有机肥、化肥、灌溉水、土壤进行调查，以全面系统地了解我国蔬

菜种植体系土壤污染的总体状况。我国大中城市都曾较系统地对郊区菜园土壤及蔬菜中的重金属污染状况进行较详细的调查研究；同时对灌溉水、化肥、畜禽粪有机肥等输入源的重金属含量也有相关调查研究工作，以了解目前重金属污染现状。关于蔬菜种植体系土壤中重金属问题，前人也进行了较多的研究，但大多数研究主要集中在田间土壤和蔬菜的重金属污染分布和污染调查方面，对污染源头的研究以农田土壤和农作物重金属污染评价及土壤与农作物重金属积累之间的关系研究为主，但至今对不同来源重金属在农田重金属污染中的相对重要性还了解较少。然而，对蔬菜种植体系中重金属的输入、输出途径及各途径的量化分析，能准确地了解系统中重金属污染及平衡情况，是农田土壤重金属元素的积累预测分析及农田生态风险和农业可持续发展评估所必需的。另外，设施农田中的重金属输入和输出由于不同于常规农田，在土壤中的累积规律还需要进一步研究。

（二）未来研究方向展望

通过本文的数据收集和分析，在现行标准和现在种植习惯下，为保证土壤的重金属含量安全和蔬菜的品质安全，在输入源上需要平衡各个输入项的重金属输入量，从源头控制重金属的输入，把握“源”输入，在常见元素中，主要控制输入源中的 Cd、Cu 和 Zn 3 种元素的带入量。尤其是在有机肥的输入中，在目前情况下，若连续多年保持施肥习惯施用含有高量或者平均含量重金属水平的畜禽粪后，土壤中重金属积累量均超过国家土壤环境质量二级标准。因此可以得出长期施用含有高量重金属畜禽粪对土壤中重金属积累不容忽视；按照我国目前菜地施肥情况来看，有机肥输入土壤中的重金属远远超过了蔬菜本身能消耗的量，大量的重金属在土壤中积累，势必影响蔬菜的质量和品质，威胁到人体的安全，还将导致严重的生态风险。因此，对有机肥的品质控制要从养殖业开始，加强对饲料添加剂的监管，保证饲料的安全，在大规模施用畜禽粪有机肥时，还应加强畜禽粪品质和用量分析。

鉴于有些设施菜地已出现了重金属累积甚至超标问题，主要采取源头监控控制策略。即从养殖业的饲料监控、生产有机肥的原料监控、肥料的标准制定、商品有机肥的检测以及根据土壤环境容量和作物对养分的需求规律进行合理施肥，以实现农田重金属的源头监控；在生产中，为把蔬菜种植体系中土壤的重金属含量控制到安全标准，需要根据蔬菜种植中输入源的重金属含量及施用作出风险预警，从而指导安全生产。要考虑影响重金属积累的各个因素，更全面更科学地推算输入项的安全阈值，为制定肥料中重金属含量标准和合理施肥提供理论依据。

参考文献

Alexander P D, Alloway B J, Dourado A M. Genotypic variations in the accumulation of Cd, Cu, Pb and Zn exhibited by six commonly grown vegetables[J]. Environment Pollution, 2006, 144: 736-745.

Anddersson A, Gustafson A, Torstensson G. Removal of trace elements from arable land by leaching[D]. Ekohydrologi: Swedish University of Agricultural Sciences, 1988.

Barry G A, Chudek P J, Best E K, *et al*. Estimating sludge application rates to land based on heavy metal and phosphorus sorption characteristics of soil[J]. Water Research, 1995, 29(9): 2031-2034.

Chojnacha K, Chojnacki A, Gorecka H, *et al*. Bioavailability of heavy metals from polluted soils to plants[J]. Science of the Total Environment, 2005, 337(1-3): 175-182.

Culbard E B, Thornton I, Watt J, *et al*. Metal contamination in British suburban dusts and soils. [J]. Journal of Environmental Quality, 1988, 17: 226-234.

Franklin R E. Trace element content of selected fertilizers and micronutrient source materials[J]. Communications in Soil Science & Plant Analysis, 2005, 36(11-12): 1591-1609.

George K A, Singh B. Heavy metals contamination in vegetables grown in urban and metalsmelter contaminated sites in Australia[J]. Water, Air, Soil Pollution, 2006, 169: 101-123.

Huang B, Shi X, Yu D, *et al*. Environmental assessment of small-scale vegetable farming systems in peri-urban areas of the Yangtze River Delta Region, China [J]. Agriculture Ecosystem Environment, 2006, 112: 391-402.

Khairiah T, Zalifah M K, Yin Y H, *et al*. The uptake of heavy metals by fruit type vegetables grown in selected agricultural areas[J]. Pakistan Journal of Biological Sciences, 2004, 7(8): 1438-1442.

Luo L, Ma Y, Zhang S, *et al*. An inventory of trace element inputs to agricultural soils in China [J]. Journal of Environmental Management, 2009, 90 (8): 2524-2530.

Mapanda F, Mangwayana E N, Nyamangara J, *et al*. The effect of long-term irrigation using wastewater on heavy metal contents of soils under vegetables in Harare, Zimbabwe [J]. Agriculture Ecosystem Environment, 2005, 107: 151-165.

Nicholson *et al*. An inventory of heavy metals inputs to agricultural soils in England and Wales[J]. The Science of the Total Environment, 2003, 311: 205-219.

陈干.南淝河流域地下水化学特征及硝酸盐污染源解析[D].合肥:合肥工业大学,2009.

丁昊天,袁兴中,曾光明,等.基于模糊化的长株潭地区地下水重金属健康风险评价[J].环境科学研究,2009,22(11):1323-1328.

董占荣.猪粪中的重金属对菜园土壤和蔬菜重金属积累的影响[D].杭州:浙江大学,2006.

郭明慧,裴自友,温辉芹,等.普通小麦品种籽粒矿质元素含量分析[J].中国农学通报,2011,27(18):41-44.

姜丽娜,郑冬云,蒿宝珍,等.氮肥对小麦不同品种籽粒微量元素含量的影响[J].西北农业学报,2009,18(6):97-102.

李红莉,张卫峰,张福锁,等.中国主要粮食作物化肥施用量与效率变化分析[J].植物营养与肥料学报,2010,16(5):1136-1143.

李忠芳.长期施肥下我国典型农田作物产量演变特征和机制[D].北京:中国农业科学院,2009.

刘进.安徽淮北平原浅层地下水地球化学特征研究[D].淮南:安徽理工大学,2010.

刘卫东,李峰,孙伟.金川矿区尾矿库排水对地下水水质影响、现状及预测分析[J].冰川冻土,2012(1):114-119.

陆琴,梅祖明.上海某厂区土壤和地下水环境质量评估[J].上海地质,2005(4):25-29.

任顺荣,邵玉翠,王正祥.利用畜禽废弃物生产的商品有机肥重金属含量分析[J].农业环境科学学报,2005,24(增刊):216-218.

邵学新,吴明,蒋科毅.土壤重金属污染来源及其解析研究进展[J].广东微量元素科学,2007,14(4):1-6.

王昌全,谢德体,李冰,等.不同有机肥种类及用量对芹菜产量和品质的影响[J].中国农业科学报,2005,21(1):192-195.

王立群,罗磊,马义兵,等.重金属污染土壤原位钝化修复研究进展[J].应用生态学报,2009,20(5):1214-1222.

王淑芬,张喜英,裴冬.不同供水条件对冬小麦根系分布,产量及水分利用效率的影响[J].农业工程学报,2006,22(2):27-32.

王铁军,查学芳,熊威娜,等.贵州遵义高坪水源地岩溶地下水重金属污染健康风险初步评价[J].环境科学研究,2008(1):46-50.

吴传星.不同玉米品种对重金属吸收累积特性研究[D].雅安:四川农业大学,2010.

吴健华,李培月,宋宝德,等.基于熵权的TOPSIS方法用于地下水质量综合评价[J].宁夏工程技术,2010(4):326-329.

夏增禄,李森照,穆从如,等.北京地区重金属在土壤中的纵向分布和迁移[J].环境科学学报,1985,5(1):105-112.

谢正苗,李静,王碧玲,等.基于地统计学和GIS的土壤和蔬菜重金属的环境质量评价[J].环境科学,2006,27(10):2110-2116.

徐德利,周玲,杜永,等.连云港市水稻主产区土壤和灌溉水重金属含量分析及在稻米中的累积效应[J].中国土壤与肥料,2008(4):60-64.

徐勇贤,黄标,史学正,等.典型农业型城乡交错区小型蔬菜生产系统重金属平衡的研究[J].土壤,2008,40(2):249-256.

杨晓艳,杜钰娉.ICP-AES测定水稻不同部位12种元素的含量[J].光谱实验室,2011,28(4):1963-1965.

余彬.泾惠渠灌区浅层地下水中重金属的健康风险评价[D].西安:长安大学,2010.

余青.不同灌溉方式对水稻产量及水分利用率的影响[J].贵州农业科学,2010,38(8):37-39.

张华,鲁梦胜,李功振,等.徐州市北郊工业区浅层地下水重金属污染研究[J].安徽农业科学,2009,37(9):4179-4180.

张福锁,陈新平,陈清,等.中国主要作物施肥指南[M].北京:中国农业大学出版社,2009:10-15.

张晓旦.我国畜禽粪便中重金属含量特征及生物有效性与控制阈值的研究[D].北京:中国农业大学,2010.

赵兴敏.典型重金属在包气带和含水层中的迁移转化特征[D].长春:吉林大学,2008.

中国农业年鉴编辑委员会.中国农业年鉴2001—2010[M].北京:中国农业出版社.

中华人民共和国国家质量监督检验检疫总局,中国国家标准化管理委员会.GB 5084—2005.农田灌溉水质标准[S].北京:中国标准出版社,2005.

周海红,张志杰.关中清灌区农田生态系统污染现状研究[J].环境污染与防治,2001(6):309-311.

第四章　重金属在土壤系统中的分布与运移

随着工农业生产的发展，工业“三废”对农业环境特别是对土壤污染的影响日趋加剧，工业“三废”也越来越受到人们的关注。工业的发展及城市化程度的不断提高，河流污染日益加重，清洁水资源日趋紧张。水资源的匮乏，使污水成为农业灌溉用水的重要组成部分。而污水中含有大量的重金属元素，重金属大多有变价的特征，在水体中易迁移转化，在土壤中易富集钝化，通过食物链最终在人体的不同部位富集，如镉、铅主要富集在肾和肝，铅还可损害中枢神经系统。我国土壤重金属污染形势严峻，已严重影响农产品质量和食品安全。因此模拟重金属在土壤系统中的分布与运移对保护人类身体健康，促进农业发展，推广无公害粮食、蔬菜具有重要意义(陈怀满，1996；董克虞，1994)。

一、土壤重金属污染和运移特征

(一)土壤重金属的污染和分布特征

土壤环境中的重金属主要来源于矿山和工业生产排放的废渣、废水和废气，污水灌溉以及肥料和农药的施用等。重金属的土壤环境污染主要途径是采矿、冶炼、燃煤、电镀工业、电池工业、化工工业、肥料生产、废物焚化处理、尾矿堆放、垃圾堆的淋溶及城市污水污泥等。土壤中的重金属易于积累，形态多变。一旦土壤被污染，大多数的重金属只能从一种形态变迁成另一种形态，很难从土壤中彻底去除(洪坚平，2011；闵九康，2012)。

根据环保部、国土资源部等部门所做的全国土壤污染状况调查，土壤重金属污染种类主要有镉、汞、砷、铜、铅、铬、锌、镍等。其中，全国土壤总的超标率为 16.1%；从不同土地利用类型土壤超标情况看，耕地土壤点位超标率为 19.4%。从全国土壤污染格局分布情况看，南方土壤污染重于北方；长江三角洲、珠江三角洲、东北老工业基地等部分区域土壤污染问题较为突出，西南、中南地区土壤重金属超标范围较大。从典型污染类型土壤污染状况看，主要涉及黑色金属、有色金属、皮革制品、造纸、石油煤炭、化工医药、化纤橡塑、矿物制品、金属制品、电力等行业。金属冶炼类工业园区及其周边土壤主要污染物为镉、铅、铜、砷和锌。

Cd 是主要的污染重金属元素之一，是微量重金属中毒性最大者，对人和动物是一种积累性剧毒元素。土壤环境污染的途径有 3 种：一是工业废气中的镉扩散沉降累积于土壤中；二是用含镉废水灌溉农田，使土壤受到严重污染；三是农田施用磷肥、污水污泥、农药和杀虫剂，长期累积污染（张增强，1998）。因此，模拟和预报重金属镉在土壤中的污染运移对于定量分析镉的运移转化规律有重要的意义。在自然界中很少有纯镉出现，它伴生于其他一些金属矿中，例如锌矿、铅锌矿、铅铜锌矿等。镉在稳定的化合物中通常为＋2 价，其离子为无色。镉在环境中存在的形态很多，大致可分为水溶性镉、交换性镉、吸附性镉和难溶性镉。镉随着水分进入包气带，在土壤内迁移转化过程中，除机械过滤作用外，主要受溶解与沉淀、吸附与解吸以及络合与解离作用制约（张增强 1998；商建英 2003）。

Hg 是一种毒性比较大的有色金属，在自然界中以金属汞、无机汞和有机汞的形式存在。我国被认为是全球最大的汞排放国家，长期大规模开采与冶炼导致矿区环境汞污染严重，主要集中在贵州、四川、重庆、陕西、辽宁、山东、广东、广西、湖南等地（洪坚平 2011）。我国西南部地区的土壤汞背景值高，特别是贵州汞矿物周围的土壤背景值高达 9.6～155.0 mg/kg。由于汞与有机质结合和络合能力较强，汞在矿区和冶炼厂周围的有机质含量高的土壤中富集能力也较强。

As 是变价元素，在土壤环境中主要以 As^{3+} 和 As^{5+} 两种价态存在，被世界卫生组织和美国环保署列为第一类致癌物。土壤中砷的主要来源是各种岩石矿物砷，我国南方部分地区受采矿或金属冶炼等影响，广西刁江流域，湖南衡阳、郴州、石门等地均存在面积达数百平方公里的严重区域性土壤砷污染，对当地的农业生产和人体健康造成重大危害。其中，湖南石门原雄黄矿砷污染范围大、程度深，受污染土壤面积约 35 km^2，其中耕地面积约 12 km^2，土壤砷含量超过国家标准值 29 倍，受土壤和地表水污染的影响，农作物砷含量也严重超标。含砷农药和有机肥（动物粪便）的使用及含砷添加剂的使用也是砷可能直接或者间接大量进入土壤的途径之一，也可能是造成部分北方农业土壤中砷的含量有逐年升高趋势的原因。

Pb 是一种蓝色或银灰色的软金属，具有亲硫性和亲氧性，在自然界多以硫化物、硫酸盐、磷酸盐、砷酸盐以及氧化物为主。工业城市附近土壤中铅污染时有发生，而一些冶炼厂和矿山附近土壤铅污染比较明显。由于铅在土壤中迁移能力弱，大气沉降是土壤中外来铅的主要传输途径。其中，汽车尾气、工厂高浓度铅尘和含铅污水排放都是造成附近土壤污染的原因，河南济源、陕西凤翔、江西永丰等地均存在严重区域性土壤铅污染（洪坚平，2011）。污水灌溉是土壤铅污染的另一主要途径，长期的污水灌溉可以引起土壤铅含量比背景值高出几十倍到上百倍。

Cu 是生命所必需的微量元素，但过量的铜对人和动、植物都有害。铜的主要污染来源是铜锌矿的开采和冶炼、金属加工、机械制造、钢铁生产等。随着工农业生产的快速发展，含铜矿的开采和冶炼厂废弃物的排放、含铜农药和有机肥的使用，可使农田土壤含铜量达到原始土壤的几倍甚至几十倍。

铬(Cr)是人体内必需的微量元素之一,它在维持人体健康方面起关键作用,是正常生长发育和调节血糖的重要元素。它会通过食物链在生物体内累积,体内铬含量过高会导致上呼吸道刺激反应,甚至会造成肝和肾等的衰竭以及癌变(Duranoğlu,2010;Gupta,2009)。环境中的铬主要以Cr(Ⅲ)和Cr(Ⅵ)两种价态存在,与Cr(Ⅲ)相比,Cr(Ⅵ)具有很强的杀伤力,即使低浓度也具有相当高的毒性,其毒性是Cr(Ⅲ)的500倍(Namasivayam,2008)。土壤铬污染主要来源于制革、电镀、冶金和印染等行业的废水排放(Yuan,2009),而且Cr(Ⅵ)在土壤中容易迁移,对环境具有很大的危害(Singh,2002)。因此,Cr(Ⅵ)的环境问题越来越引起人们的关注(Wang,2009)。

土壤中的重金属存在很多形态,重金属形态是指重金属元素在环境中以某种离子或分子存在的实际形式,因形态不同而表现出不同的毒性和环境行为,例如可交换态、碳酸盐结合态、铁锰氧化物结合态、有机结合态、残渣态。可交换态、碳酸盐结合态、氧化锰结合态稳定性差,容易被植物吸收利用,是其有效或较为有效的形态,它们的含量与植物吸收量呈显著正相关,而有机结合态和残渣态稳定性强,不易释放到环境中(宋菲,1996;马运宏,1995)。

可交换态重金属主要通过扩散作用和外层络合作用非专性地吸附在土壤和沉积物表面上,它对土壤环境条件(溶液pH和盐成分以及盐浓度等)变化敏感,易于迁移转化,易于被植物根系吸收。它在总量中所占比例不大,但普遍认为可交换态对作物危害最大,在植物营养上具有重要意义。

有机态重金属指被土壤中有机质络合或螯合的那部分金属,它以重金属离子为中心离子,以有机质活性基团为配位体发生螯合作用而形成螯合态盐类。该形态重金属较为稳定,一般不易被生物所吸收利用。但当土壤氧化电位发生变化,有机质发生氧化作用而分解时,可导致少量该形态重金属溶出,对作物产生危害。

铁锰氧化物结合态重金属指被吸持在无定形氧化铁-锰上或与之形成共沉淀的金属,它是重金属与氧化物等联系在一起的被包裹或本身就成为氢氧化物沉淀的部分,这部分金属属于较强的离子键结合的化学形态,不易释放。但土壤环境条件变化时,也可使其中部分重新释放,对农作物存在潜在的危害。当水体中氧化还原电位降低或水体缺氧时,这种结合形态的重金属键被还原,可能造成对环境的二次污染。

碳酸盐结合态是指金属离子与碳酸盐沉淀结合,该形态对土壤环境条件,特别是pH最敏感。随着土壤pH的降低,离子态重金属可大幅度重新释放而被作物所吸收,可能造成对环境的二次污染。

残渣态是重金属最主要的结合形式,以其结晶矿物形式存在,其主要为硅酸盐矿物,结合在该部分中的重金属在环境中可以认为是惰性的。它们存在于原生和次生矿物晶格中,用一般的提取方法不能提取出来,它的活性最小,只能通过漫长的风化过程释放，而风化过程是以地质年代计算的，相对于生物周期来说残渣态基本上不被生物利用，因而生物有效性也最小。

不同形态的重金属被释放的难易程度不同，环境效应和生物可利用性也不同。重金属的不同形态直接影响到重金属的毒性、迁移性以及在自然界的循环。可交换态的重金属在中性条件下最为活跃，最易被释放，也最容易发生反应转化为其他形态，容易为生物所利用；碳酸盐结合态重金属在酸性条件下能够发生移动，可能造成对环境的二次污染；结合可在还原条件下释放；有机物结合态释放过程非常缓慢；残渣态的重金属与沉积物结合最牢固，有效性也最小。

（二）土壤重金属吸附和解吸

重金属、土壤和土壤溶液之间的相互作用一直是人们普遍关注的问题，重金属在土壤环境介质中的行为如图 4-1 所示。进入 20 世纪 70 年代以后，人们开始广泛地关注和深入地研究重金属对生物危害机制以及对食用作物生长的毒性和致害或致死极限浓度的研究。当土壤重金属污染日益严重后，学者们开始从机制和微观的角度研究重金属在土壤溶液和土壤中的分布规律、存在形式和吸附、解吸、迁移、积累特征。土壤中有大量无机化合物和有机物以及络合物，吸附是最普遍和主要的重金属在土壤中的保持机制。物质在吸附过程中，发生电子转移、原子重排、化学键破坏或形成的是化学吸附；不发生电子转移、原子重排、化学键破坏或形成的是物理吸附。在实际吸附过程中，化学吸附与物理吸附往往同时发生，很难截然区分开（商建英，2003）。

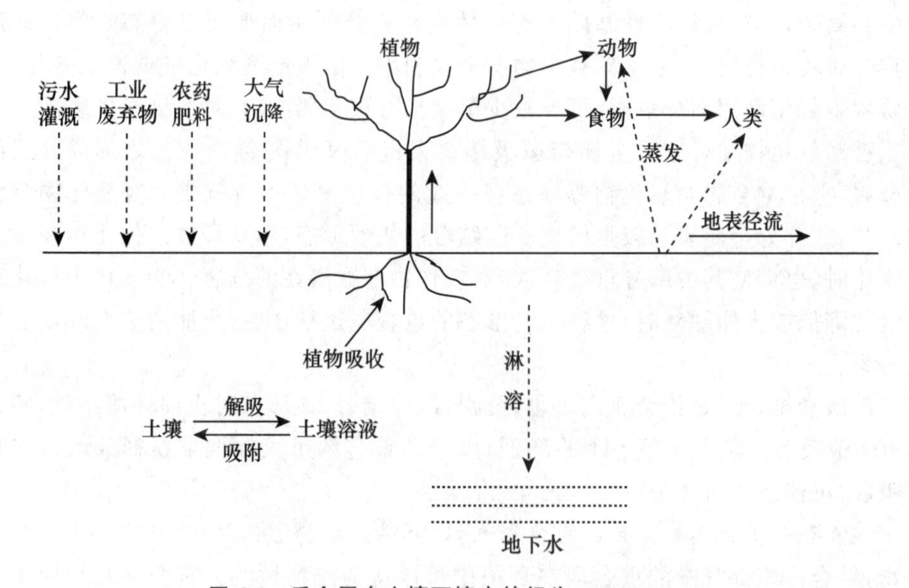

图 4-1　重金属在土壤环境中的行为（商建英，2003）

吸附过程包括物理吸附、化学吸附、吸收和离子交换。它参与了溶质在土壤中的运移过程，对重金属运移有重要的影响，表现在对重金属运移起着阻滞的作用。大量的试验和理论证明，重金属的吸附和解吸主要是与重金属在固、液相中的浓度有关。重金属在固、液相中浓度关系的数学表示式称为吸附模式，其相应的图示表达称为吸附等温线。吸附模式可能是线性的，也可能是非线性的，其相应的吸附等温线为直线或曲线。由于重金属在土壤中的吸附和迁移过程很复杂，等温状态下，除了与浓度密切相关以外，还与土壤颗粒性质、流体速度、离子种类以及水动力弥散等有关。因此，精确地描述重金属在土壤中的归趋过程非常困难，许多公式基本上都是在一定的假说前提下，一定的范围内适用于某些问题的经验表达式。

重金属在土壤中的吸附/解吸和迁移机制的研究是当今环境研究的重要课题。一般认为，金属离子进入土壤环境后的作用机制可用两类模型表征，一类为平衡模型，一类为动力学模型。平衡模型认为，金属离子进入土壤环境后，在土壤溶液与土壤固相之间的吸附/解吸反应速度很快，瞬时达到平衡，或在局部短时间达到平衡（商建英，2003）。

利用平衡模型研究重金属离子在土壤中的吸附/解吸的文献报道较早，相关研究也较多，一般采用批试验的方法来研究。Gug 和 Chakrabarti 等（1975）证明：重金属在黏土矿物上吸附遵循 Freundlich 等温式，而在腐殖酸和水合铁锰氧化物上的吸持符合 Langmuir 等温式（张增强，1998）。汤鸿霄等（1981）得出黏土矿物吸附重金属为 Langmuir 模式，他认为 Freundlich 模型仅在中等浓度过渡区才较吻合。商建英（2003）通过土壤对镉的吸附作用研究，发现 Henry 模型适用于溶质浓度较低的情况，Freundlich 模型可用于溶液浓度中等的情况，而 Langmuir 模型在较大的浓度范围内适用。

利用动力学模型研究重金属离子在土壤中的作用过程是近几十年发展起来的。动力学过程主要是研究金属离子在土壤中的吸附/解吸过程随时间而变化（商建英，2003）。动力学的研究可使人们深刻地理解反应的历程和化学反应的机制。邱少敏等（1990）用液流法研究了镉在红壤中的吸附/解吸可用一级动力学方程拟合；马义兵等（1993）利用液流法研究了 Zn^{2+}、Cu^{2+} 和 Cd^{2+} 在褐土中的吸附/解吸过程，推导出二级动力学方程拟合试验数据，得到良好的结果；廖敏等（1998）研究了 4 种红壤和土水系统中 Cd 的迁移特征，对 4 种红壤的能位高低和 pH 对吸附的影响进行了比较；费宇红等（1998）研究了镉在土壤中吸附与沉淀的特征与界限；刘继芳等（2000）用液流法研究了重金属离子铜和镉在褐土中的竞争吸附动力学特性。

Shang 等（2011）通过搅拌流通池（图 4-2）等试验通过比表面积和微孔体积的测试来研究核素铀在非均质土壤中的吸附和释放机制，主要研究了铀在四种不同粒径土壤（粗砂、中砂、细砂、粉/黏土）和混合土壤中的吸附和动态解吸过程，应用多速率模型进行模拟,试验和模拟结果表明土壤颗粒的微观孔体积是决定污染物铀吸附和解吸量以及速率的主要因素,污染物铀在土壤中较慢的吸附速率实际上是铀从大孔隙水向土壤颗粒的微观孔隙扩散和弥散速度控制。污染物铀的反应点位以及分配平衡系数与土壤颗粒的微观体积呈极好的线性关系(相关系数达到0.99以上)。根据这项研究,铀污染的治理应该重点放在微孔体积比较高的土壤颗粒上,这对于铀污染的环境评估和治理有重要的意义。因为实际中特别是面积较大的场地和地区上,对于每一个采样点进行吸附和释放的试验,需要耗费很多时间和人力。通过测量土壤质地(特别是微孔体积)的方法来预测土壤中污染物铀含量的高低是一个非常节约成本的方法。

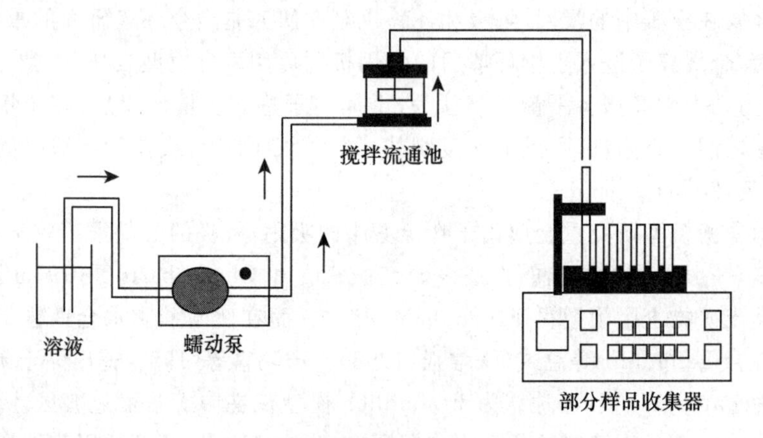

图 4-2 吸附/解吸动力学实验装置

(三)影响土壤重金属淋溶和运移的因素分析

土壤重金属淋溶作用是指重金属污染物随渗透水在土壤中沿土壤垂直剖面向下的运动,是重金属在土壤颗粒与水系统之间吸附、解吸或分配的一种综合行为。与有机污染物易于挥发、降解、代谢等不同,重金属进入土壤系统后,易于积累于土壤环境中。在降雨、降雪和灌溉条件下,积累的重金属可能会随水淋溶到更深的土壤层中,甚至到地下水中,给人类健康和地下水安全带来潜在威胁。研究重金属在降雨和灌溉条件下在农田土壤中的淋溶规律和动力学释放过程,阐明重金属在农田土壤中的迁移转化机制,可为重金属污染土壤的改良和修复技术提供理论支持和依据。

土壤是非线性多孔介质体系,重金属在土壤中的迁移和释放过程非常复杂。土壤中的物理因素、物理化学因素、化学因素以及生物因素是影响重金属在土壤中迁移转化的主要因素。物理迁移指重金属离子或吸附在土壤颗粒表面的重金属随水迁移的过程;物理化学过程主要包含重金属在土壤中的吸附和解吸过程;化学过程主要包含重金属在土壤中的氧化、还原、中和以及沉淀反应等(洪坚平,2011);生物过程主要包含动植物和微生物对重金属迁移转化的影响。

重金属在土壤中淋溶和运移的影响因素如下:

1. 土壤的组成和成份

土壤对重金属的吸附、解吸、迁移等与土壤矿物组成和成分有重要关系。在土壤原生矿物上重金属发生的主要是交换吸附,被吸附的重金属离子通常可以容易被交换性阳离子取代。土壤中的铁铝氧化物、黏土矿物和有机质通常对重金属有较强的吸附。重金属可以与铁铝氧化物通过配位桥键或单配位键形成较稳定结构,与有机质进行吸附、络合和螯合反应,与黏土矿物发生专性吸附。当土壤中铁铝氧化物、黏土矿物和有机质等含量较高时,土壤具有较强的重金属污染缓冲能力。

2. 土壤和土壤溶液的 pH

土壤溶液 pH 是影响重金属溶解性的主要因素,还会影响土壤其他组份、吸附解吸平衡、沉淀溶解平衡、有机质和土壤胶体的分散与聚集情况。

3. 土壤溶液的离子强度和成分

土壤溶液的离子强度和成分会影响重金属与土壤之间的吸附解吸作用。

4. 重金属本身的价态与质量交换特性

不同价态的重金属在土壤中吸附、解吸、迁移能力都不同,这也是影响重金属在土壤中归趋的重要因素(Shang,2014;Liu,2013)。

5. 与其他污染物的相互作用

土壤重金属污染通常是复合型污染,重金属之间会发生协同、加和或拮抗作用,从而会改变土壤对污染的缓冲能力。

6. 土壤微观环境

微观环境包含土壤颗粒的粒径和形态、孔径分布和含水量、水流流速等,其中土壤孔隙间和土壤颗粒本身的内部微观结构是控制重金属在土壤中扩散和质量交换速率的主要因素之一(Liu,2014)。

7. 胶体因素

土壤中含有大量的无机胶体、有机胶体,胶体对重金属的吸附,一方面降低了它们的生物有效性，使得原来易被植物吸收的金属形态转化为不易被植物吸收的形态，使金属暂时退出生物小循环，另一方面使它们较长期地保持在土壤中，并随时间的推移进一步富集、累积在土壤中，最终可导致更严重的重金属污染，危及生物圈和人类的健康。所以研究土壤胶体体系对重金属的吸附特性及其影响因子有助于加深对重金属在土壤中的迁移、转化及生物危害方面的认识，也是土壤污染学的重要研究内容。

土壤是复杂多孔介质体系，土壤中广泛存在的胶体使重金属污染物在土壤中的迁移过程更加复杂(Shang，2008；Shang，2009)，而单纯的吸附试验的结果只能反映静态水流和均质系统中土壤对污染物的吸附行为，并不能反映污染物和胶体在水动力学条件下和土壤环境中的迁移过程。影响胶体在土壤中运移和释放的主要物理因素包括：土壤颗粒的粒径和形态、孔径分布和含水量、水流流速等。主要化学因素包括：土壤水的 pH 和离子强度、多孔介质的表面电荷、胶体的形态、种类、pH 以及有机质的种类和形态等。

研究重金属和胶体在土壤中淋溶和迁移的方法有很多，其中最常用的方法是易混合置换试验(图 4-3)。通常在饱和或非饱和流条件下，把一定量的示踪剂和重金属溶液注入填充土壤的土柱中，保持稳定的水流，然后通入背景溶液(不含示踪剂和重金属)进行淋洗，直到出流液中示踪剂和重金属的浓度为零。用部分样品自动收集器来收集出流液，并且测量出流液中示踪剂和重金属的浓度变化，得到重金属在土壤中的穿透和淋溶曲线。示踪剂通常是保守的、非反应性的溶质，用于示踪土壤水的运动，反映土壤物理结构的运移参数通过示踪剂在土柱中的易混合置换试验求得。

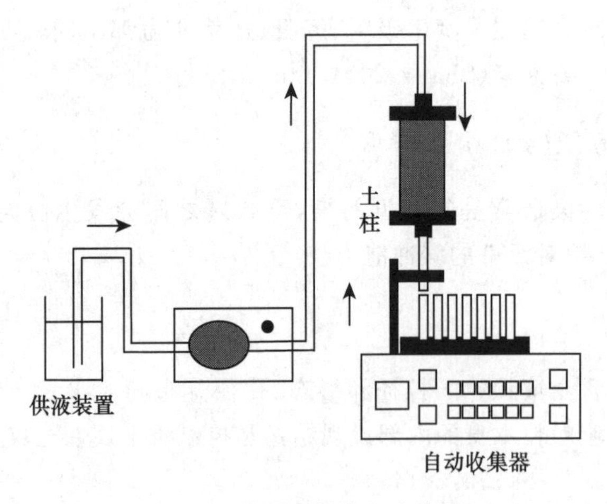

图 4-3　易混合置换实验装置

重金属在土壤中运移已经被广泛研究，研究重金属在复杂土壤中的迁移是当今国际污染土壤环境学的难点，应用数学模型准确描述和预测重金属在复杂土壤中的运移过程是制定经济高效的土壤修复策略的重要环节。Cernik 等(1994)用 Dagan(1989)和 Jury(1990)建立的模型模拟了在污染土壤中重金属铜和锌的迁移。Shang(2008;2009)在瞬态水流对黏土颗粒的释放和迁移影响研究中，通过不同瞬态水流对非饱和流土柱的影响的研究，首次发现不同的土壤含水量对于土壤胶体或胶体协同的污染物释放有很大的影响，运用胶体运移模型对试验结果进行模拟，最终发现瞬态水流是影响胶体和胶体协同污染物释放和迁移的重要因素。传统的理论认为水—气界面使黏土颗粒滞留在土壤中，而发现水—气界面在胶体或黏土表面形成的界面力在控制胶体或黏土释放的过程中起到了关键作用。还进一步从胶体与气—水界面相互作用模型验证了界面力随着土壤水饱和度的增加在气—液界面上可以产生很强的排斥力，这个排斥力在非饱和带的水流变化中使黏土颗粒从土壤和水的界面上释放了出来。这项研究表明瞬态水流对胶体协同污染物运移的理论有重要的意义。Liu 等(2013;2014)通过微观尺度的计算和实验室尺度的试验，发现污染物在不同尺度上的质量传递速率差异是造成不同尺度下反应速率不同的主要因素。

二、重金属在土壤中吸附和运移的机制模型

(一)吸附模型

1. 吸附量

吸附是重金属在土壤中迁移转化的重要作用之一。土壤对重金属的吸附量可以通过以下公式计算(Simunek,1998)：

$$S=(C_0-C)\times(V/M) \tag{4-1}$$

式中：S 为平衡时吸附在土壤上重金属的浓度(mg/L)，C 为平衡时土壤溶液中重金属的浓度(mg/L)，C_0 为重金属的初始浓度(mg/L)，V 为重金属溶液的体积(cm^3)，M 为干土的质量(g)。

2. 吸附模型

吸附等温线是土壤吸附的重金属浓度与水溶液中残余浓度之间相互关系的简单描述。当吸附等温线是线性时，可以用线性吸附等温方程式描述(Simunek,1998)：

$$S=K_dC \tag{4-2}$$

式中：S 为平衡时吸附在土壤上的重金属浓度(mg/L)，C 为平衡时土壤溶液中重金属浓度(mg/L)，K_d 为线性吸附常数。K_d 值越大，土壤对重金属吸附越多。

当吸附等温线是非线性时，可以用 Freundlich 吸附等温方程式描述，即(Simunek，1998)：

$$S=K_f C^n \tag{4-3}$$

式中：K_f 为 Freundlich 吸附常数，n 为 Freundlich 方程的参数，可以指示吸附等温线的非线性程度，n 为经验常数。

当吸附等温线是非线性并且曲线末端趋于一个平台期时，可以用 Langmuir 吸附等温方程式描述，即(Simunek，1998)：

$$S=S_{max}\frac{K_L C}{1+K_L C} \tag{4-4}$$

式中：K_L 为 Langmuir 吸附常数，S_{max} 为最大吸附量(g/g)，可以指示土壤对重金属的最大吸附量。

(二)保守溶质运移模型

假设气相在液体流动过程中作用不明显，热梯度可以忽略，用修正的 *Richards* 方程描述饱和多孔介质中一维水分运移(Simunek，1998)：

$$\frac{\partial\theta}{\partial t}=\frac{\partial}{\partial x}\left[K_s\left(\frac{\partial h}{\partial x}+1\right)\right] \tag{4-5}$$

式中：h 为水头(cm)，θ 为体积含水量(m^3/cm^3)，t 为时间(s)，x 为空间坐标(cm)，K_s 为饱和水力传导度(cm/s)。

非反应性溶质通过均质土壤稳态运移的一维对流—弥散模型(CDE)方程为(Simunek，1998)：

$$\frac{\partial C}{\partial t}=D\frac{\partial^2 C}{\partial x^2}-\upsilon\frac{\partial^2 C}{\partial x} \tag{4-6}$$

其解析解为

$$\frac{C_e(t)}{C_0}=\frac{1}{2}erfc\left[\frac{L-\upsilon t}{2\,(Dt)^{1/2}}\right]+\frac{1}{2}\exp\left(\frac{\upsilon L}{D}\right)erfc\left[\frac{L+\upsilon t}{2\,(Dt)^{1/2}}\right] \tag{4-7}$$

其中：t 为时间(s)，x 为距溶液加入端的距离(cm)，θ 为土壤含水量(cm^3/cm^3)，D 为弥散系数(l/cm)，C 为土壤溶液中溶质浓度(mg/L)，C_0 为输入溶液中溶质浓度(mg/L)，C_e 为土壤出流液中溶质浓度(mg/L)。

对于均匀土柱，对流—弥散模型中的参数 D 通过“三点公式”求得。根据求解

饱和土壤的纵向弥散系数近似解的“三点公式”(商建英,2003):

$$D=\frac{v^2}{8t_{0.5}}(t_{0.84}-t_{0.16})^2 \tag{4-8}$$

其中:$t_{0.16}$、$t_{0.5}$、$t_{0.84}$分别为 C/C_0 达到 0.16、0.5、0.84 时的时间值。$t_{0.16}$、$t_{0.5}$、$t_{0.84}$三点的值可由实测相对浓度相邻上下两点的时间值,通过内插法获得。

(三)重金属在饱和土壤中运移的机制模型

1. 线性吸附

当土壤对重金属的吸附是线性吸附时,一维重金属运移模型如下(Simunek,1998):

$$R\frac{\partial C}{\partial t}=D\frac{\partial^2 C}{\partial x^2}-v\frac{\partial^2 C}{\partial x} \tag{4-9}$$

$$R=1+\frac{\rho K_d}{\theta} \tag{4-10}$$

其中:ρ 为土壤干容重(g/cm^3),R 为阻滞因子,代表了重金属相对于保守溶质在土壤中迁移的阻滞倍数。

2. 化学非平衡吸附

非平衡假设通常有两种,一种是物理非平衡,一种是化学非平衡(商建英,2003)。Selim 在 1976 年提出两点模型(two-site model,TSM),指土壤液相和固相之间的化学反应动力学过程是非线性吸附平衡过程(Selim 等,1976)。一阶动力学速率方程与对流—扩散—弥散方程结合,得到了化学非平衡模型。由 Selim(1976)提出的基本模型将土壤中的吸附点分为两种类型:类型 1 假定吸附是瞬时的,用平衡吸附等温线来描述;类型 2 则假定其过程与动力学吸附相关。非平衡运移控制方程为(Simunek,1998):

$$\frac{\partial\theta R_i C}{\partial t}=\theta D\frac{\partial^2 C}{\partial x^2}-J_w\frac{\partial C}{\partial x}-\alpha_c\rho\left[\left(1-f_c\right)S_i-S\right] \tag{4-11}$$

$$\frac{\partial S}{\partial t}=\alpha_c\left[\left(1-f_c\right)S_i-S\right] \tag{4-12}$$

其中:f_c 为在平衡时发生瞬时吸附的交换点所占的分数,α_c 为一阶动力学速率系数,下标 c 代表具有 f_c 交换点分数的吸附点位,是土壤溶液中重金属浓度(mg/L)。

当吸附是 Freundlich 吸附时,$R_i=f_c\rho nK_f C^{n-1}/\theta$ 和 $S_i=K_f C^n$。当吸附是

Langmuir 吸附时，$R_i=\frac{f_c\rho S_{\max}K_L}{\theta(1+K_LC)^2}$和 $S_i=S_{\max}\frac{K_LC}{1+K_LC}$。

三、微观环境和尺度效应对重金属在土壤中迁移的影响机制

重金属在土壤系统中的运移研究有助于对重金属在土壤和地下水环境中的迁移行为进行更准确的风险预测和评价。土壤微观环境是影响重金属在土壤中运移和释放的主要因素之一，是把室内试验结果向野外和田间应用的重要影响因素。尺度效应使污染物的室内实验参数应用到复杂土壤环境和野外场地的预测非常困难，尺度依赖以及相关的污染物/溶质迁移参数的尺度转换是近二十年来研究的焦点问题之一。

（一）微观结构对重金属运移的影响和作用机制

土壤按照粒径分类通常包含砂粒、粉粒和黏粒等，按照成分分类通常包含无机矿物、氧化物、有机质等，因此，土壤的物理和化学非均质性是土壤复杂系统的重要特征。由于非均质性影响着溶质在土壤系统中的运移、混合和反应程度，因此，土壤的物理和化学非均质性是控制重金属在土壤系统中迁移和相关生物地质化学反应的重要因素，是农田土壤和地下环境中普遍存在的现象。反应性重金属在非均质土壤系统中的平均反应速率通常比在均质或均匀的土壤中的反应速率慢几个数量级(Liu,2013)。Liu 等(2014)发现研究和刻画反应性溶质在不同土壤物理微观结构上的迁移和归趋，可以将农田土壤的物理非均质性与反应性溶质的迁移特征相结合，为更加详尽地描述反应性溶质在土壤复杂物理结构中的迁移机制和模型提供了理论基础，为以后将室内实验的参数应用到复杂农田系统提供了相关研究基础。此外，由于化学因素(氧化、还原、络合过程等)对重金属迁移转化的影响非常显著，土壤微观化学非均质性对重金属在化学非均质土壤结构中的迁移和转化也是未来研究的重点之一。

对于非均质性土壤，土壤与重金属的吸附和解吸速率主要由重金属与土壤矿物表面的反应速度和孔隙之间的质量交换速率来决定。由于如下原因：①不同土壤类型的砂粒、粉粒和黏粒的含量不同；②土壤矿物的成分不同；③氧化物和有机质含量不同；④土壤颗粒的构型、排列与组合不同(多孔介质结构空间非均质性示意图，如图 4-4 所示)。

观测和测量某种土壤中重金属反应和迁移速率很难直接应用到其他的土壤类型或实际的大区域的农田系统。土壤颗粒间的孔隙和土壤颗粒的内部微观结构是控制重金属在土壤环境中运移与扩散的主要决定因素之一，宏观尺度上重金属在农田土壤中的吸附、解吸和释放实际上与土壤的微观环境与结构密切相关。当土壤中存在重金属污染，重金属对土壤环境和地下水的影响是一个长期过程，而田间

土壤的微观物理和化学环境对于重金属在土壤中的迁移有重要影响和决定性作用。研究土壤微观环境对重金属在土壤中迁移的影响对于提高土壤中重金属的迁移转化预测结果、修复效果和污染土壤的风险评估方法具有非常明显的理论和预测价值。

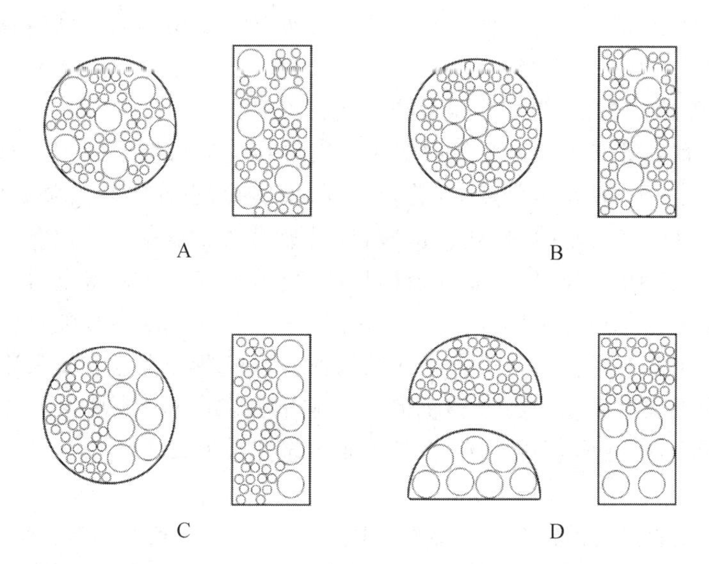

图 4-4 非均质多孔介质(玻璃珠,包含两种粒径)空间构型示意

A. 两种粒径玻璃珠均一分布;B. 大粒径玻璃珠分布在中间,小粒径玻璃珠分布在周边;C. 小粒径和大粒径玻璃珠各占一半;D. 小粒径玻璃珠在上半部分,大粒径玻璃珠在下半部分

土壤介质的物理非均质性是控制污染物迁移转化过程的普遍且极为重要的影响因素,土壤的普遍非均质性为修复污染土壤和地下水带来了极大挑战。土壤非均质性会导致地下水流速、污染物扩散速率等的空间分布发生变化;而这些变化通常与一系列诸如优先水流和污染物迁移通道、相对低渗透区域内污染物扩散以及介质颗粒大小变化而导致污染物选择性吸附等因素相关联。相反,上述每一个因素又在不同程度上影响污染物的迁移及其在不同时间尺度上的演化,导致污染物在迁移过程中具有不同的宏观反应类型和速率。由此可见,土壤的非均质性往往是控制污染物迁移的关键因素。

(二)尺度效应对重金属运移的影响及机制

为实现污染物在复杂土壤环境和野外场地的可靠预测,尺度依赖以及相关的污染物/溶质迁移参数的尺度转换是近 20 年来水文污染学研究的焦点问题之一。目前,已有的研究主要集中在相对简单系统中的理论与半经验的尺度转换方法研究和多尺度的不同迁移参数的尺度依赖性。土壤非均质性和非饱和流场对重金属迁移尺度效应的影响尤为重要,该问题也是当今国际污染土壤学和水文地质学的难点和前沿。

重金属迁移过程的研究目前主要来自于室内批实验和土柱实验(较小尺度)上,因为在小尺度上易获取大量的观测数据,模型也通常能够较好地校正参数。但是较小尺度上获得的反应参数在实际中往往大于重金属在农田土壤中的反应参数,因此,把较小尺度上的参数用于大尺度的研究需要相应的尺度转移理论和工具。合理解决尺度转换问题,需要通过尺度效应研究,掌握微观机制的宏观表征方式,从而提高重金属在土壤中污染模拟和预测的精度。

目前已有的研究成果主要集中在相对简单和均匀系统中的理论与半经验的尺度转换方法研究以及多尺度上(孔隙尺度、批实验、土柱实验以及场地实验)迁移参数的尺度依赖性,如地球化学反应速率、吸附系数和滞后系数等。通过一系列重金属污染物在孔隙尺度、室内土柱尺度、场地尺度的迁移研究可以深入开展重金属污染物在非均质土壤或多重土壤介质中迁移的控制参数随尺度变化的相关研究。应用多速率质量交换模型和两区或多区模型研究重金属污染物在非均质土壤或多重土壤介质中的迁移机制和影响因素,并且将该理论从饱和带中拓展至包气带中,进行多学科交叉,将是未来重金属在农田土壤中迁移研究的方向之一。

不同尺度的实验得到的迁移参数会因实验尺度不一致而相差甚大,比较这些参数为探讨尺度效应提供了基本依据。同时分析不同试验尺度得到的物理和化学迁移参数与含水层沉积物的水力传导系数分布、颗粒粒径分布、沉积相结构和几何形状等可测变量的相关性,在此基础上探讨尺度效应的控制因子,将为重金属在农田土壤中的准确预测提供相关的理论基础。Liu 等(2013;2014)和 Shang 等(2011;2014)通过研究反应性污染物在土壤孔隙尺度和土柱尺度上的迁移研究来深入开展污染物在复杂土壤环境(主要非均质性土壤)中迁移的控制参数随尺度变化的相关研究,发现应用多速率反应模型和两区或多区模型可以比较准确地预测反应性污染物在非均质土壤中的迁移过程。

(三)复杂农田土壤环境对重金属运移的影响

重金属在土壤中的运移受许多因素的影响,例如,土壤粒径分布、矿物成分、微孔体积、土壤 pH、有机质含量、阳离子交换量(CEC)、氧化还原电位等。当土壤是酸性时,有机质的含量以及铁锰氧化物含量越高,土壤对重金属的吸附和络合作用越强;而当土壤是碱性时,土壤中重金属易发生沉淀与共沉淀,沉淀过程是主要的化学过程。这些化学过程都抑制重金属从土壤中的淋溶,造成重金属在土壤表层累积,同时土壤中的重金属很难被微生物降解。肥料和微生物菌剂的施用会改变农田土壤性质和重金属含量,从而影响土壤中重金属的移动性。长期施用无机化肥有可能会降低土壤的 pH、CEC 和有机质等土壤因子,从而增强土壤中重金属的移动性。由于饲料添加剂含有重金属，施用基于动物粪便的有机肥可能增加重金属在土壤中的含量，特别是砷、铜和锌等。肥料的施用和微生物菌剂的施用还可能会影响土壤中重金属的形态和配合，从而影响重金属向植物根系的迁移和植物的吸收。

在农田土壤环境中，动植物等因素（例如蚯蚓和植物根系、土壤微生物以及其分泌物等）都对土壤的性质有一定的影响，而土壤性质的改变会影响土壤中重金属的形态和迁移性。蚯蚓和植物根系会造成土壤中的大孔隙流，这些大孔隙会造成重金属在土壤优先水流通道中的快速迁移。土壤微生物以及其分泌物与重金属之间的相互作用非常复杂，其相互作用机制目前还不清楚，也是未来研究的重要方向之一。

另外，非饱和带是土、水、气三者并存的一个复杂系统，是污染物进入地下含水层的必经之路，是目前土壤污染的主要地带。而污染物在非饱和带向上迁移可以进入农作物系统，向下迁移会进入地下含水层。研究胶体和胶体协同的污染物在非饱和带的迁移转化规律对于准确预测污染物的运移防治和对地下含水层的污染治理有非常重要的意义。但是重金属在非饱和带中的运移过程受土壤的颗粒间孔隙结构、土壤非均质性、气—水界面的复杂物理和化学过程影响，都会使得这一过程非常复杂（Liu，2014；Shang，2009）。因此，非饱和土壤中胶体和胶体协同的污染物的迁移和转化规律虽然对土壤污染防治和地下水保护具有重要意义，但是由于其复杂性，相关的研究很少被涉及。

农田土壤的非均质性和非饱和特征是污染物在农田中迁移转化的普遍和重要的控制因素，为修复污染的农田带来了极大的挑战。通过不同尺度下污染物迁移的实验研究与数值模拟相结合，改变土壤环境从简单的均质系统到非饱和流场下的非均质系统，揭示复杂土壤环境对污染物迁移和修复影响的根本机制，进一步建立相关的预测模型，为研究农田土壤污染修复和地下水的污染机制提供重要的科学依据，这对我国的保护土壤和地下水的环保事业有重要意义。

四、存在的问题和研究展望

土壤非均质性是重金属污染物迁移转化过程的普遍且极为重要的控制因素，为准确预测农田土壤污染状况和修复污染农田土壤带来了极大挑战。非饱和带是土、水、气三者并存的一个复杂系统，是重金属污染物进入地下含水层的必经之路，是目前农田土壤污染的主要地带，重金属污染物在非饱和带中迁移的研究更能反映农田土壤污染的实际情况。准确描述和预测重金属污染物在复杂土壤环境中的运移过程是制定经济高效的修复策略的核心。农田土壤的安全关系到粮食和蔬菜等农产品质量安全，因此，农田土壤污染修复对经济和社会发展以及国家生态安全具有重要意义。

此外，由于重金属的形态不同导致重金属被释放的难易程度不同，这直接影响到重金属在自然界中的行为和循环，仅以土壤中重金属总量并不能很好地预测评估土壤重金属的生物有效性及其环境效应。一般认为土壤中重金属能被生物所吸收利用的部分，是土壤中具有生物有效性并且理化性质最活泼的部分，所以在评估农田土壤污染修复的必要性时，应该主要以土壤重金属的生物有效性为主要因素，土壤中重金属总量为次要因素。将土壤中重金属的总量和生物有效态含量结合，同时兼顾土壤的利用方式来进行农田土壤污染修复是必要的。

从农田土壤重金属的修复方法上来说，主要分为异位修复技术和原位修复技术。异位修复技术主要包括换土法、客土法，就是利用清洁的土壤取代或者部分取代表层污染土壤，减少重金属物质与植物根系的接触。该技术能有效减少重金属对环境的影响，对治理农田低浓度的重金属污染切实有效，但同时也会对环境和地下水产生一定风险。原位修复技术主要有以下 6 类：

(1)土壤原位淋洗修复技术　将淋洗剂注入污染土壤或沉积物中，洗脱和清洗土壤中的污染物的过程，淋洗的废水经处理后排放，处理后的土壤可以进行安全再利用。这种原位修复技术在多个国家已被工程化应用于修复重金属污染或多污染物混合污染介质。淋洗剂可能是水或含有冲洗助剂(酸或碱溶液、络合剂或表面活性剂等)的水溶液。这种方法主要针对可交换态或稳定性差的重金属，以及迁移较强的重金属。但是这项技术对于解吸释放周期较长的土壤污染物和饱和导水率比较小的土壤也不太实用。另外由于该技术需要用较大量的水，所以修复土壤要求靠近水源，同时因需要处理废水而增加成本。

(2)化学稳定化技术　向土壤中添加化学物质(稳定剂、改良剂或固化剂)，通过吸附、氧化还原、拮抗或沉淀等作用与土壤中污染物发生反应，改变污染土壤中重金属的价态或化学形态。它是将污染物进行固定、解毒、分离提取的一种方法，通过降低重金属的水溶性、扩散性和生物有效性等，进而减少重金属在食物链中的传递。在受重金属轻度污染的土壤中施用化学稳化剂，可将重金属转化成为难溶的化合物，减少农作物对重金属的吸收。常用的稳化剂有石灰、碱性磷酸盐、碳酸盐和硫化物等。例如，在受镉污染的酸性、微酸性土壤中，施用石灰或碱性炉灰等，可以使活性镉转化为碳酸盐或氢氧化物等难溶物，改良效果显著。稳定化技术是通过将重金属污染物转变为低溶解性、低迁移性及低毒性物质以降低其对环境污染和生态危害的技术，该技术的特点是土壤结构不受扰动，适用于修复污染面积地区大，修复成本受稳定剂的成本高低限制。主要针对重金属的碳酸盐结合态、氧化铁锰结合态及有机结合态等形态，会因土壤环境的条件(类似 pH、离子强度)发生变化而改变的重金属。这是一种较普遍应用于土壤重金属污染的快速控制修复方法，对同时处理多种重金属复合污染土壤具有明显的优势。但是这个方法会存在二次污染的可能性，如何提高稳化剂的长期稳定性是我们研究的重点。

(3)热处理 通过加热的方法，将一些有机物和具有挥发性的重金属(如汞、砷等)从土壤中解吸出来，或者进行热固定的一种方法。主要针对有机结合态的重金属，具有工艺简单的优势，但能耗大，且操作费用较高，只适用于易挥发的重金属污染物。

(4)土壤化学氧化—还原技术 通过向污染土壤中注入化学剂使其与污染物发生氧化还原化学反应来实现减少可溶性土壤污染物的目的。通常，零价铁、铁盐、亚硫酸氢钠、硫化物盐、水电硫化物等物质可以被用来进行土壤中重金属的氧化—还原反应。但是，目前这些还原剂的迁移能力、反应速度和周期、土壤颗粒表面的非均质性、被土壤吸附产生聚合失效等问题都限制了这项技术的运用。作者计划通过这些还原剂在污染土壤中的迁移试验来解决上述问题和寻找有效的还原剂和解决办法。

(5)生物修复技术 主要利用土壤特定的微生物、植物根系分泌物、菌根和超富集植物等降解、吸收、转化或固定土壤的污染物，一般可以分为植物修复技术、微生物修复技术等。微生物修复重金属污染土壤原理是利用微生物的吸附富集作用、氧化还原作用、成矿沉淀作用、淋滤作用、协同效应，达到去除重金属的目的。动物修复法是通过某些低等动物(例如蚯蚓)吸收和富集土壤中重金属后，集中收集处理，去除重金属。植物修复法是通过植物的固化、吸收和挥发作用，改变重金属的化学形态，固化重金属，降低其移动性和生物可利用性。

(6)农艺措施修复技术 主要指采取水分管理、施肥调控、低累积品种替换、调节土壤 pH、调整种植结构等农艺措施来控制农田重金属污染，直接或间接达到降低农田重金属生物有效性的目的。它的优点是操作简单、费用较低、技术较成熟，缺点是修复效果有限，仅适应于农田重金属轻微和轻度污染的修复。

(7)纳米材料修复技术 已经应用于污染土壤环境修复，通过纳米粒子的光催化可以将有机和无机化合物甚至微生物降解或转化成有害性非常小的物质。例如利用纳米铁粉、氧化钛等去除污染土壤和地下水中的污染物。但是，目标土壤修复的环境功能材料的研制及其应用技术还刚刚起步，对这些物质在土壤中的分配、反应、行为、归趋及生态毒理等尚缺乏了解，对其环境安全性和生态健康风险还难以进行科学评估。

在现实生活中，受重金属污染的农田往往不是由某一种重金属元素形成的单一污染，而是由两种或两种以上的重金属元素形成的复合污染，污染形态多表现为复合型和多元化(梁家妮,2009)。由于农业工程修复技术具有工程量大、易造成二次污染等特点,人们更青睐于使用新型材料和技术取得显著的治理效果,但对于这些物质在土壤中的迁移行为及生态毒理等尚缺乏了解,对其环境安全性和生态健康风险还难以进行科学评估。应用和开发经济可行的原位修复技术将是未来农田土壤重金属污染修复技术研究的重点和难点。

参考文献:

Cernik M, Federer P, Borkovec M, *et al*. Modeling of heavy metal transport in a contaminated soil[J]. Journal of environmental Quality, 1994(23): 1293-1248.

Duranoğlu D, Trochimczuk A W, Beker Ü. A comparison study of peach stone and acrylonitrile-divinylbenzene copolymer based activated carbons as chromium (VI) sorbents[J]. Chemical Engineering Journal, 2010, 165(1): 56-63.

Gupta S, Babu B V. Removal of toxic metal Cr(VI) from aqueous solutions using sawdust as adsorbent: Equilibrium, kinetics and regeneration studies[J]. Chemical Engineering Journal, 2009, 150(2-3): 352-365.

Liu C, Shang J, Kerisit S, *et al*. Scale-dependent rates of uranyl surface complexation reaction in sediments[J]. Geochimica et Cosmochimica Acta, 2013, 105 (2): 326-341.

Liu C, Shang J, Shan H, *et al*. Effect of subgrid heterogeneity on scaling geochemical and biogeochemical reactions: A case of U(VI) desorption[J]. Environmental Science and Technology, 2014, 48: 1745-1752.

Namasivayam C, Sureshkumar M V. Removal of chromium(VI) from water and waste water using surfactant modified coconut coir Pithasa biosorbent[J]. Bioresource Technology, 2008, 99(7): 2218-2225.

Shang J, Flury M, Chen G, *et al*. Impact of flow rate, water content, and capillary forces on in situ colloid mobilization during infiltration in unsaturated sediments[J]. Water Resources Research, 2008, 50(2): 855-870.

Shang J, Flury M, Deng Y. Force measurements between particles and the air-water interface: Implications for particle mobilization in unsaturated porous media[J]. Water Resources Research, 2009, 45.

Shang J, Liu C, Wang Z, *et al*. Effect of grain size on U(VI) surface complexation kinetics and adsorption additivity[J]. Environmental Science and Technology, 2011, 45: 6025-6031.

Shang J, Liu C, Wang Z, *et al*. Long-term kinetics of uranyl desorption from sediments under advective conditions, Water Resources Research, 2014.

Simunek J, Huang K, van Genuchten M T. The HYDRUS code for simulating the one-dimensional movement of water, heat and multiple solutes in variably-saturated media[R]//Research Report No. 144, Salinity U. S. Laboratory, Agricultural Research Service, U. S. Department of Agriculture, Riverside, Calif.

Singh I B, Singh D R. Cr(VI) removal in acidic aqueous solution using iron-bearing industrial solid wastes and their stabilisation with cement[J]. Environmental Technology, 2002, 23(1): 85-95.

Wang X S, Tang Y P, Tao S R. Kinetics, equilibrium and thermodynamic study on removal of Cr(VI) from aqueous solutions using low-cost adsorbent: Alligator weed[J]. Chemical Engineering Journal, 2009, 148(2-3): 217-225.

Yuan P, Fan M, Yang D, *et al*. Montmorillonite-supported magnetite nanoparticles for the removal of hexavalent chromium [Cr(VI)] from aqueous solutions[J]. Journal of Hazardous Materials, 2009, 166(2-3): 821-829.

陈怀满. 土壤-植物系统中的重金属污染[M]. 北京：科学出版社，1996：1-14.

董克虞，杨春惠，林春野. 北京市污水农业利用区划的研究[M]. 北京：中国环境科学出版社，1994：19-38.

费宇红，曹树堂，张光辉. 镉在土壤中吸附与沉淀的特征与界限[J]. 地球学报，1998，19(4).

洪坚平. 土壤污染与防治. 北京：中国农业大学出版社，2011.

梁家妮，马友华，周静. 土壤重金属污染现状与修复技术研究[J]. 农业环境与发展，2009，26(4)：45-49.

廖敏，谢正苗，黄昌苗. 镉在土水系统中的迁移特征[J]. 土壤学报，1998，35(2)：179-185.

刘继芳，曹翠华，蒋以超. 重金属离子在土壤中的竞争吸附动力学初步研究——铜与镉在褐土中竞争吸附动力学[J]. 土壤肥料，2000，3：10-15.

闵九康. 土壤生态毒理学和环境生物修复工程[J]. 北京：中国农业科学技术出版社，2012.

马义兵，蒋以超，陈敏. 土壤和粘粒中吸附反应的二级动力学方程及应用[J]. 土壤学报，1993，30：19-25.

马运宏，范瑜，胡维佳. 重金属在土壤·作物系统中迁移分布规律的分析[J]. 江苏环境科技，1995(1)：8-10.

邱少敏，薛家骅. 红壤中镉的竞争吸附动力学[J]. 环境化学，1990，9(2)：1-5.

商建英. 镉在土壤中吸附特性的研究及运移动态的数值模拟[D]. 北京：中国农业大学，2003.

宋菲，郭玉文，刘效义. 镉、锌、铅复合污染对菠菜的影响[J]. 农业环境保护，1996，1(1)：9-14.

汤鸿霄，薛含斌，林国珍，等. 粘土矿物吸附镉污染物的基本特征[J]. 环境科学学报，1981，1(2)：140-155.

张增强. 重金属镉在土壤中吸持、释放及运移特征的研究[J]. 杨凌西北农业大学，1998：1-10.

第五章　重金属在土壤—蔬菜系统中的迁移累积规律

土壤是农业生产的载体，是最为基础、最为重要的农业资源。但随着人口增长以及工业化、城镇化进程的加快，土壤污染问题日趋严重，特别是重金属污染已成为世界性的环境问题。重金属污染不仅导致土壤质量和生产力的降低，而且直接危及生态安全和人体健康。蔬菜是比较容易吸收重金属元素的农作物，当土壤被重金属污染后，蔬菜会富集多种重金属，造成蔬菜品质下降。因此，了解影响蔬菜吸收重金属的土壤因素以及探讨不同蔬菜对重金属吸收的差异，对于调控重金属向食物链的迁移非常重要。

蔬菜对土壤中重金属的吸收和累积受多种因素的影响，可以分为两大类：环境方面的因素和植物方面的影响因素。环境因素是以土壤为主体的环境，影响蔬菜吸收重金属的因素主要包括土壤中重金属的形态、土壤 pH 和 Eh（氧化还原电位）、土壤有机质、陪伴离子以及营养元素等。植物方面的影响因素主要来源于蔬菜种内和种间的差异，即不同蔬菜种类之间以及同一蔬菜不同品种之间在吸收重金属方面均有差异。

一、重金属的根际过程与植物效应

土壤中重金属存在多种形态，不同化学形态的重金属具有不同的生物有效性，且金属的不同形态受物理、化学和生物学的作用，始终处于动态平衡过程。通常把重金属分为 5 种形态，包括可交换态、碳酸盐结合态、铁锰氧化物结合态、有机物结合态和残渣态（Tessier，1979）。不同形态金属的有效性不同，其中可溶态和交换态或络合态金属的生物有效性高，较易于被植物吸收利用。土壤中植物有效性的金属仅占很少的比例，大部分金属则与矿物结合呈不可溶性态而不易被植物吸收利用。另外，植物根系活动引起根际物理、化学和生物学性质的变化会直接或间接地影响土壤中重金属的形态转化，从而影响重金属的生物有效性。

（一）影响植物吸收重金属的根际因素

1. pH

土壤的 pH 是土壤的一个重要理化指标，pH 的高低可显著影响重金属在土壤中的存在形态和化学行为,降低土壤的 pH 可提高重金属阳离子的可溶性和生物有效性。土壤 pH 控制着金属水合氧化物、碳酸盐以及硫酸盐的溶解度,是影响重金属吸附特性的主要因素,也影响着土壤中金属的水解、离子对形成、有机物的溶解性、铁铝氧化物以及有机物的表面电荷(Bruemmer 等,1986;Sauve 等,1997;Sauve 等,1998a,b)。随着土壤 pH 的增加,金属阳离子经由吸附、表面配位和沉淀反应也提高了其在土壤表面的截留能力(Elainga 等,2002;Wang 等,2003;杨崇洁,1989)。

pH 的高低影响镉的形态,从而影响到土壤对 Cd 的吸附。当土壤 pH 从 7.0 下降至 4.55 时,交换态 Cd 增加,碳酸盐结合 Cd 减少,铁锰结合态稍有减少,有机结合态和残渣态不受影响(Xian,1989)。祖艳群等(2003)的研究也表明:pH 较低,已经成为蔬菜重金属含量高的重要因素,pH 降低可导致碳酸盐和氢氧化物结合态重金属的溶解、释放,同时也可增加吸附态重金属的释放。

另外,廖敏(2000)的研究结果表明:当土壤中存在有机酸时,对低分子量有机酸而言,低 pH 下,土壤表面吸附的有机酸会使表面的负电荷增加,促进静电吸附作用;随着 pH 的升高,镉的水解作用增强,生成的 $CdOH^+$ 更易被土壤吸附;另外,随着 pH 的升高,土壤表面的羟基基团解离度增大使表面的负电荷增加,促进 Cd^{2+} 的静电吸附作用,降低了镉的有效性;土壤对有机酸的吸附量随 pH 升高而降低,液相中的有机酸浓度增大,再有有机酸的解离度增大,促进了有机酸与 Cd^{2+} 的络合作用,因而抑制了镉的吸附,增加镉的有效性。

李鱼等(2004)的试验结果表明:当 pH 较低时,溶液中 H^+ 浓度较高,H^+ 对金属离子的吸附存在竞争效应;而当 pH 较高时,H^+ 浓度降低,H^+ 对重金属离子的竞争效应减弱。但当 pH 继续升高时,重金属离子易发生水解,水解产物的亲和力比重金属自由离子大,重金属离子的吸附过程将伴有水解产物的吸附作用。

根系和微生物的活性,根际施肥(主要是氮肥)和养分胁迫(如土壤缺铁、缺磷)等均可引起根际 pH 的变化。根际土壤和土体的 pH 可相差 2 个单位。一般情况下,根际 pH 下降,重金属的溶解性升高,反之,pH 上升则可有效降低重金属离子的浓度,从而避免了金属离子对植物的伤害。对以阴离子存在的变价金属元素(如 Se、As 等),其溶解度与土壤 pH 变化的关系则较非变价离子较为复杂,如 Se 的生物有效性则随 pH 升高而上升。

2. Eh 值

土壤是一个复杂的体系,经常处于氧化还原的交替状态。而土壤的 Eh 值在很大程度上影响着植物对一些微量重金属元素的吸收。在土壤介质中,重金属元素可与硫化物形成沉淀、与有机质络合、被铁锰氧化物吸附,而这些行为都受土壤氧化还原状况的调节。镉在氧化条件下(Eh 值高)比在还原条件下(Eh 值低)更容易由无效态转化为水溶态和交换态。

在还原状况下，若土壤中存在大量硫酸盐，会被还原成为 S^{2-}，与镉结合形成硫化镉沉淀，一种高度难溶性物质。当土壤处于氧化状态，硫化物不稳定而发生氧化，从而使镉等重金属元素释放出来。此外，植物根际 Eh 还要受不同植物品种的影响，而且同一种植物的不同根区的 Eh 值也表现得不尽相同（Bernal 等，1994）。但是不同植株根际 Eh 值变化对植物吸收重金属的影响不大，而植物吸收之间的差异归功于植物根分泌物对重金属有效性的影响（Mench 等，1991；Bernal 等，1994）。

3. 有机物质

土壤中存在大量有机物质：腐殖质、动植物残体、微生物的代谢物及植物根分泌物，它们在一定程度上影响着镉等重金属及营养元素的有效性。它们都含有配位体，能与重金属镉形成一系列稳定的易溶或难溶的配合物，从而可能影响到镉的生物有效性。Krishnamurti 等（1995）报道，与有机物结合的 Cd 占土壤中总 Cd 的 40%，并与植物有效性 Cd 含量呈显著正相关，而且许多低分子量有机酸与 Cd 能形成复合物，增加土壤 Cd 的溶解性。植物组织 Cd 积累量与根际土壤中低分子量有机酸含量成正比。低分子量有机酸，由于其与土壤表面的作用较弱，只有少量被土壤吸附，大部分保留在土壤溶液中，因此表现为 Cd 浓度较低时，迁移到土壤中的 Cd 比未加有机酸时略有增加，部分降低了 Cd 的有效性；Cd 浓度较高时，由于有机酸所增加的吸附位很快饱和，Cd 与土壤溶液中的低分子量有机酸形成水溶性的络合物，保留在土壤溶液中，增强了 Cd 的有效性（Huang 和 Schnitzer，1986）。另外，胡敏酸对土壤具有较强的亲和力，通过络合及吸附作用，在 Cd 与土壤间形成桥键，促进 Cd 迁移到土壤中，降低了 Cd 的有效性（廖敏和黄昌勇，2002）。

植物根系分泌物是一组种类繁多的物质，含有高分子黏胶物质、小分子有机物质、质子、养分离子等，可通过多种作用方式影响重金属的生物有效性。植物分泌的可溶性物质（如氨基酸、酚酸、有机酸等）均可与金属发生络合、氧化还原、酸化等反应活化土壤中的重金属，可作为重金属在根际中移动的载体。如缺铁情况下禾本科植物根系大量分泌植物铁载体，铁载体不仅可以活化铁，还能活化 Zn、Cd 等元素。根系（尤其是根尖）分泌的柠檬酸则可使植物免受一些金属的毒害。而根系分泌的大分子物质，如黏液、黏胶质、根系脱落物可吸附、钝化重金属，阻止重金属进入植物分生组织。

4. 根际外源配合物

除了土壤中本身含有的有机酸和一些天然配合体外，外源的有机或无机配合体也会对重金属的有效性产生显著的影响。螯合剂最早应用在植物营养研究中，以金属螯合物的形式添加到土壤中，以解决植物生长期间某些元素的缺失症。土壤中添加螯合剂，如 EDTA、NTA 等可大幅度地增加土壤溶液中金属的浓度，使植物体内重金属的浓度提高。但是，并不是所有的植物施加螯合剂后对重金属的吸收都会增加，EDTA 施入土壤后与阳离子形成稳定的络合物，也可能降低土壤溶液中金属离子的活度，从而降低金属的毒性和植物吸收。在营养液培养条件下，不同浓度 EDTA 处理对油菜影响的结果表明，随着 EDTA 浓度的增加，油菜对镉吸收总量从每盆 87.1 μg 降低到 30.4 μg(表 5-1)；地上部的镉含量从 86.7 mg/kg 下降到 22.2 mg/kg，根部的镉含量从 149.2 mg/kg 下降到 12.3 mg/kg(图 5-1)。可见，EDTA 对油菜吸收镉也有明显的抑制作用。另外，EDTA 的添加也会显著影响油菜植株内镉的迁移系数。随着 EDTA 添加浓度的增加，油菜的迁移系数(地上部与根中镉浓度比值)从 0.58 增至 1.81，表明 EDTA 对于镉在植物体内的迁移有一定的影响，促进了镉从根部向地上部的转移。

表 5-1 添加 EDTA 对油菜吸收镉的影响 μg /盆

EDTA 浓度/(mmol/L)	地上部镉总量	根中镉总量	植株镉总量	迁移系数
0	64.4±18.8[a]	22.8±10.5[a]	87.2±8.3[a]	0.58
0.01	30.8±2.5[b]	13.9±1.6[ab]	44.7±4.1[b]	0.37
0.1	26.6±9.6[b]	3.9±1.7[b]	30.5±10.4[b]	1.00
1.0	27.5±12.5[b]	2.8±0.5[b]	30.3±12.9[b]	1.81

同列数据，肩标字母不同者差异显著($P<0.05$)。

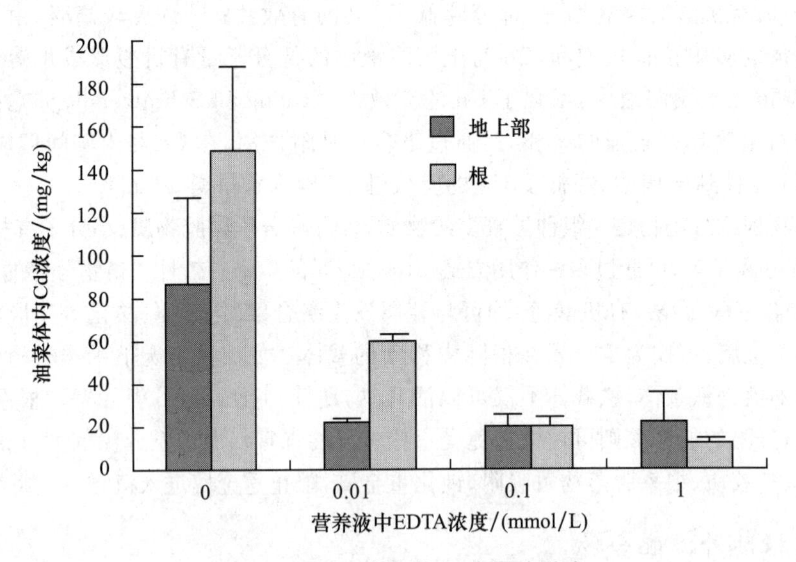

图 5-1 EDTA 对油菜 Cd 含量的影响

当溶液中存在 EDTA 时，EDTA 与 Cd^{2+} 在溶液中形成高稳定复合物(EDTA 与 Cd^{2+} 的配合常数为 $\log K=16.4$)，更不容易解离，从而直接影响植物对镉的吸收(Tyler 和 Mcbride，1982；Wolterbeek 等，1988)。通过 Geochem 软件计算的结果表明，在低浓度 EDTA(0.01 mmol/L)处理条件下，营养液中几乎 100%的镉以 Cd-EDTA 的形态存在。陈亚华等(2005)在 2 种芥菜型油菜(*Brassica juncea*)的水培试验中发现,与单独处理相比,Pb 和 EDTA 复合处理可以降低铅的生物毒性,游离态 Pb 对幼苗具有毒害作用,而螯合态 Pb-EDTA 基本不具有生物毒性。

但是,在土壤中 EDTA 对植物吸收镉的影响却与溶液中有所不同。营养液培养条件下,由于没有土壤颗粒、有机质等物质对 Cd^{2+} 的吸附、解吸等过程,所以植物对镉吸收的条件和过程与土壤中的不同。蒋先军等(2003)通过印度芥菜(*Brassica juncea*)的盆栽试验发现,加入 EDTA 后,水提取的 Cd 浓度增加了 400 倍以上,NH_4NO_3提取的 Cd 浓度增加了 40 倍以上。在土壤中,镉的有效性受多种因素的影响,由于配合离子对 Cd^{2+} 的配合作用可以提高溶液中 Cd 的浓度,增强 Cd 的迁移能力(张敬锁等,1999a),增加 Cd 到达根际的机会,从而有可能提高植物对镉的吸收。然而有些试验也表明,EDTA 与 Cd 虽然增加了土壤溶液中可溶态镉量,但却因为 Cd-EDTA 是高稳定的配合物,所以植物的吸收并没有增加,反而降低了植物对镉的吸收(张敬锁等,1999b)。本试验的研究结果表明,植物优先吸收自由离子态的镉,而对重金属配合物在吸收上表现为缓效性。

高稳定的配合物不仅影响植物根系对镉的吸收,而且在一定程度上也影响了镉在植物体内的转移。EDTA 处理导致根中镉的浓度降低可能是由于 EDTA 可以将根细胞壁中累积的镉解吸下来的原因。陈亚华等(2005)的试验也表明 EDTA 处理促进 Pb 从根系向地上部运输,促进 Pb 在地上部积累。

(二)影响植物吸收重金属的营养离子

土壤中营养状况的水平差异往往影响着植物的各种生理生化反应,进而影响其对重金属的吸收。在土壤—植物生态系统中,有许多重金属元素与镉同时存在。这些元素或与镉有一定程度的联系,或化学性质相似,当处于同一条件时,可能会导致它们与镉在植物吸收及由根向地上部转移或在植物组织中积累等方面发生相互作用。在土壤中镉与铁、锰、铜、锌等元素同时存在,这些元素对植物吸收镉都有一定的抑制作用。这种抑制作用可能是由于它们之间对根表吸附位点的竞争,或者是与土壤溶液中螯合剂形成难溶性物质时对螯合剂的竞争。土壤中的阴离子可能会由于配合作用,影响重金属在土壤—植物体系中的运移。

1. 阴离子对蔬菜吸收 Cd 的影响

植物对 Cd 的吸收受相伴阴离子的影响,试验用土取自沈阳市张士灌区镉污染土壤,土壤中镉的含量达到 4.08 mg/kg。不同钾肥处理对油菜地上部干物重没有显著性影响,各处理下油菜的长势基本一致,油菜生长期短,对钾肥的需要量较少,未施钾肥的处理没有影响油菜生长。由图 5-2 可看出,KCl 处理后的油菜,其地上部镉含量显著高于其他 3 个处理，而 K_2SO_4、KNO_3 处理和 CK 间均无显著差异，说明 Cl^- 促进了油菜对 Cd 的吸收，而 K^+ 对油菜吸镉无促进作用。这主要是因为 KCl 的施用量比较小（相当于 83 mg/kg 土壤），而土壤速效钾含量本身就达 128 mg/kg，因而 K^+ 对 Cd 吸收的促进作用不明显。从图 5-3 可看出，随 KCl 施用量的增加，油菜地上部的镉含量也上升，这主要是 Cl^- 对油菜吸收镉的促进作用。

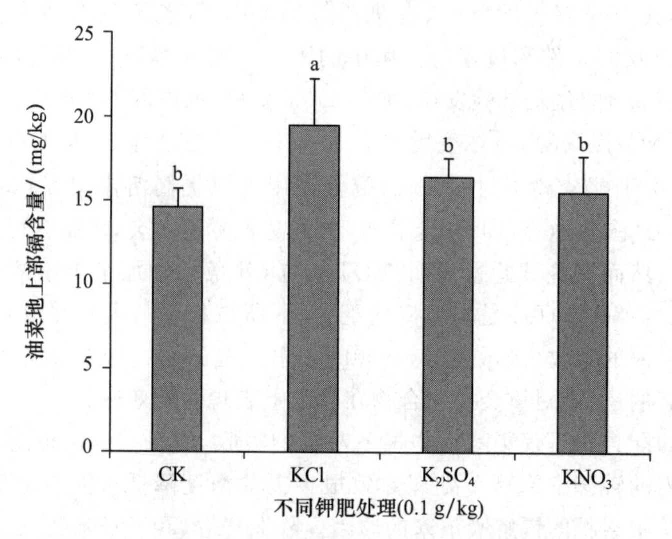

图 5-2 不同钾肥对油菜地上部含镉量的影响

柱上字母不同示差异显著（$P<0.05$）

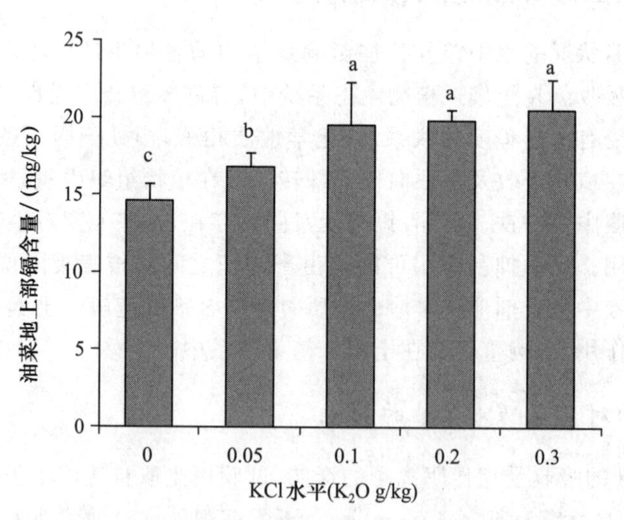

图 5-3 不同 KCl 水平对油菜地上部含镉量的影响

柱上字母不同示差异显著（$P<0.05$）

Bingham 等研究发现阴离子 Cl^- 和 SO_4^{2-} 促进植物对 Cd 的吸收，阴离子对 Cd 在土壤—植物系统中迁移转化的影响引起了学者的关注（Bingham 等，1983 和 1984）。Sparrow 等和 Grant 等分别对马铃薯和大麦的试验研究结果表明，以 KCl 的形式施入钾肥，马铃薯块茎和大麦籽实中 Cd 质量分数均有提高（Sparrow 等，1994；Grant，1996）。

Norvell 等通过大田调查和模型计算得出，硬质小麦籽实中 Cd 的积累与土壤盐分有关，包括可溶性 Cl^-、可溶性 SO_4^{2-}、可提取 Na、螯合态 Cd 等，尤其与 Cl^- 关系最为密切。研究证实，Cl^- 在溶液中能形成相对稳定的复合物 $CdCl^+$ 和 $CdCl_2^0$，简单的化学稳定计算表明，当土壤溶液中 Cl^- 浓度达到 10 mmol/L 时，这种复合物的形成就很明显，这样就使 Cd 趋向于由固态向土壤溶液迁移，从而提高了 Cd 的溶解性（Norvell 等，2000）。Smolders 和 McLaughlin 根据其研究结果提出假设，认为 Cd 与阴离子 Cl^-、SO_4^{2-} 形成的复合物 $CdCl_n^{2-n}$ 和 $CdSO_4^0$ 具有与 Cd^{2+} 相同的生物活性，可直接被植物吸收（Smolders 等，1996）。McLaughlin 等进行的水培和盆栽试验均表明，Na_2SO_4 的加入虽然显著降低了营养液或土壤溶液中自由 Cd^{2+} 的质量分数，但植物对 Cd 的吸收和积累并没有受到明显影响（Mclaughlin 等，1998a，b）。

2. 锌对蔬菜吸收镉的影响

阳离子与 Cd 离子有相似的特性，可能会由于竞争作用影响植物对 Cd 的吸收。K、Ca、Na、Mg 4 种盐基离子中，对 Cd 吸收影响程度的大小为“Na＜K＜Mg＜Ca”，即化合价越高，离子半径越大，抑制 Cd 吸收作用就越强烈。Ca^{2+} 的作用最强，原因是它和 Cd^{2+} 有相似的离子半径，易竞争 Cd^{2+} 的吸附点位。

锌是植物必需的微量元素，但土壤锌浓度过高时将对植物产生毒害作用。在土壤加镉 0.5 mg/kg 时，500 mg/kg 的锌对油菜已产生毒害，生长受到抑制，生物量减少，心叶变黄，叶片变小，锌高于 500 mg/kg 浓度时，毒害症状加深，生长严重受阻。当土壤加镉 5 mg/kg 时，200 mg/kg 的锌即对油菜产生毒害作用，生长受阻，毒害症状明显，说明 Cd 能加重 Zn 的毒害作用。从图 5-4 和图 5-5 可以看出，无论在低镉还是高镉土壤上，土壤加 Zn＜25 mg/kg 时，锌的投入促进了油菜对镉的吸收，说明锌对镉吸收有协同作用；但当土壤加锌超过 25 mg/kg 时，投入锌却抑制了油菜对镉的吸收，说明这时锌对镉吸收有拮抗作用。

锌对油菜吸镉的影响，在投入低量 Zn 时 Zn 对镉吸收有协同作用，高 Zn 时又表现为拮抗作用，这可能是由于土壤加锌较少时，土壤物理化学吸附（交换吸附）和部分弱化学吸附态的镉，随锌投入量的增加而陆续解吸下来，从而增加镉对植物的有效性，使植物吸镉增加。但当 Zn 投入量越过某个临界量时，Zn 投入量再增加，被解吸的镉数量却增加很少，或基本不增加；但此时随土壤中 Zn

投入量的增加，由于 Zn 与 Cd 具有相类似的化学性质，它们在根系表面吸收点位存在竞争作用，植物吸收的镉反而减少。所以土壤投入低浓度的锌和高浓度的锌对植物吸镉的影响机制是不同的，正反两方面的相对强弱就决定了所加入的 Zn^{2+} 对植物 Cd 吸收的影响。但在溶液培养或砂培中，由于只存在竞争根系吸收点位的情况，其试验结果就不能简单地推广到土壤系统中，而要比土壤系统简单。

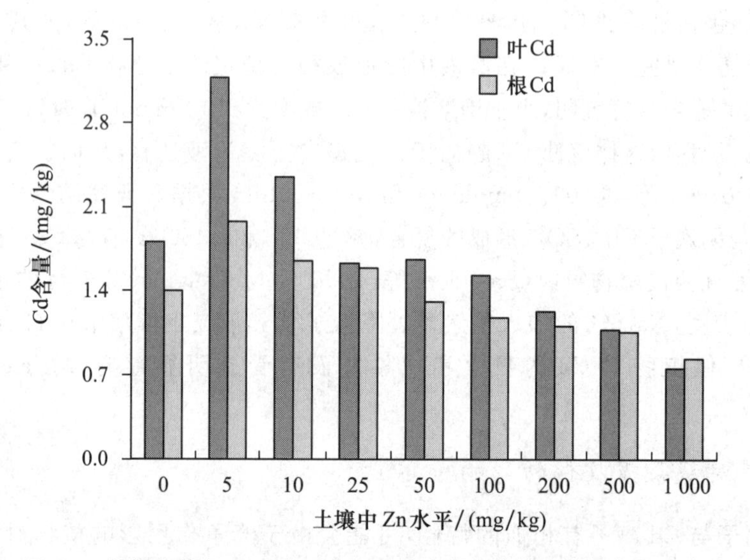

图 5-4 低镉土壤(0.5 mg/kg)上不同浓度水平锌对油菜镉含量的影响

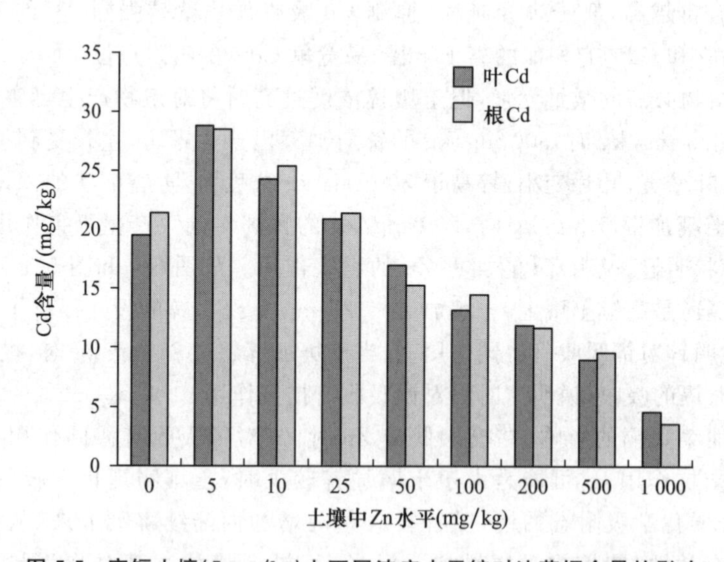

图 5-5 高镉土壤(5 mg/kg)上不同浓度水平锌对油菜镉含量的影响

Zn与Cd由于具有相同的核外电子构型，化学性质极为相似，且二者往往伴生。Cd-Zn交互作用复杂多样，土壤性质、锌(Zn)背景值、植物品种以及环境的变化等都会导致不同的作用结果。根据国内外大量的研究结果，Cd-Zn交互作用主要表现为两种情况。

(1)拮抗作用　大量野外调查及试验研究证明，缺锌条件下，植物极易吸收和积累土壤中的Cd。而在土壤中尤其是缺锌的土壤中施加Zn，则会明显地降低植物对Cd的吸收和积累(Abdelsabour等，1988；Moraghan，1993)。Oliver等在澳大利亚南部的临界缺锌和严重缺锌的土壤中施加Zn肥，生长的小麦籽粒Cd的质量分数比未施Zn的降低了约50%(Oliver等，1994)。McLaughlin等对马铃薯生长的土壤增加有效Zn质量分数，结果大大降低了马铃薯块茎中Cd的积累(Mclaughlin等，1994)。McKenna等对莴苣和菠菜的研究表明，Zn不仅抑制其根系对Cd的吸收，还阻止Cd通过木质部从根部向地上部的运输(Mckenna等，1993)。

(2)协同作用　Chaoui等利用大豆进行水培试验，发现2、5 μmol/L的Cd和10、25 μmol/L的Zn之间的交互作用并未表现出相互拮抗作用，而是表现为协同作用。Zn促进了Cd的吸收和向地上部分的转运(Chaoui等，1997)。周启星等同时对两种作物的研究发现，在相同的土壤及Cd、Zn质量分数条件下，在玉米籽实中Cd-Zn之间表现为相互抑制作用，而在大豆籽实中则表现为协同作用(周启星和高拯民，1994)。

3.铁对蔬菜吸收镉的影响

铁营养影响植物对重金属的吸收和运输，充足的铁素营养使植物体中其他重金属(如锰、铜、锌、镉)含量下降，而在铁缺乏状况下，植物体有较高的锰、铜、锌、镉浓度(安志装等，2002)。缺铁处理的黄瓜镉含量与供铁处理差异显著，不供铁培养的黄瓜根、茎、叶中镉含量高于加铁处理的镉含量，茎、叶中不供铁与供铁之间镉含量差异显著，而供铁的3个处理之间无显著差异(图5-6)。不供铁培养的茎中镉含量分别是供铁50、100和200 μmol/L的茎中镉含量的2.9、2.8和2.4倍。不供铁培养的黄瓜根中镉含量高于加铁处理的镉含量，不供铁与供铁50 μmol/L之间差异最显著，前者是后者的1.74倍，在供铁的3个处理间，随着营养液中铁浓度的升高，根中镉含量呈现递增趋势，但差异并不显著。黄瓜根系吸收的镉总量与铁总量存在负相关的关系，随着根系吸收铁量的增加，黄瓜幼苗吸收镉的量下降(图5-7)($r=0.506\,1^{**}$)。

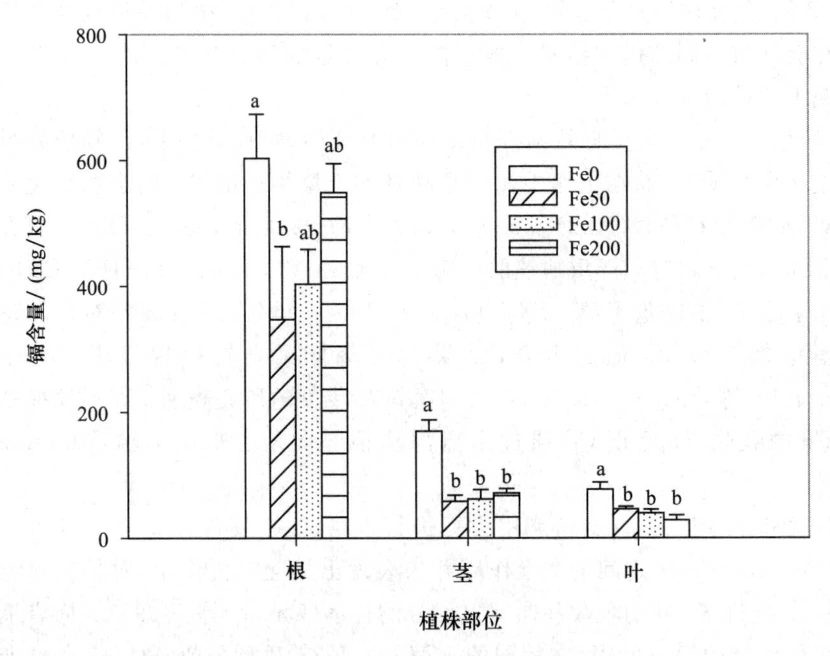

图 5-6 不同铁营养状况对黄瓜镉含量的影响

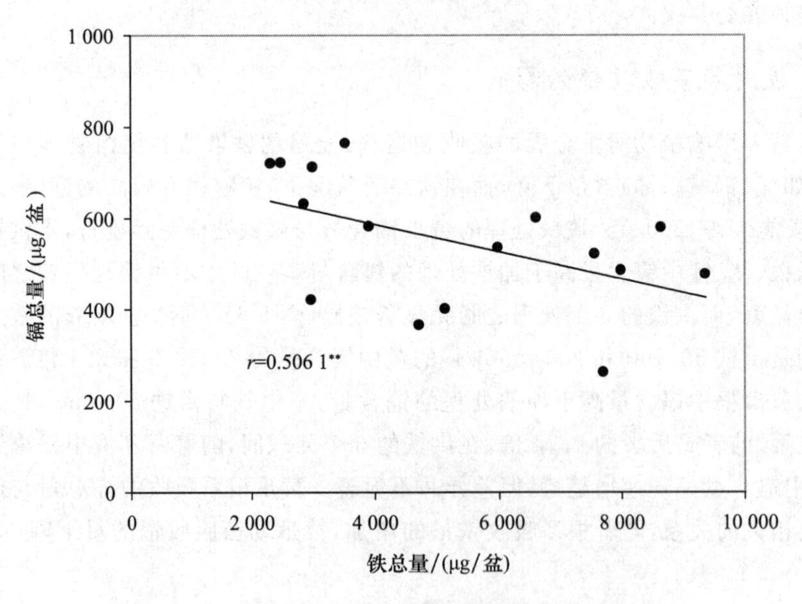

图 5-7 黄瓜体内铁吸收总量与镉吸收总量相关性

Cohen 等利用示踪技术研究了豌豆(*Pisum sativum*)在铁缺乏和铁充足供应条件下的镉吸收动力学,结果表明,两者有相似的 *K*m 值,分别为 1.5 和 0.6,但它们的吸收速率不同,铁缺乏条件下镉最大初始吸收速率为铁充足条件下的近 7 倍(Cohen 等, 1998)。镉在不同铁营养状况下的吸收差异可能与 *IRT*1 转运子基因的表达有关,*IRT*1 是从拟南芥中克隆的铁转运子基因,铁缺乏能够诱导其表达,促进二价铁离子的吸收转运(Vert 等,2002),同时,也有利于二价重金属阳离子(如 Cd^{2+}、Zn^{2+})的吸收转运,铁缺乏条件下铁转运子基因的表达也促进了镉的吸收转运(Yoshihara 等,2006)。因此,有较大的镉初始吸收速率。而在铁充足供应下,铁转运子基因关闭,铁吸收增加,镉的被动吸收量下降,随铁含量的增加,叶片镉富集量显著降低(Krupa 等,1995)。

(三)影响蔬菜吸收重金属的根系因素

细胞质膜上的膜转运蛋白参与了重金属的跨膜吸收和转运(Clemens 等,2002)。根系中重金属的跨膜转运蛋白主要有 4 种,即金属-ATPase、Nramp(natural resistance associated macrophage proteins)、ZIP(ZRT,IRT-like proteins)家族及 Cation/H^+ 反向转运蛋白(antitransporters)。这些转运蛋白基因家族较大,如拟南芥有 8 个金属 ATPase,6 个 Nramps 及 15 个 ZIPs(Hall 和 Williams,2003)。通常一种金属可以被多个转运体系转运,同一转运体系可以转运不同的金属。如 IRT1 蛋白可以转运 Fe、Zn、Mn 和 Cd。此外,植物组织和其他质膜上也存在金属转运蛋白,如液泡、高尔基体和内质网上的转运蛋白也参与了重金属在细胞内组织中的分布和储存。

二、重金属在蔬菜体内的运移分配

植物从根际吸收重金属并将其转移和积累到地上部,这个过程包括许多环节和调控位点:①跨根细胞质膜运输;②根皮层细胞中横向运输;③从根系的中柱薄壁细胞装载到木质部导管;④木质部中长距离运输;⑤从木质部卸载到叶细胞;⑥跨叶细胞膜运输(刘素纯等,2004)。溶解的金属离子可以通过胞外或胞内路径进入根部,金属离子进入根部后,要么贮存在根中,要么被转运到地上部分,金属转运到地上部分可能发生在木质部,但是植物可以通过韧皮部使金属在体内重新分配。

(一)重金属在蔬菜体内的运移

由于植物体内对重金属运输和转移存在一种壁垒作用,能阻止重金属从地下部向地上部转移,中柱是植物纵向运输的主要通道。Pb 很难通过共质体运输,大部分受皮层阻挡不能进入中柱而积累在根的皮层中，相比之下，Cd 的大部分则可以通过根皮层进入中柱，然后随水分和其他矿质养分运输到地上部。

此外，目前有关镉在植物体内的运输形式，众多研究者的意见并不一致。Florijn 等(1993)认为玉米中镉作为自由离子在木质部汁液中运输。有试验表明，矮菜豆的根、叶组织胞间溶液中的水溶性镉以离子态存在，意味着镉可能是以离子态运输到叶(Leita 等，1996)；而 Chino 和 Baba(1981)则认为镉在木质部中以有机结合态运输。据 Salt 等报道，印度芥菜(*Brassica juncea* L.)木质部汁液中的镉主要是与 O、N 配位体配位而在植物体内运输的(Salt，1995)。

(二)重金属在蔬菜体内的亚细胞分布

重金属离子在细胞内的区隔化是植物内部解毒的重要途径之一。植物细胞壁是重金属离子进入的第一道屏障，金属沉淀在细胞壁上能阻止重金属离子进入细胞原生质，而使其免受伤害。已有的研究表明：细胞壁能束缚大量金属离子，避免这些离子的跨膜运输和向细胞内的迁移，从而降低了原生质部分的金属离子浓度，使植物免受毒害(杨居荣和黄翌，1994；Allen 和 Jarrell，1989；Turner，1972)。Molone 等(1974)在电子显微镜下发现了细胞壁沉淀重金属的作用；Nishzono 等(1987)发现，盖蕨(*Athyrium yokoscense*)的根所吸收的重金属中有 70%～90%沉积于根尖细胞壁上，这种沉积可阻止镉进入原生质以减轻其毒害。有研究表明，细胞壁含有丰富的亲镉物质，还含有与镉关联阳离子交换位点，对 Cd^{2+} 具有吸收与固定作用(李彦娥等，2004)。

但是，还有很多研究却发现，进入植物细胞内的重金属大部分进入了细胞内部，分布于液泡和质体内，而非吸附沉积于细胞壁。有研究表明，大豆幼苗的叶片和根系中大约 70%以上的镉分布于细胞质(可溶组分)，仅有 8%～14%分布于细胞壁和细胞器等不溶组分(Hans 等，1980)；玉米根、叶细胞镉的分布与大豆相似(周卫等，1999)。Grill 等也发现被子植物所吸收的 Cd 有 90%以上进入细胞质内，与细胞壁结合的数目是极少的，因而细胞壁对减轻镉毒害作用的效果不大(Grill 等，1987)。

液泡也常被认为是细胞内分隔重金属元素的重要器官。重金属一旦进入根细胞，可贮藏在根部或运输到地上部，但由于内皮层上有凯氏带，离子只有转入共质体后才能进入木质部导管，进入根细胞质后，游离离子过多，对细胞产生毒害。因而重金属可能与细胞质中的有机酸、氨基酸、多肽和无机盐结合，通过液泡膜上的运输体或通道蛋白运入液泡中(刘素纯等，2004)。杨志敏等的试验结果显示，小麦液泡对进入胞内的镉有一定的分隔作用(杨志敏，1998)。Wang 等(1991)对烟草液泡中镉的化学状态模拟中发现，在 pH 7 时，液泡内镉与无机磷酸根会形成磷酸盐沉淀，这一结果表明磷在液泡内也会起一定的抗重金属的毒害作用。

另外,很多研究结果还显示,叶绿体等对植物起重要生理作用的细胞器中的镉含量通常都很低。这样可能防止镉对叶绿体等对光合作用、呼吸作用起重要作用的细胞器产生毒害影响(王宏镔等,2002)。

此外,重金属在植物细胞中的分布也因植物种类及基因型不同而异,同时,不同重金属,在植物细胞内的分布有明显差异。根据Cd、Pb在黄瓜和菠菜茎叶和根细胞中的分配可以看出(杨居荣等,1993),Cd在两种蔬菜中,均以可溶性组分的含量最高,可占总量的45%~69%,沉积于细胞壁的成分占2.5%~21.0%;而Pb则有77%~89%沉积于细胞壁上,可溶成分只占0.2%~3.8%。由此表明,Pb是易于沉积在细胞壁,较少向可溶性组分移动的元素。镉(Cd)、Pb在细胞中分布模式影响其在体内的活动性,植物毒性也相应降低,也许是Cd的毒性比Pb大的原因之一。

杨志敏等(1998)通过分析小麦细胞壁、细胞质、液泡组分中镉、磷含量及分布发现,镉在细胞壁的分布量占整个细胞的大部分,这表明真正进入细胞内部,能够起作用的镉数量是有限的。其原因可能为细胞壁表面带有较多的COO^-,重金属阳离子可能与细胞壁结合使其处在膜外(Sela等,1988)。

通过营养液培养,研究了镉在不同蔬菜中的亚细胞分布,研究结果表明,随着营养液中镉浓度的增加,蔬菜叶片各组分中镉的含量均显著增加,但是,镉在叶片细胞各组分中的分配比例没有明显的差异(表5-2)。镉在细胞中的分配比例均以细胞壁最高,占总量的62%~81%;在胡萝卜和白萝卜叶片细胞中,原生质中镉的分配比例高于叶绿体,占总量的13%~30%,叶绿体中占8%~10%;油菜和白菜叶片细胞中,原生质和叶绿体中镉的分配比例比较接近,分别占7%~13%和12%~16%。其中胡萝卜细胞壁中的镉占62%,而原生质中的分布量高达30%。

表5-2　蔬菜叶片细胞各组分中镉的含量及分配比例　mg/kg

Cd浓度/(μmool/L)	蔬菜品种	细胞壁	叶绿体	原生质(不含叶绿体)
1.0	油菜	0.81±0.22[a](81%)	0.13±0.05[a](12%)	0.08±0.04[b](7%)
	白菜	0.72±0.17[a](75%)	0.13±0.07[a](12%)	0.12±0.03[b](13%)
	胡萝卜	0.56±0.13[b](62%)	0.08±0.05[a](8%)	0.26±0.03[a](30%)
	白萝卜	0.63±0.22[a](74%)	0.08±0.04[a](9%)	0.14±0.04[b](17%)
5.0	油菜	1.86±0.55[a](72%)	0.38±0.02[a](16%)	0.30±0.06[a](12%)
	白菜	1.41±0.36[a](72%)	0.31±0.11[a](16%)	0.23±0.08[a](12%)
	胡萝卜	1.49±0.18[a](72%)	0.22±0.05[a](10%)	0.43±0.30[a](18%)
	白萝卜	1.54±0.12[a](77%)	0.22±0.08[a](10%)	0.27±0.07[a](13%)

同列相同Cd浓度下数据所标字母不同者差异显著($P<0.05$)。

从叶绿体分离试验的结果来看,进入蔬菜叶片的镉大部分分布于细胞壁中,少量进入细胞内部，因此，地上部大部分的镉和细胞壁结合处于不活跃的形态。在豌豆和玉米中也发现了同样的亚细胞分布模式(Lozano 等，1997)。Ramos 等的试验结果同样表明，大约 63%的镉累积在莴苣细胞壁中，23%分布于原生质中，少量存在于叶绿体中(Ramos 等，2002)。植物的细胞壁表面带有较多的 COO^-，可能会与重金属阳离子结合使其处在膜外；其次，细胞壁中较多的磷可能会与镉形成不溶性的磷酸盐(Sela 等，1998)。在 Cd^{2+} 处理下细胞壁对重金属离子的络合、螯合起主要作用(王宏镔等，2002)，对于细胞最重要的光合作用和呼吸作用场所——叶绿体和线粒体，结合的镉较少，这有利于细胞正常发挥重要的生理机能，防止叶绿体和线粒体中的重要离子(如 Mg^{2+} 等)被 Cd^{2+} 置换后影响光合作用和呼吸作用的效率。

但是，也有一些试验结果表明菜豆中大部分的镉(70%)存在于细胞质中，只有少部分结合在细胞壁或细胞器组分(Weigel 和 Jäger，1980)。小白菜根系、叶片和叶柄细胞中可溶性成分 Cd 含量均较高，表明细胞内 Cd 主要积累于液泡中(李德明和朱祝军，2004)。Zenk(Zenk，1996)和 Hall(Hall，2002)认为，Cd 在植物细胞内除细胞壁吸附外，大部分的 Cd 积累于液泡，使植物细胞免除毒害。导致这些不同结果的原因，可能是由于试验用的蔬菜种类不同，或者试验过程中使用的缓冲液和试验条件(重金属的添加量、植物培养的时间等)不同所造成的。

(三) 重金属在蔬菜体内的分配

植物不同部位吸收和积累的重金属也存在着差异，一般是新陈代谢旺盛器官积蓄量最大，而营养贮存器官积蓄量少。植物的新陈代谢最旺盛的器官是根和叶，其他为营养贮存器官。镉在蔬菜各部分的分布基本上是“根＞叶＞枝＞花＞果实”(廖自基，1992)。大量研究表明，重金属从土壤中被植物吸收后，大部分累积在根部，迁移至地上部的一般较少。

张金彪等(2003)的研究发现，从镉在草莓不同叶位叶片中的分布看，上位叶(新叶)含量最高，下位叶(老叶)最低，中位叶(成熟叶)居中。从每条根由基部到根尖的分布看，镉的平均含量依次是“根尖＞根中＞根基部(把每条根平均分成以上 3 段)”，表明镉在草莓根中的分布也呈梯度变化，即从根尖向上积累递减，这种效应可能与镉的运输形态有关。镉可能呈离子态或以阳离子化合物形式被运输，而草莓的木质部可以看成一个阳离子交换柱，镉在运输过程中被吸附，而在木质部汁液中的镉含量逐步降低。

通过营养液培养研究了镉在黄瓜(*Cucumis sativus* L.)和油菜(*Brassica campestris* L.)幼苗中的分配规律，从加镉处理 3 d 后取样的分析结果可以看出(表 5-3)，随着营养液中镉浓度的增加，黄瓜和油菜各部分的含镉量明显增加。在镉浓度为 1 μmol/L 时，黄瓜根部的镉含量为茎中镉含量的 82 倍、叶中镉含量的 66 倍；在镉浓度为 5 μmol/L 和 10 μmol/L 时，也达到了 20 倍左右。在镉浓度为

1、5、10 μmol/L 时，油菜根和叶中的镉含量之比分别为 8.7、13.0 和 17.0。黄瓜和油菜吸收的镉绝大部分都累积在根部，而茎和叶中累积得比较少。随着镉浓度的增加，黄瓜根中累积的镉向地上部迁移的比例增加，而油菜根中的镉向地上部迁移的比例却减少。无论是叶菜类的油菜还是茄果类的黄瓜，它们所吸收的镉绝大部分都累积于根部，运输到叶片和茎部的量比较小。油菜根和地上部镉的浓度要比黄瓜中镉的浓度高，并且油菜由根向地上部转移的比例要比黄瓜高，说明黄瓜中的镉从根部向地上部运输的能力与油菜相比较小。

表 5-3　镉在黄瓜和油菜体内不同部位的含量　　mg/kg

Cd 浓度/(μmol/L)	黄瓜			油菜	
	根	茎	叶	根	地上部
0	0.05±0.01	0.01±0.00	0.01±0.00	0.22±0.02	0.87±0.06
1	176.9±16.5	2.15±0.57	2.66±0.57	239.6±23.0	27.48±2.61
5	533.0±32.5	25.54±1.92	27.85±2.17	886.2±124.6	68.04±1.32
10	826.6±50.6	40.58±3.64	52.62±8.21	1 259.4±130.3	74.04±1.39

随着营养液中镉浓度的增加，黄瓜和油菜地上部与根部吸收镉的总量也在增大(表 5-4)。但是在镉的处理浓度为 5 μmol/L 和 10 μmol/L 时，油菜地上部和根部累积镉的量差异不大，表明在镉的处理浓度高于 5 μmol/L 时，油菜对镉的累积速率在降低。黄瓜根中累积镉的量明显高于地上部，而油菜根中累积镉的量低于地上部或差异不大，表明油菜吸收的镉向地上部转移的较多，而黄瓜吸收的镉在根部累积的较多。在同样镉浓度水平下，黄瓜根部累积的镉明显高于油菜；在低浓度时，油菜地上部累积镉的量高于黄瓜，在高浓度时虽然有差异，但是差异不显著。在同样镉处理浓度下，黄瓜地上部镉的分配比例要低于油菜，表明叶菜类油菜向地上部的转移比例要高于瓜果类的黄瓜。

表 5-4　黄瓜和油菜吸收镉及分配

蔬菜	镉浓度/(μmol/L)	地上部镉总量/(μg/盆)	根中镉总量/(μg/盆)	地上部镉比例/%
黄瓜	0	0.05±0.01	0.02±0.00	71.4
	1	12.54±2.89	92.16±22.50	11.9
	5	115.85±11.98	253.29±42.75	31.4
	10	193.37±19.29	331.98±13.12	36.8
油菜	0	1.51±0.32	0.02±0.01	99.3
	1	56.98±17.61	29.21±5.43	66.1
	5	147.21±15.47	152.47±25.16	45.9
	10	152.02±39.86	156.50±30.87	49.3

但植物种类和基因型不同，重金属在器官中的分布存在差异，如烟草和胡萝卜叶中含量高于根部(Cataldo 等，1981)，据 Mench 等报道，烟草 75%～81%的镉被转运到叶子中(Mench 和 Tancogue，1989)。楼根林等对镉在成都壤土和几种蔬菜中的累积规律的研究结果显示，供试蔬菜品种一般以根部吸收富集镉的能力最强，而叶大于茎，萝卜则是叶大于根，青椒果实和豇豆豆荚中镉的残留量少于其他部位(楼根林，1990)。

三、重金属在蔬菜体内的富集规律

(一)不同种类蔬菜对重金属的富集规律

不同的植物种类，由于结构特性及生理特性不同，吸收重金属的生理生化机制各异，故其重金属元素的积累量有显著差异。植物对重金属的吸收与累积除了取决于环境中重金属的含量和形态外，植物的种、属类型对重金属的富集也有很大影响。重金属在蔬菜中的含量随不同的蔬菜种类和品种差异明显。Arthur 等根据植物体内镉的积累量把植物分为：低积累型——豆科(大豆、豌豆)；中等积累型——禾本科(水稻、大小麦、玉米、高粱)、百合科(洋葱、韭)、葫芦科(黄瓜、南瓜)、散形科(胡萝卜、欧芹)；高积累型——十字花科(油菜、萝卜)、藜科(唐莴苣、糖甜菜)、茄科(蕃茄、茄子)、菊科(莴苣)(Arthur，2000)。Baker 等根据植物对重金属的吸收、转移和积累机制划分为三类：积累型(超积累型)、指示型(敏感型)和排斥型(Baker，1981)。

不同种类的蔬菜对重金属的吸收富集能力不同，与其他作物相比，蔬菜对多种重金属的富集量要大得多，富集系数一般在 3～6。一般而言，不同蔬菜吸收重金属的能力根据其主要食用器官划分，依次为“叶菜类＞根茎类＞茄果类”，叶菜类(如菠菜、芹菜等)对重金属有较强的富集能力。蔬菜对镉的累积能力依次为“叶菜类＞根菜类＞莴苣(茎)＞果菜类＞豆科类”(楼根林等，1990；汪雅各和章国强，1985)。不同重金属元素在蔬菜中的积累水平也不同，这可能与蔬菜的生理功能有关。

1. 叶菜类累积规律

通过文献查阅，统计了未污染农田土壤中蔬菜的重金属含量，相关数据见本书第三章“蔬菜中重金属含量特征分析”部分。

2. 根茎类累积规律

表 3-8 和表 3-9 为我国根茎类蔬菜中重金属元素含量数据统计分析表。从表 3-8 和表 3-9 中可以看出，根茎类重金属元素名下 Cd 的含量范围是 0.001～

0.610 mg/kg,均值为 0.044 mg/kg,中位值为 0.018 mg/kg;As 的含量范围是 0.005～1.72 mg/kg,均值为 0.204 mg/kg,中位值为 0.020 mg/kg;Hg 的含量范围是 0.000～0.725 mg/kg,均值为 0.080 mg/kg,中位值为 0.004 mg/kg;Pb 的含量范围是 0.003～4.51 mg/kg,均值为 0.325 mg/kg,中位值为 0.100 mg/kg;Cr 的含量范围是 0.000～1.70 mg/kg,均值为 0.231 mg/kg,中位值为 0.057 mg/kg。

3.瓜果类累积规律

表 3-10 和表 3-11 为我国瓜果类蔬菜中重金属元素含量数据统计分析表。从表中可以看出,瓜果类重金属元素 Cd 的含量范围是 0.000～5.19 mg/kg,均值为 0.103 mg/kg,中位值为 0.010 mg/kg;As 的含量范围是 0.001～1.48 mg/kg,均值为 0.067 mg/kg,中位值为 0.019 mg/kg;Hg 的含量范围是 0.000～0.086 mg/kg,均值为 0.006 mg/kg,中位值为 0.001 mg/kg;Pb 的含量范围是 0.002～5.68 mg/kg,均值为 0.178 mg/kg,中位值为0.072 mg/kg;Cr 的含量范围是 0.003～2.24 mg/kg,均值为 0.136 mg/kg,中位值为 0.042 mg/kg。

不同种类蔬菜中重金属含量的统计分析为偏态分布,通过分析其中位值可以发现:叶菜类、根茎类和瓜果类中 Cd 的含量中位值分别为 0.03、0.018 和 0.01 mg/kg;As 分别为 0.04、0.02 和 0.019 mg/kg;Hg 分别为 0.002、0.004 和 0.001 mg/kg;Pb 分别为 0.13、0.10 和 0.072 mg/kg;Cr 分别为 0.13、0.057 和 0.042 mg/kg。通过分析蔬菜中 5 种重金属元素的含量,叶菜类蔬菜中重金属的含量最高,其次是根茎类,瓜果类中重金属含量较低。

4.不同种类蔬菜的累积特性

通过土壤添加不同浓度的重金属,研究了不同种类蔬菜对镉的吸收富集规律。试验用土壤采自中国农业大学科学园,土壤为潮土,pH 7.6,土壤全镉含量 0.068 mg/kg。不同镉浓度处理下,不同蔬菜可食部位富集镉的含量见图 5-8。在添加 0.3 mg/kg 的外源镉时,只有黄瓜和白萝卜没有超过食品卫生标准,其余 5 种蔬菜全部超标。随着镉处理浓度的升高,不同种类蔬菜镉的含量逐渐增加,表现出显著的正相关性。当土壤中镉添加量在 2.0 mg/kg 时,与对照相比,油菜、番茄、韭菜、胡萝卜、白菜可食部分镉含量增加了 30～60 倍,而白萝卜和黄瓜仅仅增加了 7 倍多。从图 5-8 中的斜率可以看出,胡萝卜和叶菜类富集镉增强趋势表现最为明显,而茄果类的黄瓜和番茄还有白萝卜的镉含量增加趋势并不明显。

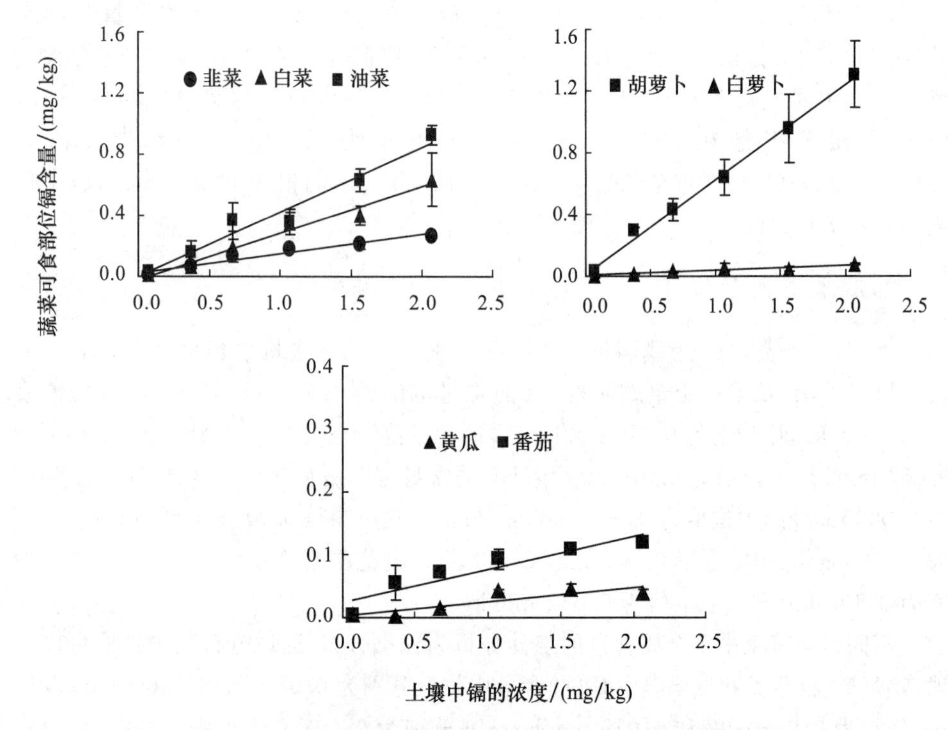

图 5-8　不同浓度镉处理下蔬菜可食部位的镉含量(鲜重)

同样的蔬菜品种种植在镉污染的蔬菜大棚，土壤 pH 7.29，总镉含量 2.55 mg/kg。虽然土壤中镉的含量超过了我国的土壤环境质量标准，但是，七种蔬菜可食部分镉的含量在 0.01～0.1 mg/kg，全部低于食品卫生标准(图 5-9)。叶菜类的蔬菜(韭菜、白菜和油菜)和胡萝卜可食部分镉的含量最高，白萝卜、黄瓜和番茄可食部分累积的镉较少。与盆栽土壤新添加的镉处理相比，田间蔬菜累积的镉很少。土壤中新添加 2.0 mg/kg 的镉时，所有蔬菜的可食部分镉含量超过食品卫生标准，而在田间土壤镉含量在 2.55 mg/kg 时，蔬菜镉含量都低于食品卫生标准。很显然，田间条件下土壤中镉的有效性比盆栽添加镉的有效性低得多，有效性大概是新添加镉的 4%～18%。结果表明，土壤中镉的陈化会降低镉的有效性，从而降低可食部分镉含量。Gray 等(1998)的研究也发现随着时间的延长解吸镉的比例在降低，同样，Hooda 和 Alloway(1993)的试验结果表明，硝酸镉处理的黑麦草累积的镉比污泥处理的要高很多。尽管如此，不同蔬菜种类在盆栽条件和田间条件下累积镉的顺序一致，表明不同蔬菜种类在不同条件下累积镉的特性一致。

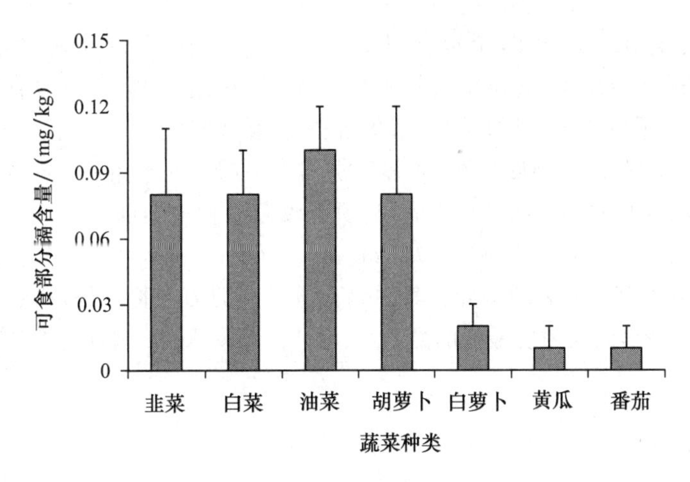

图 5-9 污染土壤上不同蔬菜种类可食部分镉含量(鲜重)

不同种类蔬菜对重金属镉富集存在着明显的差异。7 种蔬菜对镉的富集能力大小依次为:胡萝卜>油菜>小白菜>韭菜>白萝卜>番茄>黄瓜。周根娣等(1994)对上海市农畜产品的调查结果表明,叶菜类较其他类别的蔬菜污染严重。王丽凤等(1994)的调查结果表明,沈阳市蔬菜中重金属含量大小顺序为:叶菜类>根茎类>瓜果类。党秀芳等(1998)调查分析了 13 种蔬菜对镉的富集能力为:叶菜类>茎菜类>果实类。根据陈玉成等的研究,不同类型蔬菜的富集能力为:叶菜类>茄果类>豆类>块茎类>瓜类(陈玉成等,2003)。岳振华等的研究表明,在不同蔬菜中,叶菜类对 Cd、Cu、Pb 的吸收富集一般均大于果菜和根菜类,在叶菜类中又以苋菜、小白菜的富集作用较强,包菜较弱(岳振华等,1992),与 Jinadasa 等对悉尼市 29 种市售蔬菜的分析结果(Jinadasa 等,1997)以及冯恭衍等(1993)的研究结果相一致。

(二)不同品种蔬菜对重金属的富集规律

Hinesly 等认为植物对重金属的吸收差异是由基因控制的(Hinesly 等,1982),因而,基因型在植物对重金属的吸收中占主导地位(Hasegaval 等,1997)。在同样镉水平下,同种类植物的不同品种对镉的吸收运输存在差异,作物基因型的特征也会影响 Cd 的吸收和积累。1991—1992 年波兰 Michalik 等的研究发现,胡萝卜肉质根吸收重金属存在基因型差异。他们把四个变种的胡萝卜播种在 3 个不同程度重金属污染的地方,发现无论在何处,变种 Kama 肉质根中的 Pb、Ni、Cr、Cu、Mn 等重金属含量为最高(Michalik,1995)。

1. 不同品种叶菜类累积规律

筛选食用量较大的叶菜类油菜作为供试材料,试验用土为沈阳张士灌区的原位污染土，土壤 pH 为 6.8，全镉含量 3.6 mg/kg，选择了 19 个不同的油菜品种（*Brassica rapa* L. spp. Chinenesis），分别为：夏王、倍好、上海矮抗青、夏赏味、绿精灵、富冠、京冠 F1、平成 5 号、京冠 1 号、京华冠青、金城特矮、上海青、京油 1 号、新五月慢、抗热 605、京绿 2 号、新四月慢、京绿 7 号、华青一号。对油菜地上部取鲜样进行分析测试，结果见图 5-10，从图中可以看出，所有油菜品种地上部可食部分的镉含量均超过国家食品安全标准（标准限值：0.2 mg/kg）。分析结果表明不同品种油菜地上部对镉的吸收累积存在显著的差异。其中镉含量最高的为华青一号，地上部的镉浓度高达 0.96 mg/kg，而镉浓度最低的夏王，仅为 0.25 mg/kg，二者相差 2.83 倍。

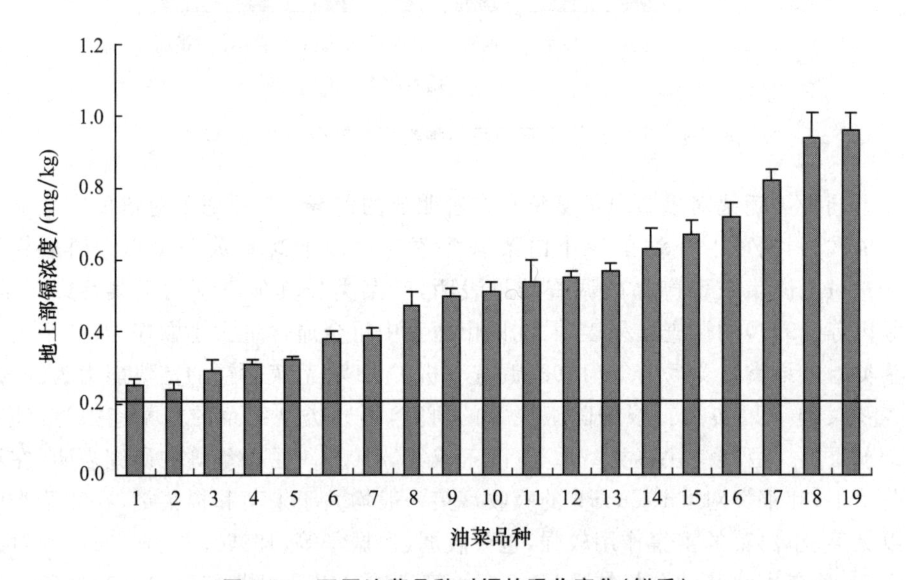

图 5-10　不同油菜品种对镉的吸收富集(鲜重)

1. 夏王；2. 倍好；3. 上海矮抗青；4. 夏赏味；5. 绿精灵；6. 富冠；7. 京冠 F1；8. 平成 5 号；9. 京冠 1 号；10. 京华冠青；11. 金城特矮；12. 上海青；13. 京油 1 号；14. 新五月慢；15. 抗热 605；16. 京绿 2 号；17. 新四月慢；18. 京绿 7 号；19. 华青一号

2. 不同品种根茎类累积规律

12 个白萝卜品种和 10 个胡萝卜品种同样种植在沈阳张士灌区原位污染土，不同的品种也表现出对镉累积的差异（图 5-11 和图 5-12）。不同白萝卜品种地上部镉的浓度相差 1.4 倍，根中镉的浓度相差 3.5 倍（图 5-11），可食部分镉的浓度在 0.04～0.14 mg/kg，其中 1/3 的品种镉的含量超过了食品卫生标准限值（0.1 mg/kg）。不同胡萝卜品种地上部镉的含量在 0.22～0.25 mg/kg，根中镉含量在 0.14～0.19 mg/kg，品种间差异不大，但是可食部分镉的含量全部超过食品卫生标准限值。研究表明，不同白萝卜和胡萝卜品种（鲜重）的镉含量之间均有显著差异，所有胡萝卜品种可食部分镉浓度均高于白萝卜。

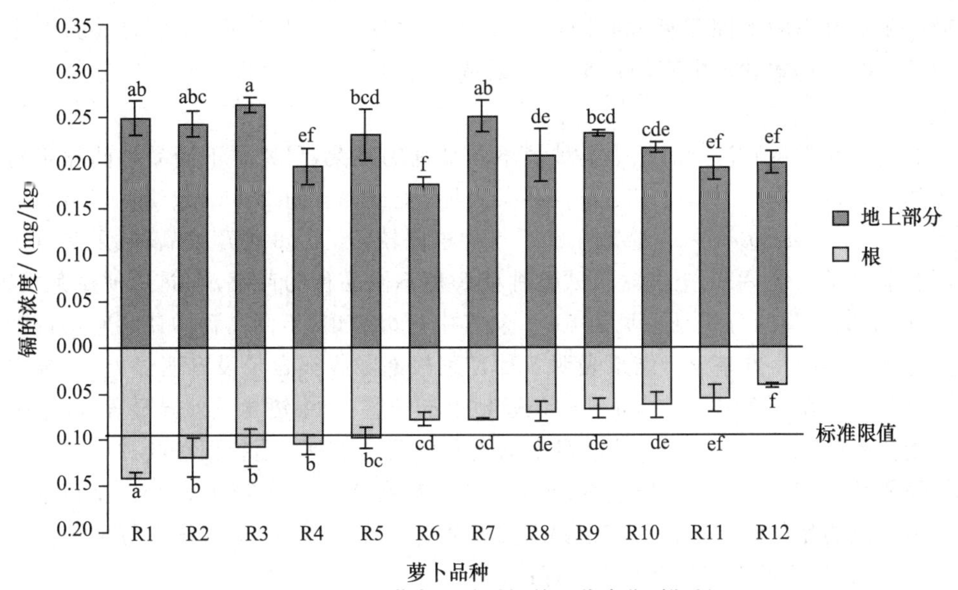

图 5-11　不同萝卜品种对镉的吸收富集(鲜重)

相同部位不同品种间标有不同字母者差异显著($P<0.05$)

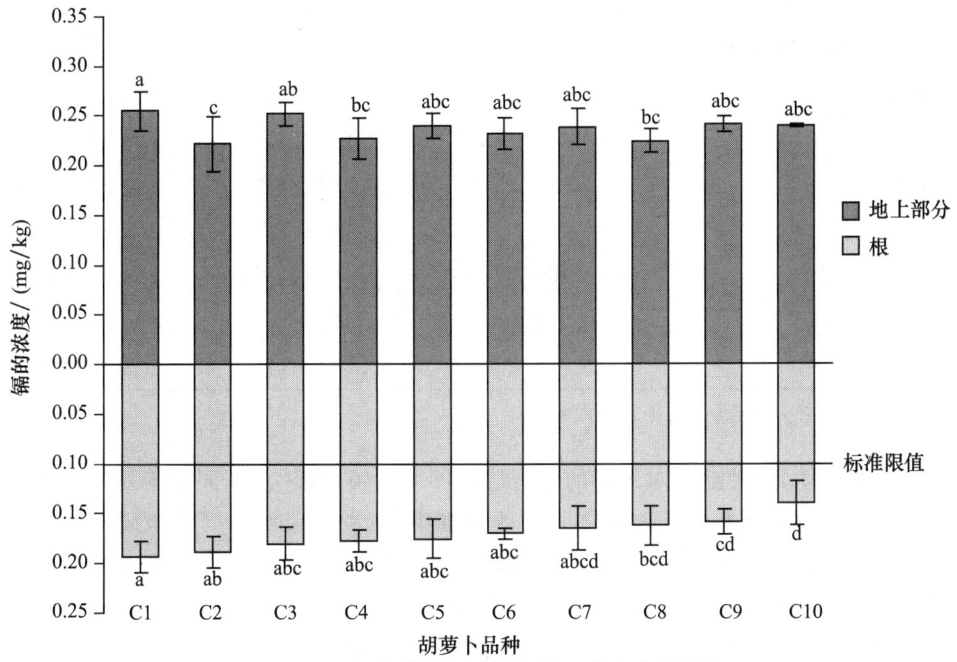

图 5-12　不同胡萝卜品种对镉的吸收富集(鲜重)

相同部位不同品种间标有不同字母者差异显著($P<0.05$)

一些研究表明植物积累镉能力归因于特殊的基因型(Pandey 等,2002),此外,同一植物种类的不同品种或基因型之间也存在显著差异(Dunbar 等,2003;Stolt 等,2006)。在本试验中不同白萝卜和胡萝卜品种之间可食部分镉浓度存在显著差异。

通过在重金属污染的土壤上种植不同品种的蔬菜,研究了不同品种间蔬菜对镉的吸收富集规律。试验用土采自蔬菜大棚,土壤镉含量 2.55 mg/kg,试验用芹菜(*Apium graveolens* L.)选取了北京市种植比较广泛的 8 种芹菜品种(采购自中国农业科学院)。采用土壤盆栽试验种植 8 种不同品种的芹菜,不同品种芹菜根、茎、叶的镉含量的分析结果见表 5-5。从表中可以看出,不同品种的芹菜富集镉的能力并不相同。方差分析结果表明 8 种芹菜根部吸收镉含量没有明显差异,根中镉含量范围在 0.33~0.40 mg/kg;但是地上部的茎、叶中镉含量差异显著,叶中镉含量范围在 0.18~0.37 mg/kg,富集镉能力最强的品种文图拉西芹叶片中镉含量是最弱品种美国西芹的 2 倍左右;而茎中镉含量在 0.12~0.16 mg/kg。茎富集镉能力最强的品种四季小香芹茎中镉含量是香毛芹菜的 1.39 倍。作为可食部分的茎,其镉含量都没有超过食品卫生标准。

表 5-5　不同品种芹菜根、茎、叶中镉含量*(鲜重)　　mg/kg

品种	叶	茎	根
CALIFORNIAEMPEROR	0.32±0.05[ab]	0.15±0.03[ab]	0.38±0.07[a]
四季小香芹	0.32±0.06[ab]	0.16±0.03[a]	0.38±0.06[a]
加州王西芹	0.26±0.04[bc]	0.15±0.01[ab]	0.38±0.05[a]
香毛芹菜	0.21±0.06[c]	0.12±0.04[b]	0.40±0.05[a]
美国西芹	0.18±0.04[c]	0.13±0.01[ab]	0.33±0.07[a]
文图拉西芹	0.30±0.03[ab]	0.14±0.03[ab]	0.33±0.03[a]
文图拉西芹	0.37±0.10[a]	0.12±0.03[b]	0.40±0.06[a]
雪丽西芹	0.31±0.05[ab]	0.16±0.03[a]	0.36±0.09[a]

数字后不同字母表示差异达到 5%显著水平。

综上所述,同种蔬菜对不同的重金属有不同的吸收能力,不同蔬菜对同种重金属的吸收能力亦有差异。即使在同一种土壤中,各种蔬菜对不同重金属的吸收富集能力有很大的差别。而对于同一种蔬菜,在不同的土壤中对同一种重金属的吸收富集能力也不相同。关于蔬菜中重金属含量与土壤中重金属含量的相关性问题上,不同的研究有不同的结论,这是由于重金属的吸收富集受多种因素影响的结果。

四、存在的问题和研究展望

总之，对植物吸收镉及镉在植物体内分布迁移可能产生影响的因素有很多。其中，既有自然环境因素，也有植物生理结构的因素。只有通过对这些可能的影响因素进行研究，才可能控制并减少重金属进入人类的食物链，减少对人体的危害。

镉是植物体非必需重金属，但很容易被农作物吸收，进而积累到食用部分。不吸烟人士接触镉的主要渠道就是通过食物摄取。因此，有必要降低镉在植物中的积累，尤其是农作物的食用部分。已经有很多土壤修复的研究，例如，调整土壤的化学状况，挖掘和化学方法的土壤淋洗减少土壤中的镉及向食物链的迁移。然而这些技术由于高昂的费用、土壤结构被破坏和一些不良结果很难实施。最近植物修复吸引了更多国际环境清洁领域的关注，但由于目前发现的少数超累积植物的一些缺点，例如生长缓慢、特殊分布区域和只对必需金属元素有效，所以通过植物提取并不适用于大面积减轻农田金属污染。其他植物修复金属污染土壤的策略还有植物稳定，植物稳定的目标是最大限度地减少植物对有毒金属的吸收。

此外，我国是人多地少的国家，相当长的一段时间里，我国经济和社会发展必须面对人多地少、人增地减的现实情况，对农产品需求的增长是刚性的，要求充分利用每一寸土地进行农业生产。因此，对于重金属污染土壤的治理需要寻找一种适合我国国情的措施，将治理和利用相结合，减少重金属由土壤向农产品的转移显得非常重要。所以选择出低重金属积累的品种或许可以提供减少人类饮食中金属的摄取的可能。

前人已经做了很多关于植物积累重金属的土壤向植物转移因子的工作。不同种类植物和同种类不同品种植物镉的积累也得到认识。镉的积累在很多农作物种类和品种中都很显著，叶菜类重金属主要累积在叶片，根茎蔬菜的主根并不仅是渗透器官，还是被土壤包围的功能器官，可能有一个不同于上述农作物的特殊的吸收路径。选择食用部分低积累重金属的蔬菜品种，是一种有效的经济可行的栽培措施。

参考文献

Abdelsabour M F, Mortvedt J J, Kelsoe J J. Cadmium-zinc interactions in plants and extractable cadmium and zinc fractions in soil[J]. Soil Science, 1988, 145 (6): 424-431.

Allen D L, Jarrell W M. Proton and copper absorption to maize and soybean root cell walls[J]. Plant Physiology, 1989, 89: 823-832.

Arthur B C, Morgan H C. Optimizing plant genetic strategies for minimizing environmental contamination in the food chain[J]. International Journal of Phytoremediation, 2000, 2(1): 1-21.

Baker A J M. Accumulators and excluders-strategies in the response of plants to heavy metals[J]. Journal of Plant Nutrition, 1981, 3: 643-654.

Baker A J M, Brooks R R. Terrestrial higher plants which hyperaccumulate metallic elements-a review of their distribution, ecology and phytochemistry[J]. Biorecovery, 1989, 1: 81-126.

Bernal M P, Mcgrath S P, Miller A J, *et al*. Comparison of the chemical changes in the rhizosphere of the nickel hyperaccumulator *Alyssum murale* with the non-accumulator *Raphanus sativus*[J]. Plant and Soil, 1994, 164: 251-259.

Bingham F T, Strong J E, Sposito G. Influence of chloride salinity on cadmium uptake by Swiss chard[J]. Soil Science, 1983, 135: 160-165.

Bingham F T, Sposito G, Strong J E. The effect of chloride on the availability of cadmium[J]. Journal of Environmental Quality, 1984, 13: 71-74.

Bruemmer G W, Gerth J, Herms U. Heavy metal species, mobility and availability in soils[J]. Z. Pflanzenernaehr Bodenkd, 1986, 149: 382-398

Cataldo D A, Garland T R, Widung R E. Cadmium distribution and chemical fate in soybean plant[J]. Plant Physiology, 1981, 68: 835-839.

Chaoui A, Ghorbal M H, ElFerjani E. Effects of cadmium-zinc interactions on hydroponically grown bean (*Phaseolus vulgaris* L.)[J]. Plant Science, 1997, 126: 21-28.

Chino M, Baba A. The effect of some environmental factors on the partitioning of zinc and cadmium between roots and top of rice plants[J]. Plant Nutrition, 1981, 3: 203-214.

Clemens S, Palmgren M, Kraemer U. A long way ahead: understanding and engineering plant metal accumulation[J]. Trends in Plant Science, 2002, 7: 309-315.

Cohen C K, Fox T C, Garvin D F, *et al*. The role of iron-deficiency stress responses in stimulating heavy-metal transport in plants[J]. Plant Physiology, 1998, 116(3): 1063-1072.

Dunbar K R, McLaughlin M J, Reid R J. The uptake and partitioning of cadmium in two cultivars of potato (*Solanum tuberosum* L.)[J]. Journal of Experimental Botany, 2003, 54: 349-354.

Elainga E J, Sparks D L. X-ray absorption spectroscopy study of the effects of pH and ionic strength on Pb(Ⅱ) sorption to amorphous silica[J]. Environ Science and Technology,2002,36(20):4352-4357.

Florijn P J,van Beusichem M L. Uptake and distribution of cadmium in maize inbred lines[J]. Plant Soil,1993,150:25-32.

Grant C A,Bailey L D,Therrien M C. The effect of N,P and KCl fertilizers on grain yield and Cd concentration of malting barley[J]. Fertilizer Research,1996,45(2):153-161.

Gray C W,McLaren R G,Roberts A H C,*et al*. Sorption and desorption of cadmium from some New Zealand soils:effect of pH and contact time[J]. Australian Journal of Soil Research,1998,36:199-216.

Grill E,Winnacker E L,Zenk M H. Phytochelatins,a class of heavy metal-binding peptides from plants,are functionally analogous to metallothioneins[J]. Proceedings of the National Academy of Sciences,1987,84:439-443.

Hall J L. Cellular mechanisms for heavy metal detoxification and tolerance[J]. Journal of Experimental Botany,2002,53(366):1-11.

Hall J L,Williams L E. Transition metal transporters in plants[J]. Journal of Experimental Botany,2003,54:2601-2613.

Hans J W,Hans J J. Subcellular distribution and chemical form of cadmium in bean plant[J]. Plant physiology,1980,65:480-482.

Hasegava I,Tarada E,Sunairi M,*et al*. Genetic improvement of heavy metal tolerance in plants by transfer of the yeast metallthionein gene(CUP1)[M]//Ando Y,Fujita K,Nae T *et al*. Plant nutrition for Sustainable food Production and Environment,Netherland:Kluver Academic Publisher,1997:391-395.

Hinesly T D,Alexander D E,Redborg K E,*et al*. Differential accumulations of cadmium and zinc by corn hybrids grown on soil amended with sewage sludge [J]. Agronomy Journal,1982,74:469-474.

Hooda P S,Alloway B J. Effects of time and temperature on the bioavailability of Cd and Pb from sludge-amended soils[J]. Journal of Soil Science,1993,44:97-110.

Huang P M,Schnitzer M. Interactions of soil minerals with natural organics and microbes[M]. West Indies:Madison,1986:159-221

Jinadasa K B P N,Milham P J,Hawkins C A,*et al*. Survey of cadmium levels in vegetables and soils of Greater Sydney,Australia[J]. Journal of Environmental Quality,1997,26(4):924-933.

Kraemer U. Phytoremediation:novel approaches to cleaning up polluted soils[J]. Current Opinion in Biotechnology,2005,16:133-141.

Krishnamurti G S R, Huang P M, Van Rees K C J, *et al*. Speciation of particulate-bound cadmium of soils and its bioavailability[J]. Analyst, 1995, 120(3): 659-665.

Krupa Z, Siedlecka A, Mathis P. Cd/Fe interaction and its effects on photosynthetic capacity of primary bean leaves[C]// Proceedings of the Xth International Photosynthesis Congress. Netherlands: Kluwer Academic Publishers, 1995, 4: 621-624.

Leita L, Nobili M D, Cesco S. Analysis of intercellular cadmium forms in roots and leaves of bush bean[J]. Plant Nutrition, 1996, 19(3 & 4): 527-533.

Lozano-Rodríguez E, Hernàndez L E, Bonay P, *et al*. Distribution of cadmium in shoot and root tissues of maize and pea plants: physiological disturbances[J]. Journal of Experimental Botany, 1997, 48(1): 123-128.

McKenna I M, Chaney R L, Williams F M. The effects of cadmium and zinc interactions on the accumulation and tissue distribution of zinc and cadmium in lettuce and spinach[J]. Environmental Pollution, 1993, 79(2): 113-120.

Mclaughlin M J, Palmer L T, Tiller K G, *et al*. Increased soil-salinity causes elevated cadmium concentrations in field-grown potato-tubers[J]. Journal of Environmental Quality, 1994, 23(5): 1013-1018.

McLaughlin M J, Andrew S J, Smart M K, *et al*. Effects of sulfate on cadmium uptake by Swiss chard: I. Effects of complexation and calcium competition in nutrient solutions[J]. Plant and Soil, 1998a, 202(2): 211-216.

McLaughlin M J, Lambrechts R M, Smolders E, *et al*. Effects of sulfate on cadmium uptake by Swiss chard: II. Effects due to sulfate addition to soil. Plant and Soil, 1998b, 202(2): 217-222.

Mench M, E Martin. Mobilization of cadmium and metals from two soils by root exudates of *Zea mays* L, *Nicotiana tabacum* L and *Nicotiana rustica* L[J]. Plant and Soil, 1991, 132: 187-196.

Mench M, Tancogue J. Cadmium bioavailability to *Nicotiana tabacum* L., *Nicotiana rustica* L. and *Zea mavs* L. grown in soil amended or not amended with cadmium nitrate[J]. Biology and Fertility of Soils, 1989, 8: 48-53

Michalik B, Baranski R, Gaweda M, *et al*. Genetic differences in heavy metal content of carrot roots[J]. Acta Horticulturae, 1995, 379: 213-219.

Molone C, Koeppe D E, Miller R J. Localization of lead accumulation by corn plants[J]. Plant Physiology, 1974, 3: 388-394.

Moraghan J T. Accumulation of cadmium and selected elements in flax seed grown on a calcareous soil[J]. Plant and Soil, 1993, 150: 61-68.

Nies D H, Silver S. Plasmid-determined inducible efflux is responsible for resistance to cadmium, zinc, and cobalt in *Alcaligenes eutrophus*[J]. Journal of Bacteriology, 1989, 171: 896-900.

Norvell W A, Wu J, Hopkins D G, *et al*. Association of cadmium in durum wheat grain with soil chloride and chelate-extractable soil cadmium[J]. Soil Science Society of America Journal, 2000, 64(6): 2162-2168.

Nishzono H, Ichikawa H, Suziki S, *et al*. The role of the root cell wall in the heavy metal tolerance of *Athyrium yokoscense*. Plant and Soil, 1987, 101: 15-20.

Oliver D P, Hannam R, Tiller K G, *et al*. The effects of zinc fertilization on cadmium concentration in wheat-grain[J]. Journal of Environmental Quality, 1994, 23(4): 705-711.

Pandey N, Sharma C P. Effect of heavy metals Co^{2+}, Ni^{2+} and Cd^{2+} on growth and metabolism of cabbage[J]. Plant Science, 2002, 163: 753-758.

Ramos I, Esteban E, Lucena J J, *et al*. Cadmium uptake and subcellular distribution in plants of *Lactuca* sp. Cd-Mn interaction[J]. Plant Science, 2002, 162(5): 761-767.

Salt D E, Prince R C, Pickering I J, *et al*. Mechanisms of cadmium mobility and accumulation in Indian Mustard[J]. Plant Physiology, 1995, 109: 1427-1433.

Sauve S, Mcbride M B, Norvell W A, *et al*. Copper solubility and speciation of *In situ* contaminated soils: effects of copper level, pH and organic matter[J]. Water Air and Soil Pollution, 1997, 100: 133-149.

Sauve S, Mcbride M B, Hendershot W H. Lead phosphate solubility in water and soil suspensions[J]. Environ Science and Technology, 1998a, 32: 388-393.

Sauve S, Mcbride M B, Hendershot W H. Soil solution speciation of lead(II): Effects of organic matter and pH[J]. Soil Science Society of American Journal, 1998b, 62: 618-621.

Sela M, Tel-Or E, Fritz E. Localization and toxic effects of cadmium, copper and uranium in *Azolla*[J]. Plant Physiology, 1988, 88(1): 30-36.

Silver S, Misra T K. Plasmid-mediated heavy metal resistances[J]. Annual Review of Microbiology, 1988, 42: 717-743.

Smolders E, Lambregts R M, McLaughlin M J, *et al*. Effect of soil solution chloride on cadmium availability to Swiss chard[J]. Journal Environmental Quality, 1998, 27: 426-431.

SparrowL A, Salardini A A, Johnstone J. Field studies of cadmium in potatoes

(*Solanum tuberosum* L). 3. Response of cv Russet-burbank to sources of banded potassium[J]. Australian Journal of Agricultural Research, 1994, 45(1): 243-249.

Stolt P, Asp H, Hultin S. Genetic variation in wheat cadmium accumulation on soils with different cadmium concentrations[J]. Journal of Agronomy and Crop Science, 2006, 192: 201-208.

Tessier A, Campbell P G C, Bisson M. Sequential extraction procedure for the speciation of particulate trace metals[J]. Analytical Chemistry, 1979, 51(7): 844-851.

Turner R G. The accumulation of zinc by subsellular fractions of roots of *Agrostis tenuis Sibi*, in relation to zinc tolerance[J]. New Phytologist, 1972, 72: 671-675.

Tyler L D, Mcbride M B. Influence of Ca, pH and humic acid on Cd uptake[J]. Plant Soil, 1982, 64: 259-262.

Vert G, Grotz N, Dédaldéchamp F, *et al*. IRT1, an Arabidopsis transporter essential for iron uptake from the soil and for plant growth[J]. Plant Cell, 2002, 14(6): 1223-1233.

Wang J, Evangelou B P, Nielsen M T, *et al*. Computer-simulated evaluation of possible mechanisms for quenching heavy metal ion activity in plant vacuoles. I: Cadmium[J]. Plant Physiology, 1991, 97(3): 1154-1160.

Wang X K, Rabung T, Geckeis H. Effect of pH and humic acid on the adsorption of cesium onto g-Al_2O_3[J]. Journal of Radio Analytical and Nuclear Chemistry, 2003, 258(1): 83-87.

Weigel H J, Jäger H J. Subcellular distribution and chemical from in bean plants[J]. Plant Physiology, 1980, 65(3): 480-482.

Wolterbeek H Th, Van Der Meer A, De Bruin M. The uptake and distribution of cadmium in tomato plants as affected by Ethylenediamineteminetetracetic acid and 2,4-Dinintrophenel[J]. Environmental Pollution, 1988, 40: 301-315.

Xian X. The effect of pH on the chemical speciation of Cd, Zn, Pb on polluted soils and its availability to plant[J]. Water Air Soil Pollution, 1989, 45: 265-273.

Yoshihara T, Hodoshima H, Miyano Y, *et al*. Cadmium inducible Fe deficiency responses observed from macro and molecular views in tobacco plants[J]. Plant Cell Reports, 2006, 25: 365-373.

Zenk M H. Heavy metal detoxification in high plants-a review[J]. Gene, 1996, 179(1): 21-30.

安志装，王校常，施卫明，等. 重金属与营养元素交互作用的植物生理效应[J]. 土壤与环境，2002，11(4)：392-396.

陈亚华，沈振国，宗良纲. EDTA 对 2 种芥菜型油菜幼苗富集 Pb 的效应[J]. 环境科学研究，2005，18(1)：67-70.

陈玉成，赵中金，孙彭寿，等. 重庆市土壤-蔬菜系统中重金属的分布特征及其化学调控研究. 农业环境科学学报[J]，2003，22(1)：44-47.

党秀芳，史延萍. 镉污染的碱性土壤可种植蔬菜品种的选择[J]. 城市环境与城市生态，1998，11(S1)：18-20.

冯恭衍，张炬，吴建平. 宝山区蔬菜重金属污染研究[J]. 上海农学院学报，1993，11(1)：43-50.

蒋先军，骆永明，赵其国，等. 镉污染土壤植物修复的 EDTA 调控机理[J]. 土壤学报，2003，40(2)：205-209.

李德明，朱祝军. 镉在不同品种小白菜中的亚细胞分布[J]. 科技通报，2004，20(4)：278-282.

李彦娥，赵秀兰. 植物镉积累和耐性差异研究进展[J]. 微量元素与健康研究，2004，21(3)：53-56.

李鱼，张华鹏，王晓丽，等. pH 值和流速对向海盐碱湿地土壤草根层吸附铅、镉规律的影响[J]. 吉林大学学报(理学版)，2004，42(4)：628-632.

廖敏. 存在有机酸时 pH 对镉毒害土壤微生物生物量的影响[J]. 农业环境保护，2000，19(4)：236-238.

廖敏，黄昌勇. 黑麦草生长过程中有机酸对镉毒性的影响[J]. 应用生态学报，2002，13(1)：109-112.

廖自基. 微量元素的环境化学及生物效应[M]. 北京：中国环境科学出版社，1992.

刘素纯，萧浪涛，王惠群，等. 植物对重金属的吸收机制与植物修复技术[J]. 湖南农业大学学报(自然科学版)，2004，30(5)：493-498.

楼根林，张中俊，伍钢，等. Cd 在成都壤土和几种蔬菜中累积规律的研究[J]. 农村生态环境，1990，6(2)：40-44.

汪雅各，章国强. 蔬菜区土壤镉污染及蔬菜种类选择[J]. 农业环境保护，1985，4(1)，7-10.

王丽凤，白俊贵. 沈阳市蔬菜污染调查及防治途径研究[J]. 农业环境保护，1994，13(2)：84-88.

杨崇洁. 几种金属元素进入土壤后的迁移转化规律及吸附机理的研究[J]. 环境科学，1989，10(3)：2-9.

杨居荣，鲍子平. 镉、铅在植物细胞内的分布及其可溶性结合形态[J]. 中国环境科学，1993，13(4)：263-268.

杨居荣,黄翌.植物对重金属的耐性机理[J].生态学杂志,1994,13(6):20-26.

杨志敏,郑绍建,胡霭堂,等.镉磷在小麦细胞内的积累和分布特性及其交互作用.南京农业大学学报,1998,21(2):54-58.

岳振华,张富强,胡瑞芝,等.菜园土中重金属和氟的迁移累积及蔬菜对重金属的富集作用[J].湖南农学院学报,1992,18(4):929-937.

张敬锁,李花粉,衣纯真,等.有机酸对活化土壤中镉和小麦吸收镉的影响[J].土壤学报,1999a,36(1):61-66.

张敬锁,李花粉,衣纯真.有机酸对水稻镉吸收的影响[J].农业环境保护,1999b,18(6):278-280.

张金彪,黄维南,柯玉琴.草莓对镉的吸收积累特性及调控研究[J].园艺学报,2003,30(5):514-518.

周根娣,汪雅谷,卢善玲.上海市农畜产品有害物质残留调查[J].上海农业科学,1994,10(2):45-48.

周启星,高拯民.作物籽粒中Cd与Zn的交互作用及其机理的研究[J].农业环境保护,1994,13(4):148-151.

周卫,汪洪,林葆.镉胁迫下钙对镉在玉米细胞中分布及对叶绿体结构与酶活性的影响[J].植物营养与肥料学报,1999,5(4):335-340.

祖艳群,李元,陈海燕,等.蔬菜中铅镉铜锌含量的影响因素研究[J].农业环境科学学报,2003,22(3):289-292.

第六章　重金属污染设施农田修复与利用的农艺措施

我国目前受Cd、As、Cr、Pb等重金属污染的耕地面积近2 000万 hm^2，约占总耕地面积的1/5，重金属污染致使1 200万t农产品不符合卫生品质的要求(万云兵等，2002；陈怀满，2002)。土壤重金属不能降解，修复治理重金属污染土壤比较困难。由于Cd的生物有效性高，与其他重金属元素相比更易在农产品中积累，因而重金属含量超标的农产品中Cd排在首位，本章中的重金属修复农艺措施主要针对重金属Cd展开讨论。

控制农作物对污染土壤重金属吸收的途径主要有两方面，一是从土壤中去除重金属，如客土法、淋洗法、电化法等，但这些方法不仅成本高、操作烦琐，难以用于大规模污染土壤的改良，而且常常破坏土层结构，降低生物活性，使土壤肥力退化，同时还可能产生二次污染(Lombi，2002)。植物修复是利用超富集植物的提取作用去除污染土壤中的重金属，亦即通过重复种植和收获超富集植物将污染土壤中重金属浓度降低到可接受水平(魏树和等，2004)，是近年来发展起来的、有广阔应用前景的生物治理技术(杨肖娥等，2002；Brown等，1994，1995；Ebbs等，1997)。此方法对于污染严重、污染面积相对集中、污染重金属种类单一的矿区土壤进行修复更为合适，而应用于污染面积大，污染程度相对较轻的农业土壤上存在修复效率低、时间长、影响正常农业生产和农民收入等问题。第二种途径是筛选出对重金属蓄积能力小的作物品种，同时进行土壤调控，改变重金属在土壤中的存在形态，降低其在土壤中的迁移性和生物有效性。此方法针对受重金属污染较轻的农田土壤，投入低、不影响其原有功能，又可以提高农产品的安全性。

在重金属污染农田土壤上通过种植低吸收、低积累重金属的作物品种，与重金属积累型的修复植物轮作或间作，施用肥料和土壤调理剂降低土壤中重金属生物有效性和农业废弃物管理等农艺措施降低农产品中重金属含量，是保证农产品安全生产的重要途径之一。

一、作物品种选择与农产品质量安全

(一)不同作物品种吸收重金属差异机制

不同作物及同种作物不同品种对土壤养分的吸收能力不同，它们生长在一起时存在作物种间养分竞争。吸收能力强的作物就能从土壤中优先吸收到较多的有效态养分(Li 等,2003a; Zhang 等,2003)。不同作物、同种作物的不同品种或基因型对重金属的吸收、累积能力也有很大差异。天蓝遏蓝菜(*Thlaspi caerulescens*)是目前公认的 Cd、Zn 超积累植物之一(Brown 等,1994;Lombi 等,2000),在 35.2 mg/kg Cd 含量的污染土壤上,天蓝遏蓝菜地上部 Cd 浓度达到 1 020 mg/kg,且不出现 Cd 中毒和生物量下降(Brown 等,1994)。印度芥菜(*Brassica junica*)是筛选出的另一种生长快、生物量大的 Cd 积累植物(Ebbs 等,1997; Salt,1995; Kumar 等,1995)。这些 Cd 积累植物能够大量吸收 Cd,并且在很高浓度下不出现中毒,一定有其独特的生理生化调控机制。首先是 Cd 超积累植物根系能从土壤中吸收大量 Cd 的机制,Robinson(1998)发现,天蓝遏蓝菜体内 Cd 与土壤中有效态 Cd(醋酸铵提取态)呈显著正相关,但与土壤 pH 无关。Knight 等(1997)研究发现,天蓝遏蓝菜吸收的 Cd 有 50%左右来自土壤的水溶态和交换态,这表明 Cd 超积累植物还能够吸收土壤中难溶态 Cd,有非常强的吸收 Cd 能力。

油菜是我国的重要要农作物之一,对我国 30 多个油菜品种吸收积累重金属镉特性研究表明,不同油菜品种从土壤中吸收和不同器官积累镉存在显著差异,有的油菜品种有很高的吸收镉能力,其作为修复植物的能力超过印度芥菜(苏德纯等,2002; Su 和 Wong,2004;Ru 等,2004)。图 6-1 是从我国众多油菜品种中筛选出的高积累和低积累镉 2 个品种吸收镉的动力学曲线,从图中可以看出,2 个油菜品种在高镉浓度下表现出不同的吸收特性,其吸收动力学参数也有显著差异。高积累镉油菜的 Km 值为 0.13 μmol/L,低积累镉油菜为 0.77 μmol/L,Km 值低表明其根系有高的镉亲合力(Su 等,2009)。重金属镉不是植物的必需营养元素,但不同

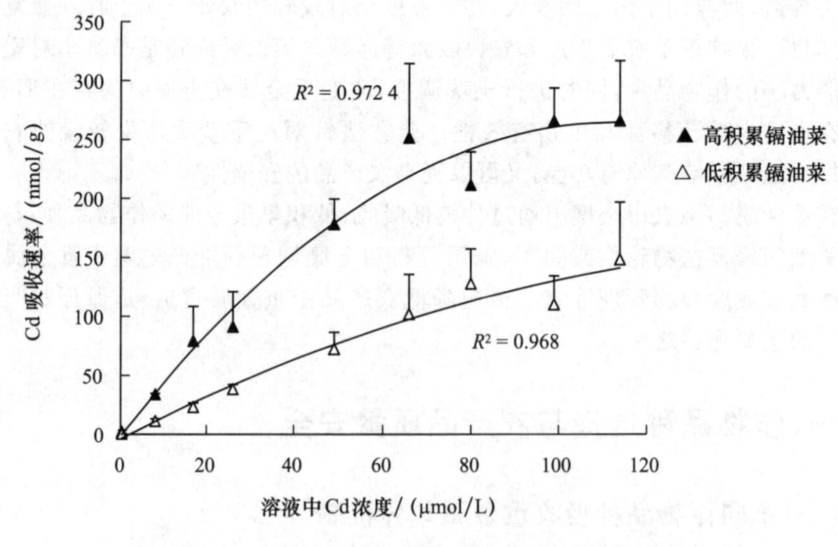

图 6-1 高积累和低积累镉油菜吸收镉动力学曲线

油菜品种对其吸收在机制上存在明显差异，我们在农业生产上可以利用不同作物品种吸收重金属的差异，达到通过低吸收品种降低农产品中重金属含量，通过高积累品种修复重金属污染土壤的目的。

（二）通过蔬菜品种选择生产安全农产品

十字花科芸薹属叶菜类蔬菜主要包括结球白菜、不结球白菜、结球甘蓝、抱子甘蓝、羽衣甘蓝、叶用芥菜等。白菜在我国各类蔬菜中栽培面积最大，产量最高，在我国蔬菜生产和供应中具有举足轻重的作用，在蔬菜周年供应中占有重要地位（运广荣，2004）。十字花科芸薹属植物中的很多种或基因型具有较强的吸收累积 Cd 的能力（Ebbs，1997；Brown，1995）。由于植物吸收的 Cd 大部分累积在茎叶中，只有一部分会转移到子粒或果实中去，因而对污染农田上生产的叶菜类蔬菜的食品安全性影响更大。对目前广泛种植的芸薹属叶菜类蔬菜品种的吸收积累 Cd 特征进行研究，筛选低吸收、低积累 Cd 的蔬菜品种，达到在轻度污染农田上生产符合食品安全标准的蔬菜产品。

选择我国北方地区目前较普遍种植的 18 种十字花科芸薹属蔬菜，主要分为大白菜、小白菜、油菜、乌塌菜、菜薹、芥蓝六大类。品种名称见表 6-1。本试验所用土壤的基本理化性质见表 6-2。

土壤风干并过 2 mm 筛，土壤投加镉为 20 mg/kg（按土壤质量计算），把相应量的 $CdSO_4$ 配成溶液，分别与过 2 mm 筛土壤反复混合均匀，然后在温室中稳定 6 个月，并施入底肥。

表 6-1　供试芸薹属蔬菜品种

品种编号	品种名称	类别	品种编号	品种名称	类别
1	世纪春	大白菜	10	五月慢	油菜
2	北京小杂 55	大白菜	11	京绿 2 号	油菜
3	新三号	大白菜	12	京油 1 号	油菜
4	北京小杂 60	大白菜	13	中八叶	乌塌菜
5	世纪 1 号	大白菜	14	京绿	乌塌菜
6	北京小杂 56	大白菜	15	四九菜心	菜薹
7	京春绿	大白菜	16	金秋红 2 号	菜薹
8	新春常规种	小白菜	17	中花芥蓝	芥蓝
9	奶白菜	小白菜	18	香港白花	芥蓝

表 6-2　供试土壤的基本理化性质

土壤类型	土壤质地	pH(1∶5)	有机碳/%	阳离子交换量/(cmol/kg)	全镉/(mg/kg)	有效镉/(mg/kg)
石灰性潮土	中壤土	7.66	1.26	20.1	0.06	0.02

将 18 种十字花科芸薹属蔬菜种植于模拟镉污染土壤中，生长 8 个星期后收获植株地上部(可食用部分)，原子吸收光谱法测定每个样品中镉的含量，并计算各品种蔬菜对土壤镉的富集系数。图 6-2 是 18 种芸薹属蔬菜地上部镉含量。从图 6-2 可以看出，同在土壤镉含量为 20 mg/kg 的条件下生长的不同品种芸薹属蔬菜，其地上部镉含量存在显著差异。大白菜北京小杂 55 地上部镉含量最高，达 61.4 mg/kg，而芥蓝香港白花中只有 18.6 mg/kg，前者是后者的 3 倍多。同一类蔬菜的不同品种之间也存在显著差异，1 到 7 号全部为大白菜，其中 2 号北京小杂 55 和 6 号北京小杂 56 体内镉含量显著高于其他 5 个大白菜品种，4 号北京小杂 60 体内镉含量最低，只有 21.1 mg/kg。另外，10 号油菜五月慢和 11 号油菜京绿 2 号、13 号乌塌菜中八叶地上部镉含量也显著高于同类的其他品种。以上结果表明，芸薹属不同类蔬菜及同类蔬菜的不同品种之间吸收和累积镉能力存在显著差异。因此，在轻度镉污染的蔬菜地上种植不同种类或同种类不同品种的蔬菜所生产的蔬菜的食品安全性是不一样的。芸薹属蔬菜是叶菜类蔬菜的主要蔬菜类型，我们可以通过选择低吸收、低积累的蔬菜品种，达到在轻度镉污染土壤上生产出符合食品安全的蔬菜。相反，即使在污染程度很轻的土壤上，如果种植积累镉能力很高的蔬菜品种，也会造成生产的蔬菜不符合食品安全标准的问题(姚会敏等，2006)。

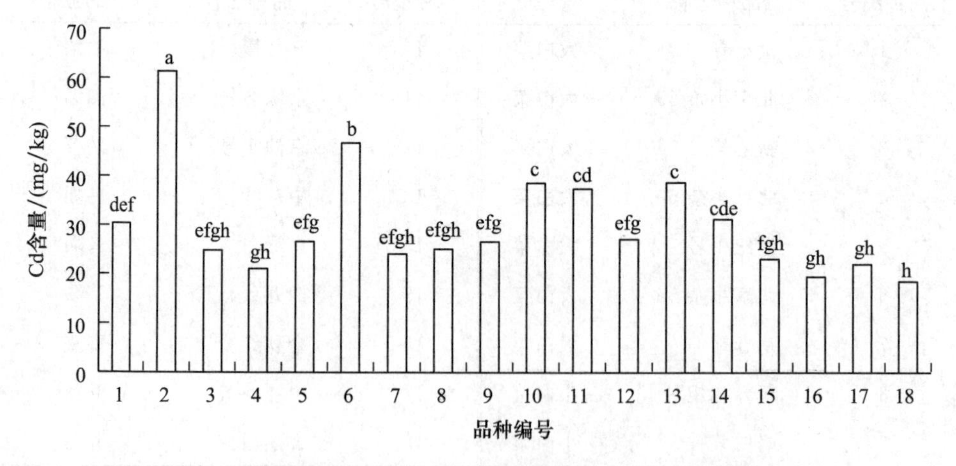

图 6-2　模拟镉污染土壤上不同芸薹属蔬菜品种体内镉含量差异

不同品种间无共同字母者表示经统计检验含量差异达到显著性($P<0.05$)，具体品种见表 6-1

十字花科芸薹属叶菜类蔬菜在蔬菜生产中占有重要地位，但此类蔬菜也是吸收累积镉能力较强的一类蔬菜。本试验条件下的18种芸薹属蔬菜地上部镉含量、吸镉量和镉富集系数存在显著差异。大白菜北京小杂55和北京小杂56、小白菜五月慢和乌塌菜中八叶属镉高积累蔬菜品种，在土壤镉含量20 mg/kg的条件下，它们地上部镉含量、对土壤镉的富集系数均高于1.9；而相同条件下，芥蓝香港白花、菜薹金秋红2号和大白菜小杂60地上部镉含量和镉富集系数都很低，均为1左右，在轻度镉污染的农田土壤上种植，其产品的食用安全性较高。了解不同种类、同种类不同品种蔬菜的吸收累积镉的差异，在镉污染土壤上选择合适的蔬菜品种种植，是生产符合食品安全标准蔬菜的重要途径之一。

二、作物互作修复利用重金属污染农田土壤

作物种间互作（轮作、间作、套作等）具有充分利用光、热、水、土资源的特点，从而使这种传统的农业种植方式在现代农业中占有重要的地位，尤其是在人口众多而土地资源有限的国家和地区得到了广泛推广。充分挖掘植物自身的潜力，通过植物种间互作效应进行生物防治和资源高效利用是国际上研究的新思维，重金属超积累植物对土壤重金属有很强的吸收累积能力，能否利用其强的吸收能力，优先即时吸收污染农田土壤中的有效态重金属，降低土壤中有效态含量，从而减少下茬作物或与之互作的作物对重金属的吸收，达到提高农产品安全性的目的是需要研究探讨的问题。

（一）作物种间互作降低农产品中重金属的研究概况

在以往众多超积累植物筛选中人们发现，十字花科芸薹属植物中的很多种或基因型具有较强的吸收累积Cd能力（Ebbs等，1997；Brown等，1995a）。油菜是十字花科芸薹属植物，且是我国四大农作物之一，我国有众多的种质资源和成熟的油菜栽培技术。积累Cd油菜品种也能显著降低土壤中的有效态镉（Cd）含量（茹淑华等，2005；Ru等，2006；Su等，2010）。

重金属超积累植物与普通植物互作对各自吸收重金属的影响已引起人们的关注。Whiting等（2001）把锌（Zn）的超积累植物天蓝遏蓝菜（*Thlaspi caerulescens*）与同属的非超积累植物菥蓂遏蓝菜（*Thlaspi arvense*）在加ZnO和ZnS的土壤上混作，结果表明，相对于单作，超积累植物天蓝遏蓝菜地上部生物量、Zn浓度和Zn积累量都增加了，同时非超积累植物菥蓂遏蓝菜的地上部生物量也有所增加，而其体内Zn浓度和Zn积累量显著减少，减轻了Zn的毒害作用。研究还表明，天蓝遏蓝菜的根际对Zn没有活化作用，但由于其根系吸收Zn的速率较快，优先吸收了土壤溶液中的Zn，从而减轻了Zn对与之混作的非超积累植物菥蓂遏蓝菜的毒害作

用(Whiting 等,2001)。Banelos(1998)研究表明,把硒(Se)的超积累植物与普通植物轮作,可以提高 Se 超积累植物生物量,植物吸收带走的 Se 也增加。把 Cu 积累植物海洲香薷与豆科植物混作,也可显著提高海洲香薷的地上部吸 Cu 量(Ni 等,2004)。长期的田间试验结果也表明,小麦在羽扇豆后茬种植比在谷类后茬种植时其籽粒中 Cd 的浓度高(Oliver 等,1993);轮作制度和耕作方式对植物吸收 Cd 的影响的研究结果表明,小麦连作能吸收更多的镉(Mench,1998)。Keller 等(2004)采用盆栽试验,在酸性和碱性 Cd/Zn 污染土壤上分别连续种植三茬天蓝遏蓝菜(*Thlaspi caerulescens*)后再种植生菜,结果发现,与不种天蓝遏蓝菜处理相比生菜的生物量都增加了,生菜植株体内 Cd 和 Zn 的含量其种在酸性 Cd/Zn 污染土壤上的处理显著降低,土壤中的植物有效态 Cd 含量也明显下降;但种在碱性 Cd/Zn 污染土壤上的生菜体内 Cd 和 Zn 的含量与没有连续种植三茬天蓝遏蓝菜的处理差异不显著。这表明土壤性质也是影响土壤中植物有效态 Cd 动态平衡补偿的重要因素,普通作物与 Cd 积累植物之间互作对土壤 Cd 生物有效性过程及各自吸收累积 Cd 的影响机制、产生不同结果的条件、规律及调控措施,土壤有效态 Cd 降低后动态补偿机制和调控措施等还需要我们进行深入的研究。

(二)积累镉油菜与白菜间作对各自吸收镉的影响

通过土培试验,研究在镉含量为 5 mg/kg 土壤上 6 种积累镉油菜分别与普通油菜中双五号和菜用油菜五月慢互作对各自生长和吸收累积镉的影响。六个积累镉油菜品种及代号分别为溪口花籽(XK)、朱苍花籽(ZC)、中油 119(Z119)、川油Ⅱ-10(CY)、中油杂 1 号(Z1)、印度芥菜(YD)。两个普通作物品种及代号分别为:油菜,中双五号(ZS)、白菜,五月慢(WY)。试验用土壤的基本理化性质见表 6-2,向土壤施底肥,加入相应的 $CdSO_4$ 溶液,使土壤含镉 5 mg/kg,混匀,将土过 2 mm 筛。每盆装土 500 g。试验设有普通油菜单作、积累镉油菜单作、普通油菜和积累镉油菜互作(每盆中 2 株积累镉油菜,2 株普通油菜)种植方式,20 个处理,每个处理 4 次重复。待出苗后,每盆留 4 株,植株生长 6 周后收获,然后进行植株镉含量分析。

从表 6-3 在镉污染的土壤上普通油菜中双五号和白菜五月慢分别与不同的积累镉油菜进行互作后的生物量可以看出,与单作相比,普通油菜中双五号和白菜五月慢的地上部生物量并没有发生显著的变化,表明本条件下的互作对生长没有显著影响。表 6-4 是单作和互作条件下各积累镉油菜品种的地上部生物量,积累镉油菜溪口花籽、朱苍花籽、川油Ⅱ-10、中油杂 1 号、印度芥菜与白菜五月慢互作后,地上部生物量都有所增加,其中积累镉油菜朱苍花籽和川油Ⅱ-10 达到显著水平。同时还可以看出积累镉油菜朱苍花籽、中油杂 1 号、印度芥菜不论是和普通油菜中双五号互作还是和白菜五月慢互作，地上部生物量都有一定的增加，且朱苍花籽的生物量增加显著，说明积累镉油菜朱苍花籽有更强的生长竞争能力，在互作条件下能得到更多养分和水分，从而生长更好。

表 6-3　单作和互作条件下普通油菜和白菜地上部生物量

种植方式	地上部生物量/(g/株)	
	中双五号	五月慢
单作	0.65±0.09[a]	0.52±0.15[ab]
与溪口花籽互作	0.76±0.21[a]	0.61±0.10[a]
与朱苍花籽互作	0.62±0.14[a]	0.55±0.17[ab]
与中油 119 互作	0.74±0.31[a]	0.63±0.09[a]
与川油Ⅱ-10 互作	0.53±0.25[a]	0.41±0.07[b]
与中油杂 1 号互作	0.59±0.13[a]	0.50±0.09[ab]
与印度芥菜互作	0.72±0.17[a]	0.49±0.09[ab]

同一列内无共同字母表示差异达到 5%显著性水平。

表 6-4　单作和互作条件下积累镉油菜地上部生物量

积累镉油菜品种	生物量/(g/株)		
	单作	与中双五号互作	与五月慢互作
溪口花籽	0.87±0.06[a]	0.81±0.07[a]	0.93±0.21[a]
朱苍花籽	0.72±0.09[b]	0.98±0.07[a]	0.99±0.18[a]
中油 119	0.70±0.10[a]	0.58±0.17[a]	0.64±0.08[a]
川油Ⅱ-10	0.86±0.06[b]	0.73±0.08[b]	1.13±0.22[a]
中油杂 1 号	0.70±0.17[a]	0.86±0.14[a]	0.73±0.12[a]
印度芥菜	0.67±0.05[a]	0.73±0.09[a]	0.83±0.12[a]

同一行内无共同字母表示差异达到 5%显著性水平。

图 6-3 是普通油菜中双五号在镉污染土壤上单作和与不同积累镉油菜互作条件下地上部植株体内镉含量的变化情况。从图 6-3 可以看出，普通油菜中双五号单作时植株体内镉含量最高，互作后都有不同程度的降低，其中和印度芥菜互作后，中双五号植株体内镉含量显著下降。这说明中双五号和积累镉油菜互作降低了中双五号植株体内镉含量。这可能的原因是积累镉油菜优先吸收了土壤中的有效镉，从而降低了中双五号地上部的镉含量。

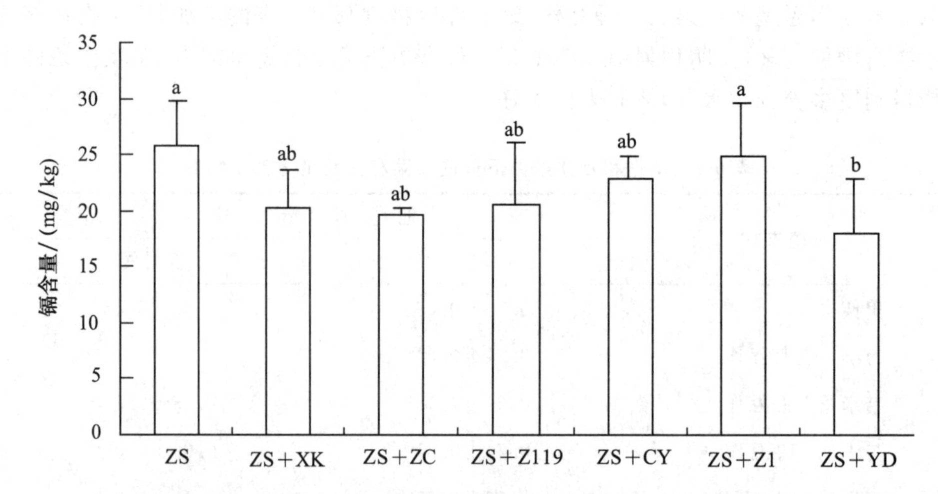

图 6-3　普通油菜中双五号单作和互作条件下地上部镉含量

XK. 溪口花籽；ZC. 朱苍花籽；Z119. 中油 119；CY. 川油Ⅱ-10；Z1. 中油杂 1 号；YD. 印度芥菜；ZS. 中双五号。品种间"+"表互作，无共同上标字母者差异显著($P<0.05$)

图 6-4 是白菜五月慢在镉污染土壤上单作和与不同积累镉油菜互作条件下植株体内镉含量的变化情况。从图 6-4 可以看出五月慢单作和互作后植株地上部镉含量没有显著的变化。这可能是白菜五月慢也有较强的吸收土壤镉能力的原因，从图 6-3 和图 6-4 的结果也可以看出，在相同土壤镉含量的条件下，白菜五月慢地上部镉含量高于中双五号。

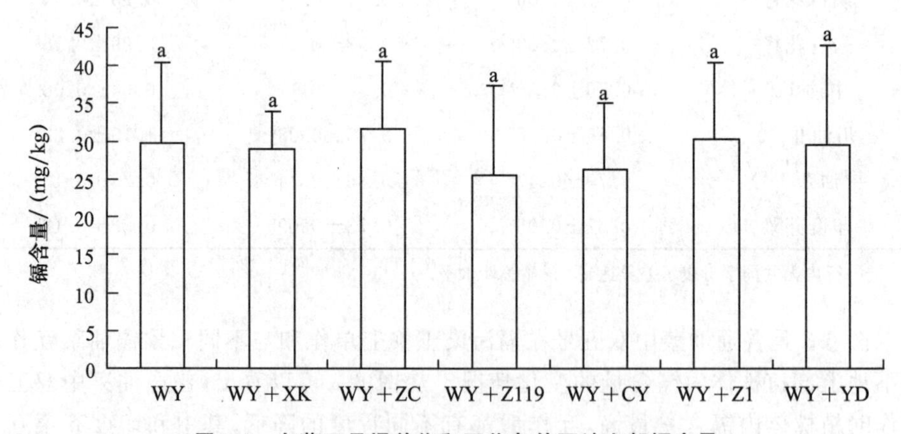

图 6-4　白菜五月慢单作和互作条件下地上部镉含量

XK. 溪口花籽；ZC. 朱苍花籽；Z119. 中油 119；CY. 川油Ⅱ-10；Z1. 中油杂 1 号；YD. 印度芥菜；WY. 五月慢。品种间"+"表互作，无共同上标字母者，差异显著($P<0.05$)

图 6-5 是在镉污染土壤上互作对不同积累镉油菜植株地上部体内镉含量的影响。从图上可以看出，除油菜溪口花籽之外，朱苍花籽、中油 119、川油Ⅱ-10、中油

杂1号、印度芥菜互作后，植株地上部体内的镉含量都有不同程度的提高，尤其是中油119、中油杂1号与中双五号互作后，显著提高了植株地上部体内的镉含量。说明互作促进了积累镉油菜朱苍花籽、中油119、川油Ⅱ-10、中油杂1号、印度芥菜对镉的吸收。可能的原因是由于积累镉油菜有较强的吸收镉能力，与单作相比，互作条件下可以从普通油菜根系空间吸收到更多镉所致。

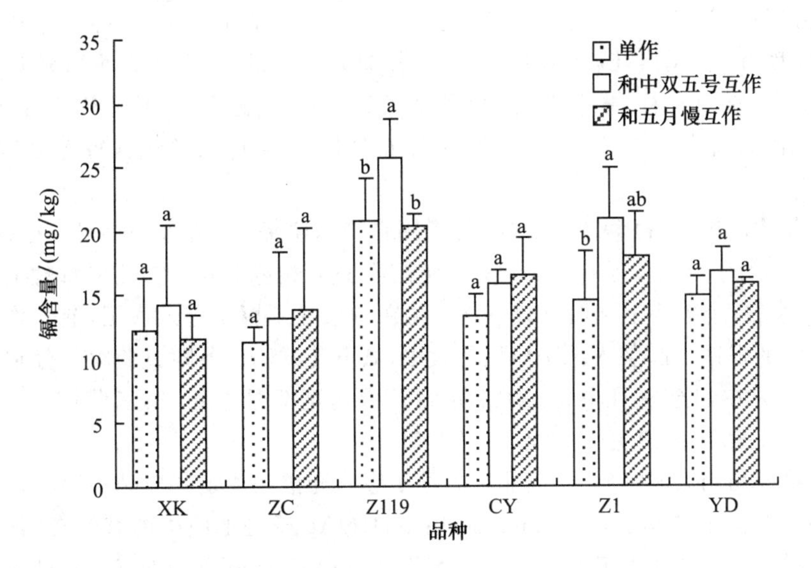

图6-5　互作后积累镉油不同品种植株地上部体内镉含量

XK. 溪口花籽；ZC. 朱苍花籽；Z119. 中油119；CY. 川油Ⅱ-10；Z1. 中油杂1号；YD. 印度芥菜。

无共同上标字母者，差异显著($P<0.05$)

以上试验结果表明，与6种积累镉油菜互作后普通油菜中双五号地上部生物量与单作相比无显著变化，但体内镉含量都有所下降，其中和印度芥菜互作后的体内镉含量显著降低。与六种积累镉油菜互作后白菜五月慢地上部生物量和体内镉含量与单作相比无显著变化。与积累镉油菜单作相比，积累镉油菜中中油119、中油杂1号与普通油菜中双五号互作后体内镉含量则显著提高；川油Ⅱ-10、印度芥菜与白菜五月慢互作后吸镉量明显增加，中油杂1号与中双五号互作后吸镉量也显著提高。

(三)轮作不同茬积累镉油菜对后茬白菜吸收镉的影响

通过盆栽试验研究两种积累镉油菜分别种植1～4茬后再种植蔬菜，积累镉油菜吸收累积镉的规律、对后茬蔬菜体内镉含量的影响，连作过程中土壤有效态镉的动态变化特征，积累镉油菜以印度芥菜作参比。供试作物：印度芥菜，积累镉油菜溪口花籽、朱苍花籽，蔬菜为油菜五月慢。试验用土壤为石灰性潮土，土壤质地是中壤土，pH为7.39(水：土＝5：1)，有机质含量为2.44%，$CaCO_3$含量为10.13%。

土壤镉加入水平为 5 mg/kg，将相应量的 $CdSO_4$ 配成溶液，与过 2 mm 筛的土壤反复混合均匀，然后在温室稳定一周，施足底肥。用 100 mm×120 mm 的塑料盆，每盆装土 500 g。

试验处理：a. 空白（不种植物，条件和种植物处理相同）；b. 对照（前茬不种植植物，只是和每茬积累 Cd 作物收获后同时种植油菜五月慢）；c. 种植一茬积累 Cd 作物（印度芥菜、溪口花籽、朱苍花籽）后种油菜五月慢；d. 连种 2 茬积累 Cd 作物（印度芥菜、溪口花籽、朱苍花籽）后种油菜五月慢；e. 连种 3 茬积累 Cd 作物（印度芥菜、溪口花籽、朱苍花籽）后种油菜五月慢；f. 连种 4 茬积累 Cd 作物（印度芥菜、溪口花籽、朱苍花籽）后种油菜五月慢。共 17 个处理，每个处理重复 4 次。

待作物出苗后，每盆留苗 4 株，每天用自来水浇灌，保持水分充足。植株生长 45 d 后，用剪子沿植株基部剪开，收获地上部，进行植株分析。然后将每盆土混匀，取 15 g 左右，用来测定土壤有效态镉。再在剩余的土壤中施入底肥，混合均匀后，连同作物的根系一起装入原来所用的盆中，做下茬试验。各茬试验时间分别如下。第一茬：3 月中旬至 5 月中旬；第二茬：5 月中旬至 7 月中旬；第三茬：7 月中旬至 9 月上旬末；第四茬：9 月中旬至 11 月上旬。

植物样品用微波消解，然后用火焰原子吸收光谱法测定各样品中镉的含量（数据见图 6-6）。土样风干，过 2 mm 筛，用 NH_4OAc 浸提土壤中的有效态镉。称取风干土样 5 g 放入振荡瓶中，加入 10 mL NH_4OAc（1 mol/L，pH 7.0），过夜，然后在 25℃室温下以 180 r/min 振荡 2 h，过滤。用原子吸收光谱仪测定提取液中的镉含量。

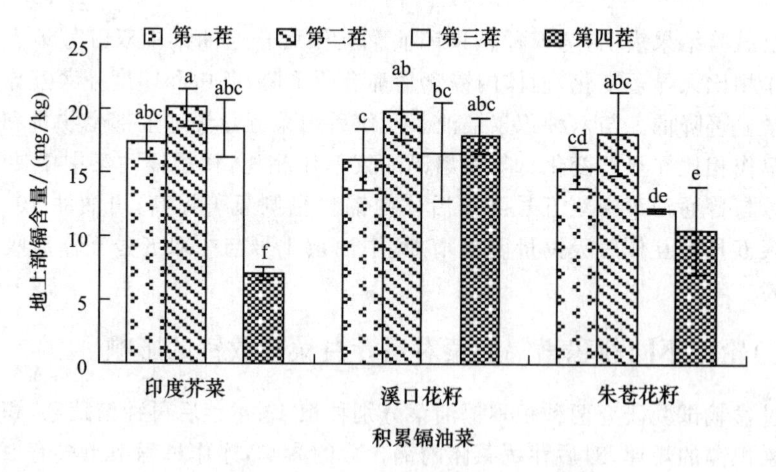

图 6-6　积累镉油菜连作四茬地上部镉含量

无共同上标字母者，差异显著（$P<0.05$）

由图6-6可以看出，印度芥菜地上部镉含量前三茬没有显著变化，第四茬显著降低。而溪口花籽后三茬地上部镉含量均比第一茬增加，且第二茬显著高于第一茬。相反地，朱苍花籽除了第二茬比第一茬有所升高外，后两茬均低于前两茬，且第四茬和前两茬差异显著。这可能是因为季节影响。对于同一茬的不同作物来说，前三茬都是印度芥菜的镉含量高于溪口花籽和朱苍花籽，且第三茬时，朱苍花籽镉含量显著低于同茬的溪口花籽和印度芥菜的镉含量。但第四茬时，植株体内的镉含量是“溪口花籽＞朱苍花籽＞印度芥菜”，并且都是显著性差异。

图6-7分别是印度芥菜、溪口花籽、朱苍花籽种植一茬、两茬、三茬、四茬后种植的白菜五月慢地上部的镉含量。由图中可以看出，印度芥菜、积累镉油菜（溪口花籽和朱苍花籽）不同茬数后的蔬菜地上部镉含量变化趋势和对照基本一致，除了印度芥菜和溪口花籽第二茬略有升高外，都是随种植茬数的增加，逐渐降低。相对于同茬的对照，只有朱苍花籽第四茬后种植的蔬菜地上部镉含量比对照稍有降低，其他都高于对照；并且印度芥菜和溪口花籽两茬后及四茬后的蔬菜都有显著差异，印度芥菜和积累镉油菜（溪口花籽和朱苍花籽）三茬后种植的蔬菜均显著升高。所有的处理中，都是朱苍花籽后茬种植的蔬菜地上部镉含量最低，但它们之间的差异不显著。这可能是由于这几种作物都对土壤中镉的有效性产生了影响，增加了土壤镉的活性，而印度芥菜和溪口花籽对土壤中镉的活化能力比朱苍花籽强，其收获后，土壤中植物有效性镉含量较高，致使后茬的蔬菜吸收的镉量也较多的结果。

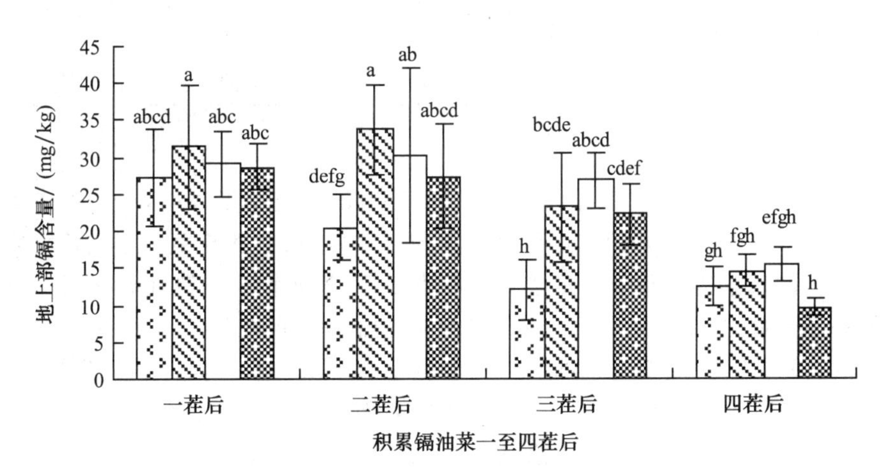

图6-7　一至四茬积累镉油菜后种植白菜地上部镉含量

无共同上标字母者，差异显著（$P<0.05$）

由表6-5可以看出，各种积累镉作物种植后，土壤有效镉水平都低于对照；随着积累镉作物种植茬数的增多，土壤有效镉基本是保持逐茬下降的趋势，也就是说土壤中镉的有效性降低，且积累镉作物连作不同的茬数后种植蔬菜，种植后土壤有效镉基本都小于蔬菜种植前。积累镉作物后茬的蔬菜生物量和对照相比，呈增长趋势，而植株体内镉含量却表现为降低趋势。水溶性Cd施入土壤半年后，有效性仅变为原添加量的70%～90%，一年后则仅为10%左右。由于本研究是加水溶性硫酸镉的模拟镉污染土壤，不种植物时随时间延长，土壤中有效态镉也在逐渐降低，因此，与同茬的对照土壤比较，在蔬菜种植前，土壤中的有效镉在朱苍花籽第一、二、四茬后显著降低；在蔬菜种植后，第二茬印度芥菜后种植蔬菜的土壤有效镉显著高于对照；其他都没有显著变化。

表6-5　数茬积累镉油菜后茬蔬菜种植前后土壤有效态镉变化

处理	时间	土壤有效态镉/(mg/kg)			
		一茬后	二茬后	三茬后	四茬后
对照	种前	0.19[a*]	0.17[ab]	0.14[cdef]	0.13[defg]
	种后	0.16[abcd]	0.12[efgh]	0.10[fghi]	0.09[hij]
印度芥菜	种前	0.19[a]	0.16[abcd]	0.13[cdefg]	0.13[defgh]
	种后	0.15[abcde]	0.18[ab]	0.10[fghi]	0.07[ij]
溪口花籽	种前	0.18[ab]	0.15[bcde]	0.10[fghi]	0.15[bcde]
	种后	0.17[abc]	0.13[defgh]	0.10[ghi]	0.08[ij]
朱苍花籽	种前	0.15[bcde]	0.13[defg]	0.13[defgh]	0.06[j]
	种后	0.18[ab]	0.10[ghi]	0.08[ij]	0.12[efgh]

* 数字后无共同字母表示差异达到5%显著水准。

轮作制度和耕作方式对植物吸收Cd的影响的研究结果表明，小麦连作能吸收更多的Cd(Mench,1998)。本研究结果与此一致，第二茬与第一茬生长气候相似，第二茬的积累镉油菜吸镉量较第一茬增多，而第四茬积累镉油菜比第一茬降低，但差异不显著，显著低于第二茬，这可能是由于季节的影响，李德明等(2004)的研究结果也表明，白菜对镉的吸收在春夏季高于秋冬季。但在本试验结果中，7—8月份生长的第三茬油菜的生物量和吸镉量显著低于第二茬，这可能与气象条件有关。在该茬生长期内，北京气温高，阴雨天气多，光照时间相对短，在这种"温度高，湿度大"的气象条件下，不仅不适宜油菜的生长，还影响了植物吸收镉的能力。Keller等(2004)采用盆栽试验，在Cd污染土壤上连续种植三茬天蓝遏蓝菜(*Thlaspi caerulescens*)(每茬4个月)，土壤放置3个月，再种植生菜，结果发现，在不加铁处理的石灰性土壤和酸性土壤上生菜的生物量都显著增加，且其植株体内 Cd 和 Zn 的浓度有如下变化：在石灰性土壤上，无论加 Fe 还是不加 Fe，均有下降，但不显著；而在酸性土壤上，显著降低。本试验的结果表明，种植四茬积累镉作物后种植蔬菜，蔬菜的镉含量显著低于前几茬的，但生物量也显著降低，这可能是由于各茬生长条件不一致，尤其是温度（气温）对蔬菜生长发育的影响造成的结果。

三、重金属污染农田上农田废弃物管理

（一）农田废弃物中的重金属

我国人均耕地面积有限，大部分轻度重金属污染农田土壤目前和今后仍主要会用于农业生产。但在重金属污染农田上种植的农作物产生的农田废弃物（作物秸秆、根茬等）中重金属的含量远高于收获的作物籽粒或可食部位中的重金属含量，作物根系中重金属含量一般比土壤中的重金属含量高出 3 倍以上，即使容易向地上部转移的重金属 Cd 也是如此。秸秆还田是提高有机碳含量和土壤肥力的重要途径，但在镉污染农田上，作物根茬和还田秸秆不仅向土壤输入了有机碳，同时也把作物吸收的大部分重金属也归还了土壤，还田的秸秆、根茬在土壤中的周转不仅是土壤有机碳的循环，其过程对土壤中重金属的环境行为和生物有效性也会产生显著的影响。

赵步洪等（2006）研究表明，镉污染土壤上杂交水稻吸收的 Cd 70%～90%或以上分布在收割后留下的根茬中，根茬中镉的含量为土壤中 Cd 含量的 5～10 倍。而杂交水稻根干重一般都大于 2.5 t/hm^2，这说明在 Cd 污染水稻田中，即使秸秆不全部还田，每茬水稻收获后也相当于有 2.5 t/hm^2 的含有高于土壤 Cd 含量5～10 倍的有机物（根茬）进入土壤中。苗期培养试验也表明，玉米吸收的 Cd 在根中的比例占总吸收量的 77%～90%（Wang 等，2007）。姜丽娜等（2004）大田研究数据表明，在土壤 Cd 含量为 1.27 mg/kg 的麦田土壤，小麦根系中 Cd 含量高达 6.35 mg/kg，叶片中 Cd 含量达到 4.51 mg/kg。以生物量计，稻、麦根茬归还土壤达 90～130 kg/亩（1 亩＝667 m^2），玉米 70～150 kg/亩（林而达等，2005）。秸秆的生物量则更大，每产 1 t 玉米可产 2 t 秸秆，每生产 1 t 稻谷和小麦可产 1 t 秸秆（郑凤英等，2007）。蔬菜收获物生物量与总生物量比也在 1∶（1～2）之间。

从农产品质量安全考虑，重金属污染农田土壤上可否秸秆还田？众多有关有机物对土壤重金属生物有效性的研究结果相互矛盾，还田的作物秸秆可以钝化也可以活化土壤中的镉，关键取决于输入土壤的有机碳的周转过程和进程，特别是输入土壤的有机碳周转时产生的中间产物颗粒有机质与重金属作用的界面

过程。重金属污染农田土壤上含重金属的作物根茬和秸秆在土壤耕层中的不断归还和矿化，土壤中有机碳的组成和颗粒特征也在不断变化，土壤中重金属的生物有效性会越来越高还是越来越低？作物年生长周期内秸秆还田后土壤重金属生物有效性动态变化与下茬作物吸收镉的对应关系如何？通过改变秸秆还田方式能否成为重金属污染农田土壤重金属生物有效性调控的关键机制需要深入研究。

(二)镉污染农田土壤上秸秆还田对土壤镉生物有效性的影响

试验用土壤如下。镉污染土壤：采自沈阳张士污灌区镉污染农田，土壤类型为水稻土，基本性质见表6-6，土壤风干并过2 mm土筛备用。模拟镉污染土壤：采自浙江嘉兴水稻田，土壤类型为水稻土，基本性质见表6-6，土壤风干过2 mm土筛后，加入用$CdSO_4$配制成的溶液，土壤添加的镉含量为3.0 mg/kg。反复研磨，充分混匀，并再过2 mm土筛并风干，放置平衡1周，用此土壤模拟由于事故新造成的镉污染农田土壤。2种土壤均按N 0.3 g/kg，P_2O_5 0.20 g/kg，K_2O 0.3 g/kg施入底肥，施入肥料分别为$(NH4)_2SO_4$、KH_2PO_4和KCl。将$(NH_4)_2SO_4$、KH_2PO_4、KCl配制成溶液加入少量该土壤，再将该土壤与要制备土壤反复混匀，最后将混肥后土壤过2 mm土筛，1周后开始培养试验和盆栽试验。

为了解不同种类秸秆的差异，试验中还田秸秆选择了C/N不同的收获于镉污染土壤上的玉米和菜豆苗期秸秆，为了能使秸秆在试验阶段内充分分解，用粉碎机把秸秆粉碎成粉末备用。菜豆秸秆中镉含量为3.28 mg/kg，C/N为17.6；玉米秸秆中镉含量为4.11 mg/kg，C/N为33.1。盆栽试验中供试作物为大白菜，品种为北京小杂55。

表6-6　供试土壤的基本理化性质

采样地点	pH(1∶5)	有机质/(g/kg)	全镉/(mg/kg)
沈阳张士	5.55	28.9	2.10
浙江嘉兴	5.41	35.0	0.72

土壤培养试验方法：土壤培养试验在温室中进行。每盆装土500 g，镉污染水稻土和模拟镉污染土壤两种土壤上上分别进行五种处理：不加秸秆的对照处理、加1%菜豆秸秆、2%菜豆秸秆、1%玉米秸秆和2%玉米秸秆处理(表6-7)，把秸秆与土壤充分混匀，每个处理3个重复。培养时间为10周，温度保持在18～30℃。每天浇水，保持土壤含水量与盆栽试验一致。每两周采一次样，采样时将土充分混匀后进行取样，剩余土样继续培养，将取的土壤样品风干，过2 mm土筛备用。培养试验的土壤样品分别测定DTPA提取Cd(0.005 mol/L，pH 7.3，液土比5∶1，振

荡 2 h)和醋酸铵提取 Cd(1 mol/L,pH 5.2,液土比 5∶1,振荡 2 h)。浸提液中 Cd 用原子吸收光谱法测定。

表 6-7　秸秆还田试验处理、秸秆还田量及还田秸秆中镉含量

<table>
<tr><th>土壤</th><th>还田秸秆种类</th><th>秸秆中 Cd 含量/(mg/kg)</th><th>秸秆还田量/%</th><th>还田秸秆中 Cd 占土壤中总 Cd 比例/%</th></tr>
<tr><td rowspan="5">镉污染水稻土</td><td>不还田(对照)</td><td>—</td><td>0</td><td>0</td></tr>
<tr><td rowspan="2">菜豆</td><td rowspan="2">3.28</td><td>1</td><td>1.5</td></tr>
<tr><td>2</td><td>3.0</td></tr>
<tr><td rowspan="2">玉米</td><td rowspan="2">4.11</td><td>1</td><td>1.9</td></tr>
<tr><td>2</td><td>3.8</td></tr>
<tr><td rowspan="5">模拟镉污染土壤</td><td>不还田(对照)</td><td>—</td><td>0</td><td>0</td></tr>
<tr><td rowspan="2">菜豆</td><td rowspan="2">3.28</td><td>1</td><td>0.9</td></tr>
<tr><td>2</td><td>1.8</td></tr>
<tr><td rowspan="2">玉米</td><td rowspan="2">4.11</td><td>1</td><td>1.1</td></tr>
<tr><td>2</td><td>2.2</td></tr>
</table>

表 6-8 是不同镉污染土壤秸秆还田后土壤醋酸铵提取态镉随时间的变化结果。从表 6-7 可以看出,对于镉污染水稻土,尽管还田秸秆中的镉只占还田土壤中镉的 1.5%～3.8%,但秸秆还田后显著增加了土壤中醋酸铵提取态镉的含量,秸秆还田量越高,土壤中醋酸铵提取态镉含量增加也越多。在秸秆还田量相同的条件下,还田菜豆秸秆和玉米秸秆对土壤醋酸铵提取态镉含量的影响差异不显著。从秸秆还田后不同时间土壤醋酸铵提取态镉的变化可以看出,秸秆还田后的前 6 周与秸秆不还田的处理相比土壤醋酸铵提取态镉增加显著,6 周后增加幅度越来越小。秸秆还田后显著增加了镉污染水稻土中醋酸铵提取态镉含量的主要原因是秸秆快速分解释放出大量有机酸和可溶性有机碳,因为还田秸秆中镉只占土壤中镉量的 1.5%～3.8%,但土壤中醋酸铵提取态镉在培养后的第 2 周还田处理比不还田的对照处理增加了 17%～33%。本试验中还田秸秆为菜豆和玉米的苗,还田前经过粉碎,因此还田后分解较快。作物秸秆形式还田的有机碳属于活性有机碳,在土壤中分解快,只有很小部分能进入稳定土壤碳库,本试验中用粉碎的秸秆,目的也是了解含镉秸秆还田后快速分解过程对土壤镉生物有效性的影响。

表 6-8 不同镉污染土壤秸秆还田后土壤醋酸铵提取态镉随时间的变化 mg/kg

土壤	秸秆种类	秸秆用量/%	培养时间/周				
			2	4	6	8	10
镉污染水稻土	对照	0	0.562[c*]	0.845[b]	0.578[c]	0.875[ab]	0.830[b]
	菜豆	1	0.658[b]	0.898[ab]	0.610[bc]	0.895[ab]	0.842[b]
		2	0.688[ab]	0.932[a]	0.640[b]	0.920[a]	0.868[ab]
	玉米	1	0.685[ab]	0.942[a]	0.647[b]	0.823[b]	0.858[ab]
		2	0.748[a]	0.960[a]	0.737[a]	0.803[b]	0.917[a]
模拟镉污染土壤	对照	0	2.00[a]	2.16[a]	2.10[a]	2.10[a]	2.38[a]
	菜豆	1	2.05[a]	2.19[a]	2.09[a]	2.08[a]	2.29[a]
		2	2.10[a]	2.19[a]	2.08[a]	2.08[a]	2.27[a]
	玉米	1	2.12[a]	2.19[a]	2.06[a]	2.11[a]	2.29[a]
		2	2.21[a]	2.28[a]	2.04[a]	2.10[a]	2.29[a]

* 同一列、同一土壤，数字后无共同字母表示差异达到5%显著性，下表同。

从表 6-8 中还可以看出，对于人为添加水溶性硫酸镉的模拟镉污染土壤，由于添加水溶性硫酸镉后土壤中醋酸铵提取态镉含量相对很高，虽然加入的秸秆中含有一定量的镉，但还田不同种类和不同量的秸秆后对土壤中醋酸铵提取态镉含量影响不显著。同一处理秸秆还田后不同时间土壤醋酸铵提取态镉的变化也不明显（贾乐等，2010）。

醋酸铵提取的重金属镉主要为交换态镉，活性较大，容易被植物吸收。DTPA 提取态镉则为土壤中螯合态镉，也称为“有效态”镉，是常用来作为衡量其生物可吸收性的另一个指标。表 6-9 是不同镉污染土壤秸秆还田后土壤 DTPA 提取态镉随时间的变化结果。从表 6-9 可以看出，秸秆还田同样显著提高了镉污染水稻土中的 DTPA 提取态镉的量，秸秆还田后 2 周时差异最为显著，与不还田的对照相比，秸秆还田处理土壤 DTPA 提取态镉增加了 6%～28%。但随培养时间延长，这种增加变的不明显。从表 6-9 还可以看出，在培养前期，还田量相同的情况下还田玉米秸秆的土壤 DTPA 提取态镉的增加比还田菜豆秸秆的处理更明显。

对于人为添加水溶性硫酸镉的模拟镉污染土壤，同样由于添加水溶性硫酸镉后土壤中 DTPA 提取态镉含量很高，还田不同种类和不同量的秸秆后对土壤中 DTPA 提取态镉含量影响不显著。从表 6-9 还可以看出，对于人为添加水溶性硫酸镉的模拟镉污染土壤，水溶性镉在土壤中存在老化作用，但本培养试验阶段老化作用不明显。

表 6-9　不同镉污染土壤秸秆还田后土壤 DTPA 提取态镉随时间的变化　mg/kg

土壤	秸秆种类	秸秆用量/%	培养时间/周				
			2	4	6	8	10
镉污染水稻土	对照	0	0.862^{b}	0.830^{b}	0.803^{a}	1.07^{a}	1.02^{a}
	蚕豆	1	0.920^{b}	0.838^{b}	0.785^{a}	1.08^{a}	1.03^{a}
		2	0.950^{ab}	0.897^{ab}	0.808^{a}	1.13^{a}	1.07^{a}
	玉米	1	1.01^{a}	0.920^{ab}	0.875^{a}	1.05^{a}	1.09^{a}
		2	1.11^{a}	0.955^{a}	0.928^{a}	1.08^{a}	1.14^{a}
模拟镉污染土壤	对照	0	2.86^{a}	2.81^{a}	2.73^{a}	3.03^{a}	3.09^{a}
	蚕豆	1	2.82^{a}	2.84^{a}	2.72^{a}	3.09^{a}	2.98^{a}
		2	2.80^{a}	2.87^{a}	2.70^{a}	3.05^{a}	2.91^{a}
	玉米	1	3.00^{a}	2.90^{a}	2.70^{a}	3.06^{a}	3.06^{a}
		2	2.98^{a}	2.99^{a}	2.78^{a}	3.09^{a}	3.09^{a}

(三)镉污染土壤上秸秆还田对白菜生长和含镉量的影响

生物盆栽试验方法：盆栽试验的处理与上述土壤培养试验相同，盆栽试验每盆装土 400 g，播种大白菜，白菜出苗 1 周后间苗，每盆留 4 株。白菜生长期 42 d，每天早晚浇水，保持土壤含水量为田间持水量的 60%～80%。白菜收获后，用自来水冲洗干净，再用去离子水清洗三遍，擦干水，称鲜重。于 90℃ 杀青半小时，在 55℃ 下烘干，称干重。将植物样用不锈钢粉碎机进行粉碎。盆栽试验白菜样品中 Cd 含量的测定：HNO_3-H_2O_2 微波消解炉中消解，原子吸收光谱法测定。用国家标准物质(GBW08510)进行分析质量控制。

表 6-10 是不同镉污染土壤上还田不同种类和数量秸秆后对白菜生长和镉吸收的影响。从表中可以看出，不论在镉污染水稻土上还是在模拟镉污染土壤上，还田蚕豆秸秆对白菜生长没有显著影响，但还田玉米秸秆均显著降低了白菜的生物量。造成这种差异的原因与秸秆 C/N 比有关，玉米秸秆 C/N 比高，分解时微生物会吸收土壤中更多的氮素，尽管白菜种植前施用了肥料，由于玉米秸秆分解时秸秆对土壤养分的竞争影响了白菜的生长，还田玉米秸秆处理的白菜在第 3 周时仍表现出缺氮症状。

从白菜体内镉含量看，在镉污染水稻土上，1%秸秆还田量对白菜体内镉含量没有影响，2%秸秆还田量时显著降低了白菜体内镉含量。还田 2%玉米秸秆和还田 2%蚕豆秸秆白菜体内镉含量分别降低了 18%和 27%。在模拟镉污染土壤上，还田 2%玉米秸秆的处理白菜体内镉含量则显著高于其他处理，其他秸秆还田处理白菜体内镉的含量与秸秆不还田的对照比没有显著变化。秸秆还田后增加了镉污染水稻土中醋酸铵提取态镉和 DTPA 提取态镉含量(表 6-8、表 6-9)，但白菜对镉的吸收并没有增加甚至减少，这可能是因为两种提取态镉含量的增加是在秸秆还田后的前期，这个阶段白菜吸收镉能力较低的原因所致(贾乐等，2010)。

白菜地上部吸镉量是生物量变化和白菜体内镉含量变化的综合表现。从表6-10可以看出，镉污染水稻土上种植的白菜只有还田2%玉米秸秆的处理其吸镉量降低，而此降低是由于生物量降低所造成。在模拟镉污染土壤上，还田2%玉米秸秆的处理白菜生物量也降低了，但由于此处理白菜含镉量增加，因此白菜的总吸镉量并没有降低。从表中两种土壤上不同处理白菜体内镉含量结果还可以看出，模拟镉污染土壤上由于加入的水溶性硫酸镉生物有效性很高，白菜体内镉含量高出镉污染水稻土上白菜的6倍以上。

表6-10　不同镉污染土壤秸秆还田对白菜生长和白菜镉含量的影响

土壤	秸秆种类	秸秆用量/%	地上部干重/(g/盆)	地上部镉含量/(mg/kg)	地上部吸镉量/(mg/盆)
镉污染水稻土	对照	0	5.71[a]	10.2[a]	0.06[a]
	菜豆	1	4.53[bc]	10.0[a]	0.05[a]
		2	5.19[ab]	7.4[b]	0.04[a]
	玉米	1	3.87[c]	10.3[a]	0.04[a]
		2	2.61[d]	8.4[b]	0.02[b]
模拟镉污染土壤	对照	0	4.25[a]	69.4[b]	0.30[a]
	菜豆	1	4.28[a]	64.6[b]	0.28[b]
		2	4.28[a]	65.3[b]	0.28[b]
	玉米	1	3.17[b]	78.1[b]	0.24[b]
		2	3.31[b]	97.9[a]	0.32[a]

四、施肥与作物对重金属的吸收

化肥和有机肥的施用也是土壤中重金属的重要来源(Martin等，2006)。长期过量施用化肥和有机肥会使土壤中重金属含量升高(Parkpian等，2003；Huang和Jin，2008)。

(一)化肥种类和形态对作物吸收重金属的影响

1. 不同氮肥形态对油菜吸收重金属镉的影响

虽然氮肥的施用不会造成土壤中重金属的显著升高，但是氮肥的施用可能会增加土壤中镉的活性并增加植物中镉的含量(Wangstrand等，2007)，肥料的施用可能会影响土壤中镉的形态和配合，从而影响镉向植物根系的迁移和植物的吸收(Wangstrand等，2007)。氮素的供应形态对其他营养元素的吸收及阴阳离子的平衡起着重要的作用(Hageman,1984),两种形态的氮素供应对阴阳离子的吸收、对外界 pH 的变化均有不同的影响。当供应 NH_4^+-N 时,植物释放的 H^+ 进入根际使根际 pH 降低;供应 NO_3^--N 时,植物吸收的阴离子大于阳离子,植物释放 HCO_3^- 或 OH^- 进入根际使 pH 升高(Haynes,1990)。许多试验表明,植物根系吸收 NH_4^+-N 时,介质(土壤或培养液)的 pH 下降,而吸收 NO_3^--N 时,介质 pH 上升,pH 的降低可明显地影响土壤中镉的可溶性和对植物的有效性,酸性肥料的使用可能会造成作物体内镉含量的增加(Dijkshoorn 等,1983a,b;Eriksson,1990)。

供试作物为印度芥菜和筛选出的高积累镉油菜川油Ⅱ-10。试验土壤为沈阳张士灌区镉污染土壤,土壤性质如下:土壤质地为中壤土,pH(5∶1)为 7.29,土壤阳离子交换量为 18.1 cmol/kg,有机碳含量为 29.3 g/kg,全氮 1.4 g/kg,速效磷 24.6 mg/kg,速效钾 135 mg/kg,全镉含量为 3.44 mg/kg,有效镉(DTPA-Cd)为 1.89 mg/kg。

采用温室土培盆栽试验,取过 2 mm 筛的镉污染土壤混入底肥,底肥补充量分别为每千克土加 N 0.30 g、P_2O_5 0.20 g、K_2O 0.30 g,氮施入形态为 $(NH_4)_2SO_4$、NH_4NO_3、$Ca(NO_3)_2$,磷和钾施入形态为 KH_2PO_4、K_2SO_4,然后在温室中稳定 1 星期后装盆,每盆装土 400 g,待油菜和印度芥菜出苗后,每盆留苗 4 株,生长过程中用自来水浇灌,每天 1~2 次,生长 42 d 后收获,然后进行植株分析。

从表 6-11 可以看出,施氮量相同的条件下,硫酸铵、硝酸钙和硝酸铵处理之间,无论地上部还是根的干重之间均没有显著的差异,但植株中镉含量存在显著差异。不同形态的氮肥对印度芥菜和油菜川油Ⅱ-10 地上部和根的镉含量有显著影响。对于印度芥菜而言,施用硫酸铵处理的土壤,植株地上部和根镉含量显著高于施用硝酸钙和硝酸铵处理的,而施用硝酸钙和硝酸铵处理的土壤植株镉含量没有显著的差异。同样对于油菜川油Ⅱ-10 来说,这种规律也存在,从表 6-11 也可看出,无论是印度芥菜还是油菜川油Ⅱ-10 的地上部镉含量和根中镉含量基本相当,这也表明印度芥菜和油菜川油Ⅱ-10 在实际镉污染土壤上具有较强的从根部向地上部运输镉的能力(王激清等,2004)。

表 6-11　不同形态氮肥对印度芥菜和油菜地上部和根镉含量的影响　mg/kg

品种	氮肥处理	地上部镉含量	根镉含量
印度芥菜	硫酸铵	8.59[ab]	13.55[a]
	硝酸钙	6.28[c]	8.62[b]
	硝酸铵	5.89[c]	10.02[b]
川油Ⅱ-10	硫酸铵	9.14[a]	14.84[a]
	硝酸钙	6.78[bc]	8.85[b]
	硝酸铵	7.48[bc]	10.99[b]

不同形态氮肥施入土壤后，由于植物吸收阴阳离子不平衡，改变土壤的 pH，如果施氮肥使土壤变酸，就会增大土壤中重金属的溶解度和有效性，土壤吸附重金属的量将减少。相反如果施氮肥使土壤变碱，土壤吸附重金属的量将增加，有效性降低。土壤施用硫酸铵造成根际土壤酸化，土壤吸附的镉降低，印度芥菜和油菜川油Ⅱ-10 吸收土壤中镉的量增多，相反，施用硝酸钙造成根际土壤碱化，印度芥菜和油菜川油Ⅱ-10 吸收土壤中镉的量降低，施用硝酸铵对根际土壤 pH 没影响，印度芥菜和油菜川油Ⅱ-10 吸收镉的量就介于中间(王激清等，2004)。

2. 磷肥对作物吸收重金属镉的影响

磷肥对土壤吸附重金属的作用研究结果不尽相同。磷肥的施用除了会引起土壤中重金属含量的升高，也会显著降低土壤的 pH，使土壤中固持的重金属解析(Alloway，1995)。Cakmak 等(2010)的研究表明，施用磷肥(磷酸一铵)40 年，显著降低了土壤 pH，增加了 CEC 和土壤黏粒的含量。如果施用磷酸钙镁肥料，磷肥带入的 Ca^{2+} 和 Mg^{2+} 会与重金属离子竞争吸附，抑制土壤对重金属的吸附，从而活化土壤重金属。化肥的施用引起土壤性质的变化同样会影响土壤中镉的化学形态及生物有效性。磷肥的施用可能会减弱土壤中重金属的有效性和移动性(Laperche 等，1997；Tu 等，2000；Knox 等，2006)，主要是磷酸盐的添加会降低土壤中正电荷，从而促进了土壤吸附金属离子的能力。磷的施用(80 mg/kg)可明显降低土壤中水溶性和可交换态镉的含量，而专性吸附态镉的含量明显增加(Tu 等，2000)。Munksgaard 和 Lottermoser(2011)的研究表明，各种磷肥以及磷酸钾是固定土壤中镉的有效稳定剂。磷肥对土壤重金属的作用与土壤性质和肥料种类有着密切的关系。

(二)畜禽粪便有机肥对作物吸收重金属的影响

蔬菜地是畜禽粪便有机肥的主要施用农田，平均施用量为 30 t/hm^2，部分地区高达 75 t/hm^2(张福锁等，2009)。畜禽粪便有机肥可以为作物提供养分，并能改良土壤和提高农产品品质。但由于矿物质和饲料添加剂的普遍使用，集约化养殖场的畜禽粪便中重金属对环境和农产品质量安全的潜在危害也越来越受到人们的关注，在畜禽粪便有机肥施用量高的地区畜禽粪便的施用已经成为农田土壤重金属污染的重要来源途径(Nicholson 等，2003；Cang 等，2004；Xiong 等，2010)。

长期施用重金属含量超标的畜禽粪便有机肥会造成土壤中重金属含量和农产品中重金属含量超标。但有机肥本身也能作为修复改良剂用于重金属污染土壤的修复改良。有研究表明猪粪能作为钝化剂降低土壤中镉(Cd)、铜(Cu)的移动性(Mohamed 等，2010)。施用有机肥料后土壤有效 Cd 降低了 5%～15%，猪粪的效果好于麦秆和稻草，施用有机肥后土壤交换态 Cd 减少，锰结合态 Cd 增加，土壤 Cd

有效性降低(张亚丽等,2001)。畜禽粪便中重金属在农田土壤中的环境行为和生物有效性受到有机肥本身在土壤中转化过程进程及产物的强烈影响(Bolan 等,2004;Marcato 等,2008),不同的研究结果存在较大差异,这种差异与畜禽粪便在不同土壤中所处的转化进程有密切关系。

通过盆栽试验研究畜禽粪便有机肥中重金属生物有效性的动态变化,并以等量重金属无机盐做比较。试验用土壤采自河北省石灰性褐土。试验用鸡粪、猪粪分别采自河北省典型的规模化养鸡和养猪场。试验用土壤和鸡粪、猪粪的基本化学性质和铜(Cu)、锌(Zn)、铅(Pb)、镉(Cd)含量见表 6-12。土壤和畜禽粪便有机肥分别风干并过 4 mm 筛备用。

表 6-12　供试土壤和有机肥的基本理化性质和重金属含量

项目	pH	有机质/(g/kg)	铜 Cu/(mg/kg)	锌 Zn/(mg/kg)	铅 Pb/(mg/kg)	镉 Cd/(mg/kg)
石灰性土壤	7.2	18.1	22.9	68.0	30.0	0.15
鸡粪	7.1	312.9	106.6	4485.0	144.8	2.53
猪粪	8.6	317.7	236.0	522.0	25.1	3.48

风干过筛的土壤上分别施入 2%的猪粪、2%的鸡粪和与 2%的猪粪、鸡粪中重金属含量相同的用 $CuSO_4$、$ZnSO_4$、$CdSO_4$、$C_4H_6O_4Pb$ 配成的重金属无机盐溶液,在直径为 15 cm 的塑料盆中进行不同时间的预培养,每盆装土 1 kg。把每盆的土壤与施入的有机肥或重金属无机盐溶液充分混匀,进行不同时间的预培养后同时开始进行盆栽试验。每种土壤上共设 13 个处理:

对照,不施有机肥和重金属无机盐(CK);

施与 2%鸡粪等量重金属水溶性无机盐(JY);

施鸡粪 2%,预培养 0 天(J0);

施鸡粪 2%,预培养 1 个月(J1);

施鸡粪 2%,预培养 2 个月(J2);

施鸡粪 2%,预培养 4 个月(J4);

施鸡粪 2%,预培养 6 个月(J6);

施与 2%猪粪等量重金属水溶性无机盐(ZY);

施猪粪 2%,预培养 0 天(Z0);

施猪粪 2%,预培养 1 个月(Z1);

施猪粪 2%,预培养 2 个月(Z2);

施猪粪 2%,预培养 4 个月(Z4);

施猪粪 2%,预培养 6 个月(Z6)。

各处理土壤均施入尿素、KCl 和 $CaHPO_4$,加入量分别为 N 0.15 g/kg,K_2O

0.15 g/kg, P_2O_5 0.1 g/kg。每个处理3次重复，对照和各预培养后的土壤上同时种植油菜(*Brassica campestris* SSP. *Chinensis*)，油菜品种为北极油菜，油菜出苗后每盆保留5株。油菜生长60 d后收获。植物样品用微波消解仪硝酸消解，电感耦合等离子体质谱仪测定Zn、铜(Cu)、镉(Cd)、Pb含量。

图6-8是石灰性土壤上施用畜禽粪便有机肥并预培养不同时间处理和等量对应重金属无机盐处理油菜烘干后植株体内重金属含量。生物量无差异条件下，不同处理油菜植株体内重金属含量的变化反映了所施畜禽粪便有机肥中重金属生物有效性的差异。

从图6-8A可以看出，施用与鸡粪中重金属含量相同的水溶性重金属无机盐处理的油菜体内Cu含量最高。施用鸡粪后分别预培养0、1、2、4、6个月的处理，种植的油菜体内Cu含量随预培养时间的延长呈现先下降然后再升高的规律，其中预培养2个月和4个月处理油菜体内Cu含量显著低于等量Cu无机盐处理和对照，这是由于Cu和有机质结合能力很强，土壤施用鸡粪或猪粪后增加了土壤有机质，虽然有机肥本身也含Cu，但在培养的某些阶段仍能使土壤中Cu的生物有效性降低。

在相同Cu施用量条件下，施用鸡粪后预培养不同时间的处理油菜体内Cu含量为等量Cu无机盐处理的29%～87%，预培养2个月的处理油菜体内Cu含量最低，只有对应无机盐处理的29%。从图6-8A还可以看出，施用猪粪处理，油菜体内含Cu量变化规律与施用鸡粪类似，随培养时间变化呈先下降后升高规律，同样是无机盐处理的油菜体内Cu含量最高，预培养2个月的处理油菜体内Cu含量最低，只相当无机盐处理的41%。猪粪不同预培养时间处理油菜体内Cu含量是相应无机盐处理的41%～84%，预培养2、4、6个月处理油菜体内Cu含量显著低于无机盐处理和对照。这表明在石灰性土壤上鸡粪和猪粪中Cu的生物有效性均小于等量Cu无机盐，施用后不同时间段有机肥中Cu生物有效性也存在显著差异，2个月时生物有效性最低(张云青等，2015)。

从图6-8B可以看出，施用与鸡粪中重金属含量相同的水溶性重金属无机盐处理的油菜体内Zn含量最高。施用鸡粪处理，油菜体内Zn含量随预培养时间的延长呈波动变化，但5个预培养处理油菜体内Zn含量均显著低于无机盐处理。在相同Zn施用量条件下，施用鸡粪后预培养不同时间处理油菜体内Zn含量为等量Zn无机盐处理的24%～77%，其中预培养2个月的处理油菜体内Zn含量最低，只有相应无机盐处理的24%。另外，预培养2、4个月的处理油菜体内Zn含量显著低于不预培养的处理(预培养0个月)，预培养1个月的处理油菜体内Zn含量则显著高于不培养的处理。从图6-8B还可以看出，施用猪粪处理，油菜体内含Zn量随着培养时间变化也呈先下降后升高规律，无机盐处理的油菜体内Zn含量最高。施用猪粪预培养2个月的处理油菜体内Zn含量最低，只相当无机盐处理的18%，不同预培养时间的猪粪处理油菜体内 Zn 含量是等量 Zn 无机盐处理的 18%～84%，均显著低于无机盐处理，其中预培养 2 个月处理油菜体内 Zn 含量还显著低于不预培养(预培养 0 个月)的处理。这表明在石灰性土壤上鸡粪和猪粪中 Zn 的生物有效性均小于等量 Zn 无机盐，施用后不同时间段有机肥中 Zn 生物有效性也存在显著差异，2 个月时生物有效性最低。

从图 6-8C 可以看出，施用与鸡粪中重金属含量相同的无机盐处理的油菜体内 Cd 含量最高。施用鸡粪处理，油菜体内 Cd 含量随预培养时间的延长呈现波动变化，预培养 1 个月处理油菜体内 Cd 含量比不预培养的处理显著增加(预培养 0 个月)，其后油菜体内 Cd 含量呈先下降然后升高的趋势，但全部 5 个预培养处理油菜体内 Cd 含量均显著低于无机盐处理和对照。在相同 Cd 加入量条件下，施用鸡粪后预培养不同时间处理油菜体内 Cd 含量只相当等量 Cd 无机盐处理的 11%～29%，其中预培养 2 个月的处理油菜体内 Cd 含量最低，只有相应无机盐处理的 11%。从图 6-8C 还可以看出，施用猪粪处理，油菜体内含 Cd 量随预培养时间变化呈先下降后升高的规律，无机盐处理油菜体内 Cd 含量最高，猪粪预培养 2 个月的处理油菜体内 Cd 含量最低，只有无机盐处理的 7%，不同预培养时间的猪粪处理油菜体内 Cd 含量是对应无机盐处理的 7%～37%，预培养 1、2、4 个月处理油菜体内 Cd 含量显著低于不预培养(预培养 0 个月)处理和对照。这表明在石灰性土壤上鸡粪和猪粪中 Cd 的生物有效性也均小于等量 Cd 无机盐，施用后不同时间段有机肥中 Cd 生物有效性也存在显著差异，2 个月时生物有效性最低。

从图 6-8D 可以看出，施用与鸡粪中重金属 Pb 含量相同的无机盐处理的油菜体内 Pb 含量最高。施用鸡粪处理，油菜体内 Pb 含量随预培养时间的延长呈现先下降然后再升高的规律，全部 5 个预培养处理油菜体内 Pb 含量均显著低于无机盐处理和对照。在相同 Pb 加入量条件下，施用鸡粪后预培养不同时间处理油菜体内 Pb 含量为等量 Pb 无机盐处理的 28%～61%，预培养 2 个月的处理油菜体内 Pb 含量最低，只有无机盐处理的 28%。从图 6-8D 还可以看出，施用猪粪处理，油菜体内含 Pb 量随预培养时间变化规律与施用鸡粪类似，呈先下降后升高的规律，但预培养 6 个月的处理油菜体内 Pb 含量显著上升，是无机盐处理的 1.82 倍，预培养 2 个月的处理油菜体内 Pb 含量最低，只有无机盐处理的 3.4%，预培养 1、2、4 个月处理油菜体内 Pb 含量显著低于不预培养(预培养 0 个月)的处理。这表明在石灰性土壤上鸡粪中 Pb 的生物有效性均小于等量 Pb 无机盐，施用后不同时间段有机肥中 Pb 生物有效性也存在显著差异，施用后 2 个月生物有效性最低。猪粪中 Pb 的生物有效性除预培养 6 个月的处理外也均小于等量 Pb 无机盐，也表现为施用后 2 个月生物有效性最低(张云青等，2015)。

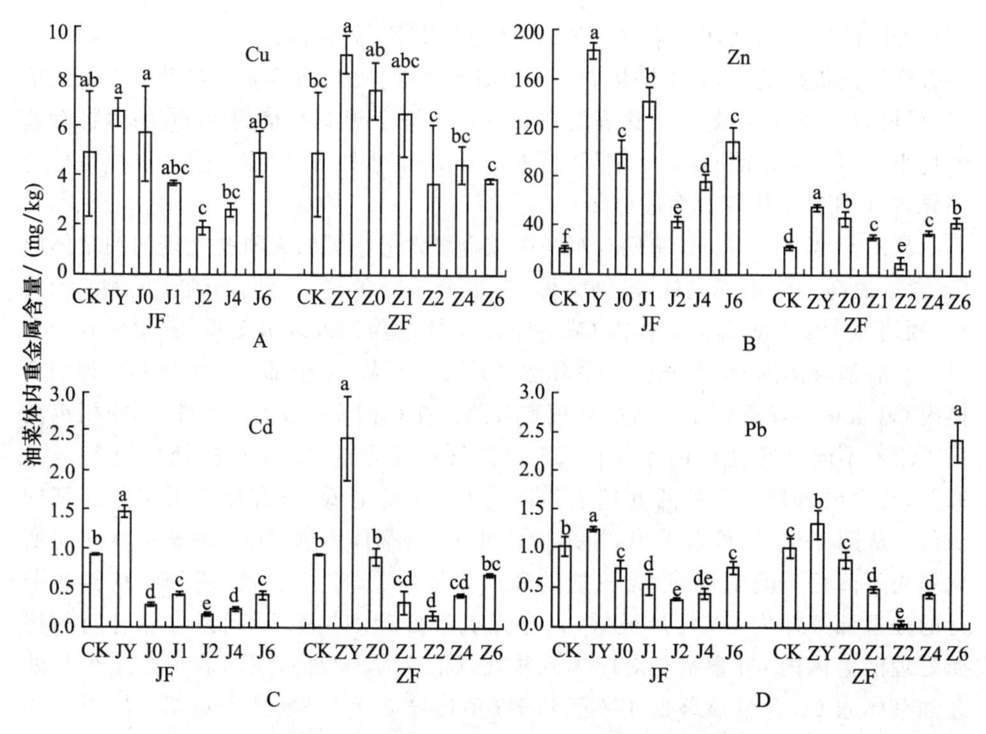

图 6-8　石灰性土壤不同处理对油菜吸收重金属的影响

JF. 鸡粪处理;ZF. 猪粪处理

注:同种有机肥不同预培养时间、对应无机盐以及对照之间比较,无共同字母表示差异达到显著性($P=0.05$)

(三)不同肥料投入模式下土壤重金属累积情况

在我们的研究中,以黑土、沙土、冲积土和棕壤作为研究对象,采用化肥单施、化肥有机肥混施以及化肥秸秆还田混施三种方式,分析不同肥料投入模式下土壤重金属的累积。

1. 不同肥料投入模式下同一种土壤中重金属含量累积情况

(1)不同肥料投入模式下黑土重金属累积　不同投入模式下黑土中重金属的统计结果见图 6-9。从图中得知不同投入模式下,黑土中 Cr、Cu、As 和 Pb 的含量,在 3 种投入模式下均未出现显著性差异。化肥有机肥混施 Ni 的累积量显著高于化肥秸秆还田,施用化肥和化肥有机肥混施条件下,黑土中 Cd 的累积量均较化肥秸秆还田混施下的累积量极显著增加。

施用化肥累积的 Cr 较化肥有机肥和化肥秸秆还田混施分别高出 7.2%和 17.5%,化肥有机肥混施较化肥秸秆还田混施高了 9.7%。化肥有机肥混施导致 Ni 含量的空间变化比较明显,分别较单施化肥和化肥秸秆还田的累积量高出了 6.2%和

24.3%，其中化肥有机肥混施较化肥秸秆还田的累积量达到了显著水平（$P<0.05$）。单施化肥和化肥有机肥混施 Cu 的含量几乎没有变化，分别较化肥秸秆还田混施 Cu 的含量高出了 13.8% 和 13.1%，都没有达到显著水平。三种投入模式下，As 和 Pb 的累积量持平。三种投入模式下 Cd 的含量空间变异最为明显，单施化肥和化肥有机肥混施下 Cd 的平均值均高于"国家土壤环境质量标准值"的三级土壤中规定的 1 mg/kg 的阈值，达到了污染的水平，分别与化肥秸秆还田混施的累积量达到了极显著的水平（$P<0.01$）。其中，化肥有机肥混施累积量平均值最高，17 个测试样品中有 16 个超过了 1 mg/kg 的阈值，较单施化肥和化肥秸秆还田混施各自高出了 2 个和 12 个，超标率分别为 82.4%、94.1%以及 23.5%。

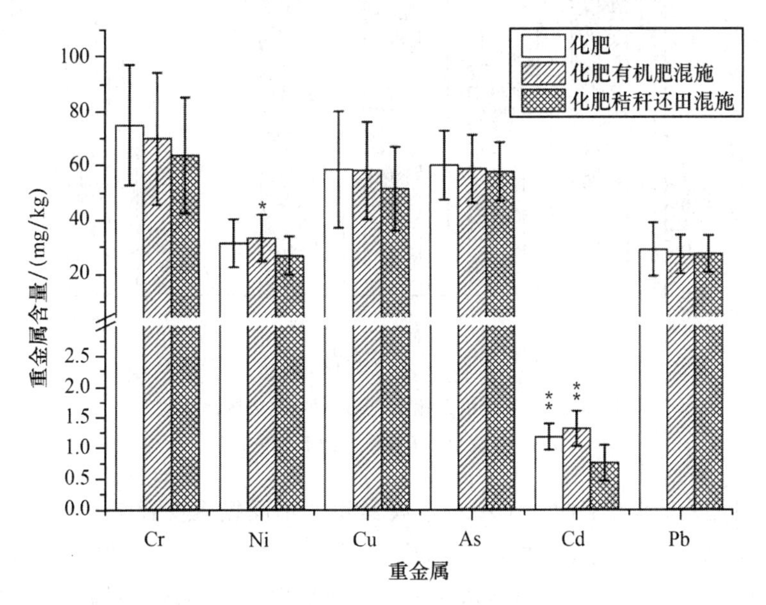

图 6-9 不同投入模式下黑土中重金属含量

注："*"表示在 $P<0.05$ 的水平下显著；"**"表示在 $P<0.01$ 水平下显著

（2）不同投入模式下沙土中重金属累积 由图 6-10 可以看出，3 种投入模式下，沙土中 Cr、Ni、Cu、As 以及 Cd 的累积量均未出现显著性差异。在化肥有机肥混施条件下 Pb 的累积量较化肥秸秆还田有显著差异。

在沙土中，化肥有机肥混施下除了 Ni 和 Cd 的累积量较其余两种投入模式低之外，其余的元素累积量均高于另外两种投入模式且 Pb 达到了显著水平。施用化肥累积的 Cr 的含量的平均值为 68.68 mg/kg，分别比化肥有机肥混施和化肥秸秆还田混施低 8.66%和 3.87%。单施化肥 Ni 的含量平均值达到了 32.86 mg/kg，较其余两种模式高 6.6%和 0.65%，Cu 的累积量均值达到了 53.88 mg/kg，较化肥有机肥混施和化肥秸秆还田分别高出了－10.61%和－1.71%。化肥有机肥混施 As 的累积量平均值达到了 57.98 mg/kg 分别比单施化肥、化肥秸秆还田的含量高8.66%和4.61%，Cd的累积量均值为1.30 mg/kg，较单施化肥和化肥秸秆还田含量的均值增加了0.12 mg/kg和−0.23 mg/kg，3种投入模式下Cd的均值均超过了“国家土壤质量标准”三级土壤所规定的1 mg/kg的阈值，达到了污染水平。化肥有机肥混施Pb累积量的均值较化肥秸秆还田累积量的均值显著。

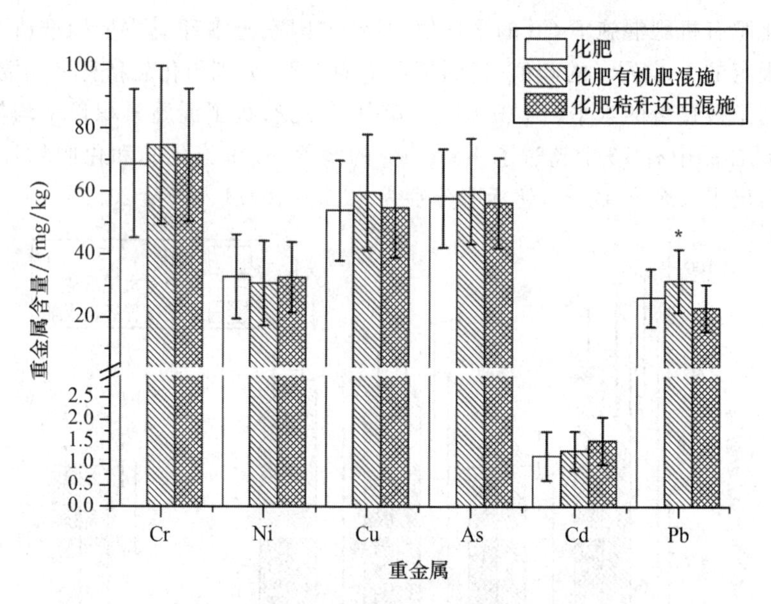

图6-10　不同投入模式下沙土中重金属的含量

注：“*”表示在 $P<0.05$ 的水平下显著

(3)不同投入模式下冲积土中重金属累积　不同投入模式下冲积土中重金属的统计结果见图6-11。在3种投入模式下，冲击土中Cr、Ni、As和Pb的累积量未出现显著差异。化肥有机肥混施条件下，Cu的累积量较单施化肥显著。化肥有机肥混施条件下，Cd的累积量较单施化肥情况下极显著。

各处理除了Ni、As、Pb以及化肥有机肥混施和化肥秸秆还田混施的Cd变化基本持平外，其余投入模式之间各重金属元素的含量还是存在不同幅度的增加。Cr的含量累积量的大小顺序为“化肥有机肥混施＞化肥秸秆还田混施＞化肥”，施用化肥累积的Cr较化肥有机肥和化肥秸秆还田混施分别高出了−13.3%和−11.4%，化肥有机肥混施较化肥秸秆还田混施含量基本持平，Ni含量的累积差别不大，分别较单施化肥和化肥秸秆还田的累积量高出了8%和5%。土壤中累积的Cu含量顺序为“化肥有机肥混施＞化肥秸秆还田＞化肥”，化肥有机肥混施所累积的量较单施化肥和化肥秸秆还田分别高27.2%和10%，化肥有机肥混施Cu的累积量较化肥有明显增加的趋势。3种投入模式下，As和Pb的累积总量持平。3种投入模式下Cd的含量空间变异最为明显，其大小顺序为“化肥有机肥混施＞化肥秸秆还田混施＞化肥”，其中，化肥有机肥混施和化肥秸秆还田混施的累积量分别比单施化肥高 50.8%和 20.8%。化肥有机肥混施和化肥秸秆还田混施下 Cd 的平均值均高于“国家土壤环境质量标准值”的三级土壤中规定的 1 mg/kg 的阈值，达到了污染的水平，单施化肥也超过了二级标准规定的 0.6 mg/kg 的阈值，与化肥有机肥混施的累积量达到了极显著的水平($P<0.01$)。

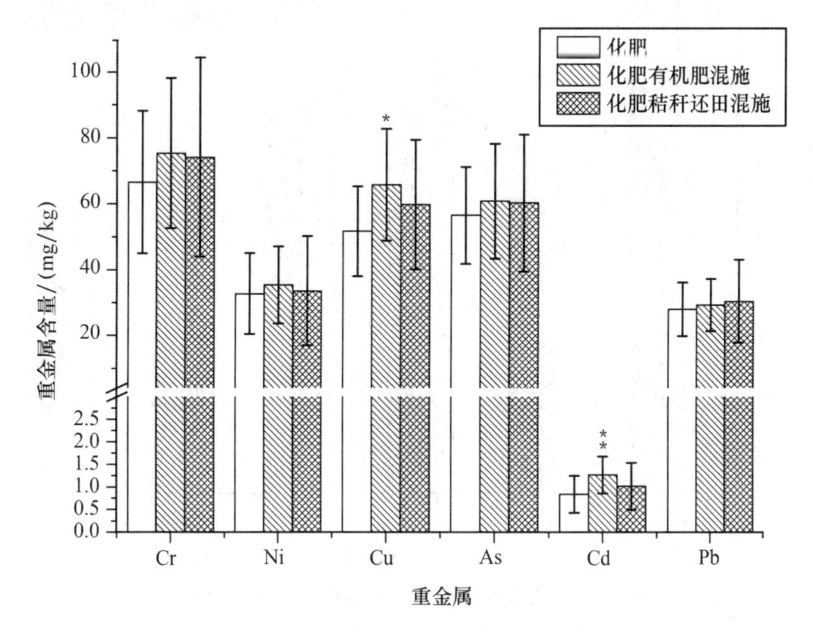

图 6-11　不同投入模式下冲积土中重金属的含量

注：“*”表示在 $P<0.05$ 的水平下显著；“**”表示在 $P<0.01$ 水平下显著

(4)不同投入模式下棕壤中重金属累积　从图 6-12 可知，3 种投入模式下，棕壤中 Cr、Ni、As 和 Pb 的累积量没有显著差异。化肥有机肥混施处理中，Cu 的累积量较单施化肥显著。有机肥化肥混施条件下，Cd 的累积量也较单施化肥显著。

Cr 的累积量在 3 种投入模式下的大小顺序可排列为“化肥秸秆还田混施>化肥>化肥有机肥混施”，3 种投入模式 Cr 累积量之间的差异很小。单施化肥处理中 Ni 的累积量较其他两种处理的高，其值分别为 18.3% 和 12.2%。3 种投入模式下，化肥有机肥混施导致的土壤中 Cu 的累积量较单施化肥的累积量差异明显，达到显著水平。化肥有机肥混施的量分别比其余两种投入模式高 22.4%和 19.9%。3 种投入模式下，As 和 Pb 的累积量各有不同的差异，但不显著，其中 As 的含量顺序为“化肥>化肥有机肥混施>化肥秸秆还田混施”。Pb 的大小顺序为“化肥>化肥有机肥混施>化肥秸秆还田混施”。Cd 的含量空间变异最为明显，3 种投入模式下 Cd 的含量平均值均高于“国家土壤环境质量标准值”的三级土壤中规定的 1 mg/kg 的阈值，达到了污染的水平。化肥有机肥混施的累积量与单施化肥的累积量达到了显著水平。17 个测试样品中单施化肥、化肥有机肥混施和化肥秸秆还田分别有 11、16 以及 13 个超过了 1 mg/kg 的阈值，超标率分别达到了 64.7%、94.1%以及 76.5%。

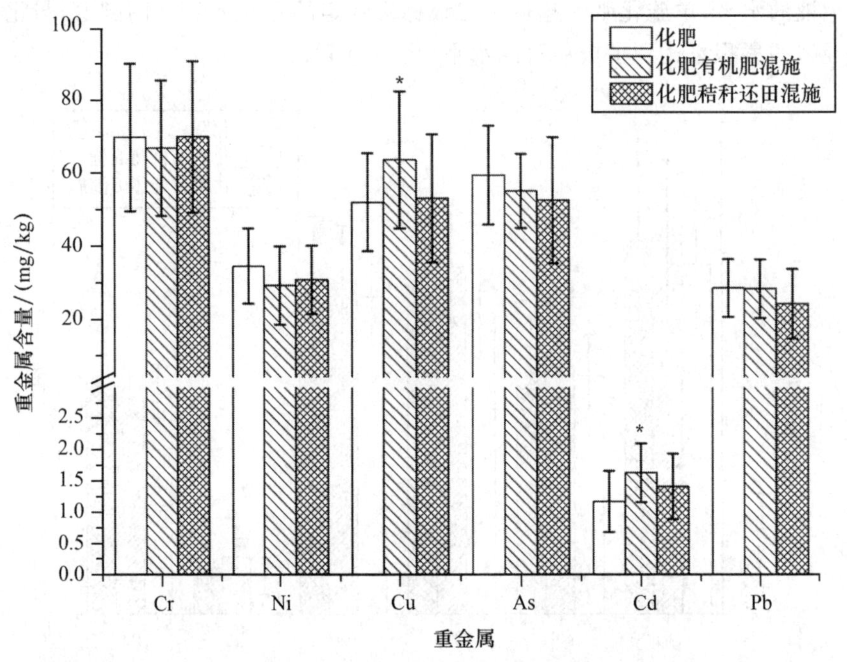

图 6-12　不同投入模式下棕壤中重金属的含量

注："*"表示在 $P<0.05$ 的水平下显著

2. 同种投入模式下不同土壤中重金属含量累积情况

(1)单施化肥下不同土壤中重金属累积　单施化肥条件下 4 种土壤中重金属含量的统计结果见图 6-13。在单施化肥的条件下，4 种土壤中，Cr、Ni、As 和 Pb 的累积量之间不存在显著差异。黑土中 Cu 的累积量较冲击土显著，沙土中 Cd 的累积量较冲击土显著。

Cr 的累积量大小顺序为"黑土＞棕壤＞沙土＞冲积土"。黑土中 Cr 的含量的平均值为 74.3 mg/kg，分别比沙土、冲积土和棕壤高 8.2%、11.7%和 6.5%。Ni 累积量的大小顺序为"棕壤＞冲积土＞沙土＞黑土"，Ni 在棕壤中的累积量的最小值为 21.6，最大为 54.98 mg/kg，平均值为 34.6 mg/kg，比黑土、沙土和冲积土高 14.1%、10.7%和 5.8%。Cu 累积量的大小顺序为"黑土＞沙土＞棕壤＞冲积土"，黑土中 Cu 的累积量均值为 63.82 mg/kg，比沙土、冲积土和棕壤高 18.5%、23.4%以及 22.6%，其中，比冲积土中的累积量高出 12.09 mg/kg，达到了显著性水平。黑土中 As 的累积量较其他 3 种土壤中的含量高，4 种土壤中 As 累积量含量由小到大的变化顺序为"黑土＞棕壤＞沙土＞冲积土"，其按照变化顺序增加值为 5%、

8.7%和11%。Cd的含量空间变异最为明显，3种投入模式下Cd的含量平均值均高于“国家土壤环境质量标准值”的三级土壤中规定的1 mg/kg的阈值，且黑土和沙土中最小值也已经超过了二级标准规定的0.6 mg/kg的阈值，达到了污染的水平。其大小顺序为“沙土＞黑土＞棕壤＞冲积土”，其中以沙土和冲积土间的差异最大，达到了显著性水平。施用化肥条件下，沙土中Cd的累积量比黑土、冲积土和棕壤高12.4%、55.2%和32.5%。黑土、冲积土以及棕壤中Pb的累积量几乎相等，均较沙土中Pb的量高出19%左右。

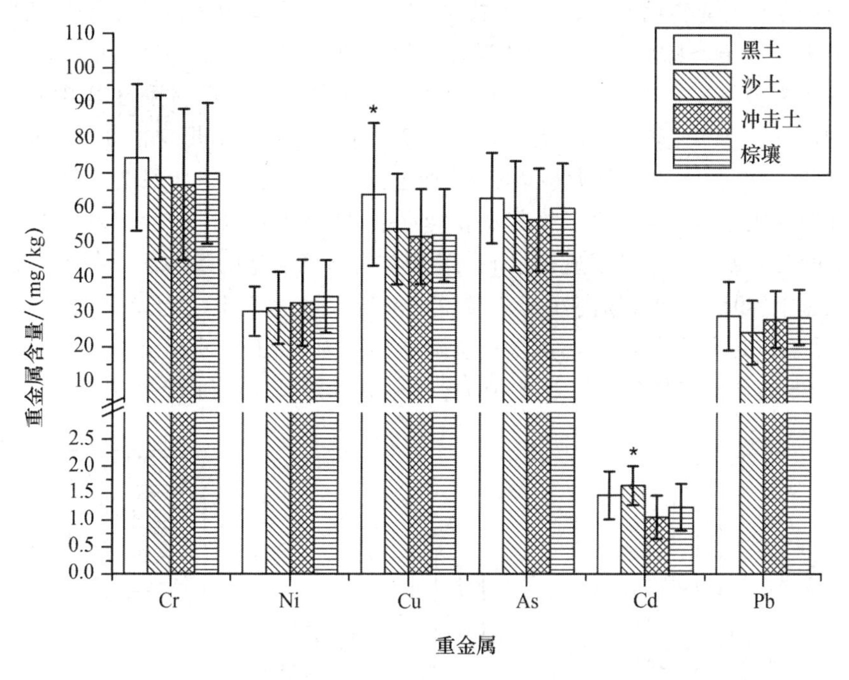

图6-13　施化肥条件下4种土壤中重金属含量

注：“*”表示在$P<0.05$的水平下显著

(2)化肥有机肥混施时不同土壤中重金属的累积　化肥有机肥混施条件下4种土壤中重金属含量的统计结果见图6-14。经过*T*检验得知，在化肥有机肥混施的条件下4种土壤中，Cr、Ni、Cu、As和Pb的累积量均未出现显著差异。沙土中Cd的累积量与冲击土中的累积量相比差异达到了显著性水平，黑土中Cd的累积量较冲击土的差异达到了极显著的水平。

Cr在4种土壤中的累积量大小降序排列为“冲积土＞黑土＞沙土＞棕壤”。冲积土中Cr的含量的最小值为38.6 mg/kg，最大值为111.5 mg/kg，平均值为75.4，黑土Cr含量的变化区间为39.7～117.5 mg/kg，均值为69.9 mg/kg；沙土的变化区间为31.6～110.7 mg/kg，均值为68.6 mg/kg；棕壤Cr含量的变化区间为32.0～91.5 mg/kg，均值为66.9 mg/kg。冲积土中Cr的含量累积量分别比黑土、沙土和棕壤高 7.9%、9.9%和 12.7%。Ni 累积量的大小顺序为“冲积土>黑土>沙土>棕壤”。Ni 在黑土、沙土、冲积土和棕壤中累积量的变化范围分别为 23.1~47.6 mg/kg、13.4~58.4 mg/kg、18.6~59.0 mg/kg 以及 12.8~53.8 mg/kg,冲积土的平均值为 59.0 mg/kg,比黑土、沙土和棕壤高 6.2%、14.9%和 21%。Cu 累积量的大小顺序为“冲积土>棕壤>沙土>黑土”,各土壤中 Cu 的变化比较小,未达到显著水平。冲积土中 Cu 的累积量均值为 65.8 mg/kg,比黑土、沙土和棕壤高 13.2%、10.2%和 3.2%,其中,比黑土中的累积量高出 7.7 mg/kg。4 种土壤中 As 的累积量变化不显著,基本持平,As 累积量含量由大到小的顺序为“冲积土>黑土>沙土>棕壤”,按照变化顺序其增加值分别为 5%、8.7%和 11%。较其他几种元素含量变化差异不同,Cd 的含量空间变异最为明显,4 种土壤中 Cd 含量的平均值均高于“国家土壤环境质量标准值”的三级土壤中规定的 1 mg/kg 的阈值,达到了污染的水平。其大小顺序为“沙土>黑土>棕壤>冲积土”,其中以沙土和棕壤的变化差异最大达到了极其显著性水平;黑土较冲积土的含量差异以及沙土较棕壤的含量差异均达到了显著水平。化肥与有机肥混施的条件下,沙土中 Cd 的累积量比黑土、冲积土和棕壤高 0.8%、50.9%和 17.7% 。黑土、沙土、冲积土以及棕壤中 Pb 的累积变化量差异不大,其含量按降序排列为“沙土>冲积土>棕壤>黑土”,沙土中 Pb 的含量较其余 3 种土壤中的含量高 16.2%、7.7%和 11.4%。

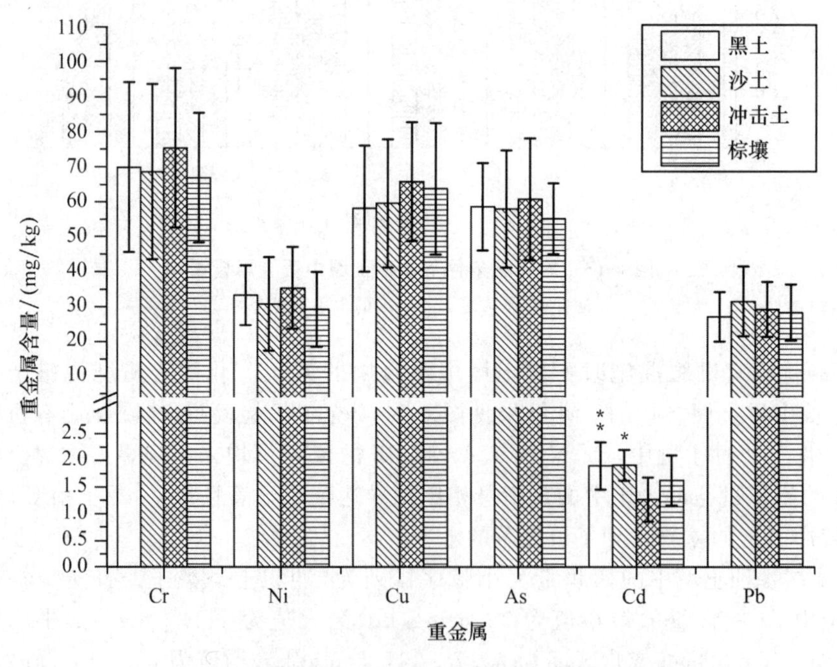

图 6-14　化肥有机肥混施下 4 种土壤中重金属含量

注:“*”表示在 $P<0.05$ 的水平下显著;“**”表示在 $P<0.01$ 水平下显著

(3)化肥秸秆还田混施下不同土壤中重金属的累积　化肥秸秆还田混施条件下黑土、沙土、冲积土和棕壤中重金属含量的统计结果见图 6-15。在化肥和秸秆还田混施条件下，4 种土壤中，Cr、Cu 和 As 的累积量不存在显著差异。沙土、冲击土和棕壤中 Ni 的累积量均显著多于黑土中的累积量。沙土中 Cd 的累积量与冲击土中的累积量差异达到了极显著的水平。冲击土中 Pb 的累积量与沙土中的累积量差异达到了极显著的水平。

计算得知在化肥秸秆还田混施的条件下 4 种土壤中 Cr、Ni、Cu、As、Cd 和 Pb 的累积量平均值均较背景值有不同幅度的提升，Cr、Ni、Cu、As、Pb 的累积量均值较背景值有 1～6 倍的增加。Cd 的量在过去的 20 年里呈现急剧增加的趋势，在 4 种土壤中达到了 11～18 倍的累积，超标率从 23.5%到 100%不等，均超过 1 mg/kg 的阈值，从小于 0.2 mg/kg 的一级土壤类型转变成为严重污染的土壤。Cr 在四种土壤中降序排列顺序为“冲击土＞沙土＞棕壤＞黑土”，各土壤中存在变化，但是变化不明显($P>0.05$)。四种土壤中 Cr 的累积量小于 150 mg/kg 的二级标准，土壤质量属于 1～2 级。Ni 的背景值递减顺序为“棕壤＞冲击土＞黑土＞沙土”，化肥秸秆还田混施下，土壤中 Ni 累积量分别比背景值提高了 1.7、3.1、1.8 和 1.6 倍；沙土中 Ni 的累积量变化最明显，达到 3 倍左右，排列顺序变为“冲击土＞棕壤＞沙土＞黑土”。黑土中 Ni 的累积量较少，与其他几种土壤 Ni 的累积量差异显著。总体而言，各土壤间 Cu 的累积量之间没有太大的变化，所有的值均在二级土壤标准值之内，4 种土壤中 Cu 的含量相对于背景值提高 3～6 倍，测得的 Cu 的降序为“冲击土＞沙土＞棕壤＞黑土”。混施后 4 种土壤中 As 的累积量整体上无较大差异，但其相对于背景值却有较大的提升，分别达到了 4.9～14.2 倍，其中沙土提高最显著，达到 14.2 倍，虽然各土壤间 As 的值较平稳，但是其出现超过土壤背景值三级标准阈值 40 mg/kg 的程度达到了 70%～100%，属于污染元素。沙土和冲击土中 Cd 的累积量随时间变化明显，累积量差异极显著($P<0.01$)；黑土、沙土冲击土以及黑土、冲击土、棕壤之间变化不显著；混施后黑土、沙土、冲击土以及棕壤中 Cd 的含量相比背景值分别提升了 12.1、18.1、10.7、13.0 倍，沙土最甚，达到了 18.1 倍。化肥秸秆还田混施相对于单施化肥和化肥有机肥混施 Cd 超过土壤质量三级标准的数量相对较少，仅在 23%～50%，其中黑土最少。就土壤环境背景中的 Pb 的含量而言，多年化肥和秸秆还田混施在土壤中引起的 Pb 的累积量很少，其提升仅为 1.3、1.3、1.7、1.1 倍，多年来棕壤中的 Pb 几乎没有增加。4 种土壤中 Pb 的累积含量均超过土壤环境二级标准规定的 300 mg/kg，除了沙土中累积量较冲击土中明显外，其余各处理间累积含量变化值基本持平。

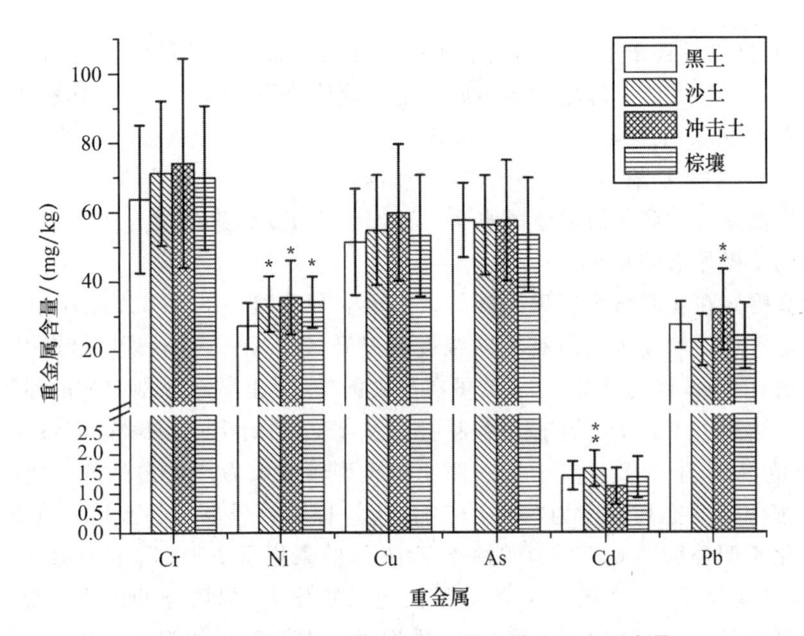

图 6-15 化肥秸秆还田混施下 4 种土壤中重金属含量

注："*"表示在 $P<0.05$ 的水平下显著；"**"表示在 $P<0.01$ 水平下显著

从以上结果可知，不同投入模式下，4 种土壤中长期不同投入已造成 Cr、Ni、Cu、As、Cd 和 Pb 的累积。对比 20 世纪 90 年代的背景值，发现 4 种土壤中 Cd 和 As 的增长幅度最大，且出现不同程度的超标，已达到了污染的水平。虽然部分土壤中 Cr、Ni、Cu、Pb 含量之间存在显著性差异，但其整体累积量都在"土壤环境质量标准值"所确定的一级或二级标准之内，对土壤质量、植物和环境不造成污染。

在不同投入模式下同一土壤中，化肥有机肥混施条件下，Cd 的累积量较其他集中投入模式呈显著或极显著性差异，得知土壤中 Cd 的累积与有机肥的施用相关。所有处理的土壤中 As 的累积量虽未出现显著性差异，但其值均部分超出"土壤环境质量标准值"规定三级标准值，达到了污染的水平，说明 As 的累积与施用化肥有关。

在同一投入模式下不同土壤中，化肥和有机肥混施条件下，4 种土壤中 Cd 的累积量存在显著性或极其显著性差异，其累积量均有超标的情况发生。虽然 4 种土壤中 As 的累积量均不存在显著性差异，但是其累积量也出现了超标的情况。Cr、Ni、Cu、Pb 的含量之间亦存在显著或极显著($P<0.01$)性相关，但其含量平均值还在一级或二级标准之内，对土壤质量、植物和环境不造成污染。

土壤中 As 的累积与化肥的施用有关系，Cd 的累积与有机肥中重金属含量密切相关。土壤类型对土壤中重金属累积的影响，小于投入模式对土壤中重金属累积的影响。

五、农艺措施修复利用重金属污染农田存在的问题和研究展望

面对我国日益突出的人地矛盾，保障农产品安全生产仍是重中之重，现阶段进行大规模工程措施和非农业利用进行农田重金属污染修复治理是行不通的。在农业生产中进行边生产、边治理，采取农艺措施为主的修复技术路线应是符合我国国情的一种途径。

(一)农艺措施修复利用重金属污染农田存在的问题

对于农田土壤重金属污染，由于一般污染程度低和面积大，国内外大多采用耕地重金属污染源头控制，原位钝化技术，低吸收作物品种，以及耕地管理措施等，由于其经济、见效快、易操作、适用范围广等优点，比较适合农田重金属污染的防治。近年来我国重金属污染土壤修复领域得到快速发展，在污染土壤修复理论和相关技术体系的构建方面取得了较大进步。但农田重金属污染防治的单项技术比较多，大多还停留在研究阶段，缺少修复产品、装备、适用条件和技术规程，缺乏针对农田复杂系统关键性限制因子的有效解决技术，大规模现场应用的成功案例较少。由于很多低成本钝化剂材料用量大和运输成本高，限制了大面积应用推广，且缺乏相应使用技术规程；目前还缺乏价廉高效易用的多功能土壤重金属复合钝化剂产品；部分低积累作物品种开始应用，但是其适用条件和稳定性不清，配套农艺措施缺乏。尚未找到适合我国国情的、可复制、适合大规模重金属污染农田修复治理的技术措施，对农田重金属污染源头控制也存在严重不足。因此，要针对重金属污染农田的不同情况，因地制宜，开展适应不同地方的修复利用技术集成，形成适合不同区域和类型的重金属污染农田修复利用技术体系，并在典型地区进行示范。建立适合我国国情、经济可行和可复制易推广的农田重金属污染区域综合防治集成技术。

(二)研究展望

针对我国目前农田土壤重金属污染和研究现状，应开展以下几方面研究：

(1)我国典型农产品产区农田土壤及农作物重金属污染过程和机制。

(2)针对我国农田土壤重金属污染重点防控区域，建立源头污染控制技术和相应的控制指标体系。定量化我国典型区域农田重金属污染“来源-路径-受体”传输清单。

(3)结合我国典型农产品产地重金属污染土壤性质和农业种植结构特性，遴选出低成本、简单易操作、可复制易推广的农田重金属污染修复技术和分类治理技术。

参考文献

Alloway B J. Soil processes and the behavior of metals [M]. New York: Wiley,1995.

Banelos G S. Use of crop rotation in phytoremediation of Se[C]//Proceedings of the 16th World Congress of Soil Science. Montpellier,France,1998.

Bolan N,Adriano D,Mahimairaja S. Distribution and bioavailability of trace elements in livestock and poultry manure by-products[J]. Critical Reviews in Environmental Science and Technology,2004,34(3):291-338.

Brown S L,Chaney R L,Angle J S,*et al*. Phytoremediation potential of *Thlaspi caerulescens* and *Bladder compion* for Zinc and Cadmium-contaminated soil [J]. J Environ Qual,1994,23:1151-1157.

Brown S L,Chaney R L,Angle J S,*et al*. Zinc and cadmium uptake by hyperaccumulator*Thlaspi caerulescens* and metal tolerant Silene vulgaris grown on sludge-amended soils[J]. Environ Sci Technol,1995a,29:1581-1585.

Brown S L,Chaney R L,Angle J S,*et al*. Zinc and cadmium uptake by hyperaccumulator*Thlaspi caerulescens* grown in nutrient solution[J]. Soil Sci Soc Am J,1995b,59:125-133.

Cakmak D,Saljnikov E,Mrvic V,*et al*. Soil properties and trace elements contents following 40 Years of phosphate fertilization[J]. J Environ Qual,2010,39, 541-547.

Cang L,Wang Y,Zhou D,*et al*. Heavy metals pollution in poultry and livestock feeds and manures under intensive farming in Jiangsu Province,China[J]. Journal of Environmental Sciences,2004,16(3):371-374.

Dijkshoorn W,Lampe J E M,*et al*. The effect of soil pH and chemical form of nitrogen fertilizer on heavy-metal contents in ryegrass[J]. Fert Res,1983a,4: 63-74.

Dijkshoorn W,Lampe J E M,*et al*. Effect of soil pH and ammonium and nitrate treatments on heavy metals in ryegrass from sludge-amended soil[J]. Neth J Agric Sci,1983b,31:181-188.

Ebbs S D,Lasat M M,Brady D J,*et al*. Phytoextraction of cadmium and Zinc from a contaminated soil[J]. J Environ Qual,1997,26:1424-1430.

Eriksson J E,Effects of nitrogen-containing fertilizers on solubility and plant uptake of cadmium[J]. Water Air Soil Pollut,1990,49:245-253

Haynes R J. Active ion uptake and maintenance of cation-anion balance. A critical examination of their role in regulating rhizosphere pH[J]. Plant Soil,1990,126:247-264.

Huang S W,Jin J Y. Status of heavy metals in agricultural soils as affected by different patterns of landuse[J]. Environmental Monitoring and Assessment,2008,139(1-3):317-327.

Keller C,Hammer D. Metal availability and soil toxicity after repeatedcroppings of *Thlaspi caerulescens* in metal contaminated soils[J]. Environmental Pollution,2004,131(2):243-254.

Knight B,Zhao F J,McGrath S P,*et al*. Zinc and cadmium uptake by hyperaccumulator *Thlaspi caerulescens* in contaminated soils and its effects on the concentration and chemical speciation of metals in soil solution[J]. Plant and Soil,1997,197:71-78.

Knox A S,Kaplan D I,Paller M H. Phosphate sources and their suitability for remediation of contaminated soils[J]. Sci Total Environ,2006,357,271-279.

Kumar P B A N,Dushenkov V,Motto H,*et al*. Phytoextration-the use of plant to remove heavy metals from soils [J]. Environ Sci Technol, 1995, 29: 1232-1238.

Laperche V,Logan T J,Gaddam P,*et al*. Effect of apatite amendments on plant uptake of lead from contaminated soil[J]. Environ Sci Technol,1997,31: 2745-2753.

Li L,Zhang F,Li X L,*et al*. Interspecific facilitation of nutrient upake by intercropped maize and faba bean[J]. Nutrient Cycling in Agroecosystems,2003,65:61-71.

Lombi E,Zhao F J,Wieshammer G,*et al*. In situ fixation of metals in soils using residue:biological effects[J]. Environ Pollu,2002a,118:445-452.

Lombi E,Zhao F J,Wieshammer G,*et al*. In situ fixation of metals in soils using bauxite residue:chemical assessment[J]. Environ Pollu,2002b,118:435-443.

Marcato C E,Pinelli E,Pouech P,*et al*. Particle size and metal distributions in anaerobically digested pig slurry[J]. Bioresource Technology,2008,99(7): 2340-2348.

Martin J A R,Arias M L,Corbi J M G. Heavy metals contents in agricultural topsoils in the Ebro basin(Spain). Application of the multivariate geostatistical methods to study spatial variations[J]. Environmental Pollution,2006,144: 1001-1012.

Mench M J. Cadmium availability to plants in relation to major long-term changes in agronomy systems[J]. Agricul Ecasys Environ,1998,67:175-187.

Mohamed I,Ahamadou B,Li M,*et al*. Fractionation of copper and cadmium and their binding with soil organic matter in a contaminated soil amended with organic materials[J]. Journal of Soils and Sediments,2010,10(6):973-982.

Munksgaard N C,Lottermoser B G,Fertilizer amendment of miningimpacted soils from Broken hill,Australia:fixation or release of contaminants? [J]. Water Air Soil Pollution,2011,215:373-397.

Ni C Y,Shi J Y,Luo Y M,*et al*. "Co-culture engineering" for enhanced phytoremediation of metal contaminatedsoils[J]. Pedosphere,14(4):475-482.

Nicholson F A,Smith S R,Alloway B J,*et al*. An inventory of heavy metals inputs to agricultural soils in England and Wales[J]. Science of the Total environment,2003,311(1):205-219.

Oliver D P,Schultz J E,Tiller K G,*et al*. The effect of crop rotations and tillage practices on Cd concentrations in wheat grain[J]. Aust J Soil Res,1993,44:1221-1234.

Parkpian P,Leong S T,Laortanakul P,*et al*. Regional monitoring of lead and cadmium contamination in a tropical grazing land site,Thailand[J]. Environmental Monitoring and Assessment,2003,85(2):157-173.

Robinson B,*et al*. The potential of some hyperaccumulators for phytoremediation of contaminated soils. Proceedings of the 16th world congress of soil science [C]. Montpellier,France,1998.

Ru S H,Xing J P,Su D C. Rhizosphere Cadmium speciation and mechanisms of Cadmium tolerance in different oilseed rape species[J]. Journal of Plant Nutrition,2006,29:921-932.

Ru S H,Wang J Q,Su D C. Characteristics of Cd uptake and accumulation in two Cd accumulator oilseed rape species[J]. Journal of Environmental Sciences,2004,16(4):594-598.

Salt D E,Prince R C,Pickering I J,*et al*. Mechanisms of cadmium mobility and accumulation in Indian Mustard[J]. Plant Physiol,1995,109:1427-1433.

Su D C,Jiao W P,Zhou M,*et al*. Can Cadmium uptake by Chinese cabbage be reduced after growing Cd-accumulating rapeseed? [J]. Pedosphere,2010,20(1):90-95.

Su D C,Wong J W C. Phytoremediation potential of oilseed rape(*B. Juncea*)for Cadmium contaminated soil[J]. Bull Environ Contam Toxicol,2004,72:991-998.

Su D C, Xing J P, Jiao W P, *et al*. Cadmium uptake and speciation change in the rhizosphere of cadmium accumulator and non-accumulator oilseed rape varieties. Journal of Environmental Science, 2009, 21: 1125-1128.

Tu C, Zheng C R, Chen H M, Effect of applying chemical fertilizers on forms of lead and cadmium in red soil[J]. Chemosphere, 2000, 41: 133-138.

Wang M, Zou J H, Duan X H, *et al*. Cadmium accumulation and its effects on metal uptake in maize (Zea mays L.) [J]. Bioresource Technology, 2007, 98: 82-88.

Wangstrand H, Eriksson J, Oborn I. Cadmium concentration in winter wheat as affected by nitrogen fertilization[J]. European Journal of Agronomy, 2007, 26: 209-214.

Whiting S N, Lake J R, Mcgrath S P, *et al*. Hyperaccumulator of Zn by*Thlaspi caerulescens* can ameliorate Zn toxicity in rhizosphere of cocropped *Thlaspi arvense*[J]. Environ Sci Technol, 2001a, 35: 3237-3241.

Whiting S N, Leake J R, McGrath S P, *et al*. Assessment of Zn mobilization in the rhizosphere of *Thlaspi caerulescens* by bioassay with non-accumulator plants and soil extraction[J]. Plant and Soil, 2001b, 237: 147-156.

Xiong X, Yanxia L, Wei L, *et al*. Copper content in animal manures and potential risk of soil copper pollution with animal manure use in agriculture[J]. Resources, Conservation and Recycling, 2010, 54(11): 985-990.

Zhang F S, Li L. Using competitive and facilitative interactions in intercropping systems enhances crop productivity and nutrient-useefficiency[J]. Plant and Soil, 2003, 248(1-2): 305-312.

陈怀满.土壤中化学物质的行为与环境质量[M].北京:科学出版社,2002:46-136.

贾乐,朱俊艳,苏德纯.秸秆还田对镉污染农田土壤中镉生物有效性的影响[J].农业环境科学学报,2010,29(10):1992-1998.

姜丽娜,邵云,李春喜,等.镉在小麦植株体内的吸收、分配和累积规律研究[J].河南农业科学,2004(7):13-16.

李德明,朱祝军,钱琼秋.白菜镉积累基因型差异研究[J].园艺学报,2004,31(1):97-98.

林而达,等.中国农业土壤固碳潜力与气候变化[M].北京:科学出版社,2005:114-115.

茹淑华,苏德纯,王激清,等.积累Cd油菜吸收Cd潜力及其根分泌物对土壤Cd的活化[J].农业环境科学学报,2005,24(1):17-21.

苏德纯,黄焕忠.油菜作为超积累植物修复镉污染土壤的潜力研究[J].中国环境科学,2002,22(1):48-51.

万云兵,仇荣亮,陈志良,等.重金属污染土壤中提高植物提取修复功效的探讨[J].环境污染治理技术与设备,2002,3(4):56-59.

王激清,茹淑华,苏德纯.印度芥菜和油菜互作对各自吸收土壤中难溶态镉的影响[J].环境科学学报,2004,24(5):890-894.

王激清,茹淑华,苏德纯.氮肥形态和螯合剂对印度芥菜和高积累镉油菜吸收镉的影响[J].农业环境科学学报,2004,23(4):625-629.

姚会敏,杜婷婷,苏德纯.不同品种芸薹属蔬菜吸收累积镉的差异[J].中国农学通报,2006,22(1):291-294.

运广荣.中国蔬菜实用新技术大全·北方蔬菜卷[M].北京:北京科学技术出版社,2004:1:48,108.

杨肖娥,龙新宪,倪吾钟.超积累植物吸收重金属的生理及分子机制[J].植物营养与肥料学报,2002,8(1):8-15.

张福锁,陈新平,陈清,等.中国主要作物施肥指南[M].北京:中国农业大学出版社,2009:112-118.

张亚丽,沈其荣.有机肥料对镉污染土壤的改良效应[J].土壤学报,2001,38(2):212-218.

张云青,张涛,李洋,等.畜禽粪便有机肥中重金属在不同农田土壤中生物有效性动态变化[J].农业环境科学学报,2015,34(1):87-96.

赵步洪,张洪熙,奚岭林,等.杂交水稻不同器官镉浓度与累积量[J].中国水稻科学,2006,20(3):306-312.

郑凤英,张英珊.我国秸秆资源的利用现状及其综合利用前景[J].西部资源,2007(1):25-26.

周启星,宋玉芳.污染土壤修复原理与方法[M].北京:科学出版社,2004:1-42.

第七章　微生物在土壤重金属污染修复中的作用和影响机制

一、土壤微生物分布特性与重金属污染土壤生物修复

(一)土壤微生物的分布特征及其生态功能

1. 土壤微生物的分布特征

土壤是地球上生命活动最活跃,也是生命形态最丰富的区域(Young 等,2008;Ranjard 等,2013)。作为一个自然的循环体系,土壤直接或间接提供了地球生命活动所需的绝大部分物质和能源(Van Horn 等,2013;van der Heijden 等,2013)。微生物是土壤环境中最为丰富的生命体,同时也是地球上生命形态最丰富、生命活动最活跃的生物群体之一(van der Heijden 和 Wagg,2013;Vos 等,2013)。研究结果表明,即使小到 1 cm^3 的土壤,其所含的微生物种类(包含古菌、细菌、放线菌、真菌、病毒等)也可以普遍达到数千甚至上百万种(Fierer 等,2012)。土壤环境由于其特殊的多孔性、空间异质性、水不饱和性(大多环境条件下)以及水分条件的时空变化等因素是最复杂的生态环境(Or 等,2007;Deschene 等,2010)。这些环境因素极大地影响着土壤微生物的能动性(Wang 和 Or,2010),种群之间的竞争和共存(Wang 和 Or,2012;2013),进而影响微生物种群的时空分布和功能(Wang 等,2014),以及微生物群落与其小生境之间的交互作用和影响(Philippot 等,2013)。

微生物普遍存在并活跃于土壤复杂的三维孔隙空间之中。土壤本身所具有的多孔特性及其在时域和空间分布的各向异性,以及土壤中的水、气、固三态之间形成的多种不同界面,造就了数量庞大的适合不同微生物生长的小生境,进而促成了土壤微生物的多样性及其复杂的生态功能(Young 等,2008;Ruamps 等,2011;Vos 等,2013)。总的来说,土壤中的微生物以细菌数量最多,放线菌次之,真菌再次之,然后是藻类、原生动物和微型动物等依次排列。土壤中微生物的水平分布主要取决于碳源,比如森林土壤中普遍存在分解纤维素的微生物;含动、植物残体较多的土壤中往往富含氨化和硝化细菌等;而油田地区则一般存在以碳氢化合物为碳源的微生物(Liu 等,2008)。土壤中微生物的垂直分布与光照辐射、营养物质、水、温度以及 pH 等因素有关(Fierer 和 Jackson,2006;Yu 和 Steinberger,2012)。

土壤作为一个整体,是一个极其复杂的生命活动的载体(Fierer 等,2012;van

der Heijden 和 Wagg,2013);所有发生在其中的化学、物理以及地质活动等都将影响其中生命形态的存在方式及其生态功能(Vos 等,2013)。同时,微生物是能动的个体,这种能动性赋予它们极其顽强和丰富的生命活动能力,比如它们能够寻找和开发新的、并且适合其更好生长的小生境,还有它们往往能够分泌胞外聚合物并以此建立相对稳固的微生物聚集体或聚集区、进而改变环境条件或者能更好地适应环境条件(Or 等,2007;Van Horn 等,2013)。

水是地球上一切生命活动不可或缺的元素,水分含量的不稳定性及其动态变化是土壤的一个重要特征(Chang 和 Halverson,2003;Or 等,2007)。土壤含水量是微生物分布和生态功能的主要影响因素之一(Prosser 等,2007;Torsvik 和 Ovreas,2008;Vos 等,2013);不饱和土壤中微生物的多样性往往可以比饱和土壤中的高出几个数量级(Treves 等,2003)。在微观尺度,土壤水分条件对微生物生命活动最直接而且最重要的作用是影响其能动性(Prosser 等,2007)。对于地球上大多数的土壤而言,其中绝大部分时间内土壤水分含量一般都较低(处于不饱和状态),因此微生物的能动性受到极大的限制;受限的能动性往往会影响微生物的生长、种群的迁移以及不同种群之间的竞争和共存(Or 等,2007;Dechesne 等,2010;Wang 和 Or,2010)。同时,在不饱和土壤中,由于水分空间分布的不连续性,营养物质通过水流流动传输的通道被阻断,转而主要通过扩散传输;此时,微生物的能动性对于其生长、繁殖以及种群竞争的影响就显得尤为重要(Wang 和 Or,2010)。这是因为在土壤环境中,即使在小如数十微米的空间范围内也可以发现明显的营养物质浓度梯度(Mitchell 和 Kogure,2006)。借助于本身的能动性,微生物能轻易通过这些浓度区间,找到最适合自身生长的小生境;而在能动性受限的情况下,微生物往往只能望“食物”兴叹(Or 等,2007;Banavar 和 Maritan,2009;Wang 和 Or,2010)。

土壤中营养物质的复杂性以及其在时间和空间分布上的不连续性和变化性则是土壤的另外一个重要特性;通常被认为是影响微生物群落结构和种群多样性以及其生态功能的重要环境因子(Hall 和 Colegrave,2006;乔俊等,2010;刘银银等,2013)。Dion(2008)认为正是由于土壤本身所具有的空间异质性以及其中水、氧气和营养物质等物理化学条件在时间和空间分布上的不连续性对微生物生命活动所产生的持续不断的影响,才导致了微生物在时间和空间分布上的无规律性和微生物种群及其生态功能的复杂多样性。

2. 土壤微生物的生态功能

土壤微生物在自然生态系统中扮演着积极的清道夫的角色(宋长青等,2013),它们参与到土壤中发生的几乎所有的生物降解和化学物质的迁移过程中,对生态系统乃至整个生物圈的能量流动和物质循环起着不可替代的作用(Torsvik 和 Ovreas,2002;林先贵和胡君利,2008;Fierer 等,2012)。总的来说,土壤微生物主要的生态功能可以归结为以下几个方面(林先贵和胡君利,2008;van der Heijden和Wagg,2013):①参与有机物的分解;②生态系统中的初级生产者;③参与能量和物质循环;④地球生物演化的先锋种类。

土壤微生物(主要是异养微生物)参与有机物质的分解过程是其最重要的生态功能之一;它们分解土壤中的动物、植物和微生物残体,并最终将其转化成简单的无机物(Torsvik和Ovreas,2002;Rantalainen等,2008);同时,微生物对人为活动产生的环境污染物也具有很强的分解能力,如重金属污染物、农药和抗生素等(Chang等,2013;Alhasawi等,2015;Kumar等,2015)。

土壤中存在光能自养型和化能自养型微生物,例如蓝藻和化能自养菌等,它们是生态系统的初级生产者。这一类微生物一方面可以直接利用太阳能、无机物的化学能作为能量来源;另一方面它们所积累下来的能量又可以在生态系统的食物链和食物网中流动。由于微生物既是物质和能量循环的发起者(有机物的分解者),又是物质和能量循环的承担者(物质和能量的利用者和生产者),所以,土壤微生物参与土壤以及生物圈几乎所有的能量和物质循环;地球上绝大部分元素以及化合物都直接或间接受到微生物的作用(Torsvik和Ovreas,2002)。例如地球上90%以上的有机物的矿化都是由细菌和真菌完成的(Stockmann等,2014)。微生物是地球上最早出现的生命形态。作为地球生命的开拓者,特别是藻类,它们的产氧作用得以改变地球大气圈的气体组成,为地球上植物、动物以及我们人类的出现和演化提供了必要的条件。即便是现在,微生物仍然是地球上原生裸地和受损生态系统的演化及恢复的先锋开拓者(Stockmann等,2014;Helliwell等,2014)。

(二)土壤重金属污染微生物修复研究背景与意义

土壤重金属污染物主要来源于大气沉降、污水灌溉、矿山的开采和冶炼、工业废渣和工业废弃物堆放等(Nanda和Abraham,2013;Kumar等,2015)。大多数重金属在土壤中移动性差、滞留时间长;当大量的重金属进入土壤后,就很难在生物物质循环和能量交换过程中分解,更难以从土壤中迁出,逐渐对土壤的理化性质、土壤生物特性和微生物群落结构产生明显的不良影响,进而影响土壤生态结构和功能的稳定性,导致土壤退化以及农作物产量和品质的下降(Kumar等,2015)。

土壤重金属污染物通过作物根部的吸收进入作物体内,蓄积到一定程度后不仅会对作物本身产生毒害,还会通过食物链富集到人和动物体中,从而危害人和动物的健康、引发疾病,对人类社会的生命健康造成严重的威胁(Li等,2014;Liu等,2014)。土壤重金属污染往往还会导致一系列其他的生态环境问题,比如重金属含量高的受污染表土容易在水力和风力等的作用下进入到大气和水体中,导致大气和水体的污染,进而引发生态系统退化等一些次生生态环境问题(郭彬等,2007)。因此,土壤重金属污染修复具有时局重要性和紧迫性。

目前，土壤重金属污染主要是通过物理、化学和生物三方面的方法进行修复。而土壤重金属污染的微生物修复技术由于其费用低廉、效果好、不污染环境等优点已经成为土壤和环境科学领域的重点研究内容之一（Kumar 等，2015；Alhasawi 等，2015）。同时，现代宏基因组学技术、分子生物学以及单细胞和孔隙尺度的土壤生物物理学的发展为土壤重金属污染的生物修复提供了必要的理论和技术支持（Wang 和 Or，2010，2013；Fierer 等，2012；Klindworth 等，2013）。微生物作为土壤中生命形态最丰富、生命活动最活跃的生物群体之一，是土壤生态系统功能强大的原动力，同时也是环境修复技术的核心内容，积极深入地开展重金属污染微生物修复及其关联技术的研究，将为保护耕地和土壤生态安全、合理利用土壤微生物使其更好地为治理环境污染发挥重要的作用。

（三）土壤重金属污染微生物修复机制

土壤重金属污染的微生物修复技术是指利用天然存在的或人工培养的功能微生物群，在适宜的环境条件下，促进或强化微生物代谢功能，从而达到降低有毒污染物活性或直接将之降解成无毒害物质的生物修复技术；当下该技术已经成为重金属污染土壤修复技术的重要组成部分（Kumar 等，2015；Alhasawi 等，2015）。土壤重金属污染的微生物修复是利用微生物对重金属具有一定的抗性和解毒作用，主要通过微生物对重金属的溶解、转化、吸附与固定功能等实现降低或解除重金属毒害性的目的（Perales-Vela 等，2006），其修复的机制包括表面生物大分子吸收转运、生物吸附和氧化还原反应、细胞代谢、空泡吞饮等（Vijayaraghavan 和 Yun，2008；Hawumba 等，2010）。具体来说，可以区分为：①微生物对土壤重金属生物有效性的影响和作用机制，包括土壤微生物对重金属溶解和沉淀的影响和作用机制、菌根真菌对土壤重金属生物有效性的影响和作用；②微生物对土壤重金属形态转换与运移的影响和作用机制，主要指微生物对土壤重金属氧化还原过程的影响和作用，以及微生物对土壤重金属的生物吸附与富集作用（Uslu 和 Tanyol，2006；Boricha 和 Fulekar，2009），如图 7-1 所示。

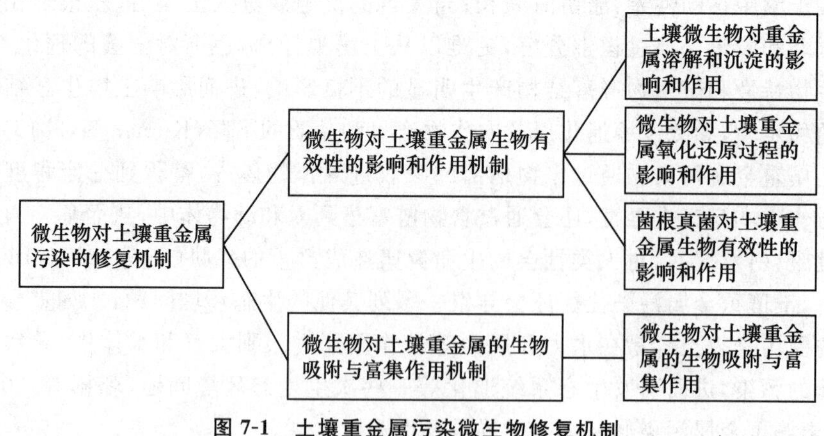

图 7-1　土壤重金属污染微生物修复机制

二、微生物对土壤重金属生物有效性的影响和作用机制

(一)土壤微生物对重金属溶解和沉淀的影响和作用机制

土壤重金属污染微生物治理的一个重要内容是利用微生物对重金属的溶解和沉淀功能达到分离或固定重金属污染物的目的(Alhasawi 等,2015)。土壤中的重金属往往以不同的化学形态存在于土壤固相(例如与原生或次生矿物结合,或被矿物表面和有机质所吸附)或土壤液相(以重金属自由离子形态,或以可溶性有机和无机复合物形态)。一般情况下,土壤固相和液相中的重金属成分始终处于一个动态平衡状态,然而,土壤液相中重金属成分的运动性和生物有效性往往更大。微生物与土壤中重金属的生物地球化学循环密切相关,微生物的代谢活动一方面可以溶解、释放土壤固相吸附或结合的重金属,从而增加其移动性和生物有效性;另一方面,微生物的生命活动也可以使土壤液相中的重金属发生吸附或沉淀作用,从而降低其移动性和生物有效性(Tabak 等,2005;Gadd,2008)。

1. 土壤微生物提高重金属的生物有效性

土壤微生物对重金属的溶解功能主要是通过各种代谢活动直接或间接进行的(Tabak 等,2005;Fonti 等,2015),包括促进难溶性重金属化合物的溶解和促进黏土矿物或有机质表面吸附的金属的解吸作用,使原本存在于土壤固相中的重金属成分转移到土壤液相中,从而增加重金属的移动性和生物有效性。比如,微生物能够通过代谢过程产生各种有机酸以及其他代谢产物,这些物质能够有效地溶解重金属或者含重金属的矿物质、增加土壤中重金属的流动性和生物有效性(Gadd,2010);而地表环境中广泛存在的金属还原菌(如希瓦菌等)能够将环境中的金属氧化物还原成低价的金属离子、从而使重金属从矿物形态转移到游离的离子态(Jiang 等,2013;Muehe 等,2013;Kim 等,2013);另外,环境中普遍存在的一些酸根离子(例如磷酸根或碳酸根离子)则会与这些金属离子结合生成一些次生矿,典型的如菱铁矿、磁铁矿等,造成游离态金属离子的再沉淀(Wang 等,2008;Hohmann 等,2010)。微生物酸化土壤环境的途径有多种,主要可以分为:①微生物细胞通过质膜 ATPase 排出 H^+;②细菌通过分泌有机酸促进土壤酸化;③细菌通过二氧化碳同化呼吸作用形成碳酸;④维持土壤环境中的电荷平衡等。土壤的酸化不仅能促进土壤中难溶性重金属化合物的溶解,并且还能促进土壤(主要是土壤团聚体、有机质以及土壤中的各种胶体物质等)表面吸附重金属的解吸。土壤微生物分泌的胞外代谢物(如高铁载体和有机酸等)对重金属也具有很强的结合能力。例如,假单胞菌类细菌产生高铁载体不仅可以增加土壤中 Fe(Ⅲ)的有效性,对其他金属

(Cd、Cr、Cu、Ni、Pb、Zn)也有一定活化作用(Diels 等,2002)。另外,土壤微生物分泌的氨基酸、草酸和柠檬酸等有机酸不仅能酸化土壤环境,而且与重金属离子具有很强的络合能力,从而大大促进土壤重金属的溶解和解吸作用,进而促进土壤中重金属的生物有效性。

2. 土壤微生物降低重金属的生物有效性

土壤微生物对重金属的生物固定机制有很多种,主要表现为细菌组分或胞外聚合物对重金属离子或化合物的吸附作用,细菌对重金属的生物吸收和胞内积累作用,以及细菌的代谢活动或代谢产物直接或间接促进重金属发生沉淀反应、形成重金属磷酸盐、重金属氧化物和重金属硫化物等,所有的这些生物、物理和化学过程都可降低土壤环境中重金属成分的溶解性和移动性,从而减少重金属的生物有效性和对植物的毒害作用(张广柱等,2009)。例如,一些土壤微生物(如动胶菌、蓝细菌、硫酸还原菌和藻类等)能够产生具有大量阴离子基团的胞外聚合物(如多糖和糖蛋白等),这些胞外聚合物质中的酰胺、羧基、烃基、酯类等与重金属有很强的结合能力,能够与重金属离子形成稳定的络合物,有助于可溶性 Cd^{2+}、Hg^{+}、Cu^{2+} 和 Zn^{2+} 等重金属离子发生沉淀反应,从而有效地降低这些重金属离子的活度和生物有效性(Waldron 等,2009)。研究表明,相当多的金属还原菌能够将移动性和毒性大的 Cr(Ⅵ)还原为相对低毒性和低移动性的 Cr(Ⅲ);同时,Cr(Ⅲ)在适当的土壤环境条件下(如微碱性)容易发生沉淀反应形成不易溶的 $Cr(OH)_3$(Tabak 等,2005)。一些硫细菌(如脱硫弧菌)和某些克氏杆菌能产生 H_2S 与土壤中的重金属发生反应,生成不溶于水的硫化物沉淀,使土壤中可溶性的重金属从土壤溶液中分离出来,从而降低土壤中重金属的转移性和生物毒性。微生物细胞本身由于具有负电荷性,它们对重金属离子或基团往往具有很强的亲合吸附性,因而能够吸附和钝化重金属,降低重金属的移动性和生物有效性,如图 7-2 所示啤酒酵母菌(*Saccharomyces cerevisiae*)对金属离子的吸附和钝化过程与原理(Waldron 等,2009)。另外,微生物活动导致的生物矿化过程也是固定土壤中重金属的重要方式之一(Hohmann 等,2010;Johnston 等,2013)。

(二)菌根真菌对土壤重金属生物有效性的影响和作用机制

菌根真菌是一类特殊的微生物,它们与植物根系形成一种共生体,包括内生菌根真菌、外生菌根真菌等,能够促进植物对土壤养分的吸收、进而促进植物的生长;同时,这种共生状态还能增强植物体的抗逆境能力,从而促进植物在重金属胁迫环境下的定植和生长发育,其中的作用机制主要包括促进植物对 N、P、Fe 等营养元素的吸收,分泌细菌的细胞分裂素等植物激素、抑制植物乙烯(植物在重金属胁迫下合成的能抑制植物生长或导致其衰老死亡的一类胁迫激素)的产生等(Göhre 和

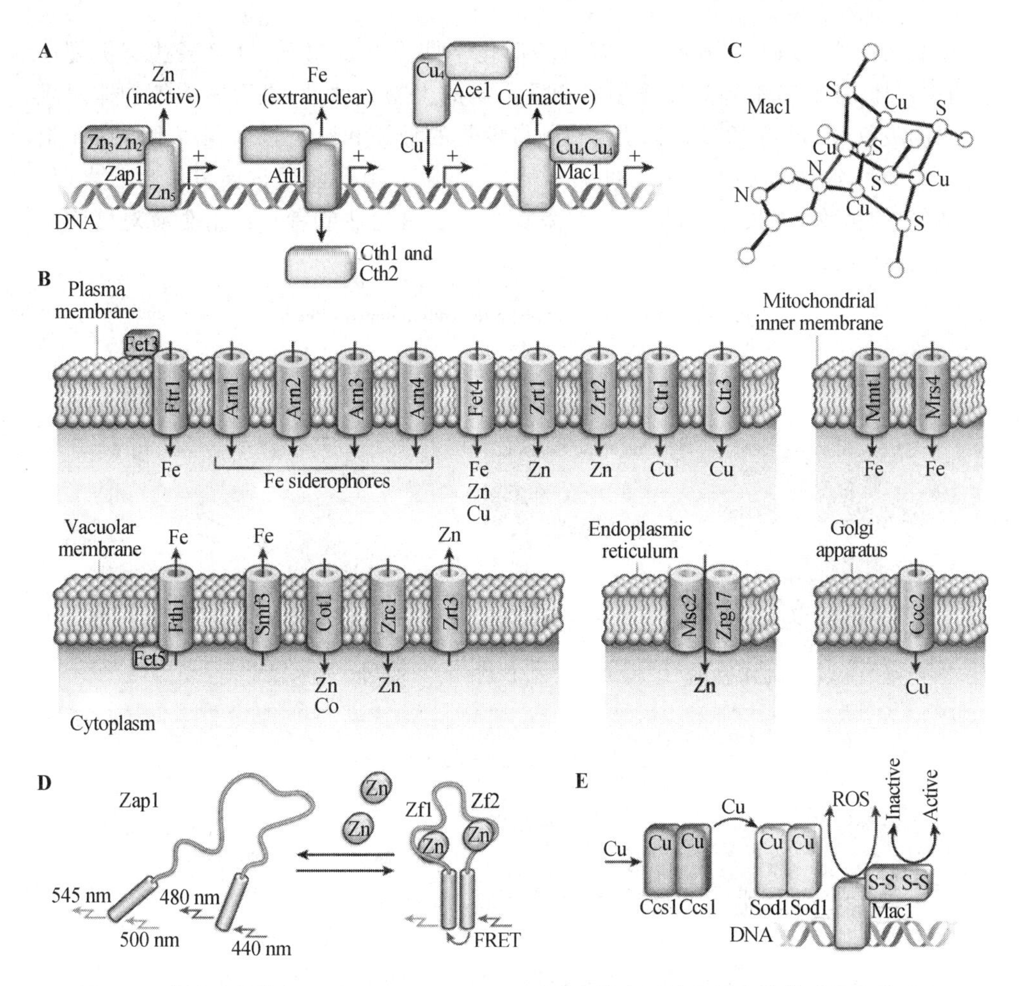

图 7-2　啤酒酵母菌(*Saccharomyces cerevisiae*)对金属离子的吸附和钝化过程及其原理

(摘自 Waldron 等,2009)

Paszkowski,2006;Madhaiyan 等,2007;Weyens 等,2009),如图 7-3 植物-细菌协同修复有害重金属和有机物污染(细菌通过分泌有机酸或铁载体等化合物提高根区环境重金属的生物有效性、进而促进植物根系对重金属的吸收以及向植物体的转运)。因此,通过调控植物根区微生物种群和功能以及其与植物根系的相互作用来促进或降低土壤中重金属的生物有效性,以及改善植物的营养状况、促进植物的生长,从而实现微生物-植物联合修复重金属污染土壤(Chibuike,2013)。这一类技术对于修复和治理土壤重金属污染,特别是在恢复矿藏开采、冶炼后遭到破坏和污染的生境方面有积极的意义。在受重金属污染的土壤环境,菌根真菌可以降低土壤中重金属的毒性、吸附积累重金属,或是改变根际微环境、改变植物根际周围土壤重金属的生物有效性,从而促进植物对重金属的吸收;菌根真菌还可以通过直接的离子交换形式，或通过分泌一些有机酸活化某些重金属离子，分泌某些有机配体（如铁载体等）和激素等间接作用影响重金属的生物有效性，进而影响植物体对重金属的吸收（Luef 等，2012）。植物根际微生物的种类和数量很大程度上取决于根分泌物的种类和数量（Wu 等，2006）。另外，根菌真菌还能通过调节微量元素（例如磷等）与植物生长之间的相互作用来提高植物耐受性或者对抗重金属对植物的毒性（Zaefarian 等，2013）。

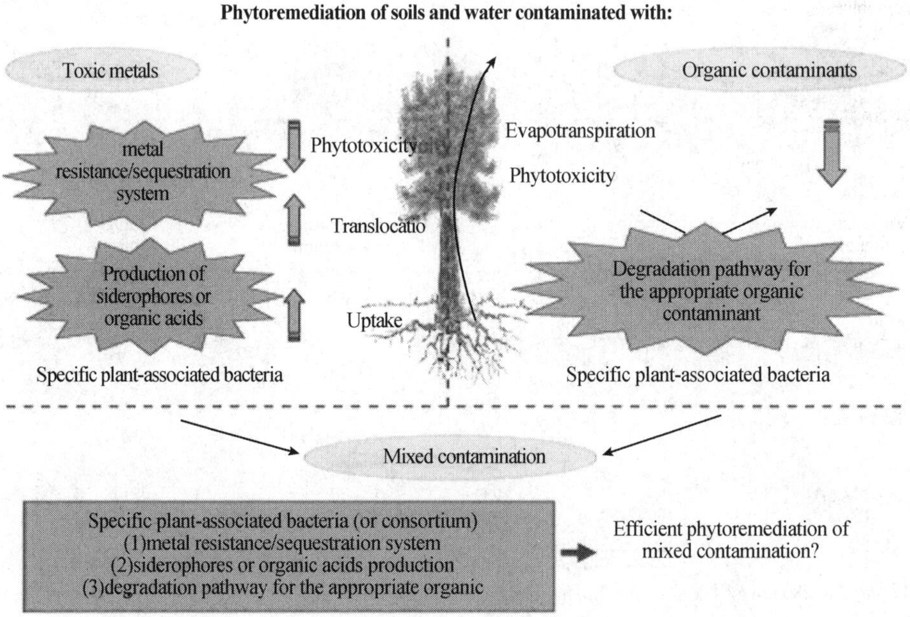

图 7-3　植物-细菌协同修复有害重金属和有机物污染过程示意图——细菌通过分泌有机酸或铁载体等化合物提高根区环境重金属的生物有效性、进而促进植物根系对重金属的吸收以及向植物体的转运

（摘自 Weyens 等，2009）

研究表明，根际细菌通过促进小麦对 P、K、S 和 Ca 等微量元素的吸收，能够显著提高小麦对 Pb 和 Cd 等重金属的耐受力，从而增加小麦在 Pb 和 Cd 等重金属污染土壤的种植产量（Belimov 等，2004）。研究者从 Cd 污染土壤上的印度芥菜根际土壤中提取到了十多种对 Cd 具有抗性的细菌，并发现这些根区微生物能够明显促进印度芥菜幼苗的生长，其中的某些菌株还能产生吲哚乙酸和高铁载体等胞外聚合物或有机配体、通过络合土壤中高毒性的重金属离子从而降低其生物有效性。周建民等（2005）通过遭受铜和锌等重金属污染土壤的玉米种植试验研究，发现玉米菌根真菌有助于消减玉米植株对植物根系部铜的有效吸收。许友泽等（2011）研究发现土壤中的原生微生物能显著减少可溶性 Cr（Ⅵ）的析出。

三、微生物对土壤重金属形态转化与运移的影响和作用机制

(一)微生物对土壤重金属氧化还原影响和作用机制

微生物不能降解重金属离子，但它们通常能够使环境中的重金属发生形态间的相互转化，并且这一类微生物在环境中广泛存在。例如，在长期遭受重金属污染的土壤和水体中，人们往往可以发现相当数量的适应这些重金属污染环境、同时能够氧化或还原这些重金属的微生物类群，它们对这些有毒重金属离子往往具有(或产生了)抗性，并且能够通过自身的活动转化某些重金属离子(Haas 和 Franz，2009)。

土壤中的一些重金属污染物往往以各种形式和各种价位形态存在(Gall 等，2015)。土壤中微生物可以对重金属进行生物转化，其主要机制是微生物通过氧化、还原、甲基化和脱甲基化作用等转化重金属，改变其在环境中的存在方式与形态，进而改变甚至消除其对环境的毒害性(Lemire 等，2013)。微生物能将环境中的重金属元素氧化，例如，自养细菌如硫-铁杆微生物能氧化 As^{3+}、Cu^{+}、Mo^{4+}、Fe^{2+} 等金属离子，使这些金属离子的活性降低，假单孢杆菌(*Pseudomonas*)能氧化 As、Fe、Mn 等，微生物的氧化作用能降低这些重金属元素的活性(Haas 和 Franz，2009)。微生物还可以通过对阴离子的氧化，释放与之结合的重金属离子，比如，氧化铁-硫杆菌等则能通过氧化硫铁矿、硫锌矿中的负二价硫，使金属元素 Fe、Zn、Au、Co 等以离子的形式释放出来，从而提高这些重金属物质的活性(Macomber 和 Imlay，2009；Gadd，2010)。重金属离子一旦进入微生物细胞，也可以通过氧化、还原、甲基化或去甲基化转化成价态稳定、毒性较小或无毒的化合物，从而减轻重金属的毒害作用，主要是微生物的抗性基因编码解毒酶，催化高毒性金属转化为低毒状态(Waldron 和 Robinson，2009；Elias 等，2012)。另外，微生物异化还原金属氧化物过程对土壤重金属污染的治理具有很大的应用价值。

微生物异化还原金属氧化物是自然界中广泛存在的一个重要生命过程，同时也是地球化学和能量循环的重要组成部分(Ma 等，2009)。微生物异化还原过程主要通过以下 3 种方式进行：①微生物通过分泌一些螯合剂将金属离子螯合溶解、然后再将其还原，其中，金属离子螯合剂通过对金属离子的螯合作用，可以在初始阶段提高金属离子的生物有效性，同时，还能显著降低胞外电子传递过程的阻力、加速异化还原过程。②微生物将产生的电子通过电子传递中间体复合物把电子传递给金属氧化物、然后在胞外将其还原，这一过程同样也能降低胞外电子传递过程的阻力，在初始阶段显著加速异化还原过程。Chen 等(2016)通过研究环境中普遍存在的希瓦菌(*Shewanella oneidensis* MR-1)参与的有机砷添加剂洛克沙胂的转化过程发现其不但可以直接通过电子传递转化洛克沙胂，还可以通过把环境中存在的 Fe(Ⅲ)离子还原生成 Fe(Ⅱ)离子，进而利用 Fe(Ⅱ)还原转化洛克沙胂(图 7-4)；同时，上述反应过程中伴生的 Fe(Ⅲ)/Fe(Ⅱ)二次矿化过程所产生的次生铁矿(如菱

铁矿)能够有效吸附有机砷转化的产物3-氨基-4-羟基-苯胂酸(HAPA)、进一步降低有机砷及其产物的生物有效性(图7-5)。③微生物还可以通过吸附接触作用,直接将电子传递给金属氧化物、达到还原金属氧化物的目的;然而,在这一过程中,微生物最终会以生物膜的形式附着在金属氧化物颗粒的表面,抑制膜内的物质扩散、同时减弱电子传递中间体加速异化还原效率的作用(Harrison等,2004)。

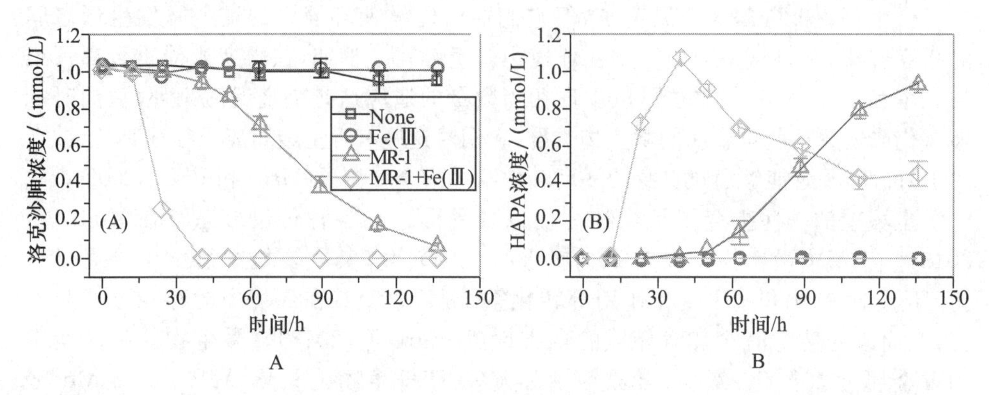

图7-4 希瓦菌参与的洛克沙胂生物转化过程(摘自Chen等,2016)

A.分别在添加Fe(Ⅲ)离子、希瓦菌、希瓦菌和Fe(Ⅲ)离子、以及空白对比试验[未添加Fe(Ⅲ)离子和希瓦菌]情况下洛克沙胂的浓度随时间的变化趋势;B.洛克沙胂转化产物HAPA的浓度随时间的变化趋势,其中,添加希瓦菌和Fe(Ⅲ)离子的试验中期HAPA浓度的减小主要是由于二次矿化产生的次生铁矿对HAPA的吸附作用

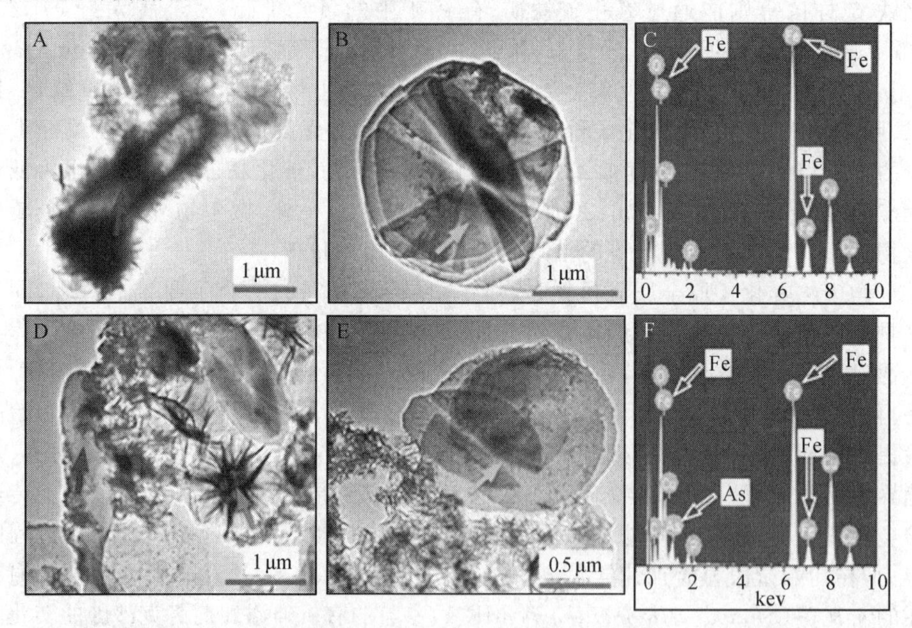

图7-5 希瓦菌参与的洛克沙胂生物转化过程二次矿化产物及其对HAPA的吸附(摘自Chen等,2016)

A和B为未添加洛克沙胂情况下希瓦菌细胞(蓝色箭头)和次生铁矿(红色和绿色箭头)的电镜照片,C是图A中样本的能谱分析(EDS)结果;D和E为添加洛克沙胂情况下希瓦菌细胞(蓝色箭头)和次生铁矿(红色和绿色箭头)的电镜照片,F为图D样本的能谱分析结果

(二)微生物对土壤重金属的生物吸附与富集作用

微生物吸附重金属是污染土壤修复的重要组成部分。微生物对重金属的吸附主要是通过带负电荷的细胞表面吸附重金属离子，或通过摄取必要的营养元素主动吸收重金属离子，并将重金属离子富集在细胞表面或者内部(Nematshahi 等，2012)。微生物菌体对重金属的吸附及吸收作用也大大减少了土壤溶液中可迁移的重金属浓度，减少或减弱土壤重金属污染的毒害性(Mohideena 等，2010)。细胞壁是金属离子进入微生物胞内的主要屏障。在这一过程中，金属离子首先通过静电吸附和官能团(如氨基、羟基、羧基以及磷酸根等)络合固定，然后微生物提供金属结合位点结合这些络合物，减少其向胞内进行输送，以便保护敏感细胞器；当重金属进入细胞器内部并逐渐积累时，微生物的细胞内隔绝会进一步阻止重金属对一些重要细胞器的毒害作用(Macomber 和 Imlay，2009；Elias 等，2012)。而对于细胞化学反应所需要的金属，则可以通过细胞壁运输到原生质中的特定位点，以供微生物细胞利用。

另外，一些真核微生物(如真菌、藻类和酵母)还能将重金属累积于胞内某些特殊细胞器中，减弱其对细胞器的毒害作用，同时，达到富集重金属，并减小重金属污染对生态环境的毒害作用(Singh 等，2014)。研究表明，大多数土壤微生物能够产生胞外聚合物，它们的主要成分包括多糖、糖蛋白和脂多糖等，这些物质普遍具有大量的阴离子基团，它们对重金属离子或含有重金属的基团具有很强的亲合吸附性，因此能够轻易与各种重金属离子结合，成为重金属的有效生物吸附剂(Hannauer 等，2012；Singh 等，2014)。例如，细菌的细胞壁表面常常带有负电荷，而蓝细菌、真菌、动胶菌和一些藻类可以分泌带有阴离子基团的胞外聚合物(如多糖、糖蛋白等)，它们很容易与重金属离子形成络合物，从而有效地将其从土壤中去除，达到降低甚至去除土壤重金属污染的目的(Uslu 和 Tanyol，2006；Hohle 等，2011)。某些微生物分泌的胞外蛋白等物质与重金属结合形成复合物沉淀、降低重金属的迁移性和生物有效性，进而降低重金属的毒害性(Waldron 和 Robinson，2009；Lin 等，2010)。另外，一些微生物能够代谢产生柠檬酸、草酸等物质，这些代谢产物能够与重金属螯合或形成草酸盐等沉淀，从而降低了土壤溶液中重金属的移动性和生物可利用性(Ma 等，2009；Borghese 和 Zannoni，2010)。微生物的另外一个重要功能是能够分泌胞外分解酶，把一些复杂重金属污染物(例如含有重金属的有机化合物等)分解成容易被微生物吸收或吸附的存在形态，进而加速或促进重金属污染物的降解过程(Nanda 和 Abraham，2013)。

四、土壤重金属污染微生物修复存在的问题与研究展望

土壤重金属污染微生物修复技术主要分为异位修复技术和原位修复技术两

类，异位修复技术是指将受污染的土壤利用工程机械挖出后，将预处理的土壤调和至泥浆状，放入生物反应器内，补充必要的营养物质和氧气等，使污染物达到最大程度的降解（Tomei 和 Andrew，2012）。原位修复技术一般是指在不破坏土壤基本结构的情况下，利用自然界存在的或是人工接种的微生物对重金属污染物进行治理的生物修复技术；主要包括生物培养法、人工投菌法和生物通气法（Gadd，2010；Schalk 等，2011）。其中，生物培养法通过定期向污染土壤中加入营养物质、氧气或H_2O_2作为微生物氧化的电子受体，以满足污染土壤中自然存在的重金属降解菌的需要，加速或促进重金属的降解过程；人工投菌法通过向污染土壤直接接种或投加重金属污染物的高效降解菌，同时提供这些微生物生长所需的营养物质来达到重金属污染物的快速和有效降解；生物通气法则是利用真空梯度井等方法把空气注入重金属污染土壤以达到土壤环境中氧气的再补给，同时，其他可溶性营养物质和水则经垂直井或表面渗入的方法得到补充。这一类方法往往用于高浓度的重金属点污染或者石油污染等。

异位修复技术由于需要对污染的土壤进行大范围和深度的微生物预处理，因而处理成本高，一般适合特殊重金属污染位点的修复，而很难应用到治理面源的重金属污染；同时，这类方法往往会破坏土壤的原生态结构以及生态环境。

然而，土壤重金属污染微生物修复技术具有其局限性。比如，一种微生物往往只能降解特定的一种或少数的几种重金属，而没有广谱性；污染土壤的理化特性也往往限制这类修复技术的应用，如低渗透性的土壤可能不适合应用微生物修复技术，这是由于这类土壤往往会由于细菌的过量生长而导致堵塞现象，降低或阻碍微生物修复的有效性；另外，微生物修复技术受各种环境因素的影响很大，因为微生物的活性易受温度、氧气、水分、pH 等环境条件变化的影响，并且微生物修复治理重金属污染一般都需要较长的时间。因此，土壤重金属污染综合修复技术及其应用将是该研究领域今后的一个重要的发展方向；综合技术的研究和应用不但可以弥补单一技术上存在的缺陷，而且各种修复技术合理的综合运用还将为土壤重金属污染的有效治理提供一个重要的突破口（Diaz，2008；Tomei 和 Andrew，2012）。目前，运用生物工程等高科技生物技术，培育能够用于固定重金属的植物和土壤微生物超级工程菌，并运用于土壤污染治理是目前环境科学、环境工程学、植物生理学、微生物学等研究中最活跃的前沿领域之一。

参考文献

Ajaz H M，Arasuc R T，Narayananb V K R，*et al*. Bioremediation of heavy metal contaminated soil by the *Exigobacterium* and accumulation of Cd，Ni，Zn and Cu from soil environment[J]. International Journal of Biological Technology,2010,1(2): 94-101.

Alhasawi A,Costanzi J,Auger C,*et al*. Metabolic reconfigurations aimed at the detoxification of a multi-metal stress in *Pseudomonas fluorescens*: Implications for the bioremediation of metal pollutants[J]. Journal of Biotechnology,2015,200: 38-43.

Banavar J R,Maritan A. Ecology: towards a theory of biodiversity[J]. Nature, 2009,460(7253): 334-335.

Barnese K,Gralla E B,Valentine J S,*et al*. Biologically relevant mechanism for catalytic superoxide removal by simple manganese compounds[J]. Proceedings of the National Academy of Sciences of the United States of America, 2012,109(18): 6892-6897.

Belimov A A,Kunakova A M,Safronova V I,*et al*. Employment of rhizobacteria for the inoculation of barley plants cultivated in soil contaminated with lead and cadmium[J]. Microbiology,2004,73(1): 99-106.

Borghese R, Zannoni D. Acetate permease (ActP) is responsible for tellurite (TeO32 —) uptake and resistance in cells of the facultative phototroph *Rhodobacter capsulatus*[J]. Applied and Environmental Microbiology,2010, 76(3): 942-944.

Boricha H,Fulekar M H. *Pseudomonas plecoglossicida* as a novel organism for the bioremediation of cypermethrin[J]. Biology and Medicine,2009,1(4): 1-10.

Chang W S,Halverson L J. Reduced water availability influences the dynamics, development,and ultrastructural properties of *Pseudomonas putida* biofilms [J]. Journal of Bacteriology,2003,185(20): 6199-6204.

Chang W,Akbari A,Snelgrove J,*et al*. Biodegradation of petroleum hydrocarbons in contaminated clayey soils from a sub-arctic site: the role of aggregate size and microstructure[J]. Chemosphere,2013,91(11): 1620-1626.

Chen G W,Ke Z C,Liang T F,*et al*,Wang G. *Shewanella oneidensis* MR-1-induced Fe(III) reduction facilitates roxarsone transformation[J]. PLoS One, 2016,11(4): e0154017.

Chibuike G U. Use of mycorrhiza in soil remediation: A review[J]. Scientific Research and Essays,2013,8(35): 679-1687.

Dechesne A,Wang G,Gülez G,*et al*. Hydration-controlled bacterial motility and dispersal on surfaces[J]. Proceedings of the National Academy of Sciences of the United States of America,2010,107(32): 14369-14372.

Diels L, Van der Lelie N, Bastiaens L. New developments in treatment of heavy metal contaminated soils[J]. Reviews in Environmental Science and Biotechnology, 2002, 1(1): 75-82.

Dion P. Extreme views on prokaryoteevolution[M]. Microbiology of Extreme Soils. Springer Berlin Heidelberg, 2008: 45-70.

Elías A O, Abarca M J, Montes R A, *et al*. Tellurite enters *Escherichia coli* mainly through the PitA phosphate transporter[J]. Microbiology Open, 2012, 1(3): 259-267.

Elias M, Wellner A, Goldin-Azulay K, *et al*. The molecular basis of phosphate discrimination in arsenate-rich environments[J]. Nature, 2012, 491(7422): 134-137.

Ferrol N, González-Guerrero M, Valderas A, *et al*. Survival strategies of arbuscular mycorrhizal fungi in Cu-polluted environments[J]. Phytochemistry Reviews, 2009, 8(3): 551-559.

Fierer N, Jackson R B. The diversity and biogeography of soil bacterial communities[J]. Proceedings of the National Academy of Sciences of the United States of America, 2006, 103(3): 626-631.

Fierer N, Leff J W, Adams B J, *et al*. Cross-biome metagenomic analyses of soil microbial communities and their functional attributes[J]. Proceedings of the National Academy of Sciences of the United States of America, 2012, 109(52): 21390-21395.

Fonti V, Beolchini F, Rocchetti L, *et al*. Bioremediation of contaminated marine sediments can enhance metal mobility due to changes of bacterial diversity[J]. Water Research, 2015, 68: 637-650.

Gadd G M. Metals, minerals and microbes: geomicrobiology and bioremediation[J]. Microbiology, 2010, 156(3): 609-643.

Gall J E, Boyd R S, Rajakaruna N. Transfer of heavy metals through terrestrial food webs: a review[J]. Environmental Monitoring and Assessment, 2015, 187(4): 1-21.

Göhre V, Paszkowski U. Contribution of the arbuscular mycorrhizal symbiosis to heavy metal phytoremediation[J]. Planta, 2006, 223(6): 1115-1122.

Haas K L, Franz K J. Application of metal coordination chemistry to explore and manipulate cell biology[J]. Chemical Reviews, 2009, 109(10): 4921-4960.

Hall A R, Colegrave N. How does resource supply affect evolutionary diversification? [J]. Proceedings of the Royal Society of London B: Biological Sciences,2007,274(1606): 73-78.

Hannauer M,Braud A,Hoegy F,*et al*. The PvdRT-OpmQ efflux pump controls the metal selectivity of the iron uptake pathway mediated by the siderophore pyoverdine in *Pseudomonas aeruginosa* [J]. Environmental Microbiology, 2012,14(7): 1696-1708.

Harrison J J,Ceri H,Stremick C A,*et al*. Biofilm susceptibility to metal toxicity [J]. Environmental Microbiology,2004,6(12): 1220-1227.

Hawumba J F,Sseruwagi P,Hung Y T,*et al*. Bioremediation[M]//Environmental Bioengineering. Humana Press,2010:227-316.

Helliwell J R,Miller A J,Whalley W R,*et al*. Quantifying the impact of microbes on soil structural development and behaviour in wet soils[J]. Soil Biology and Biochemistry,2014,74: 138-147.

Hohle T H,Franck W L,Stacey G,*et al*. Bacterial outer membrane channel for divalent metal ion acquisition[J]. Proceedings of the National Academy of Sciences of the United States of America,2011,108(37): 15390-15395.

Hohmann C, Winkler E, Morin G, *et al*. Anaerobic Fe (II)-oxidizing bacteria show As resistance and immobilize As during Fe (III) mineral precipitation [J]. Environmental Science & Technology,2009,44(1): 94-101.

Jiang S,Lee J H,Kim D,*et al*. Differential arsenic mobilization from As-bearing-ferrihydrite by iron-respiring *Shewanella* strains with different arsenic-reducing activities [J]. Environmental Science & Technology, 2013, 47 (15): 8616-8623.

Johnston C W,Wyatt M A,Li X,*et al*. Gold biomineralization by a metallophore from a gold-associated microbe[J]. Nature Chemical Biology, 2013, 9 (4): 241-243.

Kim D H,Kim M G,Jiang S,*et al*. Promoted reduction of tellurite and formation of extracellular tellurium nanorods by concerted reaction between iron and *Shewanella oneidensis* MR-1 [J]. Environmental Science & Technology, 2013,47(15): 8709-8715.

Klindworth A,Pruesse E,Schweer T,*et al*. Evaluation of general 16S ribosomal RNA gene PCR primers for classical and next-generation sequencing-based diversity studies[J]. Nucleic Acids Research,2012: gks808.

Kumar K S,Dahms H U,Won E J,*et al*. Microalgae-a promising tool for heavy metal remediation[J]. Ecotoxicology and Environmental Safety, 2015, 113: 329-352.

Lemire J A, Harrison J J, Turner R J. Antimicrobial activity of metals: mechanisms, molecular targets and applications[J]. Nature Reviews Microbiology, 2013, 11(6): 371-384.

Li M, Cheng X, Guo H. Heavy metal removal by biomineralization of urease producing bacteria isolated from soil[J]. International Biodeterioration & Biodegradation, 2013, 76: 81-85.

Li Z, Ma Z, van der Kuijp T J, *et al*. A review of soil heavy metal pollution from mines in China: pollution and health risk assessment[J]. Science of the Total Environment, 2014, 468: 843-853.

Lin W, Chai J, Love J, *et al*. Selective electrodiffusion of zinc ions in a Zrt-, Irt-like protein, ZIPB[J]. Journal of Biological Chemistry, 2010, 285(50): 39013-39020.

Liu H, Wang G, Ge J, *et al*. Fate of roxarsone during biological nitrogen removal process in wastewater treatment systems[J]. Chemical Engineering Journal, 2014, 255: 500-505.

Luef B, Fakra S C, Csencsits R, *et al*. Iron-reducing bacteria accumulate ferric oxyhydroxide nanoparticle aggregates that may support planktonic growth [J]. The ISME Journal, 2013, 7(2): 338-350.

Ma Z, Jacobsen F E, Giedroc D P. Coordination chemistry of bacterial metal transport and sensing[J]. Chemical Reviews, 2009, 109(10): 4644-4681.

Macomber L, Imlay J A. The iron-sulfur clusters of dehydratases are primary intracellular targets of copper toxicity[J]. Proceedings of the National Academy of Sciences of the United States of America, 2009, 106(20): 8344-8349.

Madhaiyan M, Poonguzhali S, Sa T. Metal tolerating methylotrophic bacteria reduces nickel and cadmium toxicity and promotes plant growth of tomato (*Lycopersicon esculentum* L.)[J]. Chemosphere, 2007, 69(2): 220-228.

Mitchell J G, Kogure K. Bacterial motility: links to the environment and a driving force for microbial physics[J]. FEMS Microbiology Ecology, 2006, 55(1): 3-16.

Muehe E M, Scheer L, Daus B, *et al*. Fate of arsenic during microbial reduction of biogenic versus abiogenic As-Fe (III)-mineral coprecipitates[J]. Environmental Science & Technology, 2013, 47(15): 8297-8307.

Nanda S, Abraham J. Remediation of heavy metal contaminated soil[J]. African Journal of Biotechnology, 2013, 12(21): 3099-3109.

Nematshahi N, Lahouti M, Ganjeali A. Accumulation of chromium and its effect on growth of (*Allium cepa* cv. Hybrid)[J]. European Journal of Experimental Biology,2012,2(4): 969-974.

Or D,Smets B F,Wraith J M,*et al*. Physical constraints affecting bacterial habitats and activity in unsaturated porous media-a review[J]. Advances in Water Resources,2007,30(6): 1505-1527.

Perales-Vela H V,Pena-Castro J M,Canizares-Villanueva R O. Heavy metal detoxification in eukaryotic microalgae[J]. Chemosphere,2006,64(1): 1-10.

Philippot L,Raaijmakers J M,Lemanceau P,*et al*. Going back to the roots: the microbial ecology of the rhizosphere[J]. Nature Reviews Microbiology, 2013,11(11): 789-799.

Prosser J I,Bohannan B J M,Curtis T P,*et al*. The role of ecological theory in microbial ecology[J]. Nature Reviews Microbiology,2007,5(5): 384-392.

Ranjard L,Dequiedt S,Prévost-Bouré N C,*et al*. Turnover of soil bacterial diversity driven by wide-scale environmental heterogeneity[J]. Nature Communications,2013,4: 1434.

Rantalainen M L,Haimi J,Fritze H,*et al*. Soil decomposer community as a model system in studying the effects of habitat fragmentation and habitat corridors [J]. Soil Biology and Biochemistry,2008,40(4): 853-863.

Ruamps L S,Nunan N,Chenu C. Microbial biogeography at the soil pore scale [J]. Soil Biology and Biochemistry,2011,43(2): 280-286.

Schalk I J,Hannauer M,Braud A. New roles for bacterial siderophores in metal transport and tolerance[J]. Environmental Microbiology, 2011, 13(11): 2844-2854.

Sharma S K,Ramesh A,Sharma M P,*et al*. Microbial community structure and diversity as indicators for evaluating soil quality[M]//Biodiversity,biofuels, agroforestry and conservation agriculture. Springer Netherlands,2010: 317-358. Singh R. Microorganism as a tool of bioremediation technology for cleaning environment: A review[J]. Proceedings of the International Academy of Ecology and Environmental Sciences,2014,4(1): 1-6.

Sonil N,Abraham J. Remediation of heavy metal contaminated soil[J]. African Journal of Biotechnology,2013,12(21): 3099-3109.

Stockmann U,Minasny B,McBratney A B. How fast does soil grow? [J]. Geoderma,2014,216: 48-61.

Tabak H H,Lens P,van Hullebusch E D,*et al*. Developments in bioremediation of soils and sediments polluted with metals and radionuclides-1. Microbial processes and mechanisms affecting bioremediation of metal contamination and influencing metal toxicity and transport[J]. Reviews in Environmental Science and Biotechnology,2005,4(3):115-156.

Tomei M C,Daugulis A J. *Ex situ* bioremediation of contaminated soils: an overview of conventional and innovative technologies[J]. Critical Reviews in Environmental Science and Technology,2013,43(20):2107-2139.

Torsvik V, Øvreås L. Microbial diversity and function in soil: from genes to ecosystems[J]. Current Opinion in Microbiology,2002,5(3):240-245.

Torsvik V, Øvreås L. Microbial diversity,life strategies,and adaptation to life in extreme soils [M]//Microbiology of Extreme Soils. Springer Berlin Heidelberg,2008:15-43.

Treves D S,Xia B,Zhou J,*et al*. A two-species test of the hypothesis that spatial isolation influences microbial diversity in soil[J]. Microbial Ecology,2003,45(1):20-28.

Uslu G,Tanyol M. Equilibrium and thermodynamic parameters of single and binary mixture biosorption of lead(Ⅱ) and copper(Ⅱ) ions onto *Pseudomonas putida*: effect of temperature[J]. Journal of Hazardous Materials,2006,135(1):87-93.

Van der Heijden M G A, Wagg C. Soil microbial diversity and agro-ecosystem functioning[J]. Plant and Soil,2013,363(1-2):1-5.

Van Horn D J,Van Horn M L,Barrett J E,*et al*. Factors controlling soil microbial biomass and bacterial diversity and community composition in a cold desert ecosystem: role of geographic scale[J]. PLOS One,2013,8(6):e66103.

Vijayaraghavan K,Yun Y S. Bacterial biosorbents and biosorption[J]. Biotechnology Advances,2008,26(3):266-291.

Vos M,Wolf A B,Jennings S J,*et al*. Micro-scale determinants of bacterial diversity in soil[J]. FEMS Microbiology Reviews,2013,37(6):936-954.

Waldron K J,Robinson N J. How do bacterial cells ensure that metalloproteins get the correct metal? [J]. Nature Reviews Microbiology, 2009, 7(1): 25-35.

Waldron K J, Rutherford J C, Ford D, *et al*. Metalloproteins and metal sensing [J]. Nature,2009,460(7257):823-830.

Wang G,Or D. A hydration-based biophysical index for the onset of soil microbial coexistence[J]. Scientific Reports,2012,2.

Wang G,Or D. Aqueous films limit bacterial cell motility and colony expansion on partially saturated rough surfaces[J]. Environmental Microbiology,2010,

12(5): 1363-1373.

Wang G, Or D. Hydration dynamics promote bacterial coexistence on rough surfaces[J]. The ISME Journal, 2013, 7(2): 395-404.

Wang Y, Morin G, Ona-Nguema G, *et al*. Arsenite sorption at the magnetite-water interface during aqueous precipitation of magnetite: EXAFS evidence for a new arsenite surface complex[J]. Geochimica et Cosmochimica Acta, 2008, 72(11): 2573-2586.

Weyens N, Van der Lelie D, Taghavi S, *et al*. Exploiting plant-microbe partnerships to improve biomass production and remediation[J]. Trends in Biotechnology, 2009, 27(10): 591-598.

Wu S C, Cheung K C, Luo Y M, *et al*. Effects of inoculation of plant growth-promoting rhizobacteria on metal uptake by Brassica juncea[J]. Environmental Pollution, 2006, 140(1): 124-135.

Liu x m, LI q, Liang W J, *et al*. Distribution of soil enzyme activities and microbial biomass along a latitudinal gradient in farmlands of Songliao Plain, Northeast China[J]. Pedosphere, 2008, 18(4): 431-440.

Yao Z, Li J, Xie H, *et al*. Review on remediation technologies of soil contaminated by heavy metals[J]. Procedia Environmental Sciences, 2012, 16: 722-729.

Young I M, Crawford J W, Nunan N, *et al*. Microbial distribution in soils: physics and scaling[J]. Advances in Agronomy, 2008, 100: 81-121.

Yu J, Steinberger Y. Vertical distribution of soil microbial biomass and its association with shrubs from the Negev Desert[J]. Journal of Arid Environments, 2012, 78: 110-118.

Zaefarian F, Vahidzadeh S, Rahdari P, *et al*. Effectiveness of plant growth promoting rhizobacteria in facilitating lead and nutrient uptake by little seed canary grass[J]. Brazilian Journal of Botany, 2012, 35(3): 241-248.

乔俊,陈威,张承东. 添加不同营养助剂对石油污染土壤生物修复的影响[J]. 环境化学,2010,29(1): 6-11.

刘银银,李峰,孙庆业,等. 湿地生态系统土壤微生物研究进展[J]. 应用与环境生物学报,2013,19(3): 547-552.

周建民,党志,陶雪琴,等,NTA 对玉米体内 Cu、Zn 的积累及亚细胞分布的影响[J],环境科学,2005,26(6): 127-131.

宋长青,吴金水,陆雅海,等. 中国土壤微生物学研究 10 年回顾[J]. 地球科学进展,2013,28(10): 1087-1105.

张广柱,董鹏,王繁业. 微生物胞外聚合物修复重金属污染研究进展[J]. 上海环境科学,2009,28(5):204-208.
林先贵,胡君利. 土壤微生物多样性的科学内涵及其生态服务功能[J]. 土壤学报,2008,45(5):892-900.
许有泽,杨志辉,向仁军.铬污染土壤的微生物修复[J].环境化学,2011,30(2):555-561.
郭彬,李许明,陈柳燕,等.土壤重金属污染及植物修复技术研究[J].安徽农业科学技术,2007,35(33):10776-10778.

第八章 生物质炭在土壤重金属污染治理中的应用

一、生物质炭基本特性

(一)生物质炭制备方法

早在1870年,美国地质学家James Orton撰写的《亚马逊与印第安人》一书中,就描述了亚马逊河流域存在一种呈黑色并且非常肥沃的土壤,即“Terra preta”,葡萄牙语的意思为黑土。但直到21世纪初,人们才发现亚马逊黑土肥沃的原因是其含有丰富的有机质和N、P、K、Ca等矿质营养元素,尤其黑炭的含量是其周边土壤的70倍(Glaser等,2001)。这些黑炭并非自然形成,而是源自于当地土著居民燃烧生物质的残留物。至此,人们才发现黑炭对土壤肥力的重要性,并尝试向土壤中加入黑炭以提高土壤肥力,同时将这种黑炭定义为生物质炭(Biochar)。生物质炭是生物质(包括作物秸秆、农产品加工废弃物、动物粪便以及生物质能源作物等)在完全或部分缺氧的条件下燃烧后的残留物,具有多孔、高稳定性芳构化和含碳丰富等特点,不仅可以用作土壤调理剂,改良培肥土壤,提高作物产量和品质,还可用于修复污染土壤,降低CH_4、N_2O等温室气体释放,扩大土壤碳库等。此外,生物质炭化还田,不仅是农业可持续发展的模式,同时也是比较可行的碳封存举措之一(张文玲等,2009;Beesley等,2010;Matovic等,2010;Akhtar等,2014)。

目前制备生物质炭主要有两种方法,一是热裂解(pyrolysis)或干馏,二是水热炭化(hydrothermal carbonization)。热裂解工艺多种多样,根据反应温度可以将其分为低温、中温和高温裂解,而根据物料与温度接触的时间又可以分为慢速、快速和闪速3种。在裂解过程中可以产生固、液、气三相产物,但是各类产物的比例、数量及特性,主要取决于裂解温度和反应时间(表8-1)。显然,慢速热裂解(300～500℃)的生物质炭产率比较高,一般超过30%;而快速及闪速热裂解以获得生物油为主,生物气和生物质炭的产率较低,一般不到20%(何绪生等,2011)。

表 8-1　生物质炭产率与生产工艺的关系

（何绪生等，2011）

裂解方法	温度	加热速度	蒸汽残留时间	原料粒度	生物炭/%	生物油/%	生物气/%
慢速热裂解	400～660℃	低	＞5～30 min	不严格	35	30	35
中速热裂解	400～550℃	中等	10～20 s	较严格	20	50	30
快速热裂解	400～550℃，＞204℃	1 000℃/s	1～2 s	＜2 mm	12	75	13
闪速热裂解	1 050～1 300℃	1 000℃/s	＜1 s	＜0.2 mm	10～25	50～75	10～30
气化	750～1 500℃	100～200℃/min	10～20 s	＜6 mm	10(或焦油)	5	85
水热炭化	160～220℃/300～350℃ 12～20 MPa 热水	—	无蒸汽残留	含水量高的原料，如畜禽粪便，微藻	37～60	5～20(溶解在工艺水中)	2～5

生物质热裂解是一个十分复杂的过程（图 8-1），既有纤维素、半纤维素和木质素等高分子化合物分子键的断裂、异化，也伴随着小分子物质的缩合与聚合，主要包括 4 个阶段：首先是脱水，当温度低于 200℃时，生物质中的游离水（即物理吸收的水分）以蒸汽的形式析出，同时产生极少量 CH_4 和挥发性有机物（VOCs）；其次为吸热的热裂解反应，当温度为 200～300℃时，纤维素中的 β-1，4-糖苷键发生断裂，并形成聚合度较小的左旋葡聚糖碎片、左旋葡烯酮糖等物质，C—O 和 C—C 键

快速热裂解生产运输燃料和生物质炭

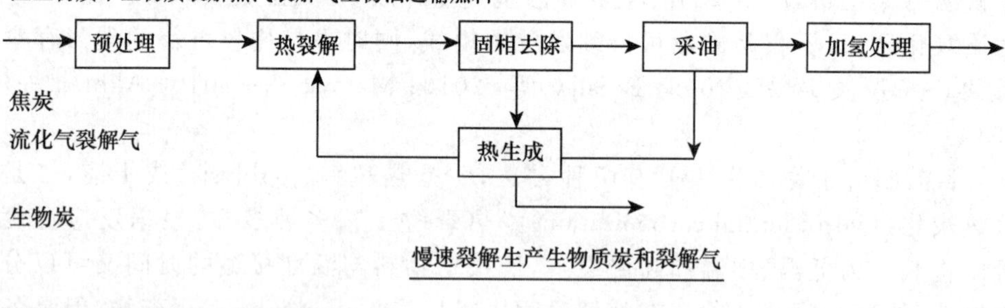

慢速裂解生产生物质炭和裂解气

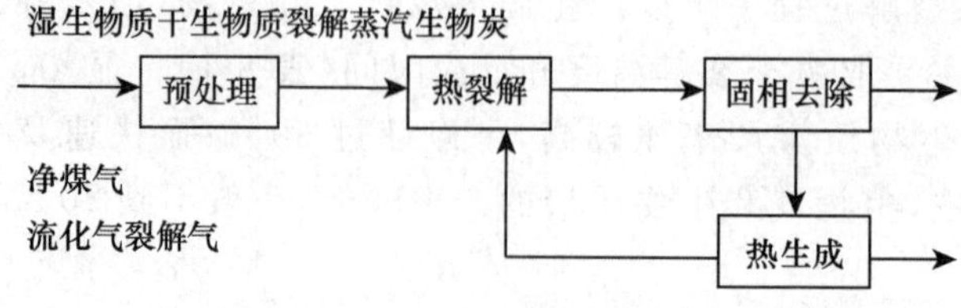

图 8-1　生物质热裂解过程（Brown 等，2011）

断裂可产生 CO_2、CO 气体，也同时释放出 CH_4、乙酸和已氧化的挥发性有机物(VOCs)；再进一步为放热的热裂解反应，当温度为 300～400℃时，纤维素等进一步分解，产生各类烷烃、酮类、醛类、羧酸类、醇类等小分子有机物质，以及 CO、CO_2等气体；最后为炭化反应，当温度高于 500℃时，残留的含碳物质继续缓慢分解，同时发生缩合、环化形成多环芳烃的结构。可见，可根据实际需要，对裂解条件进行控制从而得到不同类型的产物(王树荣等，2006；许洁等，2007；陆强等，2010)。

水热炭化是将生物质材料与催化剂和水混合，并在无氧、高温、高压条件下实现炭化的过程，其反应温度一般介于 180～250℃之间，反应时间为 1～72 h，压强为 14～22 MPa(Funke 和 Ziegler，2010)。由于无需脱水干燥的前处理，因此水热炭化法可以处理畜禽粪便、污水污泥等含水率高的有机废弃物，并且生物质炭的产率也比较高(Steinbeiss 等，2009；Rillig 等，2010；尉士俊等，2015)。水热炭化过程十分复杂，主要包括水解、脱水、脱羧、芳香化和缩聚等过程，其间也伴随着去氧和脱氢。在此过程中，纤维素等高聚物首先会发生水解作用，解聚形成其单链物质或低聚物，如葡萄糖、半乳糖、果糖、木糖等，然后经异构化、开环、脱水、脱羧等过程，进一步生成分子结构较简单的酸、醇、醛、酮、糠醛等中间产物，最后再重新缩合聚合、芳构化最终形成难溶于水的固体水热炭(Titirici 和 Antonietti，2010；刘倩等，2008；尉士俊等，2015)。

生物质材料经水热炭化后一般形成海绵状或聚集的纳米炭球结构，结构均匀，含有大量的含氧、含氮官能团，并且容易通过调节反应条件(温度、反应时间、原料浓度和前体类型)来改变纳米球颗粒的大小及表面特性，从而生产具有特定功能的碳纳米材料(Sevilla 和 Fuertes，2009；Tekin 等，2014)。此外，生物质炭制备还可采用微波加热的方法，此方法操作简单、加热速率快、反应效率高、可选择性均匀加热等优点，原材料的含水量是影响微波热解生物质的主要因素(商辉等，2009；李保强等，2012)。

制备生物质炭的主要原料为农、林以及畜牧业废弃生物质(图 8-2)。据不完全统计，我国作物秸秆、畜禽粪便、林业剩余物、生活垃圾以及市政污泥等，各类有机废弃物每年产生量超过 40 亿 t，主要是作物秸秆和畜禽粪便(孙振钧和孙永明，2006)。目前，一些有机废弃物得到安全处置与资源化利用，但仍然有可观的农作物秸秆和畜禽粪便未得到安全处置与资源化利用，不仅浪费资源，而且还造成了环境污染，甚至引发某些社会问题(王书肖和张楚莹，2008；贺京等，2011；李文哲等，2013)。显然，中国作为农业生产大国拥有丰富的生物质原材料，而传统的废弃物处理方式已经无法适应现代农业的发展和环境保护的要求，这就使生物质炭技术具有很大的发展空间，也是近期国内兴起生物质炭农业与环境应用研究的主要原因。

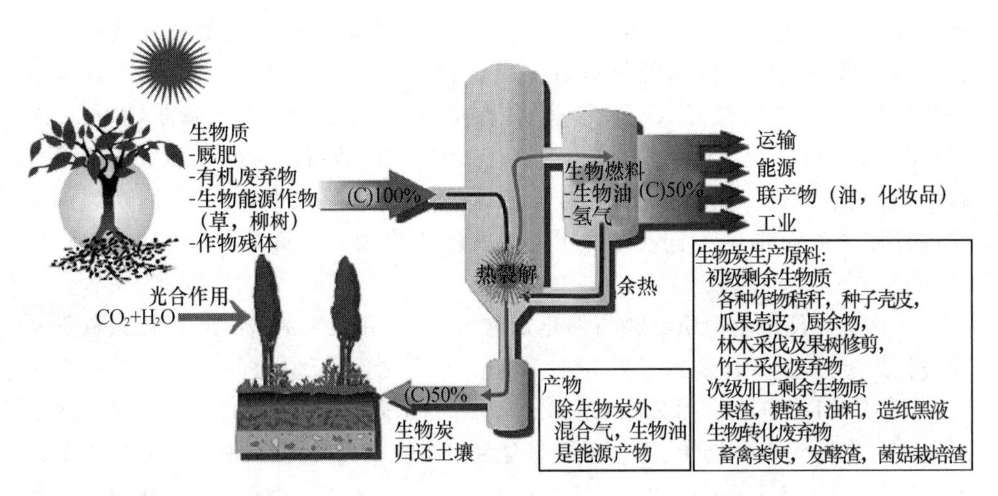

图 8-2　生物质炭生产与利用框图(何绪生等，2011)

(二)生物质炭的基本特性

在通过生物质热裂解制备生物质炭的过程中，既有高分子化合物分子键的断裂、异化，也伴随着小分子物质的缩合与聚合，从而赋予了生物质炭独特的性质，如高碳含量、多孔、大的比表面积、高度芳构化和富含多种表面官能团等。

1.生物质炭产率

生物质炭产率是指生物质炭质量占原材料生物质质量的百分比，其大小主要取决于原材料和裂解温度。对于大多数纤维木质材料而言，在一定温度范围内，热裂解生物质炭的产率随裂解温度的升高而降低；而原材料颗粒越大，灰分含量越高，生物质炭的产率也越高(Demirbas，2004)。罗煜等(2013)报道，当制备温度从350℃升至700℃时，芒草生物质炭产率从47%降至28%；Hossain等(2011)也发现温度的升高(300～700℃)使污泥生物质炭的产率下降了近20%，并且在升温的开始阶段产率下降最多。

2.孔隙结构

生物质本身为海绵状结构，在裂解反应过程中，半纤维素、纤维素和木质素会发生脱水和分解，产生 H_2、CO_2、CO、CH_4、C_2H_4 和挥发性的有机物以及水蒸气等，这些物质的逸出致使在生物质炭的内部与表面形成大量的孔隙。显然生物质炭是一种多孔材料。研究表明，在一定温度范围内生物质炭的孔隙结构，随着裂解温度的升高而增强(Ábrego等，2009)。罗煜等(2013)报道，低温芒草生物质炭(BC350)基本保持了原材料的组织结构，但孔隙更多，且主要是大孔隙，单位质量孔隙体积(即比孔容)比高温生物质炭(BC700)高 35%。裂解温度升高使生物质炭孔隙减少,小孔隙比例增加,BC700 的平均孔径只有 BC350 的 59%,中值孔径也只有 BC350 的 40%,但最可能孔隙孔径比 BC350 高了 35%,说明高温生物质炭孔隙大小相对更加均匀(图 8-3,图 8-4,表 8-2)。Fu 等(2009)发现当裂解温度达到 900℃时,玉米秸秆炭的微孔数量达到最大。但林晓芬等(2009)认为,由于在高温条件下木质素出现软化和熔融,致使部分气孔被堵塞,因此高温下制备的稻壳和法国梧桐树叶生物质炭的孔隙结构变差。

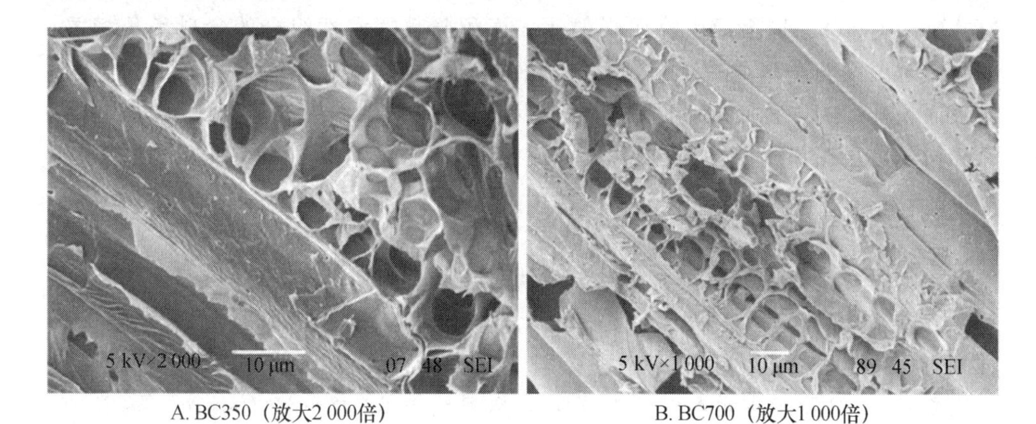

A. BC350（放大2 000倍）　　B. BC700（放大1 000倍）

图 8-3　350℃(BC350)和 700℃(BC700)下裂解制备的芒草生物质炭扫描电镜照片

(罗煜等,2013)

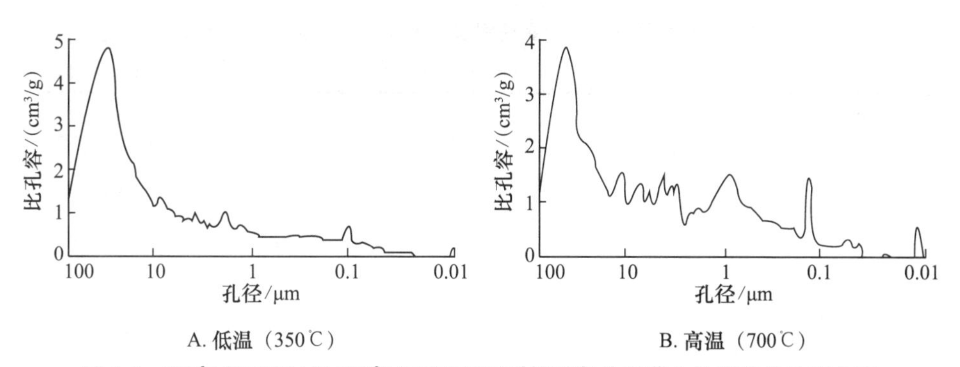

A. 低温（350℃）　　B. 高温（700℃）

图 8-4　350℃(BC350)和 700℃(BC700)下裂解制备的芒草生物质炭比孔容分布

(罗煜等,2013)

表 8-2　350℃(BC350)和 700℃(BC700)下裂解制备的芒草生物质炭孔隙状况

(罗煜等,2013)

项目	最可能孔径/μm	平均孔径/μm	中值孔径/μm	比孔容/(cm³/g)
BC350	96.55	1.03	65.20	5.35
BC700	130.6	0.61	26.38	3.95

3.比表面积

生物质炭具有较大的比表面积,化学处理可以使生物质炭的比表面积显著增加,经氧化性气体活化后其比表面积可以达到 2 000 m^2/g 左右(Li 等,2008;Yang 等,2010)。生物质炭的比表面积与其孔隙结构之间具有密切的关系,尤其是微孔数量越多,生物质炭的比表面积也就越大。在一定温度范围内,生物质炭的比表面积随着热解温度的升高而增加(Pattaraprakorn 等,2005;Weng 等,2006)。Mukherjee 等(2011)报道生物质炭的比表面积与其挥发性组分的含量呈负相关,随着裂解温度的提高,挥发性组分从微孔中释放出来,生物质炭的比表面积增大。比表面积是影响生物质炭吸附性能的重要参数,一般认为生物质炭的吸附强度与比表面积呈正相关。

4.元素组成与含量

生物质炭的元素组成与含量主要取决于原材料和裂解温度。一般说来,随着裂解温度的升高,C 含量增加,而 H 和 O 含量降低,N 含量变化因原材料而异。纤维木质材料制备的生物质炭,C 含量一般都超过 50%,而畜禽粪便等动物性原材料生物质炭,N、P 及矿质元素含量比较高,C 含量比较低(表 8-3)(Cantrell 等,2012;Luo 等,2014),一些以污泥为原材料的生物质炭中还富含 Cr、Cd、Cu、Ni 等重金属(Bridle 和 Pritchard,2004)。

表 8-3 不同原材料不同裂解温度下制备的生物质炭 CN 含量

(Luo 等,2014)

原材料	裂解温度/℃	C/%	N/%	C/N
稻草	200	51.18[a]	0.52[a]	99
	300	59.01[b]	0.49[a]	120
	500	67.69[c]	0.84[b]	81
小麦秸秆	200	44.22[a]	1.01[a]	44
	300	69.82[b]	1.39[b]	119
	500	58.03[b]	1.11[a]	80
玉米秸秆	200	50.20[a]	0.56[a]	90
	300	62.39[b]	0.91[b]	50
	500	71.86[c]	0.67[c]	52
棉花秸秆	200	48.86[a]	1.51[a]	32
	300	58.67[b]	1.91[b]	68
	500	68.33[c]	1.48[a]	107

续表 8-3

原材料	裂解温度/℃	C/%	N/%	C/N
大豆秸秆	200	50.53[a]	1.41[a]	36
	300	65.55[b]	1.83[b]	31
	500	71.55[c]	1.51[a]	46
鸡粪	200	29.06[a]	3.35[a]	9
	300	33.53[b]	3.60[a]	12
	500	65.43[c]	2.07[b]	16

不同小写字母表示同种原材料不同温度的显著性差异($P<0.05$)。

5. 表面官能团

生物质炭表面一般含有丰富的官能团，如羧基、羟基、芳香醚、酮类、醛类等。酸性官能团主要是羧基，还有酚羟基等(Mukherjee 等，2011)；而碱性官能团主要来源于表面高度共轭的芳香结构(李力等，2012)。Cheng 等(2008)的研究表明，随着裂解温度的升高，脂肪族的官能团趋于转化为芳香族官能团；郝蓉等(2010)也发现在温度上升的过程中，醚键(C—O—C)、羰基(C—O)、甲基(—CH_3)等逐渐消失，但芳香族化合物依然存在。罗煜等(2013)报道 350℃和 700℃下制备的芒草生物质炭(BC350 和 BC700)，其表面主要有酚醛 O—H 键(3 400 cm^{-1})、C═O 键的羧基(1 694 cm^{-1})、醌(1 650 cm^{-1})以及芳香族 C═C 键(1 600 cm^{-1})。不过，BC700 的 C═O 键(1 694 cm^{-1})和脂肪物质(1 460 cm^{-1})强度有所下降，脂肪族 C—H(2 940 cm^{-1})与芳香族C═C 键(1 600 cm^{-1})的比值则随着裂解温度的升高，从 1.18 下降到 0.80，表明 BC700 具有更高的芳香化结构特征(图 8-5)。

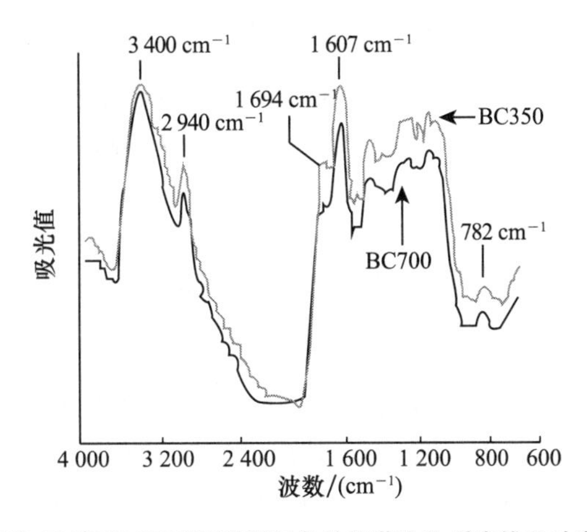

图 8-5　350℃(BC350)和 700℃(BC700)下裂解制备的芒草生物质炭傅里叶变换红外光谱图(FTIR)

(罗煜等，2013)

6. pH、EC

生物质炭的酸碱度取决于裂解温度和原材料，一般呈碱性，pH 8.2～13.0，但有些原材料在较低温度条件下制备的生物质炭也呈酸性。一般说来，随着热裂解温度的升高，生物质炭灰分含量增加，pH 也随之提高(Hossain 等，2011)。以纤维木质为原材料制备的生物质炭 pH 随温度的变化，比动物粪便生物质炭更为明显，电导率(EC)也有几乎相同的变化趋势。但是 Luo(2014)等的研究表明，鸡粪含有比较多的灰分，EC 远高于秸秆，但 pH 并不高(图 8-6)。这说明鸡粪生物质炭中的灰分成分与秸秆生物质炭可能有很大的差异，前者可能含有更多的碱土金属，而秸秆生物质炭灰分中含有比较多的碱金属。Yuan 和 Xu(2011)研究了相同温度下，不同原材料制备的生物质炭碱性物质的含量，结果发现以豆科植物为原材料的生物质炭碱性，要高于非豆科植物生产的生物质炭。Mukherjee 等(2011)也报道了草本植物生物质炭的 pH 高于木本植物生物质炭，可能与灰分中盐分成分有关。

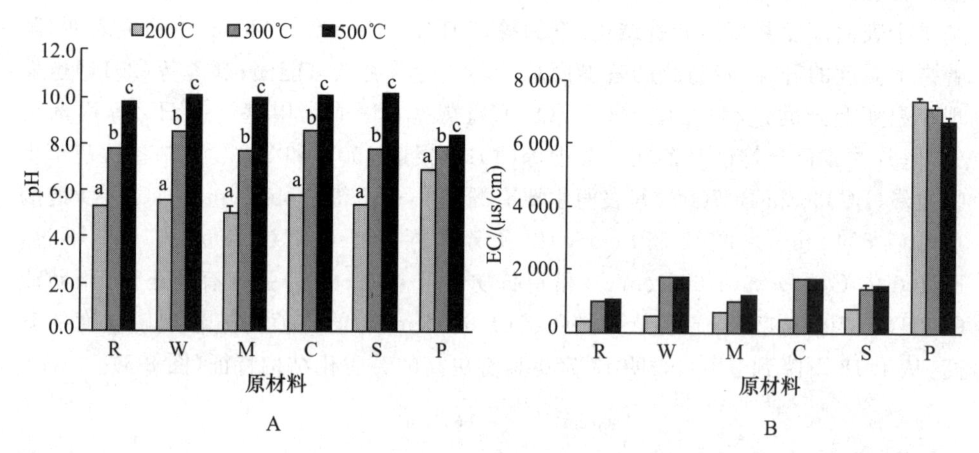

图 8-6　稻草(R)、小麦(W)、玉米(M)、棉花(C)、大豆(S)、鸡粪(P)在 200℃、300℃和 500℃下裂解制备的生物质炭 pH(A)和电导率(B)

(Luo 等，2014)

(三)生物质炭活化和修饰改性方法及其原理

生物质炭尽管具有较大比表面积，且带有一定量官能团，但吸附能力仍然不很高，远远不能满足要求。因此，需要利用多种物理与化学方法，改善生物质炭孔隙结构，增加微孔隙数量，扩大比表面积；其次是清除生物质炭表面淀积物，暴露生物质炭表面官能团；再次是修饰与改性生物质炭表面结构，改变表面官能团种类和数量，并赋予其特定的功能，以扩展吸附功能，提高吸附能力。目前对生物质炭的改性主要有两种途径，一是对生物炭进行活化，类似于活性炭的制备，二是对原材料或生物炭进行修饰。

1. 生物质炭的活化

活化生物质炭的目的在于采用物理或化学的方法，扩大生物质炭的比表面积，改变表面特性，增加表面电荷数量，从而提高它的吸附能力。物理活化一般用水蒸气和 CO_2 等气体处理生物质炭，主要是清除淀积在生物质炭孔隙内外表面的盐分、焦油等物质，使孔隙开放，增加有效表面积；暴露活性基团，提高电荷数量；还可通过气体与结构有机碳反应创造新的孔隙，从而增加生物质炭的比表面积（杨坤彬等，2010；Uchimiya 等，2010）。Li 等（2008）报道，水蒸气处理的生物质炭，其比表面积达到 1 926 m^2/g，微孔容积达到 0.931 cm^3/g。Yang 等（2010）在微波加热的条件下用 CO_2 处理生物质炭，比表面积超过了 2 000 m^2/g，并形成以微孔为主，中孔为辅的呈均匀有序分布的孔隙结构。与水蒸气相比，CO_2 的活化效果更好，所需时间也更长（表 8-4）。

表 8-4　不同气体活化下生物质炭孔性特征

（Yang 等，2010）

样品	比表面积/(m^2/g)	总孔容/(cm^3/g)	微孔孔容/(cm^3/g)	中孔孔容/(cm^3/g)
MS-900-15*	1 011	0.585 0	0.517 9	0.067 1
MS-900-30	1 363	0.845 4	0.672 7	0.172 7
MS-900-45	1 677	1.025 0	0.833 9	0.191 1
MS-900-60	1 888	1.157 0	0.948 3	0.208 7
MS-900-75	2 079	1.212 0	0.973 5	0.238 5
MC-900-60	1 162	0.715 9	0.570 3	0.145 6
MC-900-90	1 425	0.882 0	0.702 2	0.179 8
MC-900-120	1 703	1.032 0	0.815 3	0.216 7
MC-900-150	1 905	1.204 0	0.936 5	0.267 5
MC-900-180	2 080	1.270 0	0.997 4	0.272 6
MC-900-210	2 288	1.299 0	1.012 0	0.287 0
MCS-900-15	1 139	0.691 1	0.586 9	0.104 2
MCS-900-30	1 424	0.827 6	0.722 9	0.104 7
MCS-900-45	1 761	1.102 0	0.877 3	0.224 7
MCS-900-60	2 020	1.248 0	1.008 0	0.240 0
MCS-900-75	2 194	1.293 0	1.010 0	0.283 0

*. M，S，C 分别表示微波加热、水蒸气、CO_2，900 表示活化温度为 900℃，15～210 表示活化时间（min）。

气体活化生物质炭过程简单，能够形成微孔丰富且物理特性良好的材料，经活化后的生物质炭吸附性能也有所提高。但是该活化所需时间较长，能耗也大。化学活化法不仅克服了气体活化时间较长的缺点，并且能够在较低的活化温度下制备出更高产率和更好吸附性能的生物质炭（表 8-5，图 8-7）（Reddy 等，2012），因此虽然具有一定的腐蚀性，但也得到了较广泛的应用。化学活化主要利用酸、碱、盐等化学试剂处理原材料或生物质炭，一方面促进纤维素等成分脱水炭化和分解（Olivares-Marı′n 等，2006），另一方面利用活化剂能与原材料中的某些无机物反应的性质来去除原材料中阻碍炭化反应的成分和堵塞生物质炭表面孔隙的杂质（Guo 和 David，2007）。

表 8-5　经 CO_2 和 H_3PO_4 活化后的生物质炭物理特性

（Reddy 等，2012）

活化方式	活化温度/℃	活化时间/min	比表面积/(m^2/g)	总孔容/(cm^3/g)	微孔容/总孔容	孔径/(nm)#	产率/%
CO_2 R	971	56	666	0.41	0.92	1.56	14.8
H_3PO_4 R	400	58	725	1.26	0.31	2.90	44.0
CO_2 *	1 063	68	980	0.61	0.93	1.57	9.5
H_3PO_4 *	450	75	952	1.38	0.36	2.91	41.0

注：R 和 * 分别表示最佳和最大活化条件，# 表示 Dubinin-Radushkevich 微孔分析法。

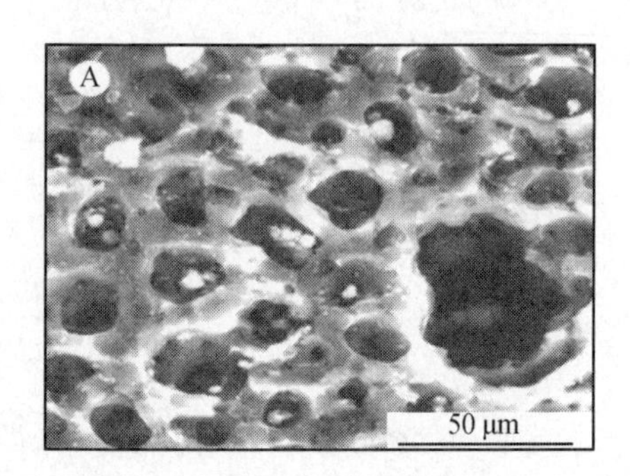

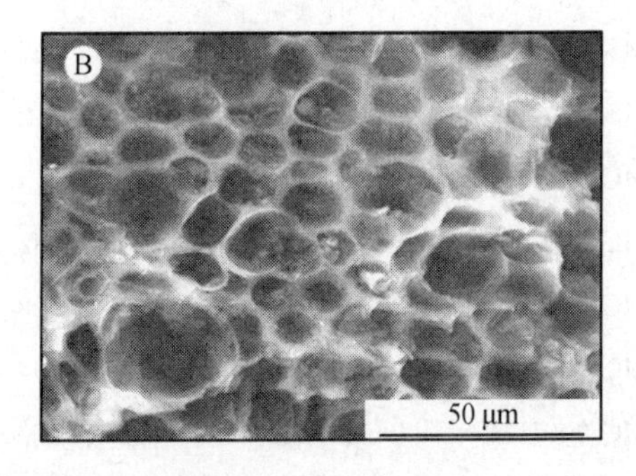

图 8-7　经 CO_2(A) 和 H_3PO_4(B) 活化后的生物质炭扫描电镜照片

（Reddy 等，2012）

不同活化剂对生物质炭的活化效果不尽一致。研究表明，适宜条件下经 KOH 处理后的生物质炭表面孔隙分布均匀，富含微孔、中孔结构，存在多种官能团等使其性能优于普通活性炭，能有效地吸附水体中的亚甲基蓝、2，4-二硝基苯酚等有机污染物（李坤权等，2013；余峻峰等，2013；储磊等，2014）。在 NaOH、KOH 等碱性试剂活化生物质炭的过程中，当裂解温度达到某一高度时，会发生碳酸化作用，生

成 Na_2CO_3、K_2CO_3 以及 H_2、CO_2 等气体，气体的逸出可以促进生物质炭表面孔隙的形成，但碳酸盐的大量累积却不利于活化的进行（Lillo-Ro′denas 等，2003）。通常情况下 KOH 活化生物质炭产率较低，而选用 H_3PO_4 作为活化剂时可以使活性生物质炭的产率提高到 30%～40%。研究表明，磷酸低温活化（400～600℃）有利于制备富含中孔（2～10 nm）的生物质炭（朱志强等，2015），而炭化温度的升高（700～900℃），则更有利于生物质炭表面微孔的形成（Olivares-Marín 等，2007）。在生物炭的活化过程中也伴随着表面官能团，如羧基、羟基和羰基等酸性含氧基团活性的改变，这也是生物质炭吸附性能有效提高的原因之一（Guo 和 Rockstraw，2007；贾佳棋等，2014）。

此外，$ZnCl_2$ 也是一种常用的化学活化剂，它同样能使生物质炭拥有良好的孔性及表面化学性能，但是过高的温度（一般>700℃时）可能会对微孔结构造成破坏（Olivares-Marín 等，2006；俞志敏等，2014）。因此在生物质炭化学活化的过程中，不仅需要根据实际需求选择合适的活化方法，还应控制时间、温度、浸渍比等活化条件，以利于得到更高产率、更优孔性和表面特性的生物质炭，避免过度活化可能造成的比表面积下降（Wang 等，2006），甚至孔壁塌陷、孔隙结构破坏等问题（张会平等，2004）。

2. 生物质炭的修饰

生物质炭修饰是指改变生物质炭表面结构和化学特性，赋予其吸附特定物质的能力，并增加吸附容量与稳定性。根据改性前后顺序，可分为对原材料的修饰和对生物质炭的修饰。生物质炭的性质在很大程度上取决于原材料的组成成分和特性，近期不少研究结果显示，用一定浓度的 Fe^{2+}、Fe^{3+}、Al^{3+} 等金属盐溶液，对原材料进行浸渍处理，使原材料附着上这些盐分，再经高温裂解处理，获得表面淀积有金属氧化物或其羟基氧化物的生物质炭，从而可以达到增加生物质炭吸附 PO_4^{3-}、NO_3^-、重金属离子和有机污染物等特定物质的能力（Chen 等，2011；Reddy 和 Lee，2014；Mohan 等，2014；蒋旭涛和迟杰，2014；李丽等，2015）。

Qian 等（2013）用 $AlCl_3$ 溶液浸渍水稻秸秆，发现其生物质炭表面正电荷明显增多，对水体 As（V）的吸附能力增强，最高吸附量可达 645 mmol/kg。Fang 等（2014）的研究表明，经 $MgCl_2$ 溶液浸渍后的玉米秸秆生物质炭，由于生物质炭表面含镁纳米颗粒和官能团的增加，吸附能力大幅度提高，能够去除养猪场废水中约 90%的磷。$Fe(NO_3)_3$、$FeCl_3$ 等也是常用的浸渍溶液，Fe^{3+} 不仅能与生物质炭表面的含氧官能团形成稳定的络合物，从而增强其络合重金属离子的能力（Mubarak 等，2013），而且 Fe^{3+} 水解后形成的 $Fe(OH)_3$ 沉淀，还对这些官能团有覆盖作用，减少了生物质炭表面的负电荷，从而增加了其对 CrO_4^{2-}、$Cr_2O_7^{2-}$ 等阴离子的吸附（图 8-8）（潘经健等，2014）。Chen 等（2011）发现，经铁盐修饰后的生物质炭表面分布着呈晶格状的铁氧化物纳米颗粒，主要形式为磁铁矿（图 8-9）；Zhang 等（2013）也在铁盐改性的生物质炭表面和内部结构中发现了均匀分布的 Fe_2O_3 颗粒，这样的生物质炭/γFe_2O_3 复合物对水体中 As(V)的吸附量可达 3 147 mg/kg。铁质改性生物质炭不仅提高了生物质炭的吸附性能，还通过引入磁铁矿、赤铁矿等磁性介质使生物质炭具有磁性，能够通过外加磁场的作用回收利用生物质炭和吸附的金属物质，不仅可避免二次污染，而且资源可得到最大化地利用。

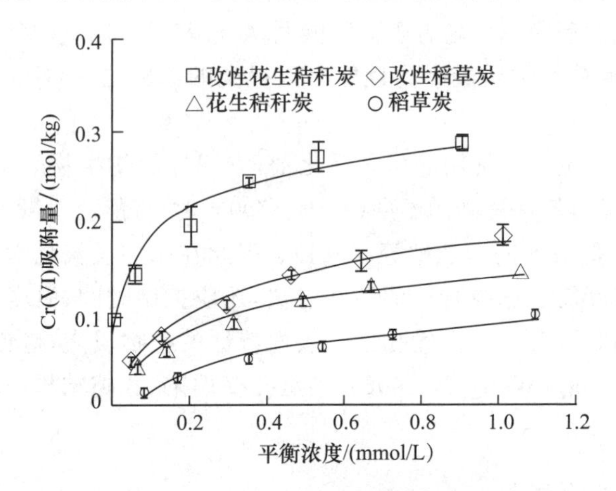

图 8-8 pH 为 5.0 时生物质炭与 Fe(Ⅲ)改性生物质炭对 Cr(Ⅵ)的吸附等温线

（潘经健等，2014）

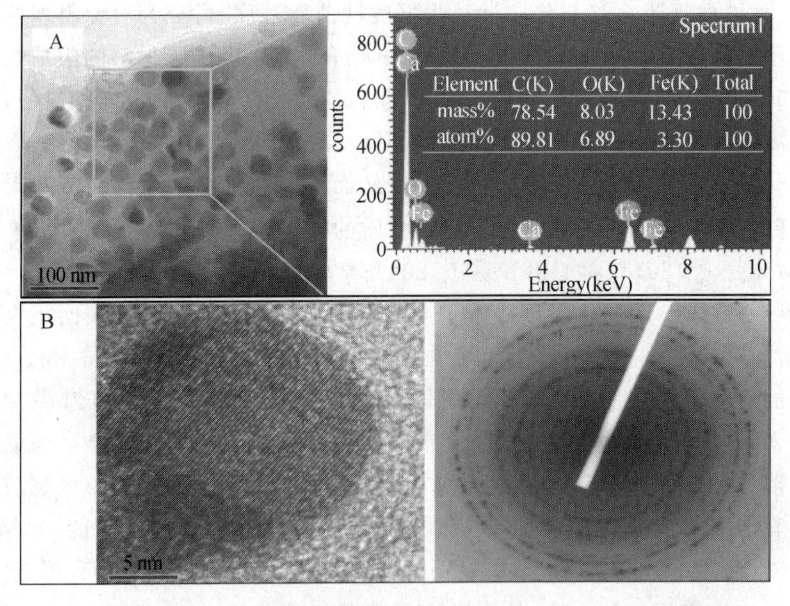

图 8-9 磁性生物质炭结构分析（Chen 等，2011）

A. 透射电子显微镜（TEM）图像；B. 选区电子衍射（SAD）下的晶格条纹

生物质炭的修饰可以经金属盐溶液浸渍后再二次裂解或煅烧，也可以通过氧化还原、加成和水解等作用，改变生物质炭表面官能团的种类和数量，从而增强其对特定物质的吸附能力。氧化改性常用到的试剂有 H_2O_2、HNO_3、$HClO_3$ 和 $KMnO_4$，它们可以与生物质炭表面的有机官能团，如 C═C 键等发生氧化还原反应，产生大量的含氧官能团，尤其是酸性含氧官能团(Xue 等，2012)。Boehm 滴定法结果显示，经 HNO_3 氧化处理后，竹炭表面羧基(—COOH)、内酯基(—COOR)、酚羟基(—OH)的数量均显著增加(表 8-6)，并且引入了大量含氮官能团，如硝基(—NO_2)，使生物质炭的表面活性大大提高(吴光前等，2012)。

表 8-6　HNO_3 改性前后竹炭表面官能团数量变化

(吴光前等，2012)　　mmol/L

样品号	碱性官能团	酸性官能团	羧基	酚羟基	内酯基
O-raw	2.028 5	0.247 7	0.227 8	0.008 9	0.011 0
O-1	2.381 4	0.414 6	0.245 6	0.014 4	0.154 6
O-2	2.453 1	0.560 1	0.304 5	0.015 0	0.240 6
O-3	2.500 0	1.139 4	0.584 4	0.451 9	0.103 1

注：O-raw，O-1，O-2，O-3 分别代表未改性、17% HNO_3、34% HNO_3、68% HNO_3 改性生物炭。

也有学者利用氧化性气体，如 O_3 来制备高活性的炭，结果发现虽然活性炭的比表面积并没有明显的改变，但是表面羧基、内酯基、酚羟基以及羰基等酸性含氧官能团的数量比活化前增加了几倍到几十倍，从而大大增强了其对水体中 Cd(Ⅱ)等重金属离子和有机污染物的吸附能力(Sánchez-Polo 和 Rivera-Utrilla，2002；何小超等，2008)。若使用 $KMnO_4$ 作为氧化剂，不仅可以氧化生物质炭表面官能团，反应结束后还可在炭表面覆盖上一层锰的氧化物(图 8-10)(赵梅青，2008)，从而增强吸附重金属离子的能力(Song 等，2014；Yang 等，2008；陈再明等，2012)。

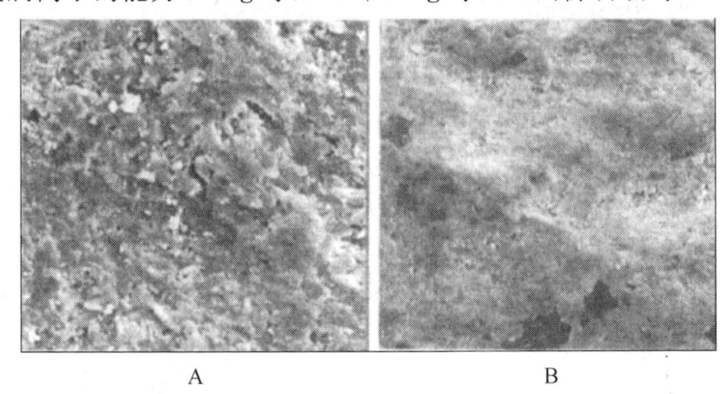

图 8-10　未改性活性炭(赵梅青，2008)

A. 和经 $KMnO_4$ 改性活性炭；B. 样品扫描电镜照片

有学者发现用稀 HCl 处理也能够引入酸性基团，如酚羟基、羧基等（张闻，2011），可能是由于生物质炭表面有机官能团能在稀酸的催化作用下进行水解，从而大大增加了生物质炭含氧官能团的数量（李立清等，2013）。含氧官能团的引入增加了生物质炭的亲水性，有利于溶液中离子态污染物的吸附，但是对于有机污染物吸附性能的改变效果却不明显。陈涵（2012）使用氨水对生物质炭进行修饰，发现利用其还原性可以增加生物炭表面碱性基团，如共轭电子结构的数量，从而提高了生物质炭对水体中苯酚等疏水性有机污染物的吸附。对生物质炭加 H_2 处理也具有相似的效果，H_2 改性可去除活性炭表面含 O 官能团，增加碱性基团的数量（王亮梅等，2013）。

此外，NH_3Cl、NH_3Br 等也被用于生物质炭的改性过程（段钰锋等，2013），其原理主要是通过加成反应引入含卤官能团，提高生物质炭的活性。Ma 等（2014）通过将聚乙烯亚胺（PEI）接枝到稻壳炭表面（图 8-11），使含 N 官能团可以通过络合以及静电作用吸附水体中的 Cr(Ⅵ)，显著增加了生物炭的吸附能力。可见，对生物质炭修饰改性的方法多种多样，得到的生物质炭也通过表面特性的改善而增加了对环境中污染物的吸附容量和去除能力。实际应用中，我们可以根据生物质炭本身的特性、目标污染物的性质，并结合操作的难易程度和成本等因素选择具体的方法。

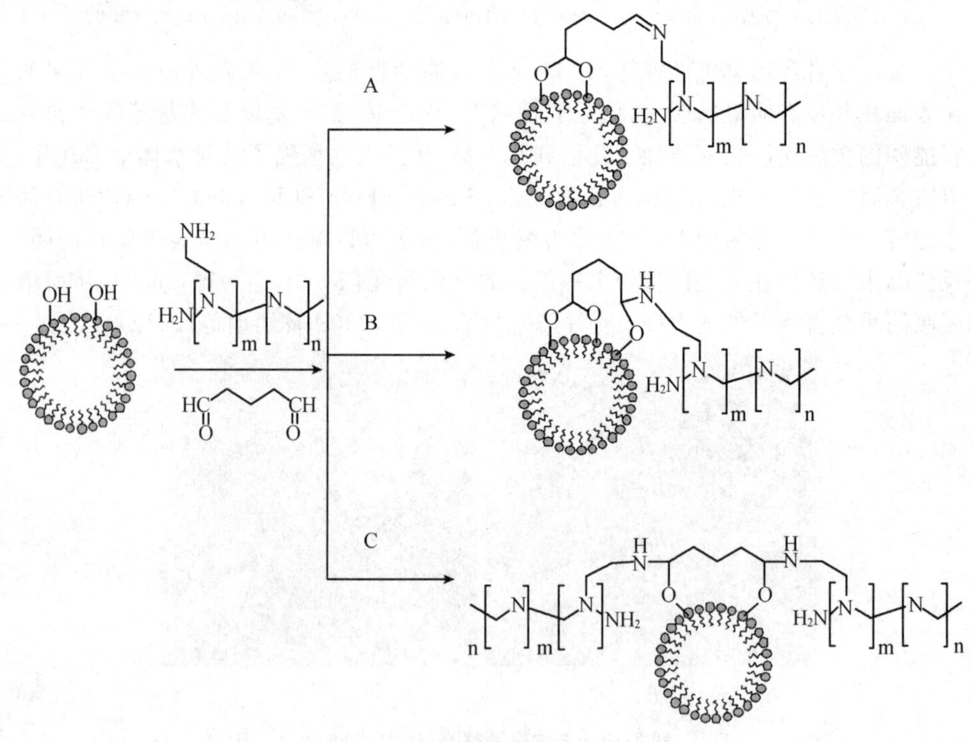

图 8-11　生物炭表面 PEI 接枝示意

（Ma 等，2014）

二、生物质炭对土壤重金属生物有效性的影响及其原理

(一)生物质炭对重金属的吸附与解吸作用及机制

生物质炭不仅具有巨大的表面积,而且表面含大量的多种官能团,带有正、负两种电荷,能够吸附分子、阴离子、阳离子、极性和非极性物质(Beesley 等,2010)。不少研究结果显示,生物质炭对 Cd^{2+}、Pb^{2+}、Cu^{2+}、Ni^{2+} 以及 AsO_4^{3-}、CrO_4^{2-} 等重金属离子具有强烈的吸附能力,其吸附特性因生物质炭和重金属而异(Uchimiya 等,2010;Lu 等,2012;Kołody'ska 等,2012;Beesley 和 Marmiroli,2011)。

表 8-7 的结果显示,不同生物质炭吸附重金属离子存在明显的差异,植物源生物质炭中,玉米秸秆炭具有相对较强的吸附 Cd^{2+}、Pb^{2+} 等重金属阳离子的能力,这可能与其表面大量碱性官能团在水中解离产生的 OH^- 有关(耿勤等,2015);而以甜菜渣为原材料的生物质炭,则吸附 CrO_4^{2-} 等阴离子形式存在的重金属(Dong 等,2011)。小麦秸秆炭、玉米秸秆炭、花生壳炭以及猪粪炭等对 Pb^{2+} 的吸附能力均强于 Cd^{2+}(Mohan 等,2007;Kołodyńska 等,2012;刘莹莹等,2012),而硬木生物质炭对 Cu^{2+} 的亲和力也比 Zn^{2+} 更高(Chen 等,2011)。吴成等(2007)认为这可能与不同金属离子的水化热有关,水化热越大,金属离子越难脱水,从而越难被吸附(李江山等,2013)。相比于植物为原材料的生物质炭,动物源生物质炭表面常含有丰富的磷酸盐、碳酸盐等盐分,容易与阳离子发生沉淀反应,因此与 Cu(Ⅱ)、Zn(Ⅱ)、Cd(Ⅱ)、Pb(Ⅱ)等重金属离子的亲和力更强(Cao 等,2009)。

表 8-7　不同生物质炭吸附重金属特性

生物质炭	重金属	饱和吸附量/(mg/g)	吸附等温线	动力学模型	文献
大豆秸秆	Hg(Ⅱ)	0.57	Tóth		Kong 等,2011
玉米秸秆	As(Ⅲ)	11.41	Langmuir	Pseudo-second-order	于志红等,2015
小麦秸秆	Cd(Ⅱ)	5.95	Langmuir,		
	Pb(Ⅱ)	50	Freundlich		
玉米秸秆	Cd(Ⅱ)	26.32	Langmuir,		刘莹莹等,2012
	Pb(Ⅱ)	76.92	Freundlich		
花生壳	Cd(Ⅱ)	6.29	Langmuir,		
	Pb(Ⅱ)	45.45	Freundlich		
甜菜渣	Cr(Ⅵ)	123	Langmuir	Pseudo-second-order	Dong 等,2011

续表 8-7

生物质炭	重金属	饱和吸附量/(mg/g)	吸附等温线	动力学模型	文献
硬木	Cu(Ⅱ)	6.79	Langmuir	Pseudo-second-order	Chen 等,2011
	Zn(Ⅱ)	4.54			
草炭	Cu(Ⅱ)	28.24	Langmuir		章菁熠等,2013
牦牛骨	As(Ⅲ)	0.827	Langmuir		黄晰等,2014
	As(V)	0.337			
猪粪	Zn(Ⅱ)	79.62	Langmuir	Pseudo-second-order	Kołodyńska 等,2012
	Cd(Ⅱ)	117.01			
	Pb(Ⅱ)	230.70			
牛粪	Pb(Ⅱ)	140.90	Langmuir-Langmuir		Cao 等,2009
污泥	Pb(Ⅱ)	42.94		Pseudo-second-order	李江山等,2013
	Cu(Ⅱ)	25.77			
	Zn(Ⅱ)	12.48			

裂解温度是影响生物质炭表面特性的重要因素之一。陈再明等(2012)报道了不同温度下制备的水稻秸秆炭,对 Pb^{2+} 的吸附能力呈现 500℃大于 700℃和 350℃的趋势(图 8-12)。安增莉等(2011)发现在 300℃条件下制备的水稻秸秆炭,对 Pb^{2+} 的吸附容量是 600℃制备生物质炭的 10 倍。对于畜禽粪便生物质炭,相对较低的制备温度更有利于吸附重金属(王丹丹等,2015)。作为吸附剂,生物质炭通常会粉碎过筛成为颗粒,但粒径直接关系到比表面积的大小和吸附位点的多少。Kołodyńska 等(2012)认为猪粪炭和牛粪炭对 Cu^{2+} 的最佳吸附粒径范围为 0.420～0.600 mm;秦海芝等(2012)发现将生活废弃物生物质炭用作 Cd^{2+} 吸附剂时,适宜的粒径为 0.25 mm 以下。

生物质炭吸附重金属在较短的时间内就达到平衡,其吸附容量受 pH、温度、重金属离子的类型和起始浓度,以及伴随离子等因素的影响。一般而言,当溶液 pH 为 5～6 时,能够最大限度地发挥生物质炭对 Cd、Pb、Cu、Zn 等的吸附作用(图 8-13),而对于 Cr 和 As 而言,$2 < pH < 4$ 时最为适宜,这与不同酸碱条件下生物质炭表面的电荷密度及重金属形态等密切相关(Kołodyńska 等,2012;Mohan 等,2007;Mohan 等,2011;王丹丹等,2015)。

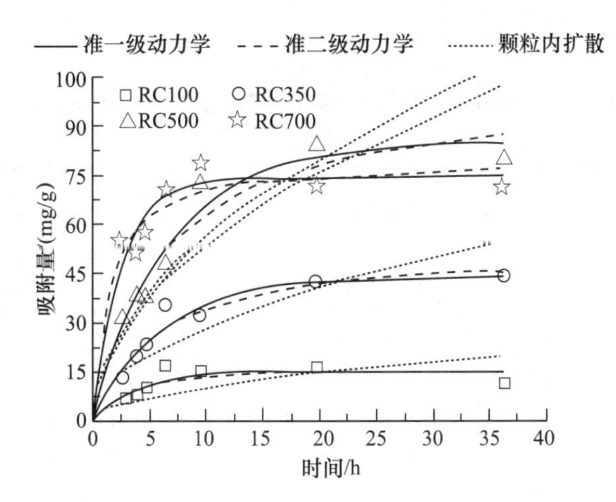

图 8-12　秸秆生物质炭(RC350、RC500、RC700)和原料(RC100)吸附 Pb^{2+} 动力学曲线(Pb^{2+} 初始浓度为 22.74 mg/L,初始 pH 为 4.5)

(陈再明等,2012)

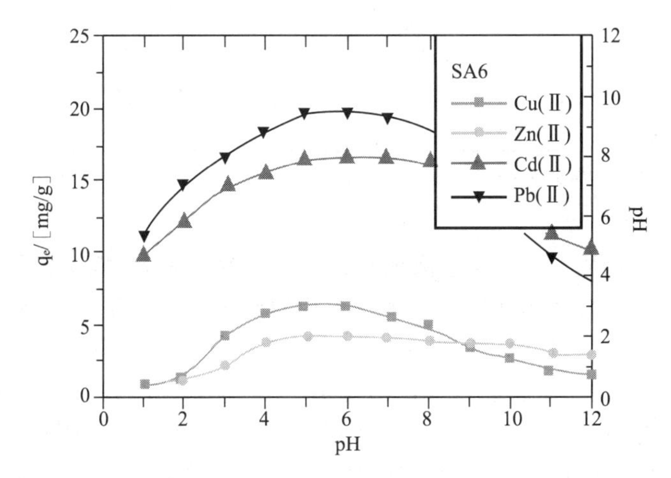

图 8-13　pH 对 600℃ 下制备的猪粪生物质炭吸附重金属的影响

(Kołodyńska 等,2012)

伴随离子的存在对生物质炭吸附重金属有显著的影响。研究表明,PO_4^{3-}、SO_4^{2-}、SiO_3^{2-} 等与 As(Ⅲ)、As(Ⅴ)之间存在竞争关系,Ca^{2+}、Mg^{2+} 与 Cd^{2+}、Pb^{2+} 之间、Cu^{2+} 与 Zn^{2+} 之间也会争夺生物质炭上的吸附位点(表 8-8),而某些有机污染物,如 PHE、阿特拉津、萘等,同样会与重金属阳离子竞争吸附(Cao 等,2009;Chen 等,2011;Kong 等,2011;黄晰等,2014)。溶液中不同电性的离子结合,还可能形成沉淀,从而占据吸附位点,并阻塞生物质炭的孔隙,从而降低生物质炭表面积,减弱对重金属的吸附能力(Fang 等,2014)。因此在多相体系中,生物质炭对重金属离子的吸附量会有不同程度的降低。

表 8-8　生物质炭对单相和多相体系中重金属的吸附效果

(Chen 等,2011)　mg/g

重金属浓度	重金属吸附量					
	Cu		Zn		Cu+Zn	
	CS600	HW450	CS600	HW450	CS600	HW450
0.1 mmol/L Cu 或 Zn	1.20±0.01	0.73±0.01	1.13±0.01	0.75±0.01	—	—
0.2 mmol/L Cu 或 Zn	2.36±0.02	1.23±0.01	2.23±0.01	1.26±0.01	—	—
0.1 mmol/L Cu+ 0.1 mmol/L Zn	1.13±0.03	0.64±0.01	1.08±0.01	0.61±0.01	2.22±0.03	1.25±0.01
1.0 mmol/L Cu 或 Zn	10.57±0.26	4.33±0.13	8.43±0.21	3.08±0.09	—	—
2.0 mmol/L Cu 或 Zn	12.20±0.01	5.31±0.01	10.40±0.25	4.01±0.05	—	—
1.0 mmol/L Cu+ 1.0 mmol/L Zn	9.27±0.13	3.77±0.13	2.10±0.02	0.78±0.03	11.37±0.16	4.56±0.10
2.0 mmol/L Cu 或 Zn	12.20±0.01	5.31±0.01	10.40±0.25	4.01±0.05	—	—
4.0 mmol/L Cu 或 Zn	14.34±0.01	6.71±0.26	12.20±1.12	4.65±0.20	—	—
2.0 mmol/L Cu+ 2.0 mmol/L Zn	11.83±0.26	5.59±0.13	1.57±0.10	0.96±0.26	13.40±0.16	6.55±0.39

注:CS600:600℃下制备的玉米秸秆生物质炭;HW450:450℃下制备的硬木生物质炭;0.1～4.0 mmol/L:溶液中重金属离子的初始浓度。

目前关于生物质炭吸附重金属的机制还不是很清楚,可能主要与生物质炭的表面结构特性和重金属的性质等有关。生物质炭为多孔介质,有比较发达的微孔结构,重金属离子可以通过扩散作用进入生物质炭微孔而被“阻滞”,这种物理吸附作用极弱,重金属离子很容易解吸流出孔隙(吴成等,2007)。大多数研究者认为,生物质炭主要通过正负电荷之间的库伦引力和中心离子与配位原子之间的配位键作用,以物理化学的方式将重金属离子吸附在生物质炭表面,其吸附行为符合伪二级动力学方程(pseudo-second-order)(表 8-9,图 8-14)。此外,生物质炭表面富含多种有机官能团,其中羧基(—COOH)、羟基(—OH)、羰基(—C═O)等酸性含氧官能团容易在水中发生去质子化,一方面释放出大量的 H^+,另一方面使生物质炭表面形成带有负电荷的吸附中心,并与重金属离子发生络合作用,将其固定在生物质炭的表面(Lu 等,2012;贾佳祺等,2014)。重金属离子可与生物质炭内、外表面的碱金属或碱土金属发生离子交换作用,因此在生物质炭吸附重金属的过程中通常伴随着大量 Na^+、K^+、Ca^{2+}、Mg^{2+} 等离子的释放(图 8-15)(Mohan 等,2007)。通过离子交换途径吸附的重金属容易被较强的阳离子试剂交换下来,但是络合作用属于专性吸附,因此其吸附强度大而不容易发生解吸。

表 8-9　污泥生物炭吸附重金属动力学的参数

(李江山等,2013)

重金属离子	伪一级动力学方程			伪二级动力学方程			颗粒内扩散方程		
	q_e/(mg/g)	K_1/(1/h)	R^2	q_e/(mg/g)	K_2/[g/(mg·h)]	R^2	k_{int}/[mg/(g·$h^{\frac{1}{2}}$)]	C	R^2
Pb^{2+}	35.716	2.014	0.848	39.747	0.050	0.999	5.877	16.145	0.697
Cu^{2+}	6.807	2.356	0.931	6.849	0.538	0.998	0.953	3.355	0.300
Zn^{2+}	9.862	0.787	0.940	10.004	0.153	0.992	1.911	2.634	0.599

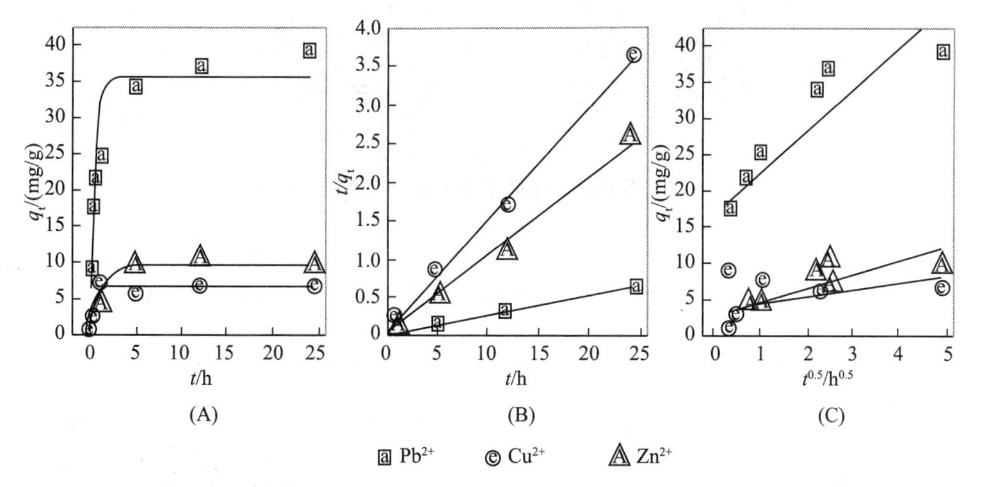

图 8-14　污泥生物质炭吸附重金属的动力学曲线(李江山等,2013)

A. 伪一级动力学方程;B. 伪二级动力学方程;C. 颗粒内扩散方程

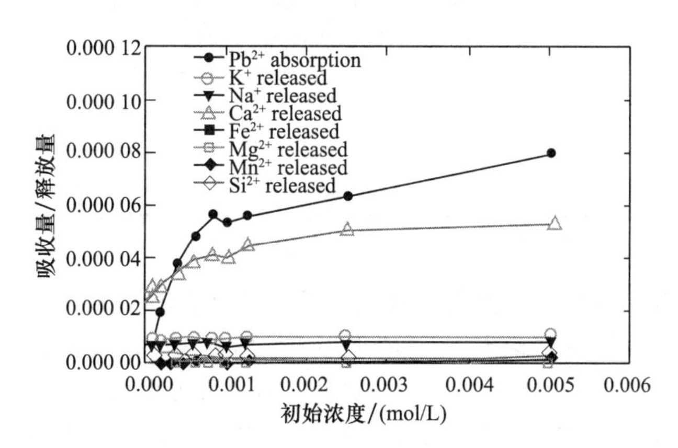

图 8-15　橡树皮生物质炭吸附 Pb(Ⅱ)过程中单个离子的释放(pH=5.0,T=25℃,生物质炭浓度为 10 g/L)

(Mohan 等,2007)

李力等(2012)认为生物质炭对重金属的吸附作用存在多个机制,如玉米秸秆炭吸附 Cd^{2+} 时,除了离子交换吸附之外,阳离子-π 作用是其最主要的吸附方式,吸附位点由生物质炭表面的 π 共轭芳香结构提供(图 8-16),该过程既有一定的静电作用,同时也发生了 π 电子与 Cd 的 d 轨道的配位作用。一般情况下,以畜禽粪便为原材料的生物质炭表面都含有较多无机离子,如 PO_4^{3-}、CO_3^{2-} 等,它们易于与重金属形成难溶性的沉淀,这种沉淀作用与表面吸附是牛粪炭吸附 Pb 和 Cd 的两种主要机制,其中,沉淀作用占 80%以上,且主要是碳酸盐(表 8-10)(Cao 等,2009;Xu 等,2013)。

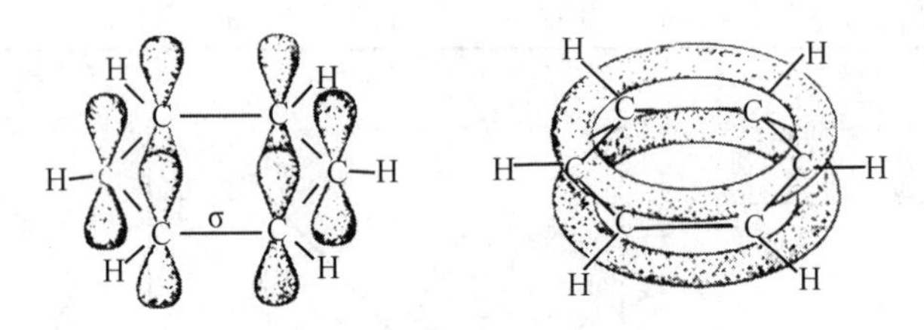

图 8-16 苯分子中 p 轨道示意

表 8-10 经 Visual MINTEQ 模型预测的生物质炭去除水体重金属效率

(Xu 等,2013) %

生物炭类型	重金属类型	总去除量	总沉淀量	各类磷酸盐和碳酸盐沉淀占总沉淀量的比例		总沉淀量点/总去除量的比例
DM200	Cu	54.6	43.4	28.6 $Cu_3(PO_4)_2$	71.4 $Cu_3(CO_3)_2(OH)_2$	79.5
	Zn	40.0	39.5	30.8 $Zn_3(PO_4)_2 \cdot 4H_2O$	69.3 $ZnCO_3$	98.8
	Cd	31.9	32.0	21.5 $Cd_3(PO_4)_2$	78.5 $CdCO_3$	~100
DM350	Cu	62.4	65.6	4.20 $Cu_3(PO_4)_2$	95.8 $Cu_3(CO_3)_2(OH)_2$	~100
	Zn	49.4	37.3	6.53 $Zn_3(PO_4)_2 \cdot 4H_2O$	93.5 $ZnCO_3$	75.5
	Cd	51.1	44.7	2.36 $Cd_3(PO_4)_2$	97.6 $CdCO_3$	87.5

注:DM200 和 DM350 分别代表 200℃和 350℃下制备的牛粪炭。

生物质炭以何种方式吸附重金属决定了二者的结合程度,并对重金属的解吸行为有重要的影响。一般说来,通过物理阻滞作用所"吸附"的重金属,很容易发生解吸,其解吸率可以达到 85%以上(吴成等,2007),静电引力吸附的重金属也容易被其他阳离子交换下来,但是通过专性吸附的重金属较难解吸,即使是柠檬酸、HNO_3、EDTA 等络合剂,也仅能使部分重金属离子解吸(耿勤等,2015;Lu 等,2012;Trakal 等,2014)。吸附在生物质炭表面的重金属解吸行为还受到溶液 pH、重金属离子类型及初始浓度以及其他共存离子等因素的影响。一般说来，提高 pH 将降低重金属解吸量和解吸率(乔冬梅等，2011)，这可能是因为在较高的 pH 条件下，有利于生物质炭对重金属的专性吸附。Doumer 等(2015)报道随着溶液中重金属离子初始浓度的升高，被生物质炭吸附的 Cd^{2+}、Zn^{2+} 等的解吸率可以从不到 2% 显著增加到超过 19%，究其原因可能是因为重金属离子率先占据生物质炭表面专性吸附位点，亲和力较强，而随着浓度的增加，过量的离子则只能吸附在亲和力较低的位点上，因此更容易发生解吸。

(二)生物质炭对土壤重金属的形态及活性的影响

根据 Tessier 等(1979)提出的“连续提取法”，土壤中重金属的形态可分为水溶态、可交换态、碳酸盐结合态、铁锰氧化物结合态、有机结合态和残渣态。重金属的形态直接关系到其生物有效性，植物吸收离子的形态一般为非复合的自由离子，重金属各形态的生物有效性高低顺序：水溶态＞可交换态＞碳酸盐结合态＞铁锰氧化物结合态＞有机结合态＞残渣态。生物质炭是一种多孔材料，具有相对较高的比表面积，含有大量的碱性物质和有机官能团以及较高的阳离子交换量，能够通过物理扩散、静电引力、离子吸附以及络合、沉淀等方式，与土壤重金属发生多种相互作用，对土壤重金属形态和有效性产生显著的影响。总体来看，施入土壤的生物质炭可直接增强土壤对重金属的吸附固定作用，改变重金属形态，降低重金属生物有效性，因此不少研究者认为生物质炭可作为土壤重金属钝化剂。但是，不同生物质炭的性质差异很大，对土壤重金属形态和有效性的影响也有所区别，其效果还因生物质炭用量、土壤条件及重金属类型而异。

大多数生物质炭含有一定量的灰分并呈碱性，能够显著提高土壤 pH，导致黏土矿物、有机质等表面负电荷增加，从而增强土壤对重金属离子的静电吸附甚至专性吸附作用；另一方面，碱性条件下，一些重金属阳离子会逐渐羟基化，与自由状态下的离子相比更容易被土壤矿物颗粒吸附，再加上大部分重金属在碱性环境中容易形成难溶性物质，故施用生物质炭后常常使土壤水溶态重金属的比例下降，而碳酸盐结合态、残渣态等形态重金属的比例升高，降低了重金属的有效性和移动性(Naidu 等，1994；乔冬梅等，2011)。此外，生物质炭对土壤有机质的含量和稳定性具有重要影响。陈红霞等(2011)报道生物质炭可以提高耕层土壤颗粒态有机质(POM)的含量，增强其对重金属的富集；佟雪娇等(2011)也发现花生秸秆炭显著增强红壤对 Cu^{2+} 的专性吸附作用，有机结合态比例的升高是其可能的原因之一。Covelo 等(2007)还指出土壤有机质分解形成的局部还原条件，有助于 S^{2-} 与 Cd^{2+} 反应生成 CdS 沉淀，从而降低 Cd 的有效性。

生物质炭对土壤重金属形态和有效性的影响与生物质炭的种类有关。毛懿德等(2015)发现柠条炭比竹炭更能有效地降低污染土壤可交换态 Cd 的含量，Park 等

(2011)也报道了在不同类型的重金属污染土壤中，鸡粪生物质炭固定Cd、Cu和Pb的能力均明显高于绿肥生物质炭(表8-11)，关连珠等(2013)向砷污染的土壤中加入3种不同的生物质炭，发现它们对As(Ⅴ)的吸附量大小为牛粪炭＞松针炭＞玉米秸秆炭。这些差异不仅可能与生物质炭本身的性质，如孔隙结构、表面化学特性等密切相关，还可能因为不同的生物质炭施入土壤后，其对土壤理化性质的影响不尽一致。

表8-11　不同土壤中施用不同生物质炭后NH_4NO_3提取态重金属含量

(Park等，2011)　　mg/kg

土壤类型	处理	Cd	Cu	Pb
重金属标记土壤	土壤	0.955±0.028[a]	0.550±0.026[b]	11.300±0.408[a]
	土壤＋鸡粪生物炭	0.106±0.004[c]	0.796±0.054[a]	0.727±0.026[c]
	土壤＋绿肥生物炭	0.666±0.020[b]	0.424±0.014[c]	7.170±0.182[b]
射击场土壤	土壤	1.890±0.057[a]		
	土壤＋鸡粪生物炭	0.101±0.002[c]		
	土壤＋绿肥生物炭	1.070±0.141[b]		
矿区土壤	土壤		222.00±4.79[a]	
	土壤＋鸡粪生物炭		47.60±16.90[b]	
	土壤＋绿肥生物炭		220.00±66.90[a]	

注：表中数值为平均值±标准误，同种土壤同一列的不同字母表示差异性显著($P<0.05$)。

一般说来，低温条件下制备的生物质炭，由于含有相对较多的羧基、羟基等含氧官能团，因此施入土壤后更能增强土壤吸附与固定重金属的能力。Uchimiya等(2010)报道，不同温度下制备的棉籽壳生物质炭，降低土壤中Ni、Cd、Pb等可溶态浓度有明显的差异，其中350℃＞500℃≈650℃＞800℃。李明遥等(2013)也报道，比起500℃和600℃下制备的水稻秸秆炭，400℃条件下制备的水稻秸秆炭更能有效地降低土壤有效态Cd含量(图8-17)。

生物质炭对重金属形态和活性的影响，也因重金属本身特性和土壤条件而异。司友斌等(2000)报道生物质炭中含有的盐基离子Na^+、Ca^{2+}、Mg^{2+}等，可通过离子交换作用使交换态重金属转变为水溶态，提高其有效性和移动性。关连珠等(2013)发现施用牛粪炭、松针炭和玉米秸秆炭，都能够提高水溶态As的浓度，增加其有效性；Zheng等(2012)也发现施用水稻秸秆生物质炭虽然显著降低了土壤孔隙水中Cd、Pb、Zn的浓度，但同时也使As的浓度明显增加(图8-18)。这是因为As在自然条件下主要以亚砷酸根(AsO_3^{3-})阴离子的形式存在，通过专性吸附固定于土壤铁铝氧化物表面，施入生物质炭后土壤pH升高使其水溶态的比例增加(Beesley和Marmiroli，2011)。Beesley和Dickinson(2011)还认为由于生物质炭

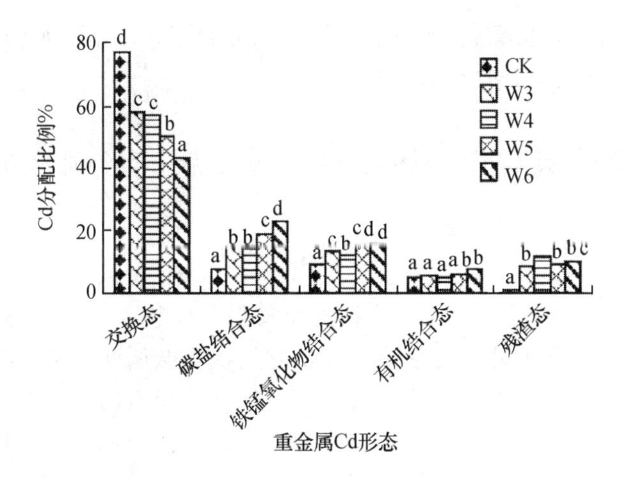

图 8-17 添加不同裂解温度制备的水稻秸秆生物质炭后，土壤不同形态 Cd 所占比例的变化（W3、W4、W5、W6 分别代表裂解温度为 300、400、500、600℃，小写字母 a、b、c、d 表示在 $P<0.05$ 水平上差异显著。）

（李明遥等，2013）

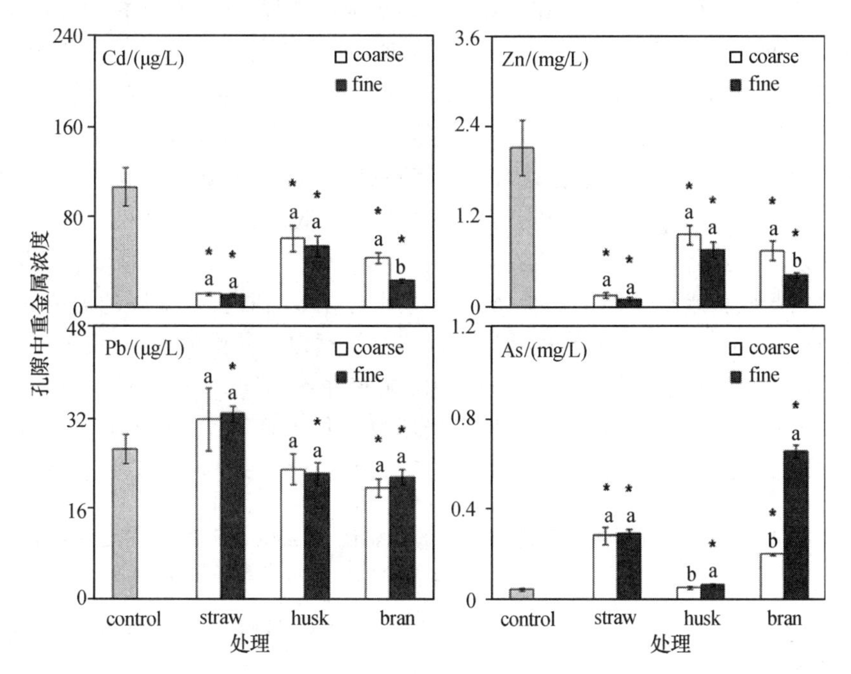

图 8-18 施用 14 d 后[水稻(*O. sativa* L.)种植前]生物质炭对土壤孔隙水中重金属浓度的影响[(control、straw、husk、bran 分别代表不施生物质炭、施用 5%的水稻秸秆炭、稻壳炭、稻麸炭；coarse 和 fine 分别代表粗粒径生物质炭和细粒径生物质炭；不同小写字母表示不同粒径生物质炭之间的显著性差异($P<0.05$)，* 表示不同生物质炭处理与对照之间的显著性差异($P<0.05$)。]

（Zheng 等，2012）

提高了土壤可溶性有机碳(DOC)的含量,从而导致了 As 与 DOC 在土壤孔隙水相共运移,因此移动性和有效性均增强。

三、生物质炭对作物吸收富集重金属的影响与机制

(一)生物质炭对作物吸收重金属的影响

铅、汞、砷、镉、铬,这 5 种重金属被列为农业生产中的"五毒元素",过量吸收会对作物的生长造成严重的不良影响。植物对这些重金属元素的吸收与富集,主要取决于生长环境中这些重金属的含量及其有效性。现有的研究结果显示,施用生物质炭能改变土壤物理、化学和生物学性质,对土壤重金属的形态和有效性也有明显的影响,因而也必将影响到植物对重金属的吸收与富集。显然地,这种影响也与所施用生物质炭种类及用量有关,也可能因重金属和植物的种类而异。

不同生物质炭其物理、化学性质差异很大,对土壤物理、化学、生物学性质的影响也不同,对土壤重金属形态和有效性的影响也有差异,因而对作物吸收富集重金属的影响也有所不同。毛懿德等(2015)报道生物质炭能显著地降低冶炼区镉污染土壤中可交换态 Cd 的含量,并减少油菜(*Brassica campestris*)对 Cd 的吸收,但是相比于竹炭,柠条炭的效果更好。Park 等(2011)的研究结果表明,比起绿肥生物质炭,鸡粪生物质炭更能有效地降低印度芥菜(*Brassicajuncea*)地上部 Pb 和 Cd 含量,这是因为施用鸡粪生物质炭,更能显著地降低土壤重金属溶解度、移动性及生物有效性。此外,不同种类生物质炭对植物的生长也产生一定的影响,Zheng 等(2012)在比较由水稻不同部位生产的生物质炭对水稻吸收重金属的影响时,发现水稻秸秆炭、稻壳炭和稻麸炭虽然均可以促进水稻根表铁膜的增加(表 8-12),但是各类生物质炭对根表铁膜吸附重金属的影响却并不相同,水稻秸秆炭可以使铁膜上 Pb 的含量显著增加,细粒径的稻壳炭不仅增加了铁膜上 Pb 的含量,同时也促进了其对 Cd 的截获,而稻麸炭对铁膜上重金属含量的影响并不显著(图 8-19)。

表 8-12　不同生物质炭对水稻地上/地下部生物量、根系生长及根表铁膜含量的影响

(Zheng 等,2012)

生物质炭施用量	生物炭种类	颗粒大小	地上部生物量/(g/盆)	根系生物量/(g/盆)	根系长度/(m/盆)	铁膜含量/(mg/g)
0			0.53±0.01	0.03±0.01	4.5±0.8	0.7±0.2
5%	秸秆	粗	0.51±0.04	0.03±0.00	5.3±1.0	1.2±0.2
5%	稻壳	粗	0.51±0.05	0.03±0.01	4.7±0.5	1.3±0.3
5%	稻麸	粗	0.52±0.07	0.03±0.00	3.5±0.6	1.0±0.1

续表 8-12

生物质炭施用量	生物炭种类	颗粒大小	地上部生物量/(g/盆)	根系生物量/(g/盆)	根系长度/(m/盆)	铁膜含量/(mg/g)
5%	秸秆	细	0.49±0.06	0.03±0.00	4.4±0.4	1.6±0.2
5%	稻壳	细	0.52±0.02	0.03±0.00	4.3±0.4	1.3±0.2
5%	稻麸	细	0.49±0.04	0.02±0.00	2.9±0.4	0.8±0.1
生物质炭			ns	ns	ns	**
生物炭种类(T)			ns	*	***	***
颗粒大小(S)			ns	*	*	ns
T×S			ns	ns	ns	*

显著性(*** $P<0.001$,** $P<0.01$,* $P<0.05$,ns 表示不显著)。

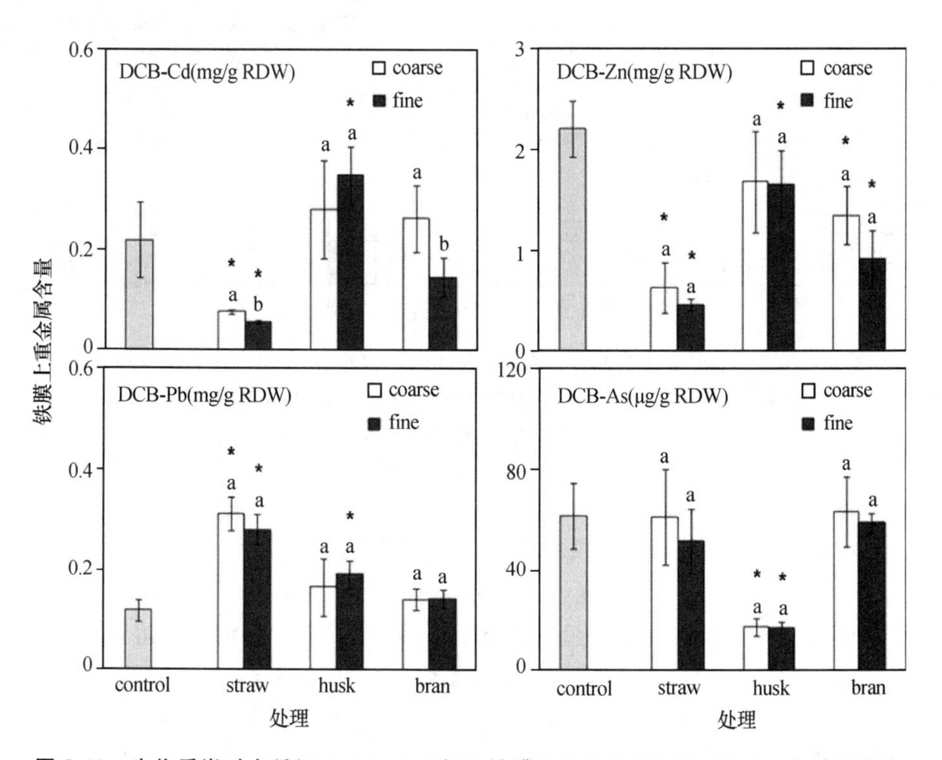

图 8-19　生物质炭对水稻(*O. sativa* L.)根系铁膜上重金属(Cd、Zn、Pb、As)含量的影响

[(control、straw、husk、bran 分别代表不施生物质炭、施用 5%的水稻秸秆炭、稻壳炭、稻麸炭;coarse 和 fine 分别代表粗粒径生物质炭和细粒径生物质炭;不同小写字母表示不同粒径生物质炭之间差异显著,$P<0.05$;* 表示生物质炭处理与对照之间差异显著,$P<0.05$)。]

(Zheng 等,2012)

生物质炭对植物吸收富集重金属的影响还与生物质炭的施用量密切相关。Cui 等(2011)报道水稻(*Oryza sativa* L.)总吸镉量和籽粒中 Cd 的浓度,均随着生物质炭施用量的增加而减少,最大施用量为 40 t/hm^{2}时,水稻籽粒中 Cd 浓度比对照降低了 61.9%。Houben 等(2013)在研究芒草秸秆生物炭对黑麦草(*Lolium multiflorum*)的影响时发现,1%的施入量对植株地上部重金属的含量总体影响不显著,但是当生物炭施用量为 5%和 10%时,黑麦草地上部 Cd、Pb、Zn 的浓度均随着生物炭施用量的增加而明显降低(图 8-20)。

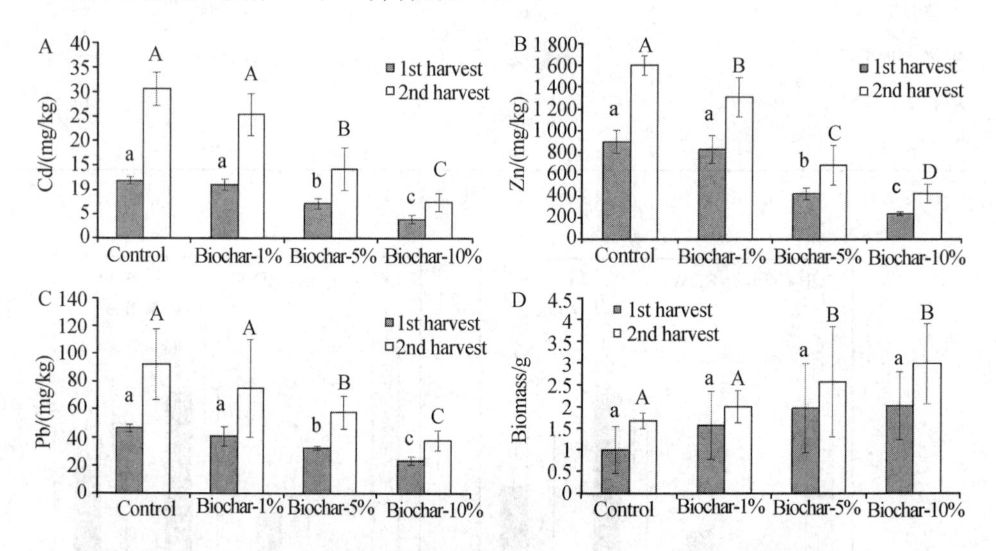

图 8-20 施用芒草秸秆炭后黑麦草(*Lolium multiflorum*)地上部生物量及重金属含量[(1st harvest、2nd harvest 分别为播种后的第 4 周和第 8 周;图中数值为平均值(n=4)±标准误差;柱中相同的字母表示差异不显著,P>0.05)]
(Houben 等,2013)

生物质炭对作物吸收重金属的影响,还与土壤重金属种类及含量有关。Zhang 等(2013)报道当土壤中 Cd 浓度为 10 mg/kg 时,生物质炭对灯芯草(*Juncus subsecundus*)地上、地下部 Cd 浓度并没有显著影响,但当土壤中 Cd 的浓度达到 50 mg/kg 时,即使只添加少量(0.5%)生物质炭,也能明显降低植物体内 Cd 的浓度,并能有效地阻止 Cd 从地下向地上部转移。这可能是因为土壤中重金属的总量和各形态之间存在着一定的动态平衡关系,重金属含量高的土壤,其有效态含量也相对较高,生物质炭能够明显降低重金属的生物有效性,从而减少作物吸收重金属。侯艳伟等(2014)指出生物质炭对油菜吸收富集重金属的影响,不仅与重金属有关,而且还因土壤条件而异。研究发现,生物质炭显著降低了生长在 pH 较低的龙岩土壤中的油菜可食部分 Cd、As、Pb 的富集系数,并且随着生物质炭用量增加,富集系数减少的幅度增大;但同样的生物炭对种植在郴州土壤中油菜重金属富集系数影响就很小，甚至还提高了 As 的富集系数(表 8-13)。

表 8-13　不同类型土壤中生物质炭对油菜重金属富集系数的影响

(侯艳伟等，2014)

土壤类型	生物炭施用量	Cd	As	Pb
郴州	0	0.554±0.027[a]	0.007±0.001[b]	0.002±0.000 1[a]
	1%	0.471±0.098[a]	0.013±0.002[a]	0.002±0.000 1[a]
	5%	0.470±0.085[a]	0.016±0.003[a]	0.002±0.000 2[a]
龙岩	0	1.811±0.380[a]	0.025±0.003[a]	0.013±0.004[a]
	1%	1.609±0.343[a]	0.013±0.001[b]	0.002±0.001[b]
	5%	0.441±0.050[b]	0.008±0.004[b]	0.001±0.000 04[b]

注：同一土壤同列具有不同字母的数据间有显著性差异($P<0.05$)。

不同种类的植物选择吸收元素的性能不同，因此，生物质炭对植物吸收富集重金属的影响也因植物种类而异。一般而言，植物累积重金属能力的顺序：豆科(Leguminosae)<伞形科(Umbelliferae)和百合科(Liliaceae)<菊科(Compositae)和藜科(Chenopodiaceae)(Alexander 等，2006)。某些植物能够吸收并富集大量的重金属，其体内重金属含量可比常规植物高 100 倍以上，这类植物称为重金属超累积植物，如 As 超累积植物蜈蚣草，Cd 和 Zn 超累积植物东南景天，Cu 超累积植物海州香薷等。据 Yang 等(2010)的报道，蔬菜类植物中茄子、甜椒、番茄等茄果类吸收 Cd 的能力最强，其次为莴苣、甘蓝等叶菜类，瓜类和豆类蔬菜吸收 Cd 的能力最弱。刘阿梅等(2013)比较了两种十字花科蔬菜圆萝卜(*Raphanus sativus* L.)和小青菜(*Brassica chinensis* L.)在镉污染土壤中吸收 Cd 的能力及其对生物质炭添加的响应，发现生物质炭不仅能够提高两种蔬菜的生物量，而且还使其可食部分 Cd 含量分别减少了 81.21%和 83.04%，并且达到食用标准。油菜也是一种具有较高重金属累积能力的蔬菜，侯艳伟等(2014)报道生物质炭可降低油菜可食部分 Cd、Pb 的含量，并达到国家标准，可见生物质炭对于重金属高累积植物吸收富集重金属具有良好的抑制作用。

蒋成爱等(2009)报道东南景天(*Sedum alfredii*)与大豆、玉米混种后，其地上部 Zn 和 Pb 的含量分别比单种时增加了 13%、22%和 11.5%、24%，但与黑麦草混种时，东南景天对重金属的吸收却没有显著的变化；与东南景天不同的是，混种体系中玉米和黑麦草对 Cd、Zn 的吸收显著降低，大豆对 Pb 的吸收也显著降低(表 8-14、表 8-15)。可见，通过混作可以增强超累积植物对重金属的吸收，同时减少其他植物对重金属的富集，从而起到一箭双雕的作用与效果。但目前有关生物质炭在互作体系中作用的研究还很欠缺，非常值得进行深入的探索。

表 8-14　不同处理条件下东南景天地上部重金属的含量

（蒋成爱等，2009）

处理	Cd		Pb		Zn	
	mg/kg	mg/半盆	mg/kg	mg/半盆	mg/kg	mg/半盆
东南景天单种	206.90±2.30[a]	1.07±0.09[a]	307.89±8.47[ab]	1.58±0.11[a]	15 345.35±160.31[a]	83.48±4.19[a]
东南景天与黑麦草混作	215.17±18.03[a]	1.38±0.16[a]	251.91±5.92[a]	1.56±0.16[a]	13 945.54±195.86[a]	92.01±6.86[a]
东南景天与玉米混作	234.31±5.51[a]	1.80±0.17[b]	381.26±37.07[c]	2.66±0.42[b]	18 672.93±515.04[b]	144.71±7.43[b]
东南景天与大豆混作	217.94±10.38[a]	1.72±0.61[b]	343.39±13.96[bc]	2.98±0.03[b]	17 266.08±590.15[b]	147.37±4.77[b]

注：数据为平均值±标准误差（$n=4$），同列数据不同字母表示达到显著差异（$P<0.05$）。

表 8-15　不同处理条件下普通植物地上部重金属的含量

（蒋成爱等，2009）　　mg/kg

植物	处理	Cd	Pb	Zn
黑麦草	黑麦草单种	1.39±0.13[b]	54.10±5.82[a]	614.87±2.55[b]
	东南景天与黑麦草混作	0.98±0.06[a]	39.35±2.45[a]	580.40±6.03[a]
玉米	玉米单种	1.75±0.08[b]	31.40±1.88[a]	664.83±34.20[b]
	东南景天与玉米混作	1.31±0.07[a]	47.28±2.17[b]	542.24±28.53[a]
大豆	大豆单种	6.10±0.11[a]	49.11±3.42[b]	2 148.39±64.18[a]
	东南景天与大豆混作	5.68±1.30[a]	35.08±0.68[a]	2 026.39±11.40[a]

注：数据为平均值±标准误差（$n=4$），同列数据不同字母表示达到显著差异（$P<0.05$）。

（二）生物质炭对重金属在植物体内分布的影响

土壤中的重金属主要通过质外体或共质体两种途径，以离子或小分子螯合物形态进入植物根系细胞；而大气中的重金属通过沉降作用，经叶片气孔进入植物叶肉细胞。进入植物体内的重金属，大多与细胞中的金属硫蛋白、植物络合素（PCs）等结合形成稳定的络合物，从而限制重金属向植物地上部的迁移，只有少量穿过细胞膜，会再分配到其他细胞、组织和器官（Wang 等，2015）。一般而言，植物各器官的重金属含量顺序如下：根＞茎＞叶＞籽实，但也因植物种类、吸收部位、重金属特性和土壤环境条件等多种因素而异。对于豆科作物和某些水生植物而言，Cd 主要积累在根系中；而烟草、菠菜体内的 Cd 则集中在叶片。由于 Pb 很难被输送至地上部，因此植物体内超过 90% 的 Pb 都保留在根系。As 大部分保留在根系内皮层、中柱鞘和木质部薄壁组织的液泡中，向地上部转移的数量很少（Vamerali 等，2011）。

生物质炭不仅影响植物对重金属的吸收和富集，还对重金属在植物体内的再分配也产生一定的影响。Zheng 等(2012)报道向矿区土壤施用水稻秸秆生物质炭能够降低 Cd 和 Pb 从水稻(*Oryza sativa* L.)根系向地上部转移的系数(表 8-16)。Cui 等(2011)发现向某冶金厂附近 Cd 污染稻田中施入小麦秸秆生物质炭，可显著降低糙米中 Cd 的含量，并且下降程度随着生物质炭施用量的增加而增大，当施用量为 40 t/hm^2 时，Cd 浓度比未施生物质炭对照降低了 61.9%。周建斌等(2008)报道施用棉秆生物质炭后，小白菜可食部分 Cd 含量降低 49.43%～68.29%。侯艳伟等(2014)也报道施用水稻秸秆生物质炭使油菜可食用部分 Pb 含量显著降低。

表 8-16　不同生物质炭处理下稻秧体内重金属转移系数

(Zheng 等，2012)

生物炭施用量	生物炭种类	颗粒大小	转移系数			
			Cd	Zn	Pb	As
0[a]			0.29 ± 0.04	1.6 ± 0.4	0.4 ± 0.05	1.0 ± 0.2
5%	秸秆	粗	0.04 ± 0.01	1.4 ± 0.4	0.2 ± 0.01	6.3 ± 1.9
5%	稻壳	粗	0.22 ± 0.06	1.6 ± 0.3	0.4 ± 0.13	1.9 ± 0.5
5%	稻麸	粗	0.30 ± 0.09	1.7 ± 0.4	0.4 ± 0.00	2.6 ± 0.4
5%	秸秆	细	0.03 ± 0.00	2.3 ± 0.1	0.2 ± 0.02	7.3 ± 1.1
5%	稻壳	细	0.21 ± 0.04	2.0 ± 0.2	0.4 ± 0.00	1.6 ± 0.4
5%	稻麸	细	0.23 ± 0.04	1.8 ± 0.4	0.4 ± 0.04	1.8 ± 0.2
生物质炭	显著性		ns	ns	ns	ns
生物炭种类 (T)	(***. $P<0.001$;		***	ns	***	***
颗粒大小(S)	**. $P<0.01$; *. $P<0.05$		ns	**	ns	ns
T×S	ns. 不显著)		ns	ns	***	ns

生物质炭对重金属在植物体内分布的影响也因生物质炭、重金属及植物种类等而异。Puga 等(2015)发现施用甘蔗秸秆生物质炭，虽然降低了洋刀豆(*Canavalia ensiformis*)对重金属 Pb、Cd、Zn 的吸收，但并未抑制重金属在植物体内的迁移，大部分重金属(尤其是 Cd)仍然运送至地上部。生物质炭通常会提高土壤中 As 的生物有效性，但 Beesley 等(2013)却发现尽管施用果树生物质炭提高土壤孔隙水中 As 浓度，但是番茄苗根系和地上部中 As 的浓度却分别下降了 68% 和 80%。

现有的研究结果表明，施用生物质炭对植物体内重金属分布的影响比较复杂，有正负两个方面的报道，并且目前对其机制还不很了解，可能与生物质炭的性质有很大的关系。生物质炭含有丰富的硅，这些硅可被植物吸收，并可能与进入植物体的重金属结合，沉淀在根系内皮层，从而阻碍重金属由质外体向植物其他部位迁移(Wang 等，2004；Shi 等，2005)。重金属与硅的结合也可能发生在根的中柱鞘上，这对植物抵抗 Cd、Zn 等重金属的胁迫具有重要的意义(Cunha 和 Nascimento，2009)。对于经由叶片进入植物体内的重金属，Neumann 和 Nieden(2001)认为在植物叶片的外皮层，也可形成重金属硅酸盐沉淀。Zheng 等(2012)发现水稻体内重金属的转移与土壤孔隙水中 Si 的含量密切相关(图 8-21)，Gu 等(2011)也报道了 Cd 和 Pb 从水稻叶向茎的迁移系数，与茎中 Si 的含量呈显著的负相关关系(表 8-17)。此外，也有报道称 Ca 在植物抑制重金属吸收甚至解除重金属毒害过程中起着重要的作用(Costa 等，2009)。Puga 等(2015)发现施用甘蔗秸秆炭导致植物叶片靠近维管束的叶肉中出现了草酸钙晶体(图 8-22)，但其对重金属吸收富集的影响以及结晶的形成是否与生物质炭有关，目前还不很明确。

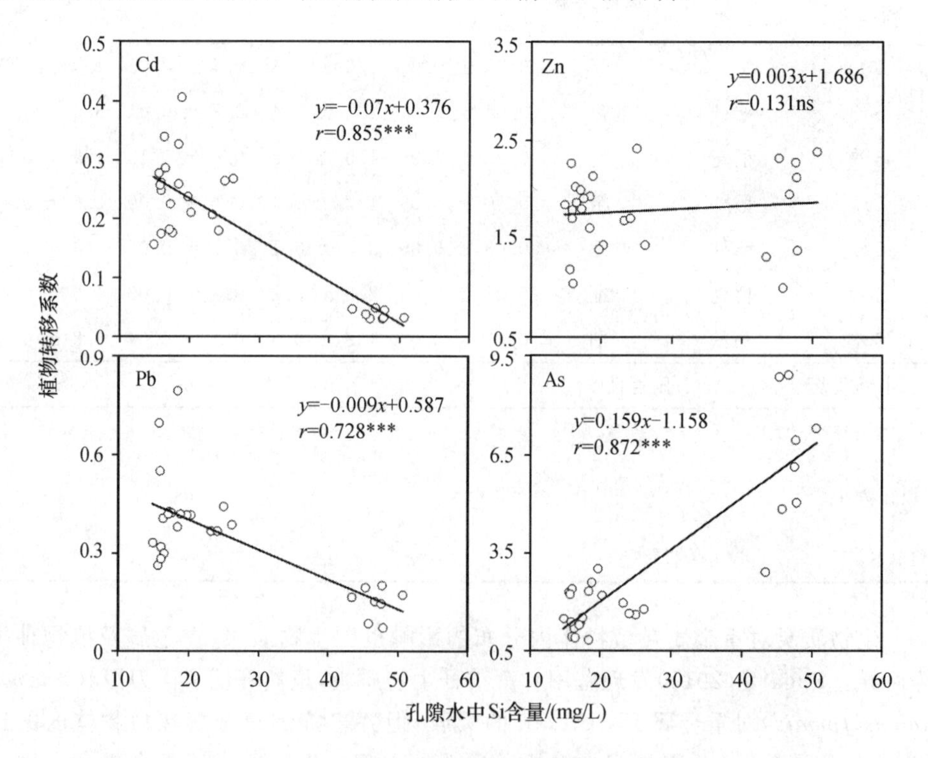

图 8-21　土壤孔隙水中 Si 含量与水稻体内重金属(Cd,Zn,Pb,As)转移系数的关系

(*** 表示显著相关，$P<0.001$；ns 表示相关性不显著。)

(Zheng 等，2012)

表 8-17　植物叶、茎中重金属含量比及其与茎中 Si 含量的关系

(Gu 等,2011)

处理	叶片中重金属含量/茎中重金属含量			
	Cd	Zn	Cu	Pb
土壤对照	0.88	0.32	0.72	2.20
粉煤灰(20 g/kg 干土)	0.51	0.22	0.43	1.02
粉煤灰(40 g/kg 干土)	0.13	0.22	0.43	0.35
钢渣(3 g/kg 干土)	0.47	0.19	0.40	1.12
钢渣(6 g/kg 干土)	0.20	0.24	0.48	0.29
重金属含量的叶茎比与茎中 Si 含量的相关系数	−0.76**	−0.62*	−0.83**	−0.80**

注:* 表示显著相关($P<0.05$),** 表示极显著相关($P<0.01$)。

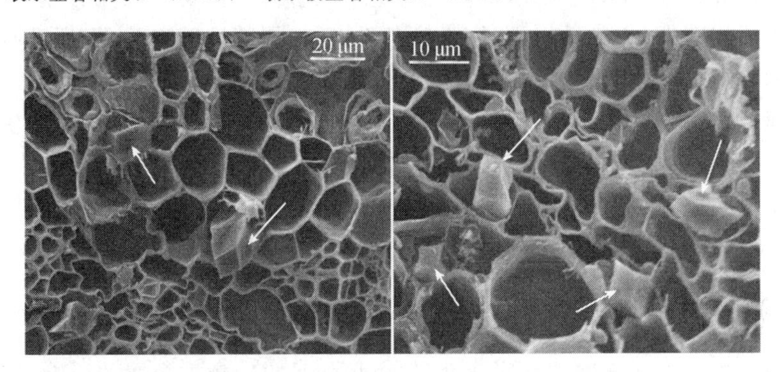

图 8-22　植物(*Mucuna aterrima*)叶片中的草酸钙晶体

(Puga 等,2015)

四、存在的问题及研究展望

生物质炭是近几年快速发展起来的一项新型环境功能材料,是极具潜力的土壤调理剂。越来越多的研究结果显示,生物质炭不仅具有改良培肥土壤作用,而且可以用于重金属、有机物污染土壤修复。这些研究方兴未艾,理论基础仍不牢固,不少重大问题悬而未决,今后应在以下 3 个方面加强研究与技术开发。

(一)生物质炭与重金属相互作用过程及其原理

生物质炭吸附与解吸重金属的特征已经有不少研究,但大部分研究注重定性地描述不同生物质炭吸附与解吸不同重金属的动力学与热力学行为,缺乏定量研

究生物质炭结构及特性,尤其是表面结构和特性与不同重金属之间的相互作用。掌握生物质炭表面结构与重金属吸附与解吸之间的这种定量关系,将为修饰改性生物质炭,开发功能性生物质炭提供理论指导。今后,应利用现代仪器分析,如热质联机分析技术、原子力显微技术、核磁共振分析技术、傅里叶变换红外分析技术,并结合计算机与信息技术,重点研究:①生物质炭表面结构化学特征及其修饰、改性原理与技术,尤其是表面官能团的修饰与改性过程、原理及技术;②生物质炭空间构造与重金属吸附、解吸的关系,特别是孔隙结构、表面特征及其对重金属活度的影响;③生物质炭与重金属相互作用过程及其原理,尤其是从微观尺度,研究生物质炭与剧毒重金属的相互作用;④生物质炭吸附与解吸重金属动力学及热力学特征,特别是重金属解吸过程与控制条件。

(二)生物质炭修复重金属污染土壤过程及其原理

现有研究结果显示,生物质炭对土壤重金属形态和生物有效性有显著的影响,且与生物质炭特性、生物质炭用量、土壤条件、重金属特性等有关,但还没有形成一整套技术,以指导利用生物质炭修复重金属污染土壤。今后应重点研究:①生物质炭与土壤重金属相互作用过程与原理,尤其是吸附与解吸过程与机制;②生物质炭与工程、农学及生物技术措施有机结合,形成重金属污染土壤综合修复技术体系;③生物质炭与土壤相互作用及其对重金属形态、转化、转移的影响机制与控制技术;④制定生物质炭修复重金属污染土壤技术规范与标准。

(三)生物质炭对植物吸收富集及转移重金属的影响

生物质炭可降低土壤重金属活性,但对植物吸收富集重金属的影响,有正负两方面的结果,还没有明确的结论,可能与生物质炭种类、土壤条件、植物及重金属特性等有关。今后应着力研究:①生物质炭对主要农作物吸收富集重金属的影响机制与控制技术;②生物质炭提高植物提取重金属的原理与技术;③生物质炭对重金属在植物器官再分配的影响及其原理与控制,这不仅直接关系到重金属对植物的毒害作用,而且影响到农产品的安全。

参考文献

Ábrego J, Arauzo J, SÁnchezJ L, *et al*. Structural changes of sewage sludge char during fixed-bed pyrolysis[J]. Industrial and Engineering Chemistry Research, 2009, 48: 3211-3221.

Akhtar S S, Li G T, Andersen M N, *et al*. Biochar enhances yield and quality of tomato under reduced irrigation[J]. Agricultural Water Management, 2014, 138: 37-44.

Alexander P D, Alloway B J, Dourado A M. Genotypic variations in the accumulation of Cd, Cu, Pb and Zn exhibited by six commonly grown vegetables[J]. Environmental Pollution, 2006, 144(3): 736-745.

Beesley L, Dickinson N. Carbon and trace element fluxes in the pore water of an urban soil following green waste compost, woody and biochar amendments, inoculated with the earthworm *Lumbricus terrestris*[J]. Soil Biology & Biochemistry, 2011, 43(1): 188-196.

Beesley L, Marmiroli M, Pagano L, *et al*. Biochar addition to an arsenic contaminated soil increases arsenic concentrations in the pore water but reduces uptake to tomato plants (*Solanum lycopersicum* L.)[J]. Science of the Total Environment, 2013, 454-455: 598-603.

Beesley L, Marmiroli M. The immobilization and retention of soluble arsenic, cadmium and zinc by biochar[J]. Environmental Pollution, 2011, 159(2): 474-480.

Beesley L, Moreno-Jiménez E, Gomez-Eyles J L. Effects of biochar and green waste compost amendments on mobility, bioavailability and toxicity of inorganic and organic contaminants in a multi-element polluted soil[J]. Environmental Pollution, 2010, 158: 2282-2287.

Bridle T R, Pritchard D. Energy and nutrient recovery from sewage sludge via pyrolysis[J]. Water Science & Technology, 2004, 50: 169-75.

Brown T R, Wright M M, Brown R C. Estimating profitability of two biochar production scenarios: slow pyrolysis vs fast pyrolysis[J]. Biofuels Bioproducts & Biorefining, 2011, 5(1): 54-68.

Cantrell Keri B, Hunt Patrick G, Uchimiya M, *et al*. Impact of pyrolysis temperature and manure source on physicochemical characteristics of biochar[J]. Bioresource Technology, 2012, 107: 419-428.

Cao X, Ma L, Gao B, *et al*. Dairy-manure derived biochar effectively sorbs lead and atrazine[J]. Environmental Science & Technology, 2009, 43: 3285-3291.

Chen B L, Chen Z M, Lv S F. A novel magnetic biochar efficiently sorbs organic pollutants and phosphate[J]. Bioresource Technology, 2011, 102: 716-723.

Cheng C H, Lehmann J, Engelhard M H. Natural oxidation of black carbon in soils: changes in molecular form and surface charge along a climosequence [J]. GeochimicaEt Cosmochimica Acta, 2008, 72: 1598-1610.

Covelo E F, Vega F A, Andrade M L. Competitive sorption and desorption of heavy metals by individual soil components[J]. Journal of Hazardous Materials,2007,140(1-2):308-315.

Cui L Q,Li L Q,Zhang A F,*et al*. Biochar amendment greatly reduces rice Cd uptake in a contaminated paddy soil: a two-year field experiment[J]. Bioresources,2011,6(3):2605-2618.

Cunha K P V,Nascimento C W A. Silicon effects on metal tolerance and structural changes in maize (*Zea mays* L.) grown on a cadmium and zinc enriched soil[J]. Water Air & Soil Pollution. 2009,197:323-330.

Demirbas A. Effects of temperature and particle size on bio-char yield from pyrolysis of agricultural residues[J]. Journal of Analytical & Applied Pyrolysis, 2004,72:243-248.

Dong X,Ma L Q,Li Y. Characteristics and mechanisms of hexavalent chromium removal by biochar from sugar beet tailing[J]. Journal of Hazardous Materials,2011,190(1-3):909-915.

Doumer M E,Rigol A,Vidal M,*et al*. Removal of Cd,Cu,Pb,and Zn from aqueous solutions by biochars[J]. Environmental Science & Pollution Research, 2016,23(3):2684-2692.

Fang C,Zhang T,Li P,*et al*. Application ofmagnesium modified corn biochar for phosphorus removal and recovery from swine wastewater[J]. International Journal of Environmental Research & Public Health, 2014, 11 (9): 9217-9237.

Fu P, Hu S, Xiang J, *et al*. Pyrolysis of maize stalk on the characterization of chars formed under different devolatilization conditions[J]. Energy and Fuels,2009,23:4605-4611.

Funke A,Ziegler F. Hydrothermal carbonization of biomass: A summary and discussion of chemical mechanisms for process engineering[J]. Biofuels Bioproducts & Biorefining,2010,4(2):160-177.

Glaser B,Haumaier L,Guggenberger G,*et al*. The 'Terra Preta' phenomenon: a model for sustainable agriculture in the humid tropics[J]. Naturwissenschaften,2001,88:37-41.

Gu H H,Qiu H,Tian T,*et al*. Mitigation effects of silicon rich amendments on heavy metal accumulation in rice (*Oryza sativa* L.) planted on multi-metal contaminated acidic soil[J]. Chemosphere,2011,83:1234-1240.

Guo Y P, David A R. Physicochemical properties of carbons prepared from pecan shell by phosphoric acid activation[J]. Bioresource Technology,2007,98(8): 1513-1521.

Hossain M K, Strezov V, Chan K Y, *et al*. Influence of pyrolysis temperature on production and nutrient properties of wastewater sludge biochar[J]. Journal of Environmental Management, 2011, 92: 223-228.

Houben D, Evrard L, Sonnet P. Mobility, bioavailability and pH-dependent leaching of cadmium, zinc and lead in a contaminated soil amended with biochar [J]. Chemosphere, 2013, 92: 1450 1457.

Kołodyńska D, Wnętrzak R, Leahy J J, *et al*. Kinetic and adsorptive characterization of biochar in metal ions removal[J]. Chemical Engineering Journal, 2012, 197(29): 295-305.

Kong H L, He J, Gao Y Z, *et al*. Cosorption of phenanthrene and mercury(Ⅱ) from aqueous solution by soybean stalk-based biochar[J]. Journal of Agricultural and Food Chemistry, 2011, 59: 12116-12123.

Li W, Yang K B, Peng J H, *et al*. Effects of carbonization temperatures on characteristics of porosity in coconut shell chars and activated carbons derives from carbonized coconut shell chars[J]. Industrial Crops and Products, 2008, 28: 190-198.

Lillo-Ródenas M A, Cazorla-Amorós D, Linares-Solano A. Understanding chemical reactions between carbons and NaOH and KOH: an insight into the chemical activation mechanism[J]. Carbon, 2003, 41(2): 267-275.

Lu H L, Zhang W H, Yang Y X, *et al*. Relative distribution of Pb^{2+} sorption mechanisms by sludge-derived biochar [J]. Water Research, 2012, 46: 854-862.

Luo Y, Jiao Y J, Zhao X R, *et al*. Improvement to maize growth caused by biochars derived from six fFeedstocks prepared at three different temperatures [J]. Journal of Integrative Agriculture, 2014, 13(3): 533-540.

Ma Y, Liu W J, Zhang N, *et al*. Polyethylenimine modified biochar adsorbent for hexavalent chromium removal from the aqueous solution[J]. Bioresource Technology, 2014, 169(5): 403-408.

Matovic D. Biochar as a viable carbon sequestration option: Global and Canadian perspective[J]. Energy, 2010, 36(6): 2011-2016.

Mohan D, Jr P C, Bricka M, *et al*. Sorption of arsenic, cadmium, and lead by chars produced from fast pyrolysis of wood and bark during bio-oil production[J]. Journal of Colloid & Interface Science, 2007, 310(1): 57-73.

Mohan D, Rajput S, Singh V K, *et al*. Modeling and evaluation of chromium remediation from water using low cost bio-char, a green adsorbent[J]. Journal of

Hazardous Materials,2011,188:319-333.

Mubarak N M,Alicia R F,Abdullah E C,*et al*. Statistical optimization and kinetic studies on removal of Zn^{2+} using functionalized carbon nano-tubes and magnetic biochar[J]. Journal of Environmental Chemical Engineering,2013,1(3):486-495.

Mukherjee A,Zimmerman A R,Harris W. Surface chemistry variations among a series of laboratory-produced biochars[J]. Geoderma,2011,163:247-255.

Naidu R,Bolan N S,Kookana R S,*et al*. Ionic-strength and pH effects on the sorption of cadmium and the surface charge of soils[J]. European Journal of Soil Science,1994,45:419-429.

Neumann D, Nieden U Z. Silicon and heavy metal tolerance of higher plants[J]. Phytochemistry,2001,56(7):685-692.

Olivares-Marín M,Fernández-González C,Macías-García A,*et al*. Preparation of activated carbon from cherry stones by chemical activation with $ZnCl_2$[J]. Applied Surface Science,2006,252:5967-5971.

Olivares-Marín M,Fernández-González C,Macías-García A,*et al*. Porous structure of activated carbon prepared from cherry stones by chemical activation with phosphoric acid[J]. Energy & Fuels,2007,21(5):2942-2949.

Park J H,Choppala G K,Bolan N S,*et al*. Biochar reduces the bioavailability and phytotoxicity of heavy metals[J]. Plant and Soil,2011,348:439-451.

Pattaraprakorn W,Nakamura R,Aida T,*et al*. Adsorption of CO_2 and N_2 onto charcoal treated at different temperatures[J]. Journal of Chemical Engineering of Japan,2005,38:366-372.

Puga A P,Abreu C A,Melo L C A,*et al*. Biochar application to a contaminated soil reduces the availability and plant uptake of zinc,lead and cadmium[J]. Journal of Environmental Management,2015,159:86-93.

Qian W,Zhao A Z,Xu R K. Sorption of As(V) by aluminum-modified crop straw-derived biochars[J]. Water Air & Soil Pollution,2013,224:1610-1618.

Reddy D H K,Lee S M. Magnetic biochar composite: Facile synthesis,characterization,and application for heavy metal removal[J]. Colloids & Surfaces A Physicochemical & Engineering Aspects,2014,454:96-103.

Reddy K S K,Shoaibi A A,Srinivasakannan C. A comparison of microstructure and adsorption characteristics of activated carbons by CO_2 and H_3PO_4 activation from date palm pits[J]. New Carbon Materials,2012,27(5):344-351.

Rillig M C,Wagner M,Salem M,*et al*. Material derived from hydrothermal carbonization: Effects on plant growth and arbuscular mycorrhiza[J]. Applied Soil Ecology, 2010, 45(3): 238-242.

Sánchez-Polo M, Rivera-Utrilla J. Adsorbent-adsorbate interactions in the adsorption of Cd(II) and Hg(II) on ozonized activated carbons[J]. Environmental Science & Technology, 2002, 36(17): 3850-3854.

Sevilla M, Fuertes A B. Chemical and structural properties of carbonaceous products obtained by hydrothermal carbonization of saccharides[J]. Chemistry (Weinheim an der Bergstrasse, Germany), 2009, 15(16): 4195-4203.

Shi X H, Zhang C C, Wang H, *et al*. Effect of Si on the distribution of Cd in rice seedlings[J]. Plant Soil, 2005, 272: 53-60.

Song Z, Fei L, Yu Z, *et al*. Synthesis and characterization of a novel MnOx-loaded biochar and its adsorption properties for Cu^{2+} in aqueous solution[J]. Chemical Engineering Journal, 2014, 242(8): 36-42.

Steinbeiss S, Gleixner G, Antonietti M. Effect of biochar amendment on soil carbon balance and soil microbial activity[J]. Soil Biology & Biochemistry, 2009, 41(6): 1301-1310.

Tekin K, Karagöz S, Bektaş S. A review of hydrothermal biomass processing[J]. Renewable & Sustainable Energy Reviews, 2014, 40: 673-687.

Tessier A, Campbell P G C, Bisson M, *et al*. Sequential extraction procedure for the speciation of particulate trace metals[J]. Analytical Chemistry, 1979, 51(7): 844-851.

Titirici M, Antonietti M. Chemistry and materials options of sustainable carbon materials made by hydrothermal carbonization[J]. Chemical Society Reviews, 2010, 39: 103-116.

Trakal L, Bingöl D, Pohořelý M, *et al*. Geochemical and spectroscopic investigations of Cd and Pb sorption mechanisms on contrasting biochars: engineering implications[J]. Bioresource Technology, 2014, 171: 442-451.

Uchimiya M, Llma I M, Klasson K T. Immobilization ofheavy metal ions (Cu～(Ⅱ), Cd～(Ⅱ), Ni～(Ⅱ), and Pb～(Ⅱ)) by broiler litter-derived biochars in water and soil[J]. Journal of Agricultural & Food Chemistry, 2010, 58(9): 5538-5544.

Uchimiya M, Wartelle L H, Klasson T, *et al*. Influence of pyrolysis temperature ob biochar property and function as a heavy metal sorbent in soil[J]. Journal of Agricultural and Fod Chemistry, 2011, 59: 2501-2510.

Vamerali T, Bandiera M, Mosca G. In situ phytoremediation of arsenic-and metalpolluted pyrite waste with field crops: effects of soil management[J]. Chemosphere,2011,83(9):1241-1248.

Wang X F,Zhang H P,Chen H Q. Preparation and characterization of high special surface area activated carbon from bamboo by chemical activation with KOH[J]. Function Materials,2006,37(4): 675-678.

Wang X,Peng B,Tan C Y,*et al*. Recent advances in arsenic bioavailability,transport,and speciation in rice[J]. Environmental Science & Pollution Research,2015,22(8):5742-5750.

Wang Y X,Stass A,Horst W J. Apoplastic binding of aluminum is involved in silicon-induced amelioration of aluminum toxicity in maize[J]. Plant Physiology,2004,136:3762-3770.

Weng W G,Hasemi Y,Fan W C. Predicting the pyrolysis of wood considering char oxidation under different ambient oxygen concentrations[J]. Combustion Flame,2006,145:723-729.

Xu R K,Zhao A Z. Effect of biochars on adsorption of Cu(Ⅱ),Pb(Ⅱ) and Cd(Ⅱ) by three variable charge soils from southern China[J]. Environmental Science & Pollution Research,2013,20(12):8491-8501.

Xue Y,Gao B,Yao Y,*et al*. Hydrogen peroxide modification enhances the ability of biochar (hydrochar) produced from hydrothermal carbonization of peanut hull to remove aqueous heavy metals: Batch and column tests[J]. Chemical Engineering Journal,2012,200-202(34):673-680.

Yang H,Xu R,Xue X,*et al*. Hybrid surfactant-templated mesoporous silica formed in ethanol and its application for heavy metal removal[J]. Journal of Hazardous Materials,2008,152(2):690-698.

Yang J X,Guo H T,Ma Y B,*et al*. Genotypic variations in the accumulation of Cd exhibited by different vegetables[J]. Journal of Environmental Sciences,2010,22:1246-1252.

Yang K B,Peng J H,Srinivasakannan C,*et al*. Preparation of high surface area activated carbon from coconut shells using microwave heating[J]. Bioresource Technology,2010,101:6163-6169.

Yuan J H,Xu R K. The amelioration effects of low temperature biochar generated from nine crop residues on an acidic Ultisol[J]. Soil Use and Management,2011,27:110-115.

Zhang Z,Solaiman Z M,Meney K,*et al*. Biochars immobilize soil cadmium,but do not improve growth of emergent wetland species *Juncus subsecundus* in cadmium-contaminated soil［J］. Journal of Soils and Sediments, 2013, 13: 140-151.

Zheng R L, Cai C, Liang J H, *et al*. The effects of biochars from rice residue on the formation of iron plaque and the accumulation of Cd, Zn, Pb, As in rice (*Oryza sativa* L.) seedlings[J]. Chemosphere, 2012, 89: 856-862.

安增莉，侯艳伟，蔡超，等. 水稻秸秆生物炭对 Pb(Ⅱ)的吸附特性[J]. 环境化学，2011，30(11)：1851-1857.

陈涵. 氨水改性活性炭及其性能的研究[J]. 福建林业科技，2012，39(4)：12-15.

陈红霞，杜章留，郭伟，等. 施用生物炭对华北平原农田土壤容重、阳离子交换量和颗粒有机质含量的影响[J]. 应用生态学报，2011，22(11)：2930-2934.

陈再明，方远，徐义亮，等. 水稻秸秆生物碳对重金属 Pb^{2+} 的吸附作用及影响因素[J]. 环境科学学报，2012，32(4)：769-776.

储磊，刘少敏，陈天明，等. KOH 活化花生壳生物质炭对亚甲基蓝吸附性能研究[J]. 环境工程学报，2014，8(11)：4737-4742.

段钰锋，尹建军，冒咏秋，等. 改性生物质稻秆焦脱除烟气中汞的实验研究[J]. 工程热物理学报，2013(3)：581-585.

耿勤，张平，廖柏寒，等. 生物质炭对溶液中 Cd^{2+} 的吸附[J]. 环境工程学报，2015，9(4)：1675-1679.

关连珠，周景景，张昀，等. 不同来源生物炭对砷在土壤中吸附与解吸的影响[J]. 应用生态学报，2013，24(10)：2941-2946.

郝蓉，彭少麟，宋艳暾，等. 不同温度对黑碳表面官能团的影响[J]. 生态环境学报，2010，19(3)：528-531.

何小超，郑经堂，于维钊，等. 活性炭臭氧化改性及其对噻吩的吸附热力学和动力学[J]. 石油学报：石油加工，2008(4)：426-432.

何绪生，耿增超，佘雕，等. 生物炭生产与农用的意义及国内外动态[J]. 农业工程学报，2011，27(2)：1-7.

贺京，李涵茂，方丽，等. 秸秆还田对中国农田土壤温室气体排放的影响[J]. 中国农学通报，2011，27(20)：246-250.

侯艳伟，池海峰，毕丽君. 生物炭施用对矿区污染农田土壤上油菜生长和重金属富集的影响[J]. 生态环境学报，2014，23(6)：1057-1063.

黄晰，罗阳，张俊，等. As(Ⅲ)和 As(Ⅴ)在骨炭中迁移行为的对流扩散模型研究[J]. 安全与环境学报，2014(3)：210-215.

贾佳祺，李坤权，张雨轩，等. 磷酸微波活化多孔生物质炭对亚甲基蓝的吸附特性[J]. 环境工程学报，2014，8(1)：92-97.

蒋成爱，吴启堂，吴顺辉，等. 东南景天与不同植物混作对土壤重金属吸收的影响

[J]. 中国环境科学,2009,29(9):985-990.

蒋旭涛,迟杰. 铁改性生物炭对磷的吸附及磷形态的变化特征[J]. 农业环境科学学报,2014(9):1817-1822.

李保强,刘钧,李瑞阳,等. 生物质炭的制备及其在能源与环境领域中的应用[J]. 生物质化学工程,2012,46(1):34-38.

李江山,薛强,王平,等. 市政污泥生物碳对重金属的吸附特性[J]. 环境科学研究,2013,26(11):1246-1251.

李坤权,李烨,郑正,等. 高比表面生物质炭的制备、表征及吸附性能[J]. 环境科学,2013,34(1):328-335.

李力,陆宇超,刘娅,等. 玉米秸秆生物炭对Cd(Ⅱ)的吸附机理研究[J]. 农业环境科学学报,2012,31(11):2277-2283.

李立清,梁鑫,石瑞,等. 酸改性活性炭对甲苯、甲醇的吸附性能[J]. 化工学报,2013,64(3):970-979.

李丽,陈旭,吴丹,等. 固定化改性生物质炭模拟吸附水体硝态氮潜力研究[J]. 农业环境科学学报,2015,34(1):137-143.

李明遥,杜立宇,张妍,等. 不同裂解温度水稻秸秆生物炭对土壤Cd形态的影响[J]. 水土保持学报,2013,27(6):261-264.

李文哲,徐名汉,李晶宇. 畜禽养殖废弃物资源化利用技术发展分析[J]. 农业机械学报,2013,44(5):135-142.

林晓芬,张军,尹艳山,等. 生物质炭孔隙分形特征研究[J]. 生物质化学工程,2009,43(3):9-12.

刘阿梅,向言词,田代科,等. 生物炭对植物生长发育及重金属镉污染吸收的影响[J]. 水土保持学报,2013,27(5):193-198.

刘倩,王树荣,王凯歌,等. 纤维素热裂解过程中活性纤维素的生成和演变机理[J]. 物理化学学报,2008,24(11):1957-1963.

刘莹莹,秦海芝,李恋卿,等. 不同作物原料热裂解生物质炭对溶液中Cd^{2+}和Pb^{2+}的吸附特性[J]. 生态环境学报,2012,21(1):146-152.

陆强,张栋,朱锡锋. 四种金属氯化物对纤维素快速热解的影响(Ⅱ)机理分析[J]. 化工学报,2010,61(4):1025-1032.

罗煜,赵立欣,孟海波,等. 不同温度下热裂解芒草生物质炭的理化特征分析[J]. 农业工程学 报,2013,29(13):208-216.

毛懿德,铁柏清,叶长城,等. 生物炭对重污染土壤镉形态及油菜吸收镉的影响[J]. 生态与农村环境学报,2015,31(4):579-582.

潘经健,姜军,徐仁扣,等. Fe(Ⅲ)改性生物质炭对水相Cr(Ⅵ)的吸附试验[J]. 生态与农村环境学报,2014,30(4):500-504.

乔冬梅，齐学斌，庞鸿宾，等．不同 pH 值条件下重金属 Pb^{2+} 的吸附解吸研究[J]．土壤通报，2011(1)：38-41．

秦海芝，刘莹莹，李恋卿，等．人居生活废弃物生物黑炭对水溶液中 Cd^{2+} 的吸附研究[J]．生态与农村环境学报，2012，28(2)：181-186．

司友斌，章力干．盐分对土壤锰释放的影响[J]．土壤通报，2000，31(6)：255-258．

孙振钧，孙永明．我国农业废弃物资源化与农村生物质能源利用的现状与发展[J]．中国农业科技导报，2006，8(1)：6-13．

佟雪娇，李九玉，姜军，等．添加农作物秸秆炭对红壤吸附 Cu(Ⅱ)的影响[J]．生态与农村环境学报，2011，27(5)：37-41．

王丹丹，林静雯，张岩，等．牛粪生物炭对 Cd^{2+} 的吸附影响因素及特性[J]．环境工程学报，2015，9(7)：3197-3203．

王亮梅，姜维，朱淑飞，等．活性炭表面改性对水溶液中汞离子吸附行为的影响[J]．水处理技术，2013，39(9)：41-48．

王书肖，张楚莹．中国秸秆露天焚烧大气污染物排放时空分布[J]．中国科技论文，2008，3(5)：329-333．

王树荣，刘倩，郑赟，等．基于热重红外联用分析的生物质热裂解机理研究[J]．工程热物理学报，2006，27(2)：351-353．

尉士俊，杨冬，时亦飞．水热炭化技术在废弃生物质资源化中的应用研究[J]．节能，2015(1)：59-62．

吴成，张晓丽，李关宾．黑碳吸附汞砷铅镉离子的研究[J]．农业环境科学学报，2007，2：770-774．

吴光前，孙新元，钟丽云，等．硝酸改性竹炭理化性质变化的研究[J]．南京林业大学学报：自然科学版，2012，36(2)：15-21．

许洁，颜涌捷，李文志，等．生物质裂解机理和模型(Ⅰ)——生物质裂解机理和工艺模式[J]．化学与生物工程，2007，24(12)：1-4．

杨坤彬，彭金辉，夏洪应，等．CO_2 活化制备椰壳基活性炭[J]．炭素技术，2010，29(1)：20-23．

于志红，黄一帆，廉菲，等．生物炭-锰氧化物复合材料吸附砷(Ⅲ)的性能研究[J]．农业环境科学学报，2015，34(1)：155-161．

余峻峰，陈培荣，俞志敏，等．KOH 活化木屑生物炭制备活性炭及其表征[J]．应用化学，2013，30(9)：1017-1022．

俞志敏，卫新来，娄梅生，等．氯化锌活化生物质炭制备活性炭及其表征[J]．化工进展，2014，33(12)：3318-3323．

张会平，叶李艺，杨立春．物理活化法制备椰壳活性炭研究[J]．厦门大学学报(自然科学版)，2004，43(6)：833-835．

张文玲,李桂花,高卫东. 生物质炭对土壤性状和作物产量的影响[J]. 中国农学通报,2009,25(17):153-157.

张闻. 碳质材料与土壤相互作用对吸附芘及其生物可利用性的影响[D]. 天津:南开大学,2011.

章菁熠,梁晶,方海兰,等. 不同改良材料对铜的吸附-解吸特性研究[J]. 腐植酸,2013(2):274-281.

赵梅青,马子川,张立艳,等. 高锰酸钾改性对颗粒活性炭吸附 Cu^{2+} 的影响[J]. 金属矿山,2008(11):110-113.

周建斌,邓丛静,陈金林,等. 棉秆炭对镉污染土壤的修复效果[J]. 生态环境,2008,17(5):1857-1860.

朱志强,李坤权. 磷酸低温活化蔗渣基中孔生物炭及其影响因素[J]. 环境工程学报,2015,9(6):2667-2673.

第九章　蚯蚓粪在土壤重金属污染治理中的作用

采用物理化学技术修复重金属污染土壤，不仅费用昂贵，难以用于大规模污染土壤的改良，而且常常导致土壤结构破坏、土壤生物活性下降和土壤肥力退化等。新兴的、高效的生物修复途径现已被科学界和政府部门认可和选用，并逐步走向商业化。

蚯蚓粪是一种黑色、均一、有自然泥土味的细碎类物质，也是一种团聚体。目前，对蚯蚓粪的大量研究主要集中在蚯蚓粪可以用作肥料，具有一定的肥效，能够促进作物生长、提高作物产量。但是由于蚯蚓粪自身具有的一些独特的物理化学性质，向土壤中添加蚯蚓粪有机肥后，能够改变土壤重金属镉的生物有效性，蚯蚓粪具有修复土壤重金属污染的潜能。因此，研究蚯蚓粪对土壤镉污染的修复作用，不仅使蚯蚓粪作为有机肥得到广泛的利用，还能使其在促进作物生长的同时，修复土壤重金属污染，可谓一举两得。

一、蚯蚓粪的基本性质及其在设施农田中的应用

（一）蚯蚓粪的物理性质

蚯蚓粪是一种黑色、均一、有自然泥土味的细碎类物质，其物理性质由原材料的性质及蚯蚓消化的程度决定。蚯蚓粪也是一种团聚体，大多为 0.5～3 mm 粒径的椭圆形及长圆形的团聚体，尤以 1～2 mm 者为多，有时也可再黏结成团块状；蚯蚓粪的水稳定性往往比非蚯蚓形成的团聚体高。蚯蚓在其土壤生活过程中，摄取大量有机质并将其分解转化为氨基酸、聚酚等较简单的化合物，在肠细胞分泌的酚氧化酶及微生物分泌酶的作用下，缩合形成腐殖质。因此，蚯蚓粪中含有大量的腐殖质。腐殖质固有的胶体特性，可以改善土壤的结构，有利于土壤的通气、保水、提高土壤的缓冲能力。有研究表明蚯蚓粪能够增加土壤的孔隙度，增加土壤为团聚体的数量，具有良好的物理性质（胡艳霞等，2003）。此外，蚯蚓粪因有很大的表面积，使得许多有益微生物得以生存并具有良好的吸收和保持营养物质的能力（孙振钧和孙永明，2004）。

(二)蚯蚓粪的化学性质

与其他物质相比,蚯蚓粪中含有丰富的化学成分。据测定,蚯蚓粪中有机质含量为19.47%～42.20%,腐殖酸含量11.7%～25.8%,氮磷钾总养分＞3%。蚯蚓粪中还含有许多营养成分,粗灰分含量高达74.55%,作为畜禽饲料,是矿物质饲料的来源之一。此外,还含有蛋白质6.23%,其中富含谷氨酸、天门冬氨酸和缬氨酸等多种必需氨基酸。植物必需的16种营养元素中,有些元素在植物内的含量较低,约占植物干重的千分之几到万分之几,称为微量元素,如铁、锰、锌、铜、钼、硼等,它们在植物生长发育中都担负着不同的生理功能,这些元素在蚯蚓粪中都有分布。蚯蚓在分解有机质的同时,也分解其中的矿物质元素,因而在某种程度上提高了蚯蚓粪矿物元素的含量,并对其有效性也相应地有所提高。畜禽粪便一般呈碱性,而大多数植物喜好的生长介质偏酸性(pH 6～6.5),在蚯蚓消化的过程中,由于微生物新陈代谢过程中有机酸的产生使得蚯蚓粪的pH降低了(Ndegwa,2000),而趋于中性(张宝贵等,2001)。此外,有研究表明蚯蚓粪中还具有刺激植物生长的植物激素,如赤霉素、生长素、细胞分裂素等,这些激素在植物的新陈代谢中发挥着重要作用,能影响植物的生长和作物的品质(Tomati等,1987;胡佩,2002)。

(三)蚯蚓粪的生物性质

蚯蚓消化道是许多细菌和放线菌等微生物生长繁殖的一个小型的"培养室"。当蚯蚓摄入含有大量微生物的有机质后,微生物和食物随着消化道的作用最终进入到蚯蚓粪中,使蚯蚓粪中也富含细菌、放线菌和真菌等大量多种微生物类群,并且由于蚯蚓粪中营养物质丰富,排出的蚯蚓粪在第一周内细菌的数量还会成倍增加(王凤艳,2005)。这样,带有保持旺盛活力微生物的蚯蚓粪便成了土壤微生物的传播中心,也是土壤有机物的分解中心。

不同粪龄的蚯蚓粪中,所含的微生物量不同;新排出体外3 h的蚯蚓粪中,细菌数量低于原土壤,以后随时间的增加,细菌的数量开始增加,在86 h时,蚯蚓粪便中细菌数量最多,以后开始出现下降的趋势,下降到与原土壤中细菌数量相接近时,开始小范围上下波动;蚯蚓粪中放线菌、真菌数量变化不大(张立宏和许光辉,1990)。

蚯蚓粪中固氮菌能固定空气中的氮,合成蛋白质,在土壤中积累大量氮素,从而被植物吸收利用;好气菌分解腐殖质也可供植物消化利用;硝化细菌对腐生菌有辅助和配合作用,把腐生菌分解有机肥料时产生的氨转化成对植物有效的硝酸盐,大大提高植物养分的利用率。此外,微生物不仅使一些复杂的物质转化成作物易吸收的成分,其新陈代谢产生的次生代谢物与激素一起会促进作物的生长(胡佩等,2002)。因此可以说蚯蚓粪作为一种能够促进植物生长的肥料,和其中所含有的大量微生物是分不开的。

(四)蚯蚓粪的应用

1.蚯蚓粪在促进植物生长方面的作用

蚯蚓粪具有一定的肥效,可用作肥料,其作用集中体现在它能够促进作物生长、提高作物产量。目前,有关这方面应用的研究有很多,主要集中在两个方面:一是向土壤中直接添加不同比例的蚯蚓粪,研究作物生长情况,评价蚯蚓粪肥效。例如,邓立宝等(2008)以红江橙为试材,将断根插入蚯蚓粪含量不同的基质中,研究蚯蚓粪对红壤理化性状、柑橘根系生长的影响。结果表明:含60%蚯蚓粪的基质pH显著提高,有机质含量也明显升高;此外蚯蚓粪能诱导柑橘根系生长,其中以含40%蚯蚓粪的效果最好,诱发出的根量最多。二是向土壤中添加蚯蚓粪与其他有机、无机肥的复合物,研究复合作用下,作物的发芽、生长活动。例如,Hidalgo等(2002)发现,将转化绵羊粪所得蚯蚓粪与珍珠岩等基质混合,蚯蚓粪占50%,用其处理菊花,叶面积、花数、干物重较高。

2.蚯蚓粪在抑制土传病害方面的作用

除了作为肥料有促进植物生长的作用外,还有研究表明,蚯蚓粪有抑制土传病害的作用。例如,新鲜的蚯蚓粪能够抑制病原菌的生长,使涂布有 *F. oxysporum* 孢子悬液的PDA培养基上出现清晰的抑菌圈,而经过灭菌的蚯蚓粪提取液不仅不会出现抑菌圈,反而会刺激镰刀病原菌的生长(Szczech,1999)。说明蚯蚓粪能够起到抑制土传病害作用主要是因为蚯蚓粪中某些微生物能够抑制某些病原菌的滋生。

二、蚯蚓粪应用于修复土壤重金属污染方面的潜能

随着对蚯蚓粪研究的深入,发现有关蚯蚓粪的应用并不仅仅局限于作为肥料促进植物生长(Atiyeh等,2000)和抑制土传病害(Arancon等,2002)。在蚯蚓和蚯蚓粪的研究历史中,根据一些研究结果,我们可以推测出蚯蚓粪有用于修复土壤重金属污染方面的潜能。这种潜能主要集中体现在以下两个方面:

(一)蚯蚓粪对土壤重金属的钝化作用潜能

钝化重金属的钝化剂,通过调节和改变重金属在土壤中的物理化学性质,能使重金属产生沉淀、吸附、络合等一系列反应,降低其在土壤环境中的生物有效性和可迁移性,从而减少这些重金属元素的毒性,起到钝化作用。我们推测蚯蚓粪具有

钝化重金属的潜能,作为修复土壤重金属污染的钝化剂主要基于以下事实:

(1)与蚯蚓粪相似的畜禽类粪便(鸡粪、牛粪、猪粪等),添加到土壤中后,作为有机固化剂都或多或少地降低了土壤中重金属的生物有效性。

例如,高山等(2003)运用连续提取法研究猪粪对潮土中外源镉的形态的影响。结果表明,猪粪显著增加了土壤有机碳、pH、活性氧化物的含量,并且显著地增加了有机结合态镉含量,而显著地降低了交换态镉的含量,并随着时间的增长,影响更显著。这一结论与张秋芳等(2002)的研究结果一致。

(2)蚯蚓在其土壤生活过程中,摄取大量有机质并将其分解转化为氨基酸、聚酚等较简单的化合物,在肠细胞分泌的酚氧化酶及微生物分泌酶的作用下,缩合形成腐殖质。腐殖质中主要活性部分为腐殖酸,因此蚯蚓粪中含有大量的腐殖酸,占到11.7%~25.8%。

大量研究表明腐殖酸本身是很强的吸附剂,能够吸附可溶态重金属,影响重金属的生物有效性。例如王晶等(2002)讨论了腐殖酸及其数量在棕壤土上对重金属Cd的赋存形态的影响作用。研究结果表明:随腐殖酸投入比例加大,可溶态Cd含量明显下降,有机态Cd则反之,铁铝(锰)氧化态Cd与有机态Cd雷同。吕福荣等(2002)采用碱溶酸沉法提取土壤中的腐殖酸,研究其对Co^{2+}、Cd^{2+}的吸附作用,结果表明该土壤中腐殖酸对Co^{2+}、Cd^{2+}有较强的吸附作用,且腐殖酸对Co^{2+}、Cd^{2+}的吸附是通过两级络合反应形成配合物的方式结合的。许多其他国内外学者在这方面的研究也得到了相似的结果,大量研究表明植物吸收的Cd的量随着土壤中腐殖酸、阳离子交换量、pH得增加而降低(Street等,1977,1978;李光林等,2003)。

此外,腐殖酸具有酚羟基、羧基、羰基、氨基等多种官能团,这些基团能够与土壤中重金属发生络合反应,从而改变重金属的活性。未解离羧基和酚羟基是腐殖酸与Cd的主要络合位点,该络合物的稳定性随腐殖酸芳构化程度的增加而增加。陈盈等(2008)将草碳、褐煤和风化煤中的腐殖酸与Mn和Zn络合并测定络合稳定常数,说明腐殖酸的腐殖化程度越高,与金属离子形成络合物的稳定程度越大。

(3)蚯蚓粪表面积大,且增加了土壤的孔隙度,吸附能力较强,因此可以较大程度的吸附重金属。Kizilkaya(2004)在污水污泥处理的土壤中投放*lumbricus terrestris* L.蚯蚓,一段时间后收集蚯蚓个体和蚯蚓粪便,测定其中不同形态重金属Cu、Zn的含量,发现蚯蚓粪中含有较高量的重金属,且有机结合态金属含量最高,交换态和可溶性金属都较少。此外,Maity等(2008)的研究中也发现,蚯蚓处理重金属Zn和Pb污染的土壤后排出的蚯蚓粪中DTPA-Pb和DTPA-Zn的含量也显著降低。因此,可以看出蚯蚓粪能够吸附重金属,并且还可以降低重金属的生物有效性。

(4)蚯蚓粪中富含细菌、放线菌和真菌等大量多种微生物类群。微生物本身以及微生物与各种有机、无机胶体的相互作用对重金属进行生物吸附、富集、沉淀等行为都会降低重金属的生物有效性。

细菌的细胞壁富含羧基阴离子和磷酸阴离子，使得细菌表面具有阴离子的性质，很容易与金属发生反应，因而金属很容易结合到细菌的表面而被固定，从而降低了重金属的生物有效性。例如 Robinson 对 4 种根际荧光假单胞菌对 Cd 的富集与吸收的研究发现，根际细菌对 Cd 的富集达到环境中的 100 倍以上（于瑞莲等，2008）。Beveridge 等（1978）研究发现从芽孢杆菌（*Bacillus subtilis*）上分离下来的细胞壁可以从溶液中螯合大量的 Mg^{2+}、Fe^{3+}、Cu^{2+}、Na^{+} 和 K^{+}，中量的 Mn^{2+}、Zn^{2+}、Ca^{2+}、Au^{3+} 和 Ni^{2+}，以及少量的 Hg^{2+}、Sr^{2+}、Pb^{2+} 和 Ag^{+}。

真菌对重金属也有吸附固定作用。其吸附的方式主要有两种：一是细胞壁上的活性基团（如巯基、羧基、羟基等）与重金属离子发生定量化合反应（如离子交换、配位结合或络合等）而达到吸收的目的；二是物理性吸附或形成无机沉淀而将重金属污染物沉积在自身细胞壁上（Tyler，1982；沈薇等，2006）。如姜华等（2007）采用微生物学法，从污水处理厂活性污泥中分离到了能抗重金属镉、铬、砷、汞和铅的 4 株霉菌，分别为变幻青霉、桔黑青霉、淡紫拟青霉和链格孢霉，对重金属都有较强的吸附能力。Suh 等（1999）研究发现，当茁芽短梗霉分泌一些胞外聚合物质时，Pb^{2+} 便积累于整个细胞的表面，且随着细胞的存活时间增长，胞外聚合物质的分泌量增多，积累于细胞表面的 Pb^{2+} 水平就越高，从最初的 56.9 上升到 215.6 mg/g（干重）。

（5）蚯蚓粪中含有丰富的营养成分，其中氮、磷、钾总养分大于 3%。土壤中养分的增加对重金属的生物有效性也有一定的影响。

有研究表明钾肥的施入能够降低土壤中交换态镉的含量（陈苏等，2007），且显著降低了小麦对镉的吸收（杨锚，2004）。此外，还有学者研究表明，在有重金属污染的土壤中，添加一定比例的蚯蚓粪比不加蚯蚓粪处理的植物成活率高。例如张烨等（2008）以紫花苜蓿为材料，在铁尾矿中添加蚯蚓粪，研究蚯蚓粪对紫花苜蓿生长的影响，发现在基肥相同条件下，紫花苜蓿的成活率与蚯蚓粪添加量成正比。因此推测可能由于蚯蚓粪钝化了土壤中重金属，降低了毒性才使植物的成活率提高。说明蚯蚓粪不仅能促进植物生长，还能在一定程度上用于重金属污染土壤中植被的恢复。

（二）蚯蚓粪对土壤重金属的活化作用潜能

在近年来的研究中，虽然大多数学者都认为与蚯蚓粪相似的畜禽类粪便（如鸡粪、牛粪、猪粪等）作为有机固化剂，能够钝化重金属。但是仍然有小部分学者的研究结果表明添加这类粪便后，反而增加了重金属的生物有效性。例如，Krebs 等（1998）对 10 年前施入鸡粪和猪粪的土壤中的重金属 Zn、Cu、Cd 含量进行测定，发现植物对重金属的吸收以及可溶性重金属的含量与对照相比较都较高。郝秀珍

(2003)等在研究不同改良剂对铜矿尾矿砂与菜园土混合土壤 pH、有效态重金属含量、脲酶和磷酸酶活性以及混合土壤上种植的黑麦草生长的影响时,发现使用鸡粪处理明显增加了土壤中包括铜、铅和锌等有效态重金属的含量。

这种研究结果的不一致性,也引起了我们对蚯蚓粪与重金属间作用的进一步思考,推测蚯蚓粪可能还有活化重金属的作用。林淑芬等(2006)向重金属 Cu 污染的土壤中添加蚯蚓粪并种植黑麦草,结果发现黑麦草的地上部和地下部的生物量得到了显著增加,而且黑麦草地上部 Cu 的含量也明显增加,他们推测蚯蚓粪是通过促进黑麦草根系的生长和活性而影响根系周围环境,从而进一步影响 Cu 的生物有效性。但是林淑芬的文章只是看到了蚯蚓粪作用下联合黑麦草对重金属的影响,并没有说明蚯蚓粪自身对重金属到底是活化还是钝化的作用。

综上所述,根据蚯蚓粪自身独特的物理、化学、生物性质以及近些年的相关研究结果,表明蚯蚓粪能够改变土壤中重金属的生物有效性,具有修复土壤重金属污染的潜能。但是蚯蚓粪的作用究竟是能够增加还是降低土壤重金属的生物有效性,目前还没有直接的证据,这一方面还有待于进一步的研究。

三、蚯蚓粪对土壤中重金属镉赋存形态的影响

(一)供试土壤和蚯蚓粪的基本性质

重金属在土壤中的存在形态是以其与土壤的不同组分相结合的方式划分的。重金属进入土壤后,经溶解、沉淀、络合、吸附等作用,最终以不同的方式与各组分相联系,形成了不同形态的重金属,从而决定了重金属的移动性和生物利用率。通常所指的形态是指金属与土壤组分的结合形态,是以特定的提取剂和提取步骤的不同而定义的。由于用不同方法提取测定,就导致了不同的重金属形态划分。Gambrell(1994)认为土壤中重金属存在 7 种形态,即水溶态、可交换态、无机化合物沉淀物、大分子腐殖质结合态、氧化物沉淀吸收态、硫化物沉淀态和残渣态;而具有代表性的形态分析方法是由 Tessier 等(1979)提出的。将土壤或沉积物中的金属元素分为可交换态、碳酸盐结合态、铁-锰氧化物结合态、有机物结合态和残渣态 5 种形态。

目前 BCR 分级萃取法被许多研究者采用,该方法能较好地反映土壤中重金属元素的形态分布情况,且由于其对提取剂选择的多方面均衡考虑和土壤标准样的制备,更加适于广泛使用。Albores 等(2000)比较了 BCR 和 Tessier 法的效果,结果表明 BCR 的可氧化物提取比 Tessier 法更有效。由于 BCR 方法日益成熟和完善,加之步骤相对较少,形态之间窜相不严重,因此 BCR 法再现性显著好于 Tessier 法(王亚平等,2005)。所以,本研究利用 BCR 连续提取法提取土壤中重金属镉不

同的形态，并对不同形态的镉浓度进行测定，研究添加蚯蚓粪后，土壤重金属镉不同形态含量的变化，从而了解蚯蚓粪对土壤重金属生物有效性的作用。

试验选用 500 g 盆钵，原土样风干后过 2 mm 筛，向其加入 $CdCl_2$ 溶液使土壤中镉浓度分别为 1.0、5.0、20 mg/kg 三个浓度（由于土壤质量三级标准中，重金属镉的浓度为 1.0 mg/kg，因此污染浓度最低设为该值）。在温室中（25℃±2℃）稳定 4 周，使 $CdCl_2$ 溶液充分与土样混合、固定。然后在每个浓度下设置不添加蚯蚓粪（CK），添加 10%、25%、40%、50%的蚯蚓粪五种处理，每种处理设三个重复，共 45 个处理。将盆钵置于温室中（25℃±2℃）培养，培养期间定时浇入去离子水，水分保持在最大田间持水量的 70%，20 d 后，取样土，风干后，过筛，用创办人（Community Bureau of Reference）连续提取法测定土壤中不同形态镉的含量。

由表 9-1 可以看出蚯蚓粪呈中性，而供试土样略呈碱性。此外，该供试原土中氮、磷、有机质的含量均达到高肥力土壤的标准（高肥力土壤：氮＞0.08%，有效磷＞10 mg/kg，有机质＞2.0%）（陆欣，2002）。尤其是蚯蚓粪，具有 8.7 g/kg 全氮，174.7 mg/kg 有效磷以及 363.97 g/kg 有机质。其养分含量远远大于该供试高肥力土壤，也表明蚯蚓粪富含营养物质这一化学性质。此外，从全镉量的测定中，可以看出蚯蚓粪和供试原土中重金属镉的含量较低，因此该土样和蚯蚓粪可以进行试验。

表 9-1　供试土壤和蚯蚓粪的基本性质

项目	土壤 pH	全氮/(g/kg)	有效磷/(mg/kg)	有机质/(g/kg)	全镉量/(mg/kg)
蚯蚓粪	6.94	8.7	174.7	363.97	0.106
原土	7.54	1.0	25.6	37.33	0.089

（二）不同蚯蚓粪添加比例对土壤镉赋存形态的影响

由表 9-2 可以看出在镉污染浓度为 1.0 mg/kg 的土壤中（这一浓度刚刚超过土壤污染三级标准），相比较不添加蚯蚓粪的土样，添加蚯蚓粪后，土壤中的酸提取态 B1 和可还原态 B2 镉含量显著降低（$P<0.05$），并且随着蚯蚓粪添加比例的增加，镉含量降低得越多。相对的，可氧化态 B3 与残渣态 B4 的镉含量却随着蚯蚓粪的添加而增大，虽然可氧化态 B3 镉含量变化并不明显，但是残渣态 B4 镉含量的变化却达到了显著水平（$P<0.05$）。酸提取态镉 B1 包括水溶态、可交换态及碳酸盐态，而可还原态镉 B2 即为铁锰氧化物结合态。这两种形态的镉都属于活性比较高的形态，水溶态镉可直接被植物吸收，铁氧化物可与层状硅酸盐作用相连，阻止了镉向层状硅酸盐上固定电荷点位的靠近，减少土壤对镉的吸附（茹淑华等，2006）。

因此，土壤中酸提取态 B1 和可还原态 B2 镉含量的降低，有利于重金属镉的钝化。

在镉污染浓度为 5.0 mg/kg 的土壤中，相比未添加蚯蚓粪的土样，添加蚯蚓粪后，酸提取态 B1 与可还原态 B2 镉的含量有所降低，但是并不明显；对于不同蚯蚓粪添加比例的处理之间，镉含量变化也不明显。相应的，可氧化态 B3 与残渣态 B4 的镉含量却随着蚯蚓粪的添加而增大，其中可氧化态镉 B3 含量显著增加（$P<0.05$），残渣态镉 B4 的变化不明显。可氧化态镉 B3 主要包括有机结合态，它是以镉离子为中心离子，以有机活性基团为配位体的结合或是硫离子与镉生成难溶于水的物质，不易被植物利用（崔妍等，2005）。残渣态镉 B4 由于禁锢于矿物晶格中而很难被生物利用，且迁移性很小（Albores 等，2000；Craba 等，2004）。与镉污染浓度为 5.0 mg/kg 土壤类似，在镉污染浓度为 20 mg/kg 的土壤中，相比未添加蚯蚓粪的土样，添加蚯蚓粪后，酸提取态 B1 与可还原态 B2 镉的含量有所降低，但是并不明显。可氧化态 B3 与残渣态 B4 的镉含量由于蚯蚓粪的添加而增大，且变化也不明显。

表 9-2 不同蚯蚓粪添加比例对土壤镉赋存形态的影响

土壤中镉总量/(mg/kg)	添加蚯蚓粪的比例/%	土壤中不同形态镉的含量/(mg/kg)			
		B1(酸提取态)	B2(可还原态)	B3(可氧化态)	B4(残渣态)
1	0	0.180[a]	0.077[a]	0.081[b]	0.662[b]
	10	0.073[b]	0.036[b]	0.092[b]	0.799[a]
	25	0.058[b]	0.023[b]	0.097[b]	0.822[a]
	40	0.036[c]	0.024[b]	0.104[a]	0.836[a]
	50	0.020[c]	0.019[b]	0.112[a]	0.849[a]
5	0	2.220[a]	1.300[a]	1.025[b]	0.455[b]
	10	1.480[a]	1.160[a]	1.350[b]	1.010[a]
	25	1.380[a]	1.060[a]	1.875[a]	0.685[b]
	40	1.240[a]	0.940[b]	2.050[a]	0.770[b]
	50	1.280[a]	0.920[b]	2.250[a]	0.550[b]
20	0	7.080[a]	5.960[a]	6.800[b]	0.160[b]
	10	5.600[a]	5.300[a]	8.425[b]	0.675[b]
	25	5.460[a]	5.420[a]	8.675[b]	0.445[b]
	40	5.300[a]	5.540[a]	8.675[b]	0.485[b]
	50	4.720[b]	5.320[a]	9.050[a]	0.910[a]

同一列中无共同字母表示差异达到显著性（$P<0.05$）。

由图 9-1 可以看出，在镉污染浓度为 1.0 mg/kg 的土壤中，未添加蚯蚓粪时土壤中的镉残渣态 B4 的含量最高(约占总镉量的 70%),其次是酸提取态 B1(约占总镉量的 20%),然后才是可还原态 B2 与可氧化态 B3。添加蚯蚓粪之后,残渣态 B4 的镉依然占据总镉量的大部分,且有增加的趋势。但是,原本所占比例较高的酸提取态 B1 明显降低,在蚯蚓粪添加比例为 50%时,酸提取态 B1 占总镉量的比例还不到 5%。因此,可以很明显得看出向轻度镉污染的土壤中添加蚯蚓粪,能够显著降低($P<0.05$)重金属镉的活性,从而减少毒性,并且这种作用随着蚯蚓粪添加比例的增加而增大。

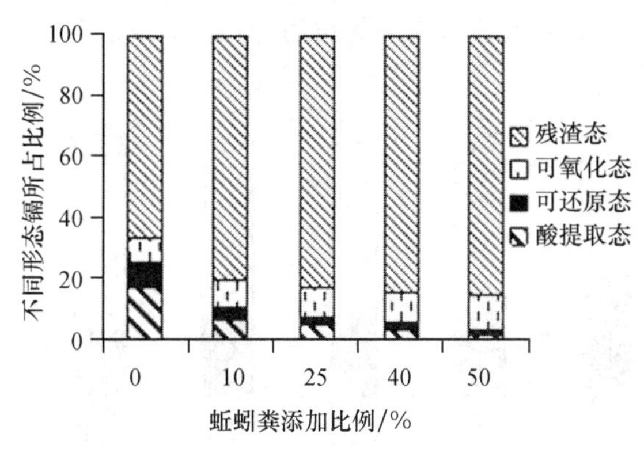

图 9-1　不同蚯蚓粪添加比例对 1.0 mg/kg 镉污染土壤镉赋存形态的影响

由于单独看某一种形态的变化并不明显,所以,在如图 9-2 中所示,将酸提取态 B1 和可还原态 B2 这两种活性较高的形态放在一起,将可氧化态 B3 和残渣态 B4 这两种活性较低的形态放在一起来考察。可以看出,未添加蚯蚓粪时,酸提取态 B1 和可还原态 B2 两种形态含量最高,约占总镉量的 70%;添加蚯蚓粪后,酸提取态 B1 和可还原态 B2 两种形态含量占总量的比例随着蚯蚓粪添加量的增加而降

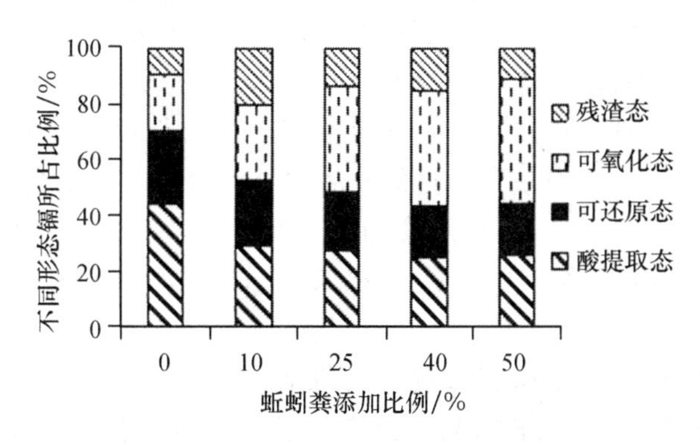

图 9-2　不同蚯蚓粪添加比例对 5.0 mg/kg 镉污染土壤镉赋存形态的影响

低，可氧化态 B3 和残渣态 B4 两种形态的比例反而显著增加。因此，向镉污染浓度为 5.0 mg/kg 的土壤中添加蚯蚓粪，也有一定的钝化重金属镉的作用，但是相比较轻度污染(1.0 mg/kg)的土壤来说作用较低。

由图 9-3 可以看出，未添加蚯蚓粪时，土壤中酸提取态 B1 与可还原态 B2 含量最大，约占总镉量的 65%。添加蚯蚓粪之后酸提取态 B1 与可还原态 B2 的比例有所降低，且在四个形态中，可氧化态镉 B3 的含量所占的比例最大。这是由于向土壤中添加了有机质，从而增加了有机结合态的镉。因此，向高度镉污染的(20 mg/kg)土壤中添加蚯蚓粪，也有一定的钝化重金属镉的作用，但是相比较轻度污染(1.0 mg/kg)的土壤来说作用较小。

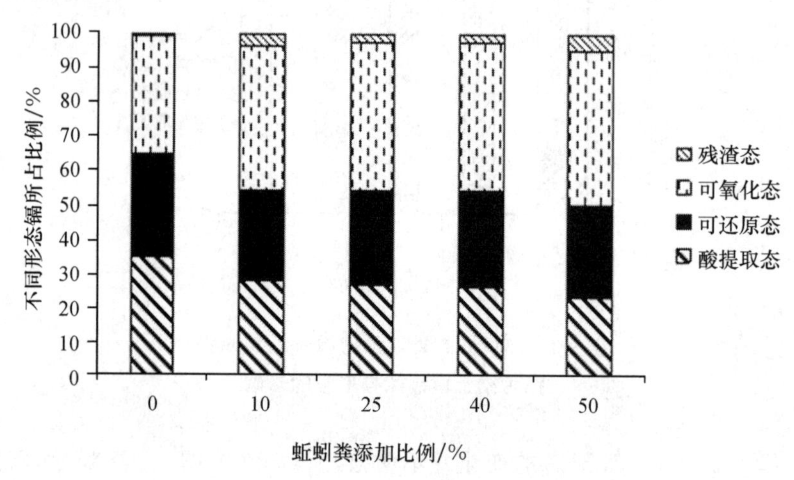

图 9-3　不同蚯蚓粪添加比例对 20 mg/kg 镉污染土壤镉赋存形态的影响

酸提取态镉 B1 包括水溶态、可交换态及碳酸盐态，它是通过离子交换吸附与固相(污泥或土壤)颗粒相结合的，这种的结合力较弱，极易释放为游离态离子而直接被生物利用；可还原态镉 B2 即为铁锰氧化物结合态，铁氧化物可与层状硅酸盐作用相连，阻止了镉向层状硅酸盐上固定电荷点位的靠近，减少土壤对镉的吸附(茹淑华等，2006)。由表 9-2 所示，这两种活性较强的形态在土壤中的含量不论是在镉污染浓度较低 1.0 mg/kg 时，还是在镉污染浓度较高的 5.0 和 20 mg/kg 时，添加蚯蚓粪处理后，含量均有所降低，且在 1.0 mg/kg 污染土壤中显著($P<0.05$)降低。

相对应的，可氧化态镉 B3 主要包括有机结合态，它是以镉离子为中心离子，以有机活性基团为配位体的结合或是硫离子与镉生成难溶于水的物质，不易被植物利用(崔妍等，2005)。残渣态镉 B4 由于禁锢于矿物晶格中而很难被生物利用，且迁移性很小(Albores 等，2000；Laura Craba 等，2004)。表 9-2 中，可氧化态镉 B3

和残渣态镉 B4 的含量都随着蚯蚓粪的添加，有所增加。因此，蚯蚓粪可以起到钝化重金属镉的作用。

从形态百分比图 9-1、图 9-2、图 9-3 中可以看出，添加蚯蚓粪后，四个形态中，可氧化态镉 B3 的含量所占的比例都比较高。这是由于添加蚯蚓粪后，土壤中有机质的含量增加，从而增加了有机结合态镉的含量。在一些学者的研究中，向土壤中添加鸡粪、猪粪等有机肥，也会增加土壤中有机质的含量，从而使有机结合态镉含量增加。例如，Li 等(2006)分别对外源添加镉盐、鸡粪及猪粪的土样进行了镉赋存形态分析，结果表明，在添加了有机质的土壤中，有机结合态的镉含量较高。Liu 等(2009)向土壤中加入鸡粪后，有效地降低了 70％可交换态镉的含量，同时也显著增加了土壤中用 NaOH 提取的有机结合态镉的含量。

研究结果表明：向轻度镉污染(1.0 mg/kg)的土壤中添加蚯蚓粪，能够显著降低($P<0.05$)活性较强的酸提取态镉 B1 和可还原态镉 B2 的含量，钝化重金属镉，减小其毒性；并且这种钝化作用随着蚯蚓粪添加比例的增加而增大。向高度镉污染(5.0、20 mg/kg)的土壤中添加蚯蚓粪，土壤中活性镉降低不显著，但是也有一定的钝化作用，只是相比较轻度污染(1.0 mg/kg)的土壤来说作用较小。添加蚯蚓粪处理后，可氧化态 B3(即有机结合态镉)的含量所占比例最高，这与蚯蚓粪中有机质含量较高密切相关。

四、蚯蚓粪中可能起钝化土壤重金属镉作用的主要因素

影响重金属生物有效性的因素有很多，为了筛选出钝化土壤重金属镉的主要因素，就要考察蚯蚓粪添加至土壤中后，会使哪些与重金属生物有效性密切相关的因素发生变化，从而进一步从机制上了解蚯蚓粪钝化土壤重金属镉的作用。

许多研究表明，土壤 pH 的变化能够改变重金属在土壤中的存在形态(刘文菊，2002)。在王友保等(2006)的研究中，由于土壤 pH 的降低导致土壤中重金属镉由碳酸盐结合态、铁锰氧化物结合态甚至有机结合态向交换态转化。这是因为土壤 pH 的降低增加了重金属的溶解性，从而使重金属镉在土壤中的赋存形态发生变化。因此，加入蚯蚓粪后土壤 pH 的变化可以算得上是影响蚯蚓粪钝化土壤重金属镉的一个重要的考察指标。

此外，由于蚯蚓粪是一种大多为 0.5～3 mm 粒径的椭圆形及长圆形的团聚体，尤以 1～2 mm 者为多，有时也可再黏结成团块状，这样的结构具有良好的吸附重金属的能力。土壤通过静电吸引而吸附重金属离子的能力可以用阳离子交换量(CEC)值来衡量，CEC 越高，负电荷量就越高，土壤通过静电吸引而吸附重金属的能力也就越高(胡振琪，2004)。利用这一点，本次试验就通过考察土壤 CEC 的变化来反映蚯蚓粪对重金属镉吸附作用的大小。

蚯蚓在其土壤生活过程中,摄取大量有机质并将其分解转化为氨基酸、聚酚等较简单的化合物,在肠细胞分泌的酚氧化酶及微生物分泌酶的作用下,缩合形成腐殖质。腐殖质的主要活性部分为腐殖酸,腐殖酸具有酚羟基、羧基、羰基、氨基等多种官能团,这些基团能够与土壤中重金属发生络合反应,从而改变重金属的活性。蚯蚓粪中腐殖酸的含量较高,为11.7%～25.8%。为了研究蚯蚓粪钝化重金属镉的机制,蚯蚓粪添加后,土壤样品中腐殖酸的含量也是必不可少的考察因素。

(一)蚯蚓粪对土壤pH的影响

从表9-3可以看出,对于镉污染浓度为1.0 mg/kg的土壤,添加蚯蚓粪后,土壤pH基本没有变化;对于镉污染浓度为5.0和20 mg/kg的土壤,添加蚯蚓粪后,土壤pH下降了0.1～0.2个单位,可能是由于蚯蚓粪本身呈中性(pH 6.94),而原土略呈碱性(pH 7.54)(表9-1),向土壤中加入蚯蚓粪后使土壤pH降低。但是这个pH的变化很小,不能达到差异显著水平。

表9-3 不同处理对土壤pH的影响

蚯蚓粪比例/%	土壤中 Cd^{2+} 浓度		
	1 mg/kg	5 mg/kg	20 mg/kg
0	7.445±0.021	7.520±0.014	7.410±0.014
10%	7.450±0.028	7.365±0.021	7.210±0.014
25%	7.430±0.014	7.315±0.007	7.290±0.014
40%	7.465±0.007	7.310±0.028	7.255±0.007
50%	7.473±0.010	7.348±0.021	7.310±0.014

土壤pH是影响重金属生物有效性的一个主要的控制因素(Schubauer等,1993)。许多研究表明土壤pH的增加可以降低重金属生物有效性,甚至改变重金属在土壤中的形态(Riba等,2004;刘霞等,2002)。例如,Castilho等(1995)研究表明:pH的变化会改变镉的溶解状况,当土壤pH为7.6时,50 mg/kg镉离子就会形成沉淀,此时,pH每升高一个单位,镉浓度就下降100倍。另外,Farrell M等(2010)研究表明,向土壤中添加堆肥有机质,可以增加土壤pH,降低潜在毒性物质如As、Cu、Zn、Pb的溶解性,同时增加了营养物质的含量,适于植物生长。在Farrell M等的研究中,堆肥有机质之所以能够钝化土壤中的重金属,pH的升高是一个主要的原因,但是在本次的研究中,结果却恰恰相反。表9-1明显表示出蚯蚓粪添加至土壤中后,土壤pH的变化情况:pH既没有升高也没有降低,基本没有变化。因此,蚯蚓粪并不是通过提高土壤pH来钝化重金属镉的。

(二)蚯蚓粪对土壤阳离子交换量(CEC)的影响

图 9-4 表示的是镉污染浓度分别为 1.0、5.0、20 mg/kg 的土壤,在添加不同比例的蚯蚓粪后,阳离子交换量(CEC)的变化情况。由图可以看出,添加蚯蚓粪后,不同镉污染浓度的土样,土壤 CEC 都有明显的升高($P<0.05$),并且随着蚯蚓粪添加比例的增加,CEC 的值也在增加。

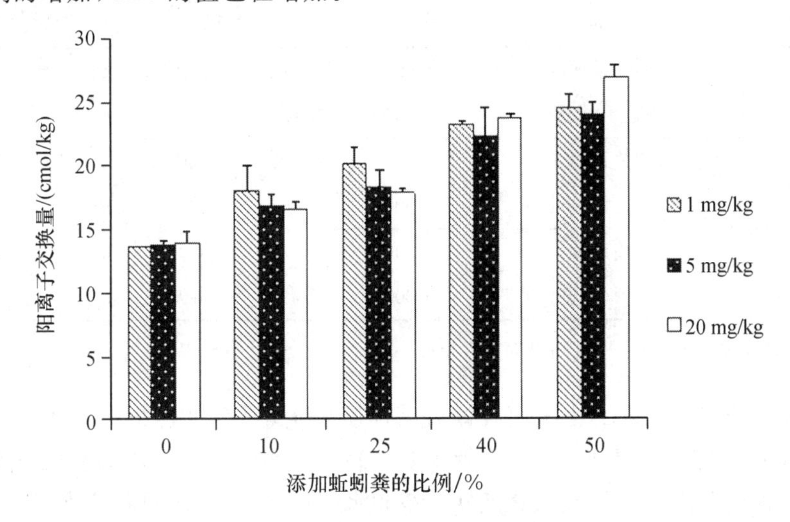

图 9-4　不同镉浓度土壤添加不同比例蚯蚓粪对土壤 CEC 的影响

此外,由图还可以看出,蚯蚓粪对全镉浓度为 1.0 mg/kg 的土壤 CEC 的影响最为明显。该浓度下,CEC 从最开始未添加蚯蚓粪时的 13.74 cmol/kg 分别增加至添加 10%蚯蚓粪时的 18.12 cmol/kg,25%蚯蚓粪时的 20.25 cmol/kg,40%蚯蚓粪时的 23.25 cmol/kg,50%蚯蚓粪时的 24.56 cmol/kg。对比空白设置,仅仅添加 10%蚯蚓粪,CEC 就增加了 31.87%。

为了进一步表征土壤阳离子交换量(CEC)与重金属镉不同赋存形态含量之间的关系,用 SPSS 软件做了双变量相关分析,结果如表 9-4 所示:在镉浓度为 1.0 mg/kg 时,酸提取态 B1 的含量与土壤 CEC 呈极显著性负相关($P<0.01$);可还原态 B2 的含量与土壤 CEC 呈显著性负相关($P<0.05$);可氧化态 B3 与残渣态 B4 的含量与土壤 CEC 呈极显著性正相关($P<0.01$)。在镉浓度为 5.0 mg/kg 时,酸提取态 B1 的含量与土壤 CEC 呈显著性负相关($P<0.05$);可还原态 B2 的含量与土壤 CEC 呈极显著性负相关($P<0.01$);可氧化态 B3 的含量与土壤 CEC 呈极显著性正相关($P<0.01$);残渣态 B4 的含量与土壤 CEC 无显著相关性。在镉浓度为 20 mg/kg 时,酸提取态 B1 的含量与土壤 CEC 呈极显著性负相关($P<0.01$);可氧化态 B3 的含量与土壤 CEC 呈极显著性正相关($P<0.01$);可还原态

B2与残渣态B4的含量与土壤CEC无显著相关性。所以,CEC越高,重金属镉的生物有效性就越低,且这种作用呈现显著的相关性。说明CEC是蚯蚓粪钝化土壤重金属镉的一个主要的影响因素。

表9-4 阳离子交换量与土壤中镉不同赋存形态含量的相关关系

Cd^{2+} /(mg/kg)			CEC	B1	B2	B3	B4
1	CEC	相关系数	1.000	−1.000**	−0.900*	1.000**	1.000**
		Sig. (2-tailed)	0.000	0.000	0.037	0.000	0.000
5	CEC	相关系数	1.000	−0.900*	−1.000**	1.000**	0.100
		Sig. (2-tailed)	0.000	0.037	0.000	0.000	0.873
20	CEC	相关系数	1.000	−1.000**	−0.300	0.975**	0.700
		Sig. (2-tailed)	0.000	0.000	0.624	0.005	0.188

*.表示呈显著性相关;**.表示呈极显著性相关。

阳离子交换量(CEC)由土壤胶体表面性质决定,由有机的交换基和无机的交换基所构成,前者主要是腐殖酸,后者主要是黏土矿物。它们形成的有机—无机复合体所吸附的阳离子总量包括交换性盐基和水解性酸,两者的总和即为CEC(于天仁等,1988;张琪等,2005)。在本次试验中,因为蚯蚓粪的添加增加了土壤有机胶体的量,从而造成CEC的升高(图9-4)。此外,土壤CEC与土壤黏粒的含量具有极强的相关性(Manrique等,1991),而黏粒具有较强的吸附能力,是土壤中主要的无机交换基。CEC会影响土壤中负电荷的数量,阳性重金属离子易被土壤胶体通过静电吸引的作用吸附。因此,本次试验中土壤CEC的增加有利于重金属的钝化。

此外,由于蚯蚓粪含有大量有机质(表9-1),将其添加土壤之中,必然会使土壤CEC增加,那么如何能说明土壤CEC是钝化重金属镉的主要因素呢?本次试验利用第三章中已测定的不同形态镉的含量与土壤CEC进行了双变量相关分析(表9-4),得出结论:CEC越高,重金属镉的生物有效性就越低,这种作用呈现显著的相关性。与本次研究结果类似,许多学者的研究结果也表明,CEC与土壤中重金属含量大都呈负相关(Hinsley等,1982;Korcak等,1985)。例如,Favre(2006)等研究了矿物黏土中土壤CEC与铁矿物之间的相关关系。结果表明,阳离子交换量随着铁氧化物以及铁的总量的降低而增加,具有明显的负相关性。

(三)添加蚯蚓粪处理对土壤腐殖酸的影响

图9-5和图9-6是总镉浓度为1.0 mg/kg的土壤,在添加不同比例蚯蚓粪后,

土壤腐殖酸含量的变化图。由图 9-5 可以看出，添加蚯蚓粪处理后，土壤中腐殖酸的含量都明显增加($P<0.05$)，并且随着蚯蚓粪添加比例的增大而增加。与对照相比，仅添加 10％蚯蚓粪后，土壤腐殖酸含量就增加了约 200％。根据腐殖酸在土壤中的存在形态，可以将腐殖酸分为游离腐殖酸与结合腐殖酸两部分。图 9-5 中，这两部分的腐殖酸含量也都随着蚯蚓粪添加比例的增大而增加，且游离腐殖酸相比结合腐殖酸的含量较小。

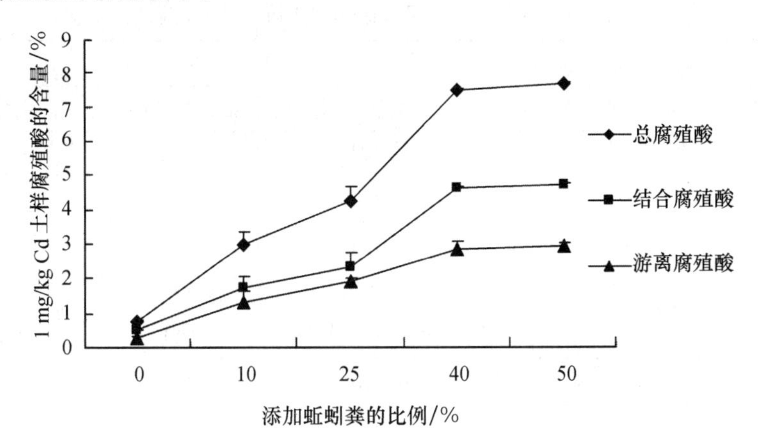

图 9-5　不同蚯蚓粪添加比例对土壤腐殖酸的影响

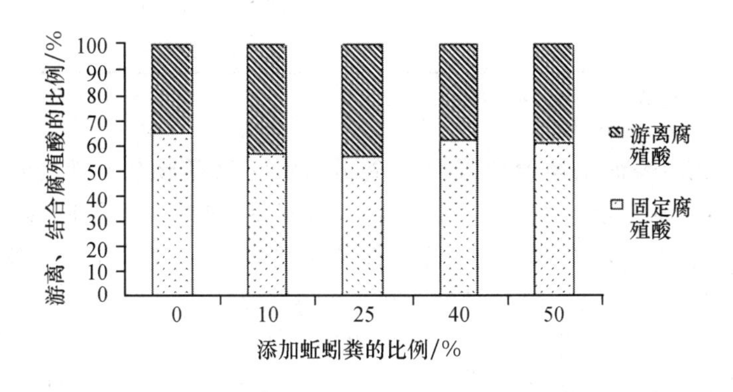

图 9-6　不同蚯蚓粪添加比例对土壤腐殖酸的影响

由图 9-6 可以看出，尽管添加蚯蚓粪后，不管是游离还是结合腐殖酸其含量都有所增加，但是游离、结合腐殖酸占总腐殖酸的比例变化趋势却有所不同。在未添加蚯蚓粪时，结合腐殖酸约占总腐殖酸的 65％；而添加蚯蚓粪后，结合腐殖酸所占的比例却有所下降，游离腐殖酸的比例增加。游离腐殖酸含量高是蚯蚓粪具有高肥力的佐证。

表 9-5 表示的是总镉浓度为 5.0、20 mg/kg 的土壤样品，在添加不同比例(0、

10%、25%、40%、50%)蚯蚓粪后,土壤腐殖酸含量的变化。由表9-5中可以看出,与总镉浓度为1.0 mg/kg的土壤的结果相似,添加蚯蚓粪处理后,土壤中腐殖酸的含量都明显增加($P<0.05$),并且随着蚯蚓粪添加比例的增大而增大。另外,游离腐殖酸与结合腐殖酸这两部分的含量也都随着蚯蚓粪添加比例的增大而显著增大($P<0.05$)。

表9-5 不同蚯蚓粪添加比例对土壤腐殖酸的影响

土壤中Cd浓度/(mg/kg)	添加蚯蚓粪的比例/%	腐殖酸的含量/%		
		游离腐殖酸	结合腐殖酸	总腐殖酸
5	CK	0.247[a]	0.493[a]	0.740[a]
	10%	0.844[a]	1.459[b]	2.303[b]
	25%	1.866[b]	3.108[c]	4.974[c]
	40%	2.497[b]	3.731[c]	6.228[c]
	50%	2.852[b]	4.161[c]	7.013[c]
20	CK	0.243[a]	0.493[a]	0.736[a]
	10%	0.930[b]	1.285[b]	2.214[b]
	25%	1.206[b]	1.942[b]	3.148[b]
	40%	1.871[c]	3.010[c]	4.881[c]
	50%	2.950[d]	3.987[d]	6.937[d]

同一列中无共同字母表示差异达到显著性($P<0.05$)

为了进一步表征土壤腐殖酸与重金属镉不同赋存形态含量之间的关系,用SPSS软件做了双变量相关分析,结果如表9-6所示:在镉浓度为1 mg/kg时,酸提取态B1的含量与土壤腐殖酸呈极显著性负相关($P<0.01$);可还原态B2的含量与土壤腐殖酸呈显著性负相关($P<0.05$);可氧化态B3与残渣态B4的含量与土壤腐殖酸呈极显著性正相关($P<0.01$)。在镉浓度为5 mg/kg时,酸提取态B1的含量与土壤腐殖酸呈显著性负相关($P<0.05$);可还原态B2的含量与土壤腐殖酸呈极显著性负相关($P<0.01$);可氧化态B3的含量与土壤腐殖酸呈极显著性正相关($P<0.01$);残渣态B4的含量与土壤腐殖酸无显著相关性。

在镉浓度为20 mg/kg时,酸提取态B1的含量与土壤腐殖酸呈极显著性负相关($P<0.01$);可氧化态B3的含量与土壤腐殖酸呈极显著性正相关($P<0.01$);可还原态B2与残渣态B4的含量与土壤腐殖酸无显著相关性。此外,一些与本试验结果类似的腐殖酸对重金属活性的影响研究也表明腐殖酸与重金属活性呈负相关(高跃等,2008;Clemente和Bernal,2006)。

表 9-6　土壤腐殖酸与土壤中镉不同赋存形态含量的相关关系

Cd^{2+} /(mg/kg)			总腐殖酸	B1	B2	B3	B4
1	总腐殖酸	相关系数	1.000	−1.000**	−0.900*	1.000**	1.000**
		Sig. (2-tailed)	0.000	0.000	0.037	0.000	0.000
5	总腐殖酸	相关系数	1.000	−0.900*	−1.000**	1.000**	0.100
		Sig. (2-tailed)	0.000	0.037	0.000	0.000	0.873
20	总腐殖酸	相关系数	1.000	−1.000**	−0.300	0.975**	0.700
		Sig. (2-tailed)	0.000	0.000	0.624	0.005	0.188

*. 表示呈显著性相关；**. 表示呈极显著性相关。

所以，土壤腐殖酸含量越高，重金属镉的生物有效性就越低，且这种作用呈现显著的相关性。说明土壤腐殖酸是蚯蚓粪钝化土壤重金属镉的一个主要的影响因素。

在本次试验中，添加蚯蚓粪处理后，土壤中腐殖酸的含量随着蚯蚓粪添加比例的增加而增大(图 9-5、表 9-5)，且腐殖酸的含量越高，重金属镉的生物有效性就越低，这种作用呈现显著的相关性(表 9-6)。与本次试验结果类似的一些研究也表明：向土壤中添加有机固体物质会增加土壤中腐殖质的含量，同时，由于腐殖质与重金属的螯合作用，可以固定土壤中的重金属，降低重金属的毒性(Rijkenberg 等，2010)。Clemente 等(2006)研究了向酸性和碱性两种土壤中，添加腐殖酸(HA)后重金属 Fe、Zn、Pb 在土壤中赋存形态含量的变化。结果表明：腐殖酸(HA)能够显著钝化重金属 Zn 和 Pb，分析其原因是腐殖酸(HA)与重金属相互作用，导致重金属的沉淀增加。此外，高跃等(2008)的研究也表明腐殖酸与重金属活性呈负相关。

根据腐殖酸在土壤中的存在形态，我们将腐殖酸分成游离态腐殖酸和结合态腐殖酸两个部分。一般来说，土壤中的游离态腐殖酸较少，大多数腐殖酸与土壤中矿物成分中的强盐基化合成稳定的盐类或者与土壤黏粒结合形成稳定的黏土矿物-腐殖酸有机无机复合体，即结合态腐殖酸。从图 9-5 中也可以看出，结合态腐殖酸所占比例超过半数。因此，分析腐殖酸钝化重金属镉的可能原因主要有以下两点：a. 结合在黏土矿物上的结合腐殖酸能够改变矿物的理化性质，使原本亲水的矿物表面具有不同程度的疏水性，从而吸附土壤重金属离子(Hizal 等，2006)。b. 游离腐殖酸能够络合重金属离子，从而改变黏土矿物与重金属离子的相互作用，促进矿物对环境中的重金属离子的吸附(Michael 等，2007)。

最后需要说明的是，阳离子交换量 CEC 的大小与土壤黏粒含量、土壤有机质(主要是腐殖质)含量及土壤 pH 相关(张琪等，2005)。在本试验中 pH 基本无变化，阳离子交换量 CEC 主要受腐殖酸影响，所以腐殖酸作为蚯蚓粪钝化土壤重金属镉的一个主要影响因素发挥着决定性的作用。

五、蚯蚓粪对白菜吸收重金属镉的影响

(一)试验材料与方法

在上文中,为了表征蚯蚓粪是否具有修复重金属镉污染土壤的作用,为了评估方便,我们采用化学形态分析法进行分析。但是由于重金属的生物有效性是指重金属能被生物吸收或对生物产生毒性的性状,所以为了验证蚯蚓粪的修复效果,最好采用生物试验法,即种植植物,测定植物地上部分重金属镉的含量,评估蚯蚓粪的修复效果。

虽然许多学者的研究都表明十字花科遏蓝菜属的遏蓝菜(*Thlaspi caerulescens*)是目前公认的镉超积累植物。但是遏兰菜是一种野生草本植物,没有什么经济价值(Brown 等,1995a;Lombi 等,2000;Reeves 等,2001)。此外,人们在大量的筛选研究中发现,十字花科芸薹属植物中的很多种或基因型具有较强的吸收累积镉特性(Kumar 等,1995;苏德纯等,2002),主要的芸薹属蔬菜有白菜、油菜、雪里蕻、芥菜、甘蓝、萝卜等。白菜(*Brassica pekinensis* L.)在我国各类蔬菜中栽培面积最大,产量最高,在我国蔬菜生产和供应中具有举足轻重的作用,是重要的经济作物。因此研究蚯蚓粪修复下,白菜对重金属镉的吸收情况更具有实际意义。

姚会敏等(2006)曾对不同品种芸薹属蔬菜吸收累积镉的差异进行了研究。结果表明:白菜的不同品种间镉含量存在明显差异,其中北京小杂 55 和北京小杂 56 体内镉含量显著高于供试的其他 5 个白菜品种,北京小杂 60 镉含量最低。北京小杂 55 地上部镉含量(61.4 mg/kg),为北京小杂 60 地上部吸镉量(21.1 mg/kg)的 3 倍。从而筛选出的两个高、低积累镉白菜品种:高积累镉白菜品种——北京小杂 55 和低积累镉白菜品种——北京小杂 60。本章试验利用这两种白菜品种,对蚯蚓粪修复镉污染土壤的效果进行评估,进一步验证蚯蚓粪修复重金属镉的作用,同时也为减少重金属镉在经济作物——白菜上可食部分的积累,有效消除食品安全隐患提供了新方法。

供试土样和蚯蚓粪的基本性质见表 9-1。采用土培盆栽试验,评估蚯蚓粪修复重金属镉的作用效果。原土样风干后过 2 mm 筛,向其加入 $CdCl_2$ 溶液使土壤中镉浓度分别为 5.0、20 mg/kg 两个浓度。在温室中(25℃±2℃)混合,稳定 4 周。选用 500 g 的盆钵,设置添加 10%蚯蚓粪、10%原土,并分别种植高积累镉白菜——北京小杂 55 和低积累镉白菜——北京小杂 60 四种处理,每种处理设三个重复,共 12 个处理,考虑到浓度则共有 24 个处理,具体如表 9-7 所示。种植时播种 20 粒,待植物出苗后保留 3～4 棵苗,生长过程中用自来水浇灌,水分保持在最大田间持水量的 70%。温室中(25±2)℃培养 45 d 后收获。

表 9-7　蚯蚓类修复镉污染土壤试验处理

作物品种	Cd^{2+} 浓度 5 mg/kg				Cd^{2+} 浓度 20 mg/kg			
	高积累镉白菜（北京小杂 55）		低积累镉白菜（北京小杂 60）		高积累镉白菜（北京小杂 55）		低积累镉白菜（北京小杂 60）	
处理内容	10%原土	10%蚯蚓粪	10%原土	25%蚯蚓粪	10%原土	10%蚯蚓粪	10%原土	10%蚯蚓粪

(二)不同处理对盆栽白菜生物量的影响

表 9-8 反映的是在不同镉污染土壤中种植两种白菜(北京小杂 55 和北京小杂 60),添加 10%原土和添加 10%蚯蚓粪处理之后,白菜的生长情况。由表可以看出,不管是高积累镉白菜——北京小杂 55 还是低积累镉白菜——北京小杂 60 均呈现出相同趋势:即添加 10%蚯蚓粪处理后的白菜相较于添加 10%原土处理后的白菜生长旺盛。尤其是可食用的地上部分,其鲜重、干重都显著增加($P<0.05$)。例如,在 5.0、20 mg/kg 不同浓度下,北京小杂 55 添加蚯蚓粪处理后,地上部分干重分别增加了 84.3%、96.3%。分析白菜生长旺盛的原因主要有两点:第一,蚯蚓粪中有机质以及氮、磷、钾等养分的含量很高,具有一定的肥效;第二,重金属镉对植物具有毒害作用,加入蚯蚓粪后可以缓解这种毒害作用。

表 9-8　不同处理对盆栽白菜生物量的影响

镉污染浓度/(mg/kg)	品种	处理	鲜重(g/盆)		干重(g/盆)	
			地上部	根部	地上部	根部
5	北京小杂 55	10%原土	5.167a	0.467a	0.723a	0.310a
		10%蚯蚓粪	14.767b	1.733b	1.330b	0.867b
	北京小杂 60	10%原土	3.010a	1.333a	0.573a	0.333a
		10%蚯蚓粪	12.301b	1.567a	1.113b	0.533a
20	北京小杂 55	10%原土	4.533a	0.933a	0.587a	0.467a
		10%蚯蚓粪	12.803b	1.702a	1.153b	0.633a
	北京小杂 60	10%原土	3.200a	1.101a	0.585a	0.450a
		10%蚯蚓粪	10.833b	2.100b	1.083b	0.467a

不同字母表示同一品种不同处理间差异显著($P<0.05$)。

(三)不同处理对白菜吸收重金属镉的影响

一般来说,镉在植物体内的分布是“根>茎>叶>籽实”(张金彪等,2000),但是由于白菜的可食用部分主要为地上部分的茎和叶,因此从食品安全的角度考虑,本次试验主要测定了地上部分中镉的含量而没有测定根部。

图 9-7 中 A 图表示的是在镉污染浓度为 5 mg/kg 的土壤中，不同处理下，每盆钵白菜吸收重金属镉的总量(mg/盆)。由于添加蚯蚓粪后，白菜生物量显著($P<0.05$)增加(表 9-8)，每盆钵中白菜吸收重金属镉的总量与不添加蚯蚓粪的对照相比，虽然有所降低，但是并未达到显著差异。但是我们并不能因此就否定蚯蚓粪的钝化作用，B 图中表示的是在镉污染浓度为 5 mg/kg 的土壤中，添加蚯蚓粪处理后，白菜组织中吸收的重金属镉的浓度(mg/kg)变化。由图 B 所示，高积累镉白菜(北京小杂 55)组织中吸收的重金属镉浓度由 9.386 mg/kg 降至 4.506 mg/kg，降低了 52.04%(表 9-9)；低积累镉白菜(北京小杂 60)吸收重金属镉的浓度由 3.356 mg/kg 降至 1.583 mg/kg，降低了 52.68%(表 9-9)。说明，添加蚯蚓粪处理后，能够显著($P<0.05$)降低白菜地上部分组织中重金属镉的浓度，极大程度地降低了人类食用白菜时的风险，为消除食品安全隐患提供了新方法。另外，本次试验中，北京小杂 55 作为高积累镉的白菜品种其吸收镉的能力为北京小杂 60 的三倍，这刚好与姚会敏等(2006)的研究结果一致。

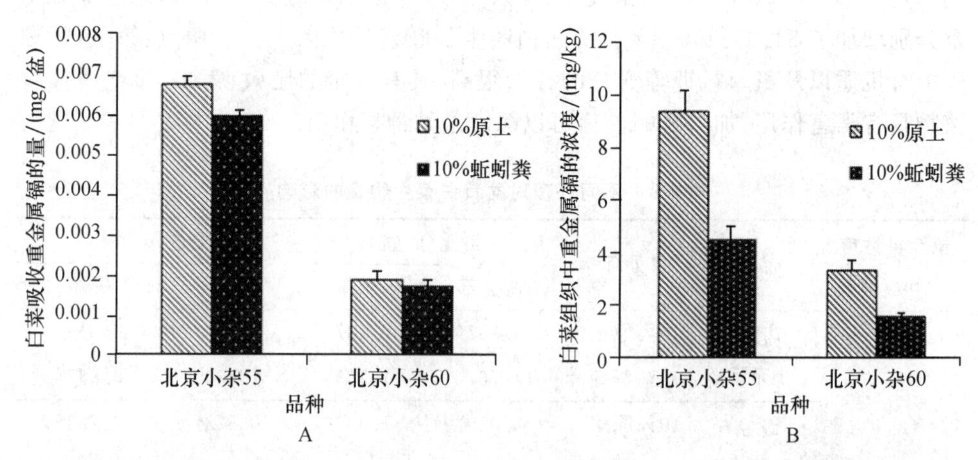

图 9-7 镉污染浓度为 5 mg/kg 时不同处理下白菜地上部分对重金属镉的吸收作用

[图 A 表示白菜地上部分吸收重金属镉的量(mg/盆)；图 B 表示白菜地上部分组织中重金属镉的浓度(mg/kg)。不同字母表示同一品种不同处理间差异显著($P<0.05$)。]

另外，如图 9-7 所示，在镉污染浓度为 20 mg/kg 的土壤中，添加蚯蚓粪处理后，呈现出与镉污染浓度为 5.0 mg/kg 的土壤相似的结果。A 图表明，添加蚯蚓粪处理后，每盆钵白菜吸收重金属镉的总量虽然有所降低，但并不显著；而 B 图中高积累镉白菜(北京小杂 55)和低积累镉白菜(北京小杂 60)在添加蚯蚓粪处理后，其植物组织中重金属镉的浓度却有显著的降低($P<0.05$)，其镉浓度的降低率分别为 49.66%和 46.91%。

表 9-9　不同处理对白菜吸收重金属镉的影响

Cd^{2+}浓度	作物品种	处理	Cd 浓度 /(mg/kg)(干重计)	Cd 浓度降低率/%	吸 Cd 量 /(mg/盆)(干重计)
5 mg/kg	北京小杂 55	10%原土	9.386[a]		0.00 68[a]
		10%蚯蚓粪	4.506[b]	52.04	0.005 9[a]
	北京小杂 60	10%原土	3.356[a]		0.001 9[a]
		10%蚯蚓粪	1.583[b]	52.68	0.001 8[a]
20 mg/kg	北京小杂 55	10%原土	27.367[a]		0.016 1[a]
		10%蚯蚓粪	13.774[b]	49.66	0.015 8[a]
	北京小杂 60	10%原土	11.746[a]		0.006 9[a]
		10%蚯蚓粪	6.232[b]	46.91	0.006 7[a]

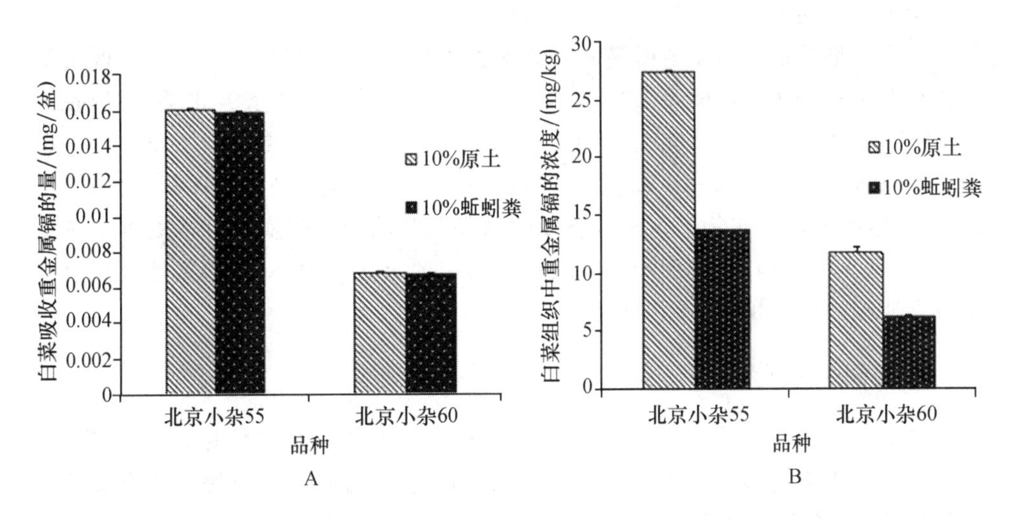

图 9-8　镉污染浓度为 20.0 mg/kg 时不同处理下白菜地上部分对重金属镉的吸收作用

[图 A 表示白菜地上部分吸收重金属镉的量(mg/分)；图 B 表示白菜地上部分组织中重金属镉的浓度(mg/kg)。不同字母表示同一品种不同处理间差异显著($P<0.05$)。]

此外，就这两种白菜(北京小杂 55、北京小杂 60)来讲，在不同镉污染土壤浓度下，添加蚯蚓粪处理后，其吸镉量的降低率基本一致。说明这两种白菜吸镉量的降低并不是由于这两种白菜种类不同所致，而是由于蚯蚓粪钝化了重金属镉的作用。

因此，不同镉污染浓度下，添加蚯蚓粪处理后，不管是高积累镉白菜品种，还是低积累镉白菜品种，其地上部分吸收重金属镉的浓度都有显著降低($P<0.05$)。这再一次验证了蚯蚓粪钝化重金属镉的作用，说明蚯蚓粪作为一种新型的有机钝化剂，能够较好地修复土壤重金属镉的污染，为消除食品安全隐患提供了新方法。

在上述研究结果中，添加蚯蚓粪后，能够显著($P<0.05$)促进白菜的生长。分析其原因主要有两点：第一，蚯蚓粪中有机质以及氮、磷、钾等养分的含量很高，具有一定的肥效。蚯蚓粪在这方面的应用，国内外学者早已有研究。例如，邓立宝等(2008)研究表明：蚯蚓粪能诱导柑橘根系生长，其中以含40%蚯蚓粪的效果最好，诱发出的根量最多。Hidalgo等(2002)发现，将转化绵羊粪所得蚯蚓粪与珍珠岩等基质混合，蚯蚓粪占50%的处理菊花的叶面积、花数、干物重较高。此外，蚯蚓粪还含有植物激素(如赤霉素、生长素等)(Tomati等，1987)可以促进植物生长。因此，表9-8中的数据表明添加蚯蚓粪处理后的白菜生长旺盛。第二，重金属镉对植物具有毒害作用。在白菜生长过程中，添加10%原土处理的白菜叶片发黄干枯，长势减缓，可能就是由于该处理相比较添加10%蚯蚓粪处理，重金属镉的活性较高，白菜吸收的镉含量较高所致。蚯蚓粪的添加起到了降低重金属镉活性的作用。这一推测，表9-9中的试验结果可以清楚地说明这个问题：添加蚯蚓粪后，白菜对重金属镉的吸收显著($P<0.05$)下降。

不同类型的蔬菜对重金属镉的富集能力不同。陈玉成等(2003)研究得出不同类型蔬菜重金属含量顺序为“叶菜类>茄果类>豆类>块茎类>瓜类”。Jinadasa(1997)等对悉尼市29种市售蔬菜的分析也得到了类似结果。十字花科芸薹属的白菜(*Brassica pekinensis* L.)是叶菜类，在我国各类蔬菜中栽培面积最大，产量最高，是重要的经济作物。本次试验中的结果也表明白菜确实具有富集重金属镉的能力(表9-9)。因此，利用蚯蚓粪钝化土壤中的重金属镉，减少白菜地上部组织中重金属镉的浓度具有实际意义。

(四)研究展望

在本次试验中，土壤样品只是采集了一种土壤为适宜耕作性的壤土，但是，并没有涉及其他类型(如不同酸碱性、不同质地)的土壤，蚯蚓粪对土壤中重金属镉的钝化效果可能会因为土壤类型的改变而有所不同。因此以后的研究可以考虑增加不同类型土壤间的对比研究。

本次试验结果表明蚯蚓粪的腐殖酸是影响蚯蚓粪钝化重金属镉的最重要的因素。目前，在国内外的研究中，腐殖酸的结构一直是学者们研究的焦点和热点，却一直都没有定论。因此，在今后的研究中，如果能将蚯蚓腐殖酸的结构通过计算机模拟出来，相信对理解蚯蚓粪钝化重金属的机制会很有帮助。

在评估蚯蚓粪修复效果时，选择种植了经济作物白菜。但是不同植物对重金属的吸收有所不同(一般来说是叶菜类>茄果类>豆类>块茎类>瓜类)，因此以后的研究可以考虑种植其他植物进行对比。并且可以设置一些较低浓度的污染梯度，从而能够与《食品卫生安全标准》中蔬菜类重金属含量的上限值进行对比分析，最终达到利用蚯蚓粪钝化重金属，降低食品安全风险的目的。

在本次试验中采用的是盆栽试验，本文仅添加了10%的蚯蚓粪就能够起到钝化作用。但若是将这个比例运用到田间操作，10%蚯蚓粪（即每亩施用13 406.7 kg，1亩=667 m^2）的施用量显然较高（一般的经济作物，每亩每茬蚯蚓粪的施用量为100～200 kg）。而且由于田间操作变化因素较多，因此是否能将本次盆栽试验的结果运用于实际生产，还需要大田试验的进一步检验。

参考文献：

Albores A F, Cid B P, Gomez E F, *et al*. Comparison between sequential extraction procedures and single extractions for metal partitioning in sewage sludge samples[J]. Analyst, 2000, 125: 1353-1357.

Atiyeh R M, Arancon N Q, Edwards C A, *et al*. Influence of earthworm-processed pig manure on the growth and yield of greenhouse tomatoes[J]. Bioresource Tecnology, 2000, 75: 175-180.

Arancon N, Edwards C A, Yardim F, *et al*. Management of plant parasitic nematodes by use of vermicomposts[C]. Proceedings of Brighton Crop Protection Conference-Pests and Diseases, 2002, 2: 705-710.

Beveridge T J. The response of cell walls of *Bacillus subtilis* to metals and electron microscopic strains[J]. Can J Mi-crobia1, 1978, 24: 89-104.

Brown S L, Chaney R L, Angle J S, *et al*. Zinc and cadmium uptake by hyperaccumulator *Thlaspi caerulescens* and metal tolerant *Silene vulgaris* grown on sludge-amended soils[J]. Environmental Science and Technology, 1995a, 29: 1581-1585.

Castilho P, Chardo W J. Uptake of soil cadminum by three field crops and its prediction by a pH depended Freundlich sorption model[J]. Plant and Soil, 1995, 171: 263-266.

Favre C, Bogdal S, Gavillet J W. Changes in the CEC of a soil smectite - kaolinite clay fraction as induced by structural iron reduction and iron coatings dissolution[J]. Applied Clay Science, 2006, 34(1-4): 95-104.

Gambrell R P. Trace and toxic metals in wetland-A review[J] Environmental Quality, 1994, 23: 883-819.

Hidalgo P R, Harkess R L. Earthworm castings as a substrate amendment for chrysanthemum production[J]. Hort Science, 2002, 37(7): 1035-1039.

Hinsley T D, Alexander D E, Redborg K E, *et al*. Differential accumulations of cadmium and zinc by corn hybrids grown on soil amended with sewage sludge [J]. Agronomy, 1982, 74: 469-474.

Riba I, Delvalls T A, Forja J M, *et al*. The influence of pH and salinity on the toxicity of heavy metals in sediment to the estuaring clam Ruditapes Philippinarum [J]. Environmental Toxicology and Chemistry, 2004, 23 (5): 1100-1107.

Hizal J, Apak R. Modeling of copper (Ⅱ) and lead (Ⅱ) adsorption on kaolinite-based clay minerals individually and in the presence of humic acid[J]. Colloid and Interface Science, 2006, 295 (1): 1-13.

Jinadasa K B P N, Milham P J, Hawkins C A, *et al*. Heavy metals in the environment-survey of cadimium levels in vegetables and soils of Greater Sydney[J]. Australia Enbiron Qual, 1997, 26: 924-933.

Krebs R, Gupta S K, Furrer G, *et al*. Solubility and plant uptake of metals with and without liming of sludge amended soils[J]. Environmental Quality, 1998, 27: 18-23.

Korcak R F, Fanning D S. Availability of applied heavy metals as a function of type of soil material and metal source[J] Soil Science, 1985, 140: 23 - 34.

Kumar P B, Dushenkov V, Motto H, *et al*. Phytoextration the use of plant to remove heavy metals from soils[J]. Environmental Science and Technology, 1995, 29: 1232-1238.

Lombi E, Zhao F J, Dunham S J, *et al*. Cadmium accumulation in populations of *Thlaspi caerulescens* and *Thlaspi goesingense*[J]. New Phytologist, 2000, 145(1): 11-20.

Craba L, Brunori C, Galletti M, *et al*. Comparison of three sequential extraction procedures (original and modified 3 steps BCR procedure) applied to sediments of different origin[J]. Annalidi Chimica, 2004, 94(5): 409-419.

Liu L, Chen H, Cai P, *et al*. Immobilization and phytotoxicity of Cd in contaminated soil amended with chicken manure compost[J]. Hazardous Materials, 2009, 163: 563-567.

Farrell M, Jones D L. Use of composts in the remediation of heavy metal contaminated soil[J]. Hazardous Materials, 2010, 175: 575-582.

Evangelou M W H, Ebel M, Schaeffer A. Chelate assisted phytoextraction of heavy metals from soil. Effect, mechanism, toxicity, and fate of chelating agents[J]. Chemosphere, 2007, 68: 989-1003.

Manrique L A, Jones C A, Dyke P T. Predicting cation-exchange capacity from soil physical and chemical properties[J]. Soil Science Society of America Journal, 1991, 55(3): 787-794.

Ndegwa P M, Thompson S A, Das K C. Effects of stocking density and feeding rate on vermicomposting of biosolids[M]. Bioresource Technology, 2000, 71: 5-12.

Clemente R, Bernal M P. Fractionation of heavy metals and distribution of organic carbon in two contaminated soils amended with humic acids[J]. Chemosphere, 2006, 64(8). 1264-1273.

Reeves R, Schwartz C, Morel J L, *et al*. Distribution and metal-accumulating behaviour of *Thlaspi caerulescens* and associated metallophytes in France[J]. Phytoremediation, 2001, 3: 145-172.

Kizilkaya R. Cu and Zn accumulation in earthworm*lumbricus terrestris L*. in sewage sluge amended soil and fractions of Cu and Zn in casts and surrounding soil[J]. Ecological Engineering, 2004, 22: 141-151.

Li S, Liu R, Wang M, *et al*. Phytoavailability of cadmium to cherry-red radish in soils applied composted chicken or pig manure[J]. Geoderma, 2006, 136: 260-271.

Szczech M M. Suppression of vermicompost against Fusarium wilt of tomato[J]. Phytopath, 1999, 147: 156-157.

Suh J H, Yun J W, Kim D S. Effect of extracellular polymeric substances(EPS) on Pb^{2+} accumulation by Aureobasidium pullulans[J]. Bioprocess and Biosystems Engineeirng, 1999, 21(1): 1-4.

Street J J, Lindsay W L, Sabey B R. Solubility and plant uptake of cadmium in soils amended with cadmium and sewage sludge. Journal of Environmental Quality, 1977, 6: 72.

Maity S, Padhy P K, Chaudhury S. The role of earthworm Lampito mauritii (Kinberg) in amending lead and zinc treated soil[J]. Bioresource Technology, 2008, 99: 7291-7298.

Schubauer-Berigan M K, Dierkes J R, Monson P D, *et al*. pH-dependent toxicity of Cd, Cu, Ni, Pb, and Zn to *Ceriodaphnia dubia*, *Pimephales promelas*, *Hyalella azteca* and *Lumbriculus variegates* [J]. Environmental Toxicology and Chemistry 1993, 12: 1261-1266.

Tomati V, Grappelli A, Galli E. The presence of growth regulators in earthworm-worked wastes//[M]. Earthworms Bonvicini Pagliai, A. M, Omodeo P(eds) On earthworms Modena, Italy, 1987: 423-435.

Tyler G. Metal accumulation by wood-decaying fungi[J]. Chemosphere, 1982, 11 (11): 1141-1146.

Tessier A, Campbell P G C, Bisson M. Sequential extraction procedure for the speciation of particulate trace metals[J]. Anallyze Chemistry, 1979, 51(7): 844-851.

Wang W, Tang B. A fuzzy adaptive method for intelligent control[J] Expert Systems with Applications, 1999, 16(1): 43-48.

Wu Q T, Morel J L, Guckert A. Effects of soil pH, texture, moisture, organic matter and Cadmium content on Cadmium diffusion coefficient[J]. Pedosphere, 1994, 4(2): 97-103.

陈玉成.污染环境生物修复工程[M].北京:化学工业出版社,2003.

陈盈,张满利,张威等.不同来源腐殖酸与 Mn^{2+} 和 Zn^{2+} 络合稳定常数的确定[J].辽宁工程技术大学报,2008,27(3):478-480.

陈苏,孙丽娜,孙铁珩,等.钾肥对镉的植物有效性的影响[J].环境科学,2007,28(1):182-188.

崔妍,丁永生,公维民,等.土壤中重金属化学形态与植物吸收的关系[J].大连海事大学学报,2005,31(2):59-63;

邓立宝,薛进军,梁忠明.蚯蚓粪对红壤中柑橘根系生长和铁吸收的影响[J].福建果树,2008,(146):36-38.

高跃,韩晓凯,李艳辉,等.腐殖酸对土壤铅赋存形态的影响[J].生态环境,2008,17(3):1053-1057.

高山,陈建斌,王果.淹水条件下有机物料对潮土外源镉形态及化学性质的影响[J].植物营养与肥料学报,2003,9(1):102-105.

胡振琪.粘土矿物对重金属镉的吸附研究[J].金属矿山,2004(6):53-55.

胡艳霞,孙振均,程文玲.蚯蚓养殖及蚯蚓粪对植物土传病害抑制作用的研究进展[J].应用生态学报,2003,14(2):296-300.

胡佩,刘德辉,胡锋,等.蚯蚓粪中的植物激素及其对绿豆插条不定根发生的促进作用[J].生态学报,2002,22(8):1211-1214.

郝秀珍,周东美,钱海燕.改良剂对铜矿尾矿砂与菜园土混合土壤性质及黑麦草生长的影响[J].农村生态环境,2003,19(2):38-42.

姜华,魏晓晴,胡晓静.抗重金属霉菌的筛选鉴定及其特性研究[J].辽宁师范大学学报,2007,30(1):100-103.

刘霞,刘树庆,王胜爱,等.河北主要土壤中重金属镉形态与土壤酶活性的关系[J].河北农业大学学报,2002,25(1):5-6.

刘文菊,张西科,尹君,等.镉在水稻根际的生物有效性[J].农业环境保护,2002,19(3):184-187.

吕福荣,刘艳.腐殖酸对钴、镉作用的研究[J].大连大学学报,2002(4):63-67.

林淑芬，李辉信，胡锋. 蚯蚓粪对黑麦草吸收污染土壤重金属铜的影响[J]. 土壤学报，2006，43(6)：911-918.

李光林，魏世强，青长乐，等. 镉在腐殖酸上的吸附与解吸特征研究[J]. 农业环境科学学报，2003，22(1)：34-37.

陆欣. 土壤肥料学[M]. 北京：中国农业大学出版社，2002.

茹淑华，苏德纯，王激清. 土壤镉污染特征及污染土壤的植物修复技术机理[J]. 中国生态农业学报，2006，14(4)：29-33.

沈薇，杨树林，李校堃，等. 木霉 HR-1 活细胞吸附 Pb(Ⅱ)的机理[J]. 中国环境科学，2006(1)：101-105.

孙振钧，孙永明. 蚯蚓反应器与废弃物肥料化技术[M]. 北京：化学工业出版社，2004.

苏德纯，黄焕忠. 油菜作为超积累植物修复 Cd 污染土壤的潜力研究[J]. 中国环境科学，2002，22(1)：48-51.

王友保，张莉，张凤美，等. 大型铜尾矿库区节节草根际土壤重金属形态分布与影响因素研究[J]. 环境科学学报，2006，26(1)：76-84.

王凤艳. 蚯蚓粪对土壤的影响[J]. 土壤肥料，2005(10)：25-26.

王晶，张旭东，李彬，等. 腐殖酸对土壤中 Cd 形态的影响及利用研究[J]. 土壤通报，2002(3)：185-187.

王亚平，黄毅，王苏明，等. 土壤和沉积物中元素的化学形态及其顺序提取法[J]. 地质通报，2005，24(8)：728-735.

于天仁，王振权. 土壤分析化学[M]. 北京：科学出版社，1988.

于瑞莲，胡恭任. 采矿区土壤重金属污染生态修复研究进展[J]. 中国矿业，2008，17(2)：40-43.

姚会敏，杜婷婷，苏德纯，等. 不同品种芸薹属蔬菜吸收累积镉的差异[J]. 中国农学通报，2006，22(1)：291-294.

杨锚. 不同氮钾肥对铅镉污染土壤铅镉有效性的影响[D]. 武汉：华中农业大学，2004：45-65.

张秋芳，王果，杨佩艺，等. 有机物料对土壤镉形态及其生物有效性的影响[J]. 应用生态学报，2002，13(12)：1659-1662.

张宝贵，李贵桐，孙钊，等. 两种生态类型几种消化酶活性比较研究[J]. 生态学报，2001，21(6)：978-981.

张立宏，许光辉. 微生物与蚯蚓的协同作用对土壤肥力影响的研究[J]. 生态学报，1990，10(2)：116-120.

张烨，雷晓柱，代进. 铁尾矿生态恢复中蚯蚓粪对植物生长的影响[J]. 安徽农业科学，2008，36(14)：5954-5956.

张琪,方海兰,黄懿珍,等. 土壤阳离子交换量在上海城市土壤质量评价中的应用[J]. 土壤,2005,37(6):679-682.
张金彪,黄维南. 镉对植物的生理生态效应的研究进展[J]. 生态学报,2000,20(3):514-516.

第十章　基于社会-生态框架的区域土壤重金属风险评价与分区调控对策

区域土壤重金属污染风险防控成为土壤重金属管理研究的前置措施。本研究从区域宏观社会-生态系统(人地关系)视角切入,以国际性大都市——北京市的土壤重金属预防为研究对象,沿着"时空变异特征分析—土壤重金属社会-生态系统功能分区—风险防控对策与政策保障体系"实证思路,开展区域土壤重金属风险评价与分区调控对策初步研究。

一、区域土壤重金属社会-生态系统框架

人地关系是可持续科学研究中的重要组成部分(Wu 等, 2013)。土壤重金属污染,作为人类社会经济活动与自然过程相互作用的产物,也需要在"人地关系"框架下开展系统分析与防治。国内外学者在人地关系框架分析、人地关系决策制定、人地关系可持续等方面取得了一系列进展。

(一)社会-生态(人地环境)框架

人类-环境系统(Human-Environment System, HE)(Turner 等,2003;Turner 等,2007;Turner 等,2010)和人类-自然耦合系统(coupled human and natural systems, CHANS)(Carter 等,2014)是两种美国学者较为常用的表述,将人地关系纳入复杂系统范畴,强调其时空性、时滞性、异质性、涌现性和多尺度互馈性。欧洲科学家则倾向于采用驱动—压力—状态—影响—响应框架(Driving forces-Pressures-State-Impact-Responses,DPSIR)(Ohl 等,2007;Tscherning 等,2012)分析环境问题中内在因果效应和传递机制,进而支持决策制定。国内研究以吴传钧先生提出的人地关系地域系统理论为基础,融合"天人合一"思想,从地域系统的视角研究人地复合系统,注重强调人与自然的相互影响与反馈作用(方创琳,2004;樊杰,2014),将人地关系核心问题和共性问题凝练为人口(population)、资源(resources)、环境(environment)以及发展(development)问题,简称 PRED 框架(陆大道和樊杰,2012)。

基于长期对公共事务治理的政治经济学的研究,诺贝尔经济学奖获得者 Ostrom 于 2007 年提出多层级社会-生态系统(social-ecological systems, SESs)框架分析和解决自然资源管理问题(Ostrom 和 Cox,2010;Ostrom,2007;Ostrom,

2009)。SESs 是由资源系统、资源单元、使用者、管控系统 4 个子系统以及各子系统之间的互馈作用等五部分组成的非线性、动态性、复杂性多尺度交互自适应系统，同时具有涌现特征(Folke 等，2010；Folke，2006)，内涵上强调生态系统服务对人类福祉(human outcomes/well-being)的影响。

针对区域土壤重金属的管理，系统驱动力和系统表征是综合框架分析的重要环节(图 10-1)。针对区域尺度，外部驱动力处于更高层次，主要包括社会、经济、政治背景(如气候变化、全球化)，外部驱动力改变着区际重金属的物质流通量，如能源进出口、碳排放权交易、农产品进出口等直接或间接地影响着重金属元素的迁移与富集。

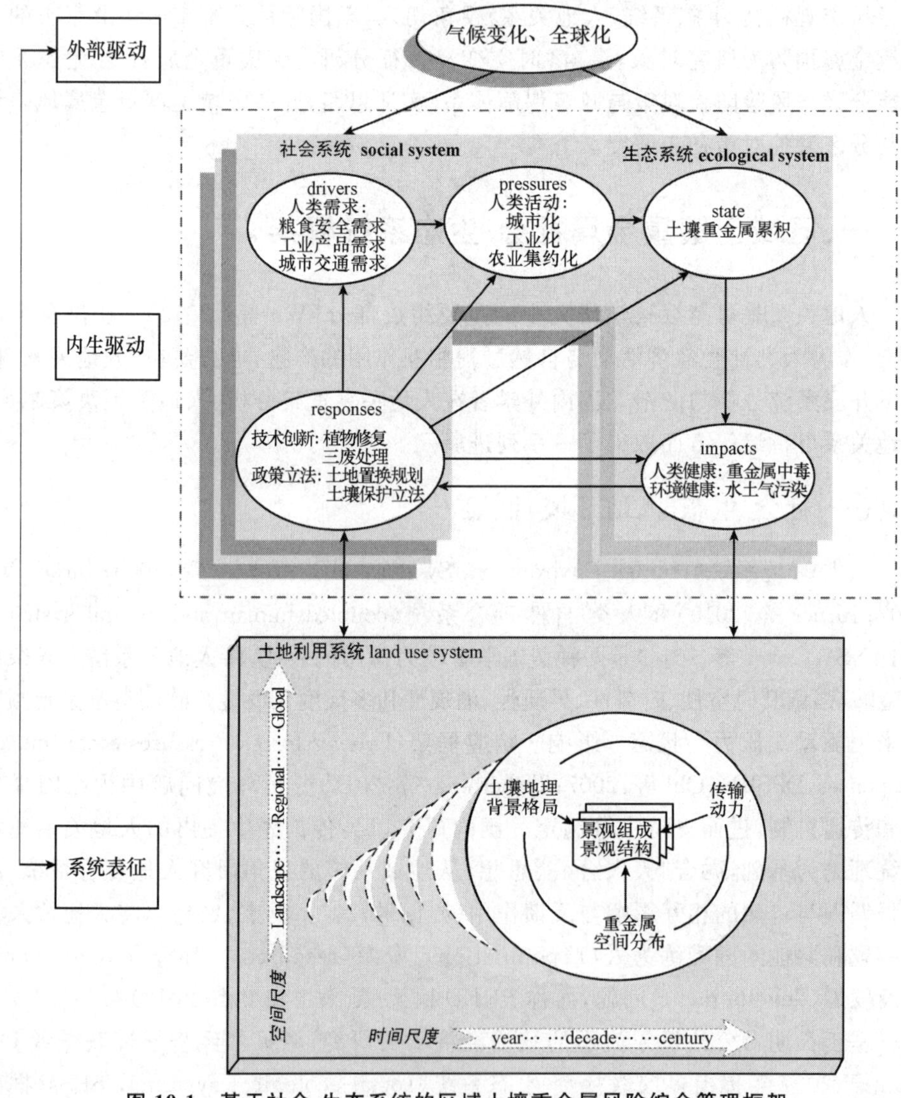

图 10-1　基于社会-生态系统的区域土壤重金属风险综合管理框架

针对区域系统本身，内部驱动力主要分为社会子模块和生态子模块，将驱动力—压力—状态—影响—响应(Drivers-Pressures-State-Impact-Responses，DPSIR)框架思路融入其中，社会子模块承载人类需求、人类活动和人类响应，生态子模块承载土壤重金属状态和影响。土壤重金属富集的主要驱动力(D)来源于人类对粮食总量、工业产品以及城市交通等方面的需求，为满足需求，人类不断推进城市化、工业化和农业集约化进程，对土壤环境质量产生压力(P)，导致土壤重金属呈现累积状态(S)，土壤重金属的累积对人类健康和环境健康均产生严重的影响(I)，诸如疾病、水体污染、大气污染、土壤污染等，人类的响应(R)主要体现在技术创新和政策立法两个方面。

在区域内外驱动力系统复杂作用下，区域土地利用系统总处于变化状态，其在一定程度上表征着区域社会-生态系统的演变历程，重金属元素在DPSIR逻辑框架中循环和自组织，并最终向土地利用系统“汇”聚。区域土地利用系统以土壤地理背景格局、传输动力和重金属空间分布为背景基底，以景观组成和景观结构为测度特征。土壤地理背景格局包含成土母质、地形、地貌、坡度等与土壤重金属来源与迁移相关的变量(Luo等，2009)，其特征反映出自然本底对土壤重金属来源的贡献。传输动力包括水平和垂直两个方向，水平方向主要有水流网络、道路网络、利益相关者的社会网络等，垂直方向主要有地上部分的风力垂直交换，以及土壤剖面中重金属淋溶下降与作物根际提升作用。因此，土地利用系统与区域土壤重金属的时空演化与表征成为综合管理的关键。

该综合框架下的社会-生态系统的主体是由多重亚系统和这些亚系统内不同层级的内部变量构成的，诸如“细胞—组织—器官—有机体”相互依存而组成的巨系统。在一个复杂的社会-生态系统中，亚系统主体包括：①资源系统(如森林资源、野生动物资源、水资源和牧场地)；②资源单位(如树木、各类野生动物、水流量和草场)；③利益相关者(依赖于上述资源为生计、休闲娱乐的相关群体)；④管控体系(政府、非政府组织、企业和个人所设定的相关规则制度)。这些亚系统相互独立，但却相互作用并产生SESs系统水平上的产物，产物继而作为反馈来影响这些亚系统及其组分，并且也影响到其他或大或小的社会生态系统。每一个亚系统由更多变量构成(如资源系统大小、资源系统利益相关者的认知水平等)。对于土壤重金属社会-生态系统的思考如下：

耕地资源系统。资源系统亚变量一般包括：明确的系统边界、耕地生产力的测算、耕地动态的可预测性、存量特征、位置、基础设施等。

土壤重金属。尽管土壤重金属不能算是传统意义上的“资源”，但由于重金属污染具有隐蔽性、累积性和地域性等诸多特点，从根本上制约着耕地资源质量，可将其视作主导限制性因素。资源单元的亚变量一般包括时空分布、累积速率、自净能力等。

政府、非政府组织、企业和个人。耕地资源涉及的相关利益者较多,如耕作者、农产品消费者、环保公益组织、政府等。利益相关者的特征主要包括利益相关者数量、相关者的社会经济特征、社会资本运行能力、社会-生态系统认知水平、对排他性资源的依赖性以及采用的技术等。

土壤重金属风险管理相关的政策制度法规。管控系统特征包括立法体系、产权体系、技术创新体系、监督和制裁规则体系以及调查—评估—修复体系等。目前国外对重金属的风险管理主要是将重金属污染分为点源污染与非点源类,点源造成的污染一般称为重金属场地污染,其研究应用相较于非点源污染更加成熟。

(二)社会-生态框架对区域土壤重金属风险评价的意义

社会-生态系统缘起于对公共事务的治理,其核心思想在于,为避免公地悲剧,深层剖析各方利益博弈,认识政府在其中扮演的角色,从而使自然资源管理达到动态均衡状态。社会-生态系统概念框架的提出有利于提高对人地关系的认识,更加有效地管理自然资源。因此,依据社会-生态系统概念框架,将上述区域土地利用系统的重金属循环框架纳入到更宏观集成的综合管理框架(图 10-1),目的和意义在于:①理解区域土壤重金属综合管理的系统结构,各子系统互馈关系;②提出该系统协调演化分析和不确定性问题的主体;③通过土地利用系统的分析方法,建立区域土壤重金属风险综合管理控制技术方法体系。

二、土壤重金属物质流风险评价模型以及时空风险制图技术

对于危害区域生态系统与人类健康的区域土壤重金属污染研究已成为热点。目前,对重金属来源的研究主要侧重于识别其自然来源和人为来源,局限于定性描述和相关分析。而定量分析重金属来源比率,估算土壤重金属年盈余率等相关研究尚缺乏。由于土壤环境的复杂性和不确定性,基于大量的观测资料,在建立通量模型的基础上,预测区域环境风险概率、刻画重金属的空间分布特征的研究较为少见。目前,区域土壤重金属污染级别和风险评价方法主要有指数法和克里金插值法两种。常用的指数法有内梅罗指数、地质累积指数、潜在生态污染指数等,这些方法能较客观地说明样本点重金属的污染级别,但无法体现重金属的面源污染状况;基于地统计学的克里金插值法,借助空间插值算法,可实现重金属含量点状数据到面源分布信息的表达,从而克服了指数法的相关缺点。

(一)物质流风险模型

随着城市化、工业化和农业现代化的推进,北京市废气排放量、污水灌溉量以及农药化肥施用量急剧增加,使重金属、有机污染物等有害物质在土壤中逐渐积

累，因此从宏观尺度上分析这些活动产生的区域环境压力，可为北京市建设世界城市目标提供决策参考。

本研究根据大量文献报道数据和北京统计年鉴数据，在2006年系统样点研究基础上，在镇域尺度上，根据物质流平衡定律，建立通量模型，估算土壤重金属通量和累积量。并运用克里金插值算法预测未来30年北京市各乡镇的重金属空间分布特征和风险状况。基于数据的可获取性以及当前土壤重金属研究的主要考量元素，选取Zn、Pb、Cr、Ni、Cu、Cd、As、Hg 8种重金属元素进行探索研究。土壤重金属的输入途径主要有大气沉降、农药化肥、污水灌溉、禽畜粪便及其他（Luo等，2009）；输出途径主要有作物收割、地表排水、淋溶渗漏等（任旭喜，1999；邵学新等，2007；北京统计年鉴，2008；李淑敏等，2012）。

1. 输入量估算

本研究所考虑的重金属输入途径主要是大气沉降、化肥、禽畜粪便、污水灌溉和其他等。以乡镇为基本单元，计算各乡镇输入途径带来的重金属量。

(1)大气沉降。大气沉降包括大气降尘、降水等两种干湿沉降物，大气沉降通量是大气干湿沉降之和（丛源等，2008）。大量研究表明，大气沉降是土壤重金属的重要输入源之一（王起超和麻壮伟，2004）。丛源等(2008)以区县为单位对北京平原区8种重金属元素的大气沉降通量进行研究。本研究是在此数据基础上，借助GIS软件，运用反距离权重空间插值法得出北京市各乡镇八种重金属的大气沉降通量。

(2)化肥投入。化肥投入是土壤重金属的重要输入源之一（丛源等，2008；谭晓冬和董文光，2006）。根据年鉴数据，在计算时仅考虑氮肥、磷肥、钾肥和有机肥，各种肥料中的重金属含量是基于对大量的文献数据进行统计分析取其均值或平均值。具体估算公式如下：

$$FI_j = \sum_{i=1}^{4}(C_{ij}F_i)$$

式中，FI_j为化肥带来的j重金属含量[mg/(hm^2·年)]，C_{ij}为i种肥料中j种重金属的浓度(mg/kg)，F_i为每年i种化肥的使用量(kg/hm^2)。

(3)畜禽粪便。在农田系统中，畜禽粪便也是土壤重金属的来源之一。本研究在计算禽畜粪便所带来的重金属量时基于年鉴资料数据，仅考虑了猪粪、牛粪、羊粪、鸡粪和大牲畜五种粪便带入土壤中的重金属量。各畜禽粪便利用率和粪便排泄系数参照全国统一产污系数核算方法和文献资料数据估算（王晓燕等，2009；仇焕广等，2013）。具体估算公式如下：

$$LMP_j = \sum_{i=1}^{5}(C_{ij}W_jR_i\alpha_i/T)$$

式中，LMP_j为畜禽粪便带入土壤中的重金属含量[mg/(hm² · 年)]，C_{ij}为 i 畜禽粪便中重金属浓度(mg/kg)，R_i为 i 畜禽粪便的排泄系数[kg/(头 · 年)]，α_i为粪便利用率(%)，T 为农作物种植面积(hm²)。

(4)灌溉水。北京市污水灌溉由来已久(杨华峰，2005)，污灌农田土壤表层已有明显的重金属累积现象。污灌区域主要分布于通州、朝阳、大兴、海淀的部分乡镇。本研究污灌区域按污灌水中重金属浓度估算，非污灌区域按非污灌水中重金属浓度估算。农田系统中种植作物类型仅考虑北京市主要种植作物类型，即，小麦、玉米、水稻、高粱、油料作物和蔬菜。各作物需水量参照周宪龙(2005)的相关结果，以北京市月均降雨量和作物物候参数为参照，从各类作物需水量中分别扣除自然降雨量，获得作物实际需灌溉水量。重金属输入量估算公式如下：

$$SI_j = \sum_{i=1}^{6}(W_iC_j)$$

式中，SI_j为污水灌溉带入土壤中的重金属含量[mg/(hm² · 年)]，W_i为 i 作物的年需灌溉水量(mm)，C_j为污灌水(或非污灌水)中重金属含量(mg/L)。

(5)其他来源。输入到土壤中的其他重金属来源主要有：①工业废弃物，如造纸厂、食品厂等废弃物一般用于堆肥，在计算化肥带入土壤中的重金属含量时已经考虑，本研究不再重复计算；②作物秸秆，由于其来源于农田，最终又通过多种方式归还于土壤(黄鸿翔等，2006)，故也不做考虑；③城市固体废弃物作为一个新的污染源，占重金属污染的 3%，且处理方式大部分都是采取原始方法处理，如：露天燃烧、强酸入侵等缺乏排放控制措施的处理方式(Luo 等，2009)，尽管这些处理方式给周边环境带来了土壤污染和多卤代物的污染，但由此带入土壤中的有毒重金属贡献率不大。此外，在大气沉降通量计算中也涉及由这些废弃物燃烧间接带入土壤中的重金属含量，因此，本研究也将不再考虑。

2. 输出量估算

北京市土壤重金属的输出途径主要有作物吸收、地表排水、蒸腾作用、淋溶、渗漏等。北京市的母质类型主要是褐土和潮土，重金属和腐殖质的螯合，吸附作用明显，通过淋溶和渗漏向下迁移的能力较弱，故本研究将不考虑淋溶和渗漏的影响。另外蒸腾作用相对于总的输入量的比率一般较小(Nicholson 等，2003)，本研究重金属的输出途径主要考虑作物吸收和地表排水两种。

(1)作物吸收。北京市的主要种植作物类型有小麦、玉米、水稻和蔬菜四种主要作物种植类型。其中，蔬菜考虑了根茎类(包括萝卜、胡萝卜、芹菜、莴苣)、叶菜类(包括菠菜、大白菜、小白菜、圆白菜、大葱)和瓜果类(包括大椒、冬瓜、黄瓜、辣椒、茄子和番茄)三大类十六种蔬菜类型(吴泓涛，2001)。各作物类型中可食部分重金属含量值来源于文献资料，在对数据进行统计分析的基础上选择相应的均值或者中值进行估算。具体估算方法如下：

$$CA_j = \sum_{i=1}^{4}\left(C_{ij}\frac{Y_i}{T_i}\right)$$

式中，CA_j为作物对j重金属的吸收总量[mg/(hm^2·年)]，C_{ij}为i作物中j重金属的浓度(mg/kg)，Y_i为i作物产量(kg/年)，T_i为i作物种植面积单元。

(2)地表排水。本研究地表排水按照灌溉水中农业耗水后多余的水通过地表排出进行计算，对于地表径流量，由于其净流量较小，暂不考虑在内。调查数据显示，北京市主要产粮区为顺义、通州、房山、大兴、平谷、密云等远郊区，蔬菜产区为朝阳、海淀、丰台、石景山等近郊区。产粮区的作物需水量按照冬小麦—夏玉米的灌溉定额，本研究取 7 128 m^3/hm^{2}来计算，近郊区根据蔬菜的灌溉定额取 16 305 m^3/hm^{2}来计算。故地表排水估算公式如下：

$$SD_j = C_j I_j (1-\omega)$$

式中，SD_j为地表排水带走的重金属量[mg/(hm^2·年)]，C_j为地表排水中的重金属浓度(mg/L)，I_j为主要作物的灌溉定额(m^3/hm^2)，ω为农业耗水率(%)，此处参照周永章的相关研究结果(周永章等，2012)。限于文字篇幅，上述具体数据参见蒋红群等(2015a，2015b)的资料。

3. 通量模型

物质流分析是指在一定时空范围内对特定系统的物质流动的源、路径及汇进行系统性分析。根据质量守恒定律，物质流分析结果通过其所有的输入、贮存及输出过程能最终达到物质平衡。因此根据物质流平衡分析可知，土壤中重金属的通量估算模型为：

$$NF = \sum I - \sum O = Q + FI + LMP + SI - CA - SD$$

式中，Q、FI、LMP、SI分别为大气沉降、化肥、畜禽粪便、污水灌溉带入土壤中的重金属量。CA、SD分别为作物吸收和地表排水从土壤中带走的重金属量。

4. 重金属年累积率模型

本研究在计算时以 2006 年为基准年，由于 2006 年和 2008 年时间间隔较短，故重金属累积率参照 2008 年估算的累积率。假设土壤有效土层厚度为 20 cm。土壤容重量是在土壤类型图的基础上，根据土壤类型以及查找北京市土壤普查资料，根据不同的土壤类型给予各乡镇不同的土壤容重，则重金属年累积率模型估算公式如下：

$$\gamma = \frac{NF}{\rho h}\pi$$

式中，γ 为重金属年累积率[mg/(kg·年)]，NF 为重金属的年净输入量[mg/(hm^2·年)]，ρ 为土壤容重(g/cm^3)，h 为土层厚度(cm)，π 为单位换算系数(本研究中 π 为 10^{-2})。

5.潜在生态环境风险预测预警

参考吴春发(2008)的研究将北京市土壤重金属的潜在生态风险预警类型分为五级：无警、轻警、中警、重警和巨警。王彬武等(2014)研究表明指示克里格不要求原始数据服从正态分布，并能有效抑制特异值对变异函数稳健性的影响，是处理有偏数据的有力工具，故借助 GIS 软件中的指示克里格概率模型，设置阈值大小，获得预警因子的概率图，各预警级别的具体内涵见表 10-1、表 10-2。

表 10-1　预警类型及内涵

预警类型	阈值概率 p	警情描述
无警	$p \leqslant 10$	含量接近土壤环境背景值，基本无环境问题
轻警	$10 < p \leqslant 30$	含量有所增加，有轻微环境问题
中警	$30 < p \leqslant 60$	含量明显增加，环境问题明显
重警	$60 < p \leqslant 90$	含量增加急剧，环境问题较大
巨警	$p > 90$	含量达到国家环境二级标准，环境问题严重

表 10-2　各元素阈值大小　mg/kg

项目	Zn	Pb	Cd	Cr	Ni	Hg	As	Cu
阈值	250	300	0.3	300	50	0.5	25	100

注：数据来源于《土壤环境质量标准(GB 15618—1995)》。

以 2006 年为基准年，在维持现有的土壤重金属累积率不变的情况下，根据设定的预警模式，北京市未来 30 年，8 种重金属中，Pb、Ni 和 Cr 均在所设定的阈值以内，处于无警级别以下，基本不存在环境风险，故文中重点对其含量进行空间分析；而 Zn、As 和 Cu 均处于中警级别以下，Hg 和 Cd 出现了不同程度的重警和巨警潜在风险区。五种元素均存在不同程度的环境风险，因此，本研究利用地统计学的指示克里格概率模型绘制五种重金属的环境风险预警等级图，主要对五种元素的环境风险状况进行分析。

6. Pb、Cr、Ni 含量的空间分析

北京市 2006—2036 年的 30 年间，重金属 Pb、Ni 和 Cr 都处于无警级别以下，风险概率很小，这与姜菲菲等(2011)2006年重金属风险概率研究结果相吻合。为分析Pb、Ni、Cr 30年后的重金属风险区域，利用ArcGIS软件得出克里格的预测图(图10-2)。根据预测，2036年Pb的空间趋势图见图10-2A，北京市Pb的含量自北向南含量逐渐增加，较高含量50～63 mg/kg区域位于昌平区的北七家镇，房山区的大石窝镇、长沟镇和琉璃河等南部地区，大兴区的亦庄镇、青云店镇、长子营镇和采育镇等东部地区以及通州区除米庄镇的大部分地区，此外还包括朝阳区的豆各庄等东南部的小部分地区。但北京市Pb的含量均未超过国家土壤环境质量二级标准。延庆、怀柔、密云和平谷地区Pb的含量值在30～40 mg/kg，远远低于国家土壤环境二级标准，其余地区均处于40～50 mg/kg，而根据Pb的物质流分析知，Pb的高含量区大气沉降或复合肥的输入量较多，说明土壤中Pb含量可能与当地大气沉降量和肥料施用量过多有关，这也与郑袁明等(2005)的研究结果相符。

北京市2036年的Ni的含量值处于3～43 mg/kg之间，也均处于国家土壤环境质量二级标准之下。其高值(34～43 mg/kg)区大多位于北京市的边缘地带(图10-2B)。而北京市远郊区是主要产粮区，故近30年Ni的累积可能与大量使用农药、化肥以及灌溉频繁带来较多重金属有关。此外，郑袁明等(2005)分析Ni的空间分布时指出，北京近郊区土壤Ni含量主要是受土壤母质的影响。Ni在密云水库北部地区也出现高值现象，主要原因是由于Ni含量可能也受到土壤矿物的影响，密云县北部地区的采矿业分布可能同时引起了土壤中Ni含量的增加。

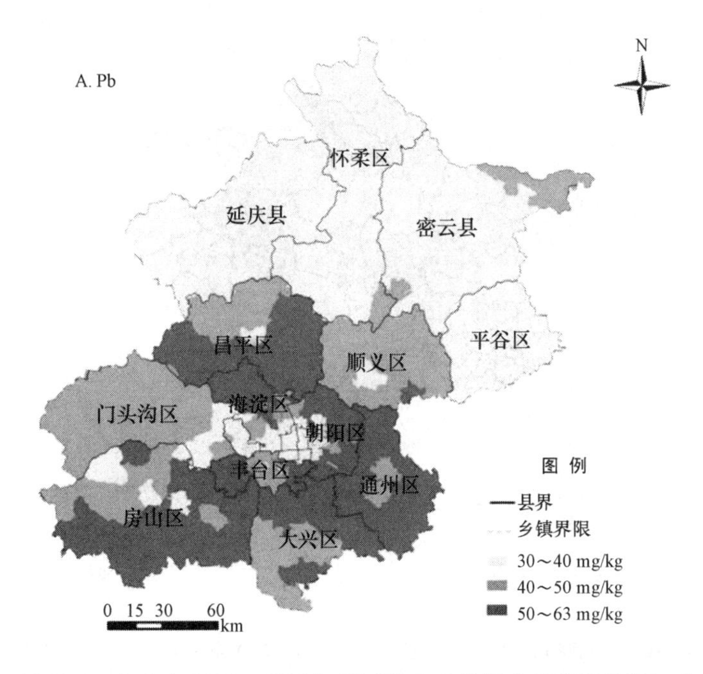

图10-2 北京市2006—2036年Pb、Ni、Cr 3种重金属空间分布(一)

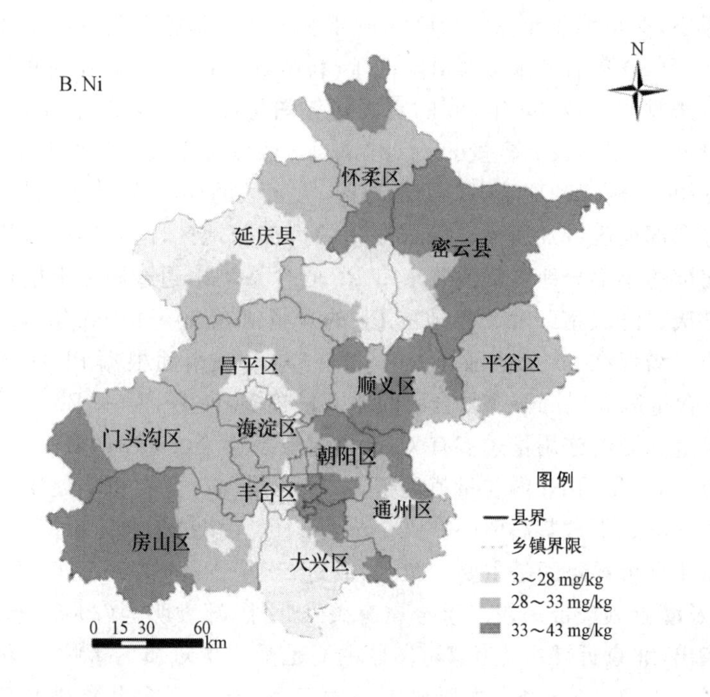

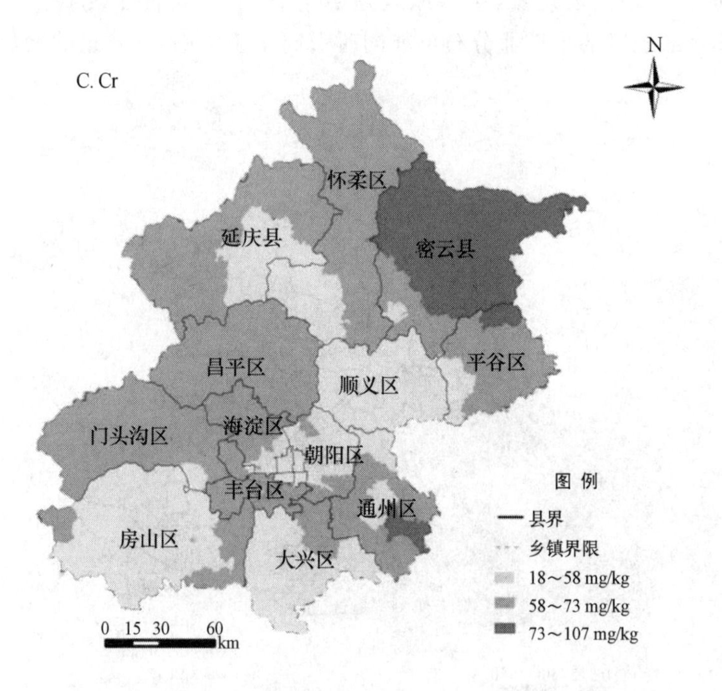

图 10-2　北京市 2006—2036 年 Pb、Ni、Cr 3 种重金属空间分布(二)

北京市 2036 年 Cr 处于 18～107 mg/kg 之间，均在国家土壤环境质量二级标准以下(图 10-2C)。高值(73～107 mg/kg)区域位于密云县东北的大部分区域、平谷的镇罗营镇等小部分区域、通州区的漷县镇和朝阳区的东部地区。这可能与密云采矿业以及成土母质有关，密云采矿往往与多种重金属共生，开发过程和尾矿处理不当很容易造成大量重金属在周围土壤中积累，成土母质中棕壤和褐土的 Cr 含量高于其他母质土壤(霍霄妮等，2009)。

7. Zn、Cd、Hg、As、Cu 的环境预警分析

根据本研究所设定的预警级别，运用指示克里格方法得到北京市 2036 年五种元素的环境污染风险概率图，以此为依据进行各元素的预警分析(图 10-3A)。北京市 Zn 的预警级别大部分处于无警区，仅朝阳区的来广营地区以及小红门地区风险较高(中警)，Zn 的环境风险概率不高。总体来看，根据对 Zn 的物质流分析知，朝阳区的大气沉降中 Zn 通量较高，高达 779 mg/(hm^2・年)，因此朝阳区较北京市其他地区 Zn 的预警级别高，原因可能是市区交通密度较高。汽车尾气排放量较大，降尘量也相应较大，从而使得 Zn 的含量较高；远郊区的丰台区 Zn 风险概率也相对较高，或因作为重要的果蔬种植生产基地，土壤施用锌肥或含锌农药以及畜禽粪便等有机肥的大量施用所致。

北京市 Cd 未来的环境风险概率较高，高风险区域主要集中在北京东南部的通州、大兴、朝阳地区以及顺义和密云的部分地区(图 10-3B)。昌平和房山西南等部分地区的风险高于其周围地区，但都处于中警以下。根据上文通量模型知：重金属四类来源途径对 Cd 的贡献率大小为污水灌溉(69.8%)＞禽畜粪便(29.7%)＞化肥(0.5%)＞大气沉降(0.2%)。由此可见，污水灌溉和禽畜粪便对 Cd 的贡献较大，因此在 Cd 的治理中，要重视对这两类来源的管理与控制。此外，Ratha 等(1993)指出 Cd 是由人类活动进入环境的典型元素，农业灌溉、大气沉降、采矿活动以及人类的其他活动均会带来重金属 Cd 的环境污染(杨忠芳等，2005)。因此，北京市 2036 年的 Cd 的含量增加可能是与农业灌溉等农业活动有关。

北京市未来 Hg 的环境风险概率主要分布在人类活动密集的城区附近和工矿用地边缘，主要是以城区为中心，等值线以同心圆的形式向外逐渐降低(李玉浸等，2006)(图 10-3C)。巨警级别区为以西城区的中心为圆心，以最大距离为 20 455 m 为半径而组成的一个不规则圆形区域；外扩依次为重警、中警、轻警级别区，但范围较小。而北京市远郊区 Hg 均处于无警区级别区，同时成杭新等(2008)也指出北京市土壤中 Hg 主要来源于燃煤和冶金以及汽车尾气的释放，通过大气干湿沉降在活化后进入地表土壤中。

北京市未来 As 的环境风险不大，预警级别趋势与 Zn 的预警趋势类似，均处于无警、轻警和中警级别区，其高风险概率区为朝阳区的来广营地区(图 10-3D)。

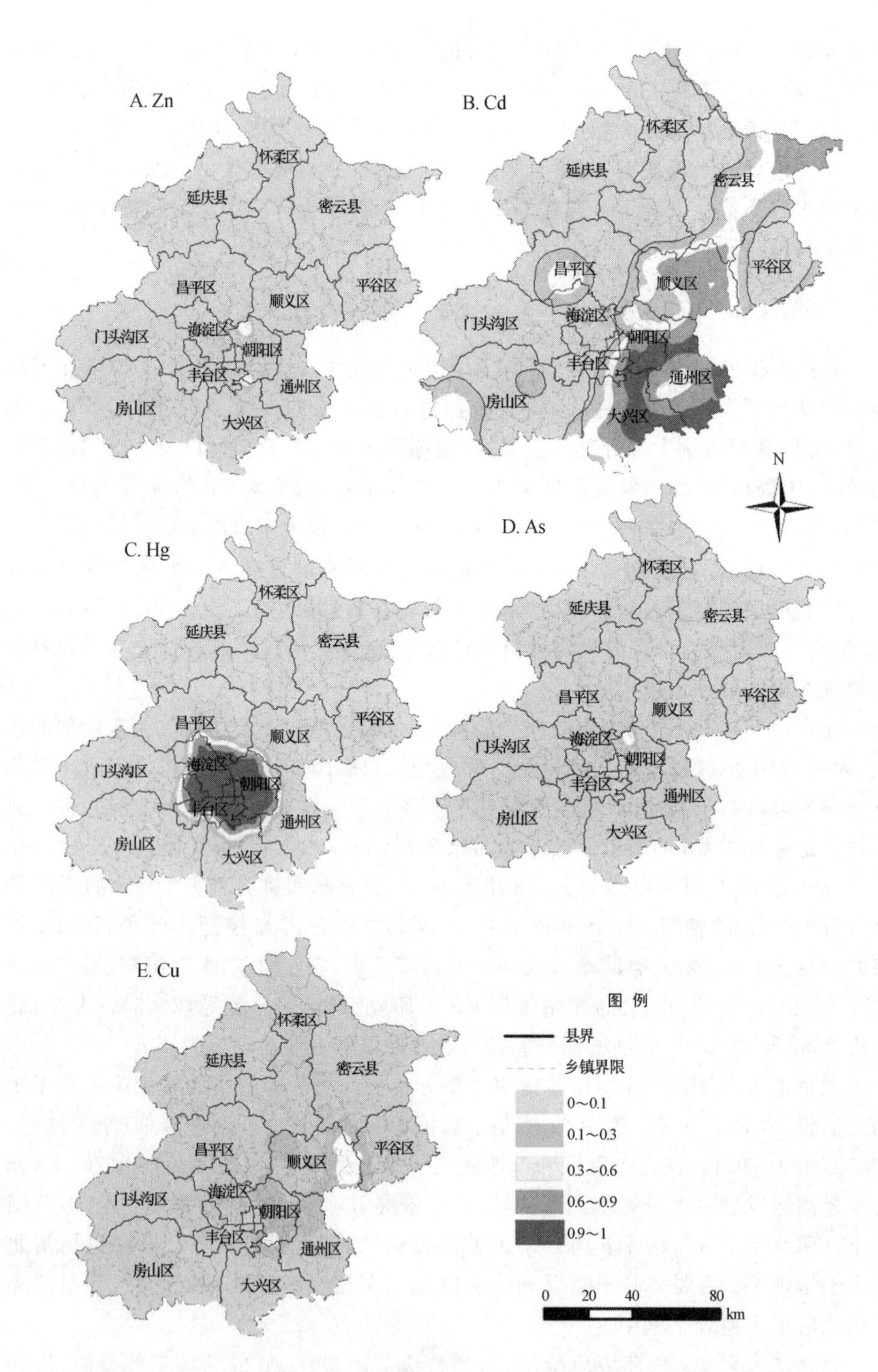

图 10-3 北京市 2006—2036 年 Zn、Cd、Hg、As、Cu 5 种重金属潜在风险预警

陈同斌等(2005)指出自然土壤的 As 的含量最低，也最接近背景值。根据统计年鉴资料计算分析知，朝阳区来广营地区的 As 的环境风险相对较高，也可能是与当地的人类活动(如农业活动)有关。此外，整体而言 As 与 Zn 的预警趋势图的空间分布结构大致相似，说明 Zn 和 As 具有一定的同源性，且风险值均偏低，这与成土母质有关。

北京市 Cu 的未来环境风险也处于无警、轻警和中警 3 个预警级别(图 10-3E)，Cu 的环境风险概率不高，且风险概率较高的中警级别区为顺义区的张镇、龙湾屯镇和杨镇地区的全部或大部分地区，以及朝阳区的十八里店和小红门地区的大部分地区。Cu 元素一般存在于农药和城市污水中，高风险概率区可能是由于农业生产作用的结果(刘洪涛等，2008)。根据物质流分析知，各来源对土壤中 Cu 的贡献率大小为畜禽粪便(77.50%)＞灌溉水(22.41%)＞化肥投入(0.07%)＞大气沉降(0.01%)。

(二)时空风险制图

1. 时空风险制图研究进展

时空变异规律与特征是进行区域土壤重金属风险防控研究的重要环节，它不仅能反映土壤重金属累积的历史演变，还能对土壤重金属未来污染趋势进行预测，从而为决策提供先验知识(杨勇等，2014)。郑永红等(2013)以安徽省淮南市某煤矿复垦区为例，研究 2008—2010 年间土壤中 Cu、Mn、Ni、Pb、Cd、Hg、As 7 种重金属含量变化趋势，结果表明 Cu、Ni、Pb、Cd、Hg 5 种元素在研究期内均呈现一定程度的累积，且在不同土壤深度表现出不同的变化规律；夏敏等(2013)研究了河南省封丘县 1984、2003 和 2008 年 3 个时间段的土壤重金属含量变化特征，结果表明土壤中 Cr、Cu、Hg 和 Zn 的含量均呈现明显的增加趋势，而 As 的含量几乎没有变化；邱孟龙等(2015)调研了 2002—2012 年间广东省东莞市耕地土壤中 Hg、Cd、Cu、Ni 4 种元素的时空变异，结果表明除 Hg 外，其他重金属元素含量在 10 年期间均呈升高趋势；D'Emilio(2013)研究了意大利南部 Basilicate 工业区 1993—2004 年的土壤重金属时空变化情况，结果表明土壤中 Mn 和 Fe 的含量变化不大，Pb、Cd、Cr 的含量呈现不同程度的累积，而 Cu、Zn、Co、Ni 则变化不一。综上可见，无论是在城区、矿区、农区还是工业区，区域土壤重金属均存在不同程度的随时间变化的趋势，不仅存在短期内累积量大幅增加的情形，还存在因人类产业调控重金属含量随时间变化减少的案例，间接传递出重金属污染在人类干预调控下风险可控的信号。

数字制图可以将区域土壤重金属含量与分布信息直观表达(孙孝林等，2013)。目前土壤重金属数字制图技术研究主要表现在以下几个方面：

第一，采用地统计学方法获得空间预测图，胡克林等(2004)以非平稳型区域土壤Hg为例，采用6种不同的克里格插值法进行空间制图，综合对比各种插值方法的预测误差、统计特征值及插值结果空间分布图，遴选出插值精度相对较高的插值方法；Liu等(2006)用地统计学方法量化了重金属Cu、Zn、Pb、Cr和Cd的空间变异，用普通克里格和对数克里格插值得到重金属的空间分布图。

第二，通过加入辅助变量改善制图精度，Wu等(2008)以土壤类型作为辅助变量，采用地统计学分析了浙江富阳市一个污染区的Cu、Zn、Pb和Cd的空间变异，从而提高其空间预测精度；Hengl等(2004)提出将回归模型与克里格方法相结合的方法，并进行实证分析，结果表明可提高土壤属性的空间预测精度。

第三，针对土壤重金属分布的多尺度特点，进行克里格嵌套模型研究，如Rodríguez等(2008)分析了西班牙农业耕层土壤重金属的多尺度特征；Huo等(2010)以北京市耕作土壤为例，用多尺度套合半方差函数方法研究重金属的空间结构特征，并进行了空间制图，分析了重金属的潜在污染源。

第四，将遥感数据作为直接或间接数据源进行区域层面土壤重金属空间制图，Shi等(2014)综述了搭载可见光和近红外波段的光谱仪器在土壤重金属监测中的应用，并指出高光谱数据在土壤重金属监测中具有的巨大潜力；Wu等 (2011)采用HyMap、TM和QuickBird三种遥感数字产品的光谱数据预测土壤重金属含量取得了较好的效果，并讨论了遥感数据在土壤重金属快速监测中的可行性。

随着土壤近地传感器技术(proximal soil sensing，PSS)的发展，因其获取数据方便高效、监测过程无破坏性、可“星—机—地”立体监测等特点受到科学家的广泛关注(史舟等，2011)，成为土壤数字制图技术中重要的发展领域和方向。

2. 北京市土壤重金属时空变化特征研究(思路与方法)

本研究以北京市1985年和2006年两次重金属元素调查取得的土壤资料为依据，1985年的数据参考《中国主要农业土壤污染元素背景值图集》(李玉浸等，2006)。该图集测定了样品中的汞(Hg)、镉(Cd)、铅(Pb)、砷(As)、铬(Cr)、锌(Zn)、铜(Cu)、镍(Ni)、钴(Co)、氟(F)、钼(Mo)、锰(Mn)等12种元素的含量。图集中制图单元综合考虑了土壤类型、成土母质、地貌类型等因素，分级方法采用显著性检验分级法，图集经矢量化、配准后以便对比分析。2006年样点布设采用分层抽样法，于2006年秋季作物收获后采集表层土壤(0～20 cm)1 018个样点(图10-4)。测试值包括每个样点的Cr、Ni、Cu、Zn、As、Cd、Pb和Hg含量，具体样品化学分析参照国家土壤环境质量标准(修订)(GB 15618—2008)。两期数据均作了质量控制。

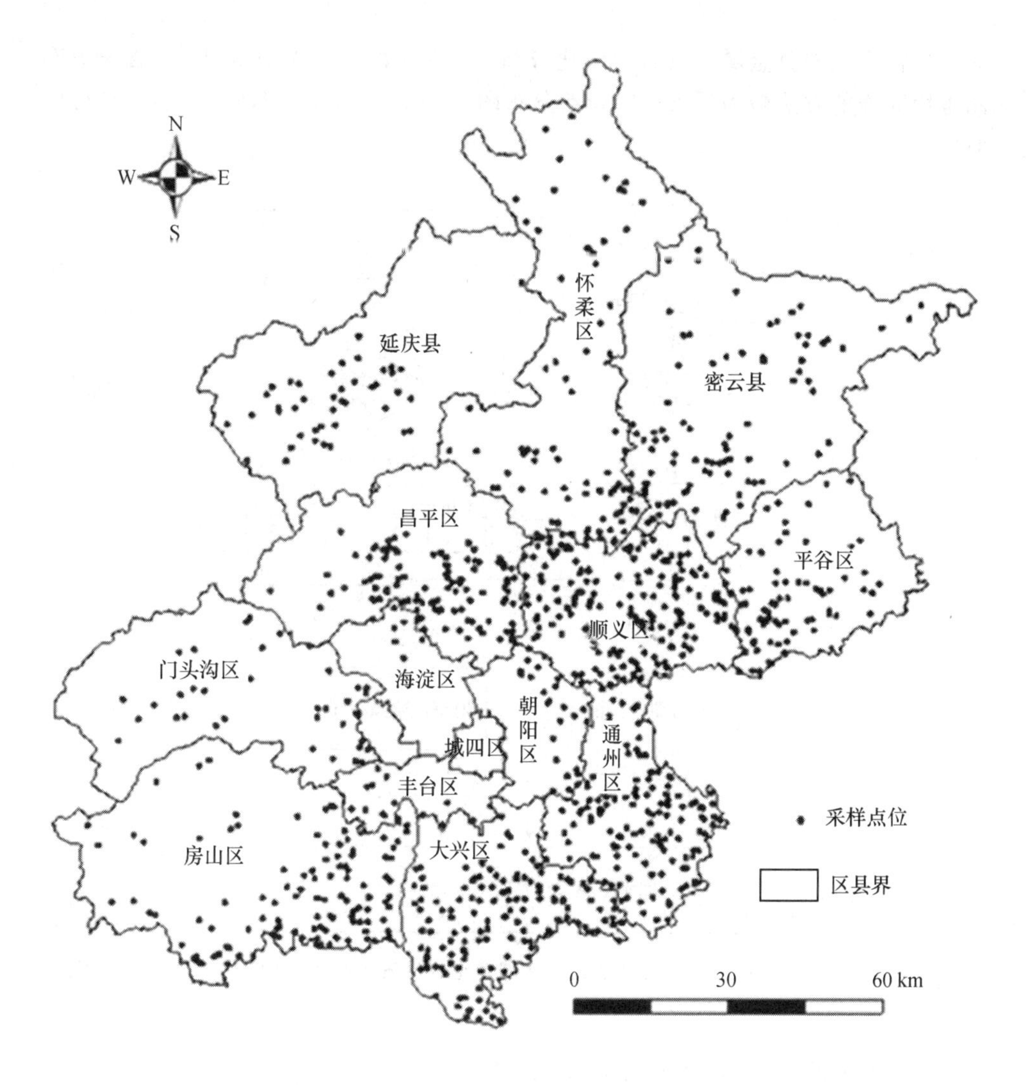

图 10-4　北京市土壤采样点位分布图

Hakanson 潜在生态危害指数法(Hakanson Risk Index，HRI)(Hakanson，1980)和指示克里格法(姜菲菲等，2011)目前被广泛用于植被、水体、河湖沉积物、土壤等载体中的重金属污染风险评价，指示克里格法优点在于其抑制了特异值对变异函数稳健性的影响，对数据分布类型不做要求，并可绘制出超出临界值的概率分布图。

具体分析思路见图 10-5，根据 2006 年的数据进行八种重金属的数据探索分析，符合对数正态分布的 Cr、Ni、Zn 和 Hg 采用普通克里格插值得到含量空间分布图，而不符合正态分布的 Cu、As、Cd 和 Pb 含量不能直接插值得到空间分布图，采用潜在生态危害指数法计算其污染风险，并用指示克里格插值出风险等级分布图。

为了进行准确的重金属积累时空变化分析，1985 年的 Cu、As、Cd 和 Pb 含量分布图也用同样的方法转为污染风险指数分布图，而 Cr、Ni、Zn 和 Hg 仍为含量变化的对比。

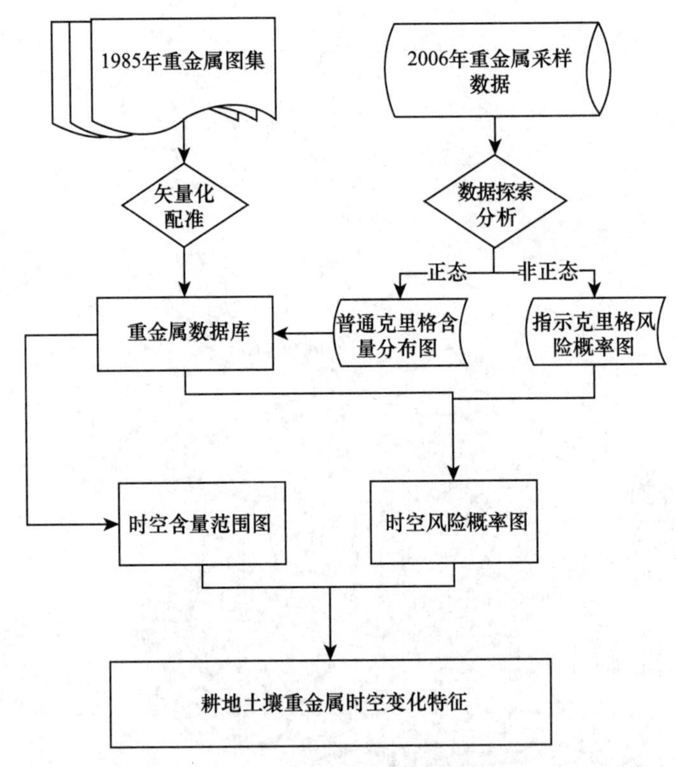

图 10-5　区域土壤重金属时空变化研究技术路线

3. 20 年间土壤重金属含量变化

北京市耕地土壤重金属含量从 1985 年到 2006 年发生了很大变化，基本统计量的变化对比见表 10-3。与 1985 年的数据比较，全部采样点中 8 种重金属的最小值、最大值、平均值、中位值都有明显增大。20 年间增大幅度最大的为 Hg，其次为 Pb、Cu 和 Cd，而 Cr、Ni 和 Zn 的中位值增大不多，1985 年 8 种重金属大部分都低或略大于 2004 年陈同斌等计算的北京市土壤元素背景值（陈同斌等，2004），尚未造成污染，但 Cr 平均含量已是背景值的近两倍（李玉浸等，2006）。而 2006 年 Cr、Ni、Cu、Zn、As、Cd、Pb、Hg 的中位值分别是相应背景值的 1.94、0.99、2.47、1.27、1.91、1.77、1.46 倍和 1.63 倍，除 Ni 外，均存在着污染风险。

表 10-3　北京市 1985—2006 年土壤重金属变化统计　　mg/kg

重金属	背景值	最小值		最大值		平均值		中位数		增大倍数
年份	2004	1983—1985	2006	1983—1985	2006	1983—1985	2006	1983—1985	2006	
Cr	29.8	20	31.6	102.5	300	56.47	60.75	53.34	57.94	0.09
Ni	26.8	9.7	8.87	46	203.38	23.1	28.49	22.42	26.60	0.19
Cu	18.7	3.1	8.31	40.6	496.6	18.5	59.67	18.21	46.27	1.54
Zn	57.5	24.5	28.5	118.3	221.62	55.5	76.27	54.62	72.94	0.34
As	7.09	2.4	2.57	19.26	72.93	8.14	16.09	8.51	13.55	0.59
Cd	0.119	0.047	0.02	0.213	4.25	0.119	0.24	0.117	0.21	0.80
Pb	24.6	8.3	6.88	40	660	13.78	50.21	12.57	35.80	1.85
Hg*	0.08	0.007	0	0.219	4.29	0.044	0.22	0.041	0.13	2.17

* 土壤 Hg 的背景值来自李健等的《环境背景值数据手册》。

4. Cr、Ni、Zn 和 Hg 含量的时空变化

北京市表层土壤中 Hg 元素在 20 年里变化剧烈(图 10-6A)，平均值增大四倍，增幅较大。2006 年 Hg 元素含量高于 80 年代最高值(0.219 mg/kg)的区域广泛分布，除顺义东部，大兴南部有部分低值区域外，其他区域重金属含量均高于 0.219 mg/kg；从空间结构来看，1985 年的 Hg 含量高值集中在昌平和城区周围，尤其城区周围最为严重。而 2006 年这些区域依然是 Hg 含量最高的区域，只是数量大幅增大，范围有所扩大。

1985 年土壤中的 Cr 含量分布比较均匀(图 10-6B)，没有明显突出的高值区域，集中在 40～70 mg/kg 之间。平原区变化不大，一般都在 50 mg/kg 左右；位于房山、平谷扇形坡地上的土壤，含量稍高，可达 60 mg/kg；东北旺洼地，大兴西南永定河两侧和通州区东，靠潮白河砂质土壤区，含量略微偏低。2006 年的 Cr 比 1985 年整体略有积累，但不是特别严重。Cr 含量超过国家二级标准处于污染状态的样点很少(霍霄妮等，2010)。

1985 年土壤中 Zn 的含量在 34.7～73.6 mg/kg 之间的面积最大，其次含量在 56.2～97.9 mg/kg，主要分布在密云、怀柔、延庆和门头沟等地。2006 年的大部分地区含量在 56～97 mg/kg 之间，相对而言变化不大，部分区域土壤 Zn 含量高于 1985 年的最高值(97 mg/kg)，主要分布在北京城区、密云、怀柔等地，但都面积不大(图 10-6C)。两个时期的 Zn 元素变化不大，且有部分区域超过了背景值(57.5 mg/kg)，总体表征土壤 Zn 污染问题并不明显，这与郑袁明等(2006)的研究结果一致。

1985—2006 年北京市土壤中 Ni 的含量变化不显著，其空间分布也有同样趋

势，只有房山、密云、顺义等的部分区域 Ni 含量有上升(图 10-6D)。但大部分区域 Ni 的含量依然在背景值以下，没有严重污染现象，且其空间分布与前面所述成土母质空间分布有类似结构。郑袁明等(2003)在 2003 年分析北京近郊区土壤 Ni 的空间结构时，认为北京市土壤 Ni 含量的空间分布主要受母质的影响，这与本研究结果一致，但其研究范围仅局限在北京市近郊区，本研究可认为是对前人工作的拓展。

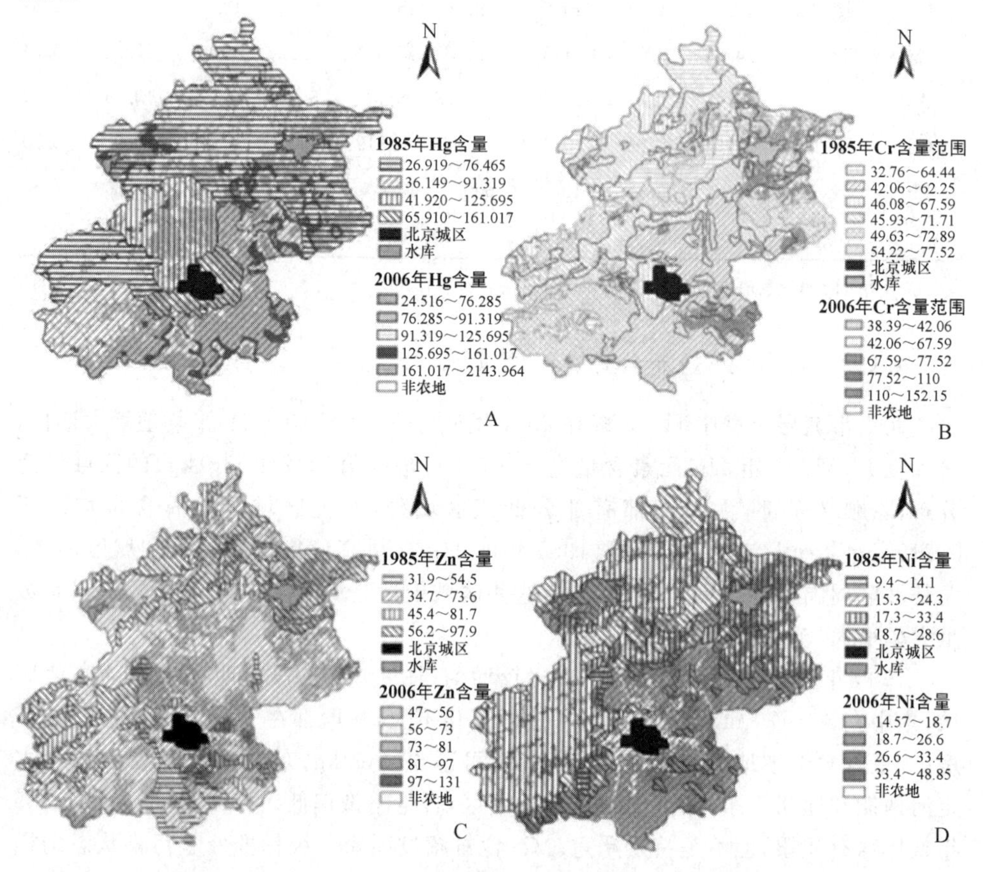

图 10-6　Hg(A)、Cr(B)、Zn(C)和 Ni(D)的含量时空变化对比

注：Hg 元素单位为 μg/kg，其余元素含量单位为 mg/kg

5. Cu、As、Cd 和 Pb 污染风险等级时空变化

利用 Hakanson 公式计算重金属污染的潜在生态风险指数(E_r^i<40，生态危害程度)，1985 年的 Cd 含量分布图矢量化后转为风险分布图，2006 年的样点数据利用指示克里格插值得到风险大于 40 的概率分布图，两图叠加对比(图 10-7A)，1985 年 Cd 的风险值基本都在警戒线 40 以下，属于无风险状态。而 2006 年 Cd 的

污染风险明显上升，有一半以上的样点风险大于 40，在全市范围内均有分布，密云、平谷尤为严重；部分地区风险概率大于 80，主要在大兴区，可能原因：一方面，该区域是农业生产区，长期使用塑料地膜(生产过程中加入了含 Cd、Pb 的热稳定剂)会增加耕作土壤中 Cd、Pb 富集风险；另一方面，长期的污水灌溉、大气沉降、磷肥施用(白玲玉等，2010)等也是土壤 Cd 元素积累的原因。

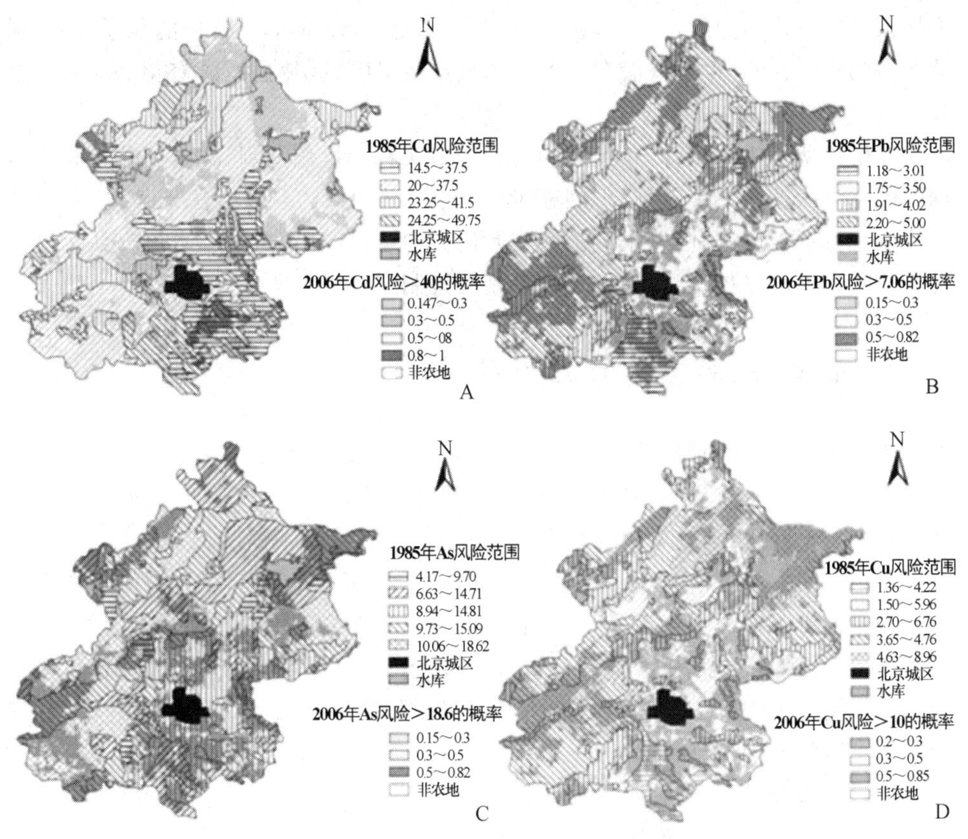

图 10-7　Cd、Pb、As 和 Cu 污染风险等级时空变化对比

1985 年 Pb 的风险整体比较低，其含量最大值与背景值相等，为进行风险等级比较，2006 年的概率分布图阈值设为默认 7.06(误差最小)(图 10-7B)。2006 年土壤中 Pb 含量大幅上升，一半以上的样点含量超过背景值，但其污染风险基本都在 40 以下，风险在阈值以上的概率和区域都不大，仍属于低风险等级。

1985 年土壤中 As 已经出现积累现象(图 10-7C)，部分区域土壤中 As 含量已高于背景值，但仍处于低风险等级，相对高风险区域主要有平谷、房山、门头沟和昌平等地。2006 年风险概率插值阈值设为 1985 年的最大值 18.6，得到 2006 年 As 元素污染风险高于 18.6 的概率分布图，结果土壤中 As 污染风险明显上升，大部分区域存在大于18.6的较大概率，但整体仍在风险警戒线以下。

1985年土壤中Cu已经有积累趋势，大部分区域已超过背景值含量(图10-7D)。但其污染风险都在40以下，处于无污染状态，风险较高的区域有密云、怀柔、门头沟等地。2006年风险概率插值阈值设为10，结果显示，2006年相对有恶化趋势，不但大部分样点都高于背景值含量，污染风险也有部分超过了40，密云、怀柔、昌平城区周围及房山边缘污染风险都比较高。对比1985年不仅有量的积累，还有风险区域的扩大。Cu元素一般存在农药和城市污水中，这种强烈的变化是城市发展和农业生产共同作用的结果。

本研究所采用的1985年数据为历史图集资料矢量化得到，在空间化过程及数据匹配性方面存在不确定性，但对于北京市区域层面研究，该方法计算简易，且趋势性变化特征被监测到，所得结论在实际研究中可以应用与推广，本研究认为这是对历史数据的较好挖掘，可为区域性宏观决策制定提供参考。

三、社会-生态管理分区技术研究

土壤重金属风险管理具有高度复杂性，不仅需要监测到重金属的空间分布状态，更重要的是进行合理的社会-生态类型管理分区，识别各类型区中的主导控制因子，对于土壤重金属污染防控具有重大的意义。

自组织映射网络模型(self-organizing maps，SOM)是基于对人脑仿生学发展起来的一种人工神经网络，它是一种能够聚类和高维可视化的无导师学习算法，该模型由芬兰赫尔辛基大学教授Teuvo Kohonen于1981年提出。Giraudel等(2001)采用SOM神经网络对生态学的高维数据进行探索分析，结果表明SOM神经网络可以弥补传统分类的不足(朱艺峰等，2012)。

本研究提出重金属社会-生态类型概念(social-ecological patterns of heavy metals，SEPHM)，其意义在于实现不同人地关系背景下的土壤重金属来源分区，各类型区内部重金属来源具有同质性，有助于识别不同类型区间不同的控制因子。传统的线性方法在诠释复杂、非线性、多尺度、动态的社会-生态系统方面受到局限。因此，选择基于符合生态系统演化特征的自组织映射网络模型进行数据挖掘和空间聚类，一方面表征自然本底演化特征对重金属的贡献，另一方面表征人类社会经济活动的自组织性。

(一)自下而上的空间聚类

1. 数据来源及数据处理

本研究从数据的可获取性和北京市可持续环境管理问题实际出发，研究尺度上将乡镇作为基础单元,进行“自下而上”的空间聚类。辨识生态因子与土壤重金属累积的关系是进行社会-生态类型划分的重要前提,对国内外大量文献进行调研,梳理出区域土壤重金属的主要来源分别为大气沉降、禽畜粪便、污水灌溉、污泥填埋、化肥投入、农药投入、工业排放、成土母质、矿产采掘及其他。表 10-4 列出了土壤重金属来源因素贡献排序,表明不同来源途径对不同土壤重金属元素的贡献不一,大气沉降和成土母质对 Cr、Ni、As 等元素贡献率相对较高,禽畜粪便对 Zn、Cu、Cd 贡献率较高。除上述文献调研外,土壤重金属来源数据库的建立亦借鉴了霍霄妮(2009)前期对北京市土壤重金属来源解析的空间自相关研究以及姜菲菲等(2011)对北京市土壤重金属风险评价研究的结果。其他地理空间数据主要来源于北京统计年鉴(2008)、实际调研数据和北京自然资源与社会经济信息管理平台数据库(董士伟等,2012)(表 10-5,图 10-8,图 10-9)。

表 10-4 土壤重金属来源因素贡献排序

来源	重金属元素								参考文献
	Cr	Ni	Zn	Hg	Cu	As	Cd	Pb	
大气沉降	✓✓✓	✓✓✓	✓✓	✓✓✓	✓✓	✓✓✓	✓✓	✓✓✓	(Luo 等,2009)
禽畜粪便	✓✓	✓✓	✓✓✓	✓	✓✓✓	✓✓	✓✓✓	✓✓	
污水灌溉	✓	✓✓	✓✓	✓	✓	✓	✓	✓	
污泥填埋	✓	✓	✓	✓	✓	—	—	✓	
化肥投入	✓✓	✓✓	✓✓	✓✓	✓✓	✓✓	✓✓	✓✓	
农药投入	—	—	✓	—	✓✓	✓	—	—	
工业排放	✓✓	✓	✓✓✓	✓✓	✓✓	✓	✓✓	✓✓✓	(Huo 等,2010)
成土母质	✓✓✓	✓✓✓	✓✓	✓✓	✓✓	✓✓	✓	✓	
矿产采掘	✓	✓	✓✓	✓✓	✓✓✓	✓	✓✓	✓	

表 10-5 区域土壤重金属社会-生态类型识别体系

分类	变量	缩写	单位	获取时间
人口	人口密度	PD	ind/km^2	2007
农业结构	禽畜养殖量	LSU	$unit/km^2$	2007
	农化投入	FAI	t/km^2	2007
	一年两熟	DC	%	2007
	一年一熟	SC	%	2007
地貌	高程	DEM	m	2000
气候	降雨量	PREC	mm	2000—2010

续表 10-5

分类	变量	缩写	单位	获取时间
土地覆被	工矿用地密度	IML	%	2008
	归一化植被指数	NDVI	—	2008
	河流密度	RID	km/km^2	2008
	道路密度	ROD	km/km^2	2008
成土母质	黄土	LOE	%	2006
	洪冲积物	LOA	%	2006
	砂岩	SAS	%	2006
	砂质页岩	ARS	%	2006
	石灰岩	LS	%	2006
	酸性岩	AR	%	2006
	残积物	CL	%	2006
	中性岩	NR	%	2006
潜在生态风险	风险指数	RI	—	2006

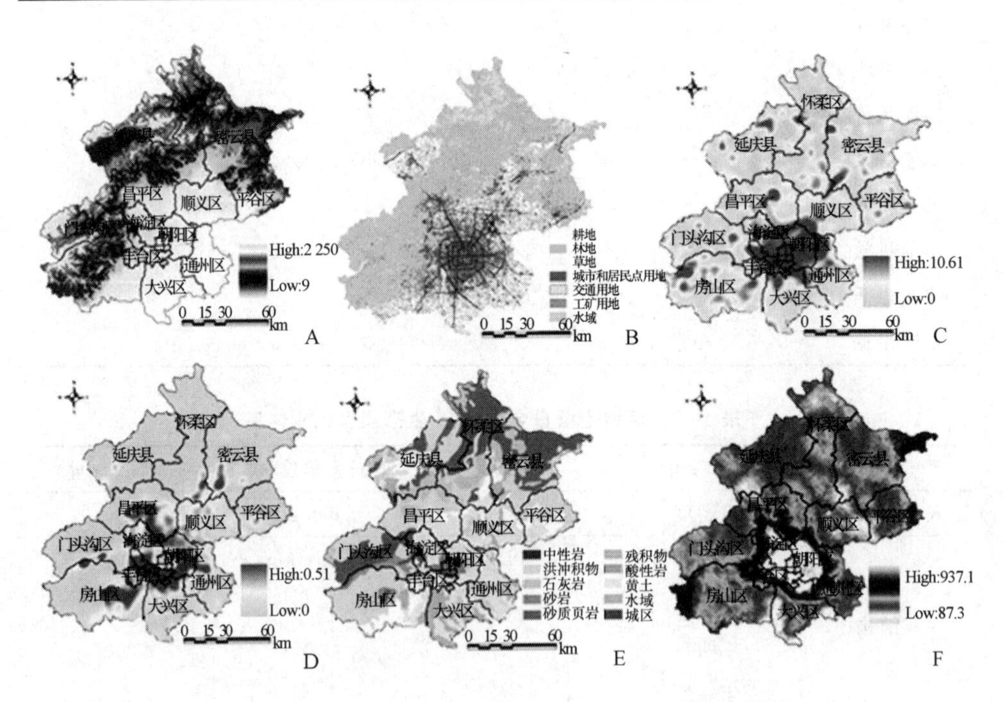

图 10-8 北京市主要空间数据分布

A. 高程图；B. 土地利用现状图；C. 道路密度图；D. 工矿用地密度图；

E. 成土母质分布图；F. 潜在生态危害指数图

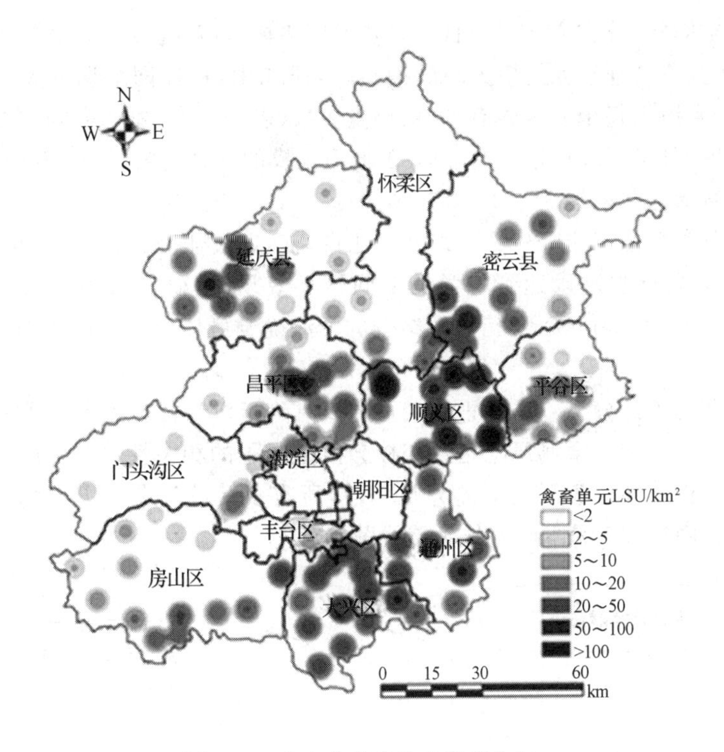

图 10-9 北京市畜禽养殖密度分布

依据上述分析，建立区域土壤重金属社会-生态类型识别体系，并分别进行乡镇尺度定量化表达，主要包括人口密度(ind/km^2)、牲畜量(unit/km^2)、农化投入(t/km^2)、土地利用覆被数据(km/km^2或%)、高程(m)、降雨量(mm)等。其中土地利用覆被数据包括工矿用地密度(%)、归一化植被指数、河流密度(km/km^2)、道路密度(km/km^2)，禽畜单元(livestock unit，LSU)仅考虑了猪、牛、羊、鸡和大牲畜5种，将所有养殖量按照欧盟标准计算方式和折算系数折算为标准值以便区分(European，2013)，最终计算得到北京市共计60 657个禽畜单元(图10-9)。各乡镇人口数据和农药化肥投入数据从北京统计年鉴获得，降雨数据来源于中国气象科学数据共享服务网，获取2000—2010年年平均数据，并进行数据空间化处理得到。

作物种植制度结果由MODIS数据分类得到，采用多时相多光谱决策树分类编制得到(刘建光等，2010)，所有数据存储和管理基于北京市自然资源与社会经济信息管理平台数据库。本研究的目的是为了服务于宏观区域土地利用及环境管理决策，因此，采用全量数据来反映区域整体情况。

2. *研究方法*

土壤重金属风险评价采用潜在生态危害指数法；采用克里格空间插值法对各

因子进行空间化;分类方法采用自组织映射网络模型(高隽,2003;岳素青,2006)。

SOM竞争层神经元规模大小的确定,本研究中,神经网络训练大小为253个(即253个乡镇),每个乡镇含有20项环境参数(表10-5)。本研究利用Céréghino,Park (2009)和Vesanto等.(2000)关于地图规模的估计公式,结合SOM网络误差最小原理解决这一问题。

最佳分类数的确定,SOM网络并不能自动确定最佳分类数目,因此,还需要结合聚类方法进行改进以达到科学的空间聚类效果,本研究采用k-means方法和Davies-Bouldin Index (DBI)指数相结合的方法确定最佳分类数目(Günter和Bunke,2003)。

采用多元统计分析方法探索土壤重金属风险指数与社会生态因子的关系。相关系数法用于解释重金属风险指数与社会生态因子的相关性,方差分析和Duncan检验用于分析不同聚类区间的差异显著性,所有多元统计分析方法均在SPSS 17平台执行。图10-10为本研究技术路线图。

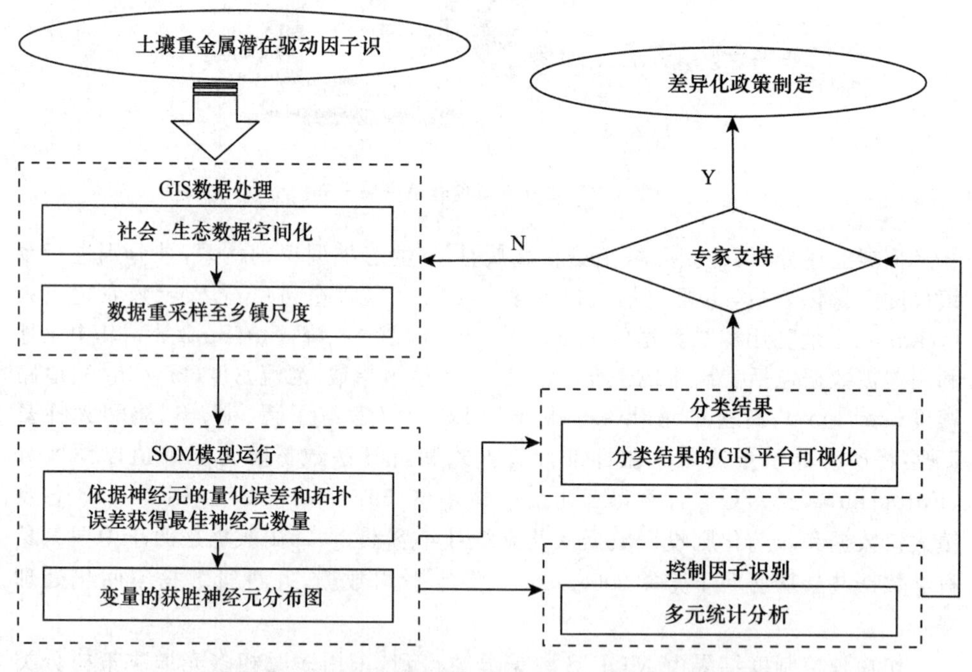

图10-10 区域土壤重金属社会-生态类型识别技术路线

3. 自组织映射网络模型的构建

(1)SOM神经网络结构的筛选。首先对SOM网络规模M进行估计,利用Vesanto公式。表10-6为地图规模大小(从40至198地图单位)所对应的QE和

TE 值，依据 QE 和 TE 最小原则，网络规模取值为 84 个单位地图(12×7)的 QE 和 TE 分别为 1.809 和 0.007 9，网路拓扑结构误差小于 0.01，可见输出网络结构是可靠的。

表 10-6　不同神经元大小的自组织特征映射神经网络质量

Map Size	8×5=40	9×6=54	10×7=70	12×7=84	12×8=96	13×9=117	14×10=140	16×11=176	18×11=198
QE	2.727	2.558	2.425 4	1.809	2.22	2.120 4	1.989 3	1.893 8	1.810 6
TE	0.008	0.012	0.015 8	0.007 9	0.011 9	0.023 7	0.022 4	0.011 9	0.011 9

将训练后的 SOM 神经元进行 k-means 聚类分析，并采用 DBI 自动选择聚类数。U 形矩阵中每个端元代表 SOM 网络中欧式距离，红色端元表示其与相邻端元欧式距离较远，蓝色表示其与相邻端元欧式距离较近。结果表明，当所有神经元被分成 9 类时，DBI 最小(DBI=0.89)，聚类结果最佳(表 10-7 和图 10-11)。

表 10-7　k-means 聚类 Davies-Bouldin 指数

聚类数	2	3	4	5	6	7	8	9	10
DBI	1.32	1.08	1.07	0.91	1.04	1.01	0.93	0.89	0.93

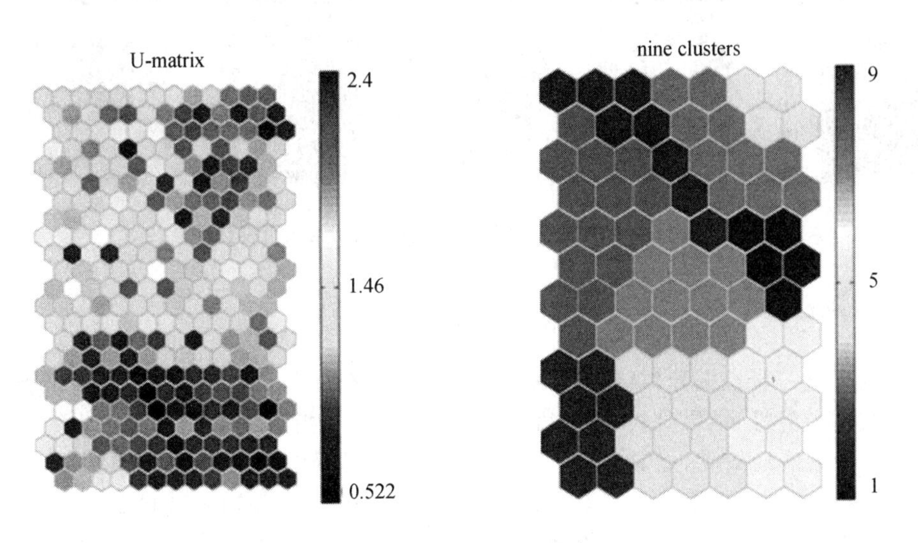

图 10-11　U 形矩阵和 SOM 最佳聚类结果

(2)各参数的神经元可视化表达。20 个输入参数在 SOM 运行后的结果可视化表达见图 10-12，可以看出社会-生态特征与土壤重金属风险之间存在重要的对应关系。风险指数的右下方端元值较高，所有参数中，人口密度、工矿用地密度和道路密度的端元高值与风险指数高值特征相一致。高程、降雨量和植被归一化指数的高值主要分布在上方，与风险指数的高值方向相反。禽畜养殖量与农化投入对风险指数的贡献匹配性并不高，其左上角值更高。一年一熟和一年两熟呈现出较为相似的特征，与农化投入相一致。成土母质可能会对土壤重金属风险产生影响，然而，仅通过图 10-12 的分析尚不能揭示具体关系。

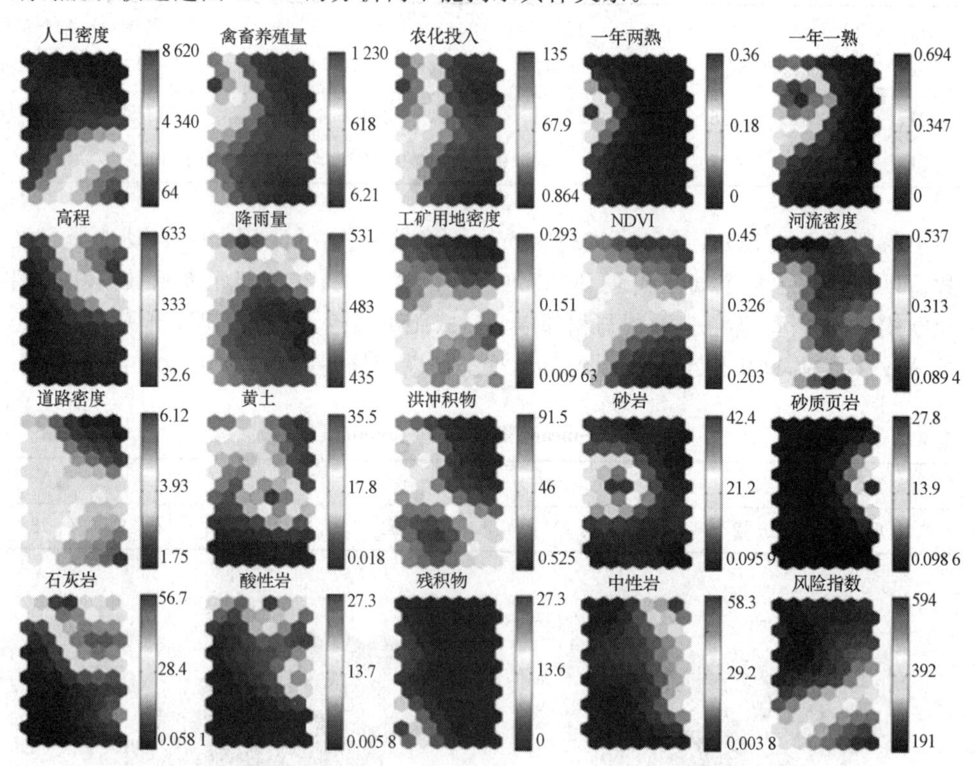

图 10-12　输入参数在 SOM 模型上的结果可视化

4. 不同聚类结果中各环境变量的差异性分析

为了进一步挖掘分类结果数据间关系，本研究采用方差分析检验不同聚类结果直接的差异性，结果见表 10-8，降雨量、归一化植被指数（NDVI）、石灰岩等在第 1 类中含量值均较高，而其他的人口密度、河流密度和道路密度值则较低；高程和 NDVI 在第 1 类、第 3 类和第 4 类值较高，禽畜养殖量、农作物种植制度（一年一熟和一年两熟）和残积物量在第 2 类、第 5 类和第 6 类中显著高于其他类别；在第 7 类、第 8 类和第 9 类中人口密度、土地利用（工矿用地密度和道路密度）和重金属风险指数含量值显著高于其他类别。这些高低值的集群表明不同社会-生态系统中土壤重金属存在不同的循环累积模式，同时也反映出将整个区域聚为 9 类仍存在进一步上升聚类的空间。

表 10-8 SOM 模型聚类结果中各环境变量的均值与标准差

参数	类别								
	1	2	3	4	5	6	7	8	9
人口密度	196.4(2[illegible].98)^{ef}	1 254.55(1 572)^{de}	877.23(1 889.3)^{ef}	61.42(69.25)^{f}	576.46(1 538.48)^{ef}	2 078.62(2 245.1)^{cd}	5 864.87(2 199.98)^{b}	7 718.2(2 483.98)^{a}	2 833.9(2 736.27)^{c}
禽畜养殖量	443.87([illegible]86.3)^{b}	363.22(396.16)^{bc}	100.14(106.67)^{d}	61.85(61.52)^{d}	835.39(843.66)^{a}	351.37(300.94)^{bc}	98.42(150.75)^{d}	23.64(143.4)^{d}	189.92(220.14)^{cd}
农化投入	76.59(67.79)^{b}	57.74(44.97)^{bc}	15.4(25.46)^{d}	7.31(8.08)^{d}	112.68(68.54)^{a}	54.83(39.68)^{c}	11.84(14.77)^{d}	3.87(14.58)^{d}	24.96(24.03)^{d}
高程	203.84(151.56)^{c}	113.79(159.38)^{d}	363.98(237.79)^{b}	588.52(213.74)^{a}	51.25(89.47)^{d}	33.59(6.99)^{d}	48.91(23.68)^{d}	57.05(17.93)^{d}	57.63(27.33)^{d}
降雨量	533.39(37.7)^{a}	452.41(28.07)^{de}	452.58(24.73)^{de}	502.39(31.96)^{b}	474.61(28.58)^{d}	463.11(13.74)^{cd}	451.76(15.28)^{de}	442.93(10.97)^{e}	440.38(31.29)^{e}
工矿用地密度	0.03(0.02)^{d}	0.12(0.08)^{bc}	0.09(0.07)^{c}	0.01(0.01)^{d}	0.08(0.05)^{c}	0.14(0.04)^{b}	0.23(0.1)^{a}	0.16(0.12)^{b}	0.21(0.09)^{a}
NDVI	0.43(0.04)^{a}	0.31(0.04)^{d}	0.38(0.04)^{b}	0.44(0.04)^{a}	0.36(0.04)^{c}	0.29(0.04)^{e}	0.22(0.04)^{g}	0.21(0.03)^{g}	0.27(0.04)^{f}
河流密度	0.07(0.08)^{e}	0.21(0.2)^{bcd}	0.15(0.1)^{de}	0.17(0.08)^{cd}	0.27(0.14)^{bc}	0.3(0.14)^{b}	0.48(0.3)^{a}	0.21(0.18)^{bcd}	0.19(0.16)^{cd}
道路密度	2.72(0.73)^{h}	3.39(0.75)^{ef}	2.94(1.22)^{fg}	1.82(0.45)^{h}	3.76(0.44)^{de}	4.08(0.69)^{cd}	4.93(1.46)^{ab}	5.53(1.58)^{a}	4.42(1.5)^{bc}
一年两熟	0(0)^{b}	0.01(0.02)^{b}	0(0.01)^{b}	0(0)^{b}	0.22(0.26)^{a}	0.02(0.05)^{b}	0(0)^{b}	0(0)^{b}	0(0)^{b}
一年一熟	0.04(0.05)^{c}	0.37(0.36)^{b}	0.03(0.08)^{c}	0.01(0.03)^{c}	0.62(0.31)^{a}	0.05(0.07)^{c}	0(0)^{c}	0(0)^{c}	0.04(0.16)^{c}
黄土	26.6[illegible](21.14)^{a}	10.57(15.59)^{bc}	7.71(14.29)^{bcd}	5.18(11.79)^{bcd}	12.77(24.65)^{b}	0(0)^{d}	0.15(0.83)^{d}	0.78(4.61)^{cd}	22.15(31.57)^{a}
洪冲积物	8.26(17.15)^{e}	34.77(32.39)^{d}	3.1(8.14)^{e}	1.41(3.43)^{e}	67.39(24.16)^{bc}	76.83(13.94)^{ab}	85.63(23.04)^{a}	35.57(31.03)^{d}	58.53(41.87)^{c}
砂岩	0.9[illegible](3.87)^{c}	41.05(31.32)^{a}	1.05(3.74)^{c}	1.01(4.94)^{c}	12.17(14.88)^{b}	0.5(1.99)^{c}	1.92(8.52)^{c}	1.29(6.15)^{c}	2.27(5.4)^{c}
砂质页岩	0(0)^{b}	0.1(0.5)^{b}	13.38(18.36)^{a}	0.12(0.7)^{b}	0(0)^{b}	0(0)^{b}	0(0)^{b}	0.06(0.33)^{b}	1.41(6.78)^{b}
石灰岩	56.5[illegible](32.27)^{a}	6.54(19.03)^{c}	49.39(30.89)^{a}	22.95(24.1)^{b}	3.55(7.49)^{c}	0.07(0.23)^{c}	2.28(6.47)^{c}	7.43(20.67)^{c}	2.14(4.92)^{c}
酸性岩	7.6[illegible](24.63)^{b}	2.2(6.06)^{b}	6.58(13.99)^{b}	15.76(20.48)^{a}	0.03(0.15)^{b}	0(0)^{b}	0(0)^{b}	0(0)^{b}	7.13(23.67)^{b}
残积物	0(0)^{b}	0.08(0.27)^{b}	0(0)^{b}	0(0)^{b}	2.36(7.08)^{b}	22.6(13.45)^{a}	0.34(1.87)^{b}	0(0)^{b}	0.04(0.18)^{b}
中性岩	0.05(0.22)^{c}	3.13(9.04)^{c}	15.09(17.91)^{b}	41.01(30.12)^{a}	1.18(5.79)^{c}	0(0)^{c}	0.12(0.64)^{c}	8.81(22.16)^{bc}	2.17(9.32)^{c}
风险指数	208.4[illegible](40.76)^{e}	203.35(31.36)^{e}	274.79(72.14)^{d}	221.71(37.2)^{e}	198.81(73.73)^{e}	365.5(118.24)^{b}	513.48(88.93)^{a}	553.65(78.3)^{a}	321(124.45)^{c}

同行数据有不同肩标字母者，差异显著（$P<0.05$）。

图 10-13 为 9 个聚类结果在北京市的空间分布图。综合来看,第 2 类分布相对离散,主要分布于北京郊区,第 3、4 类位于北京市西部和北部山区,第 5、6 类位于北京市东部远郊农业区,第 7、8、9 类主要位于主城区六环以内。

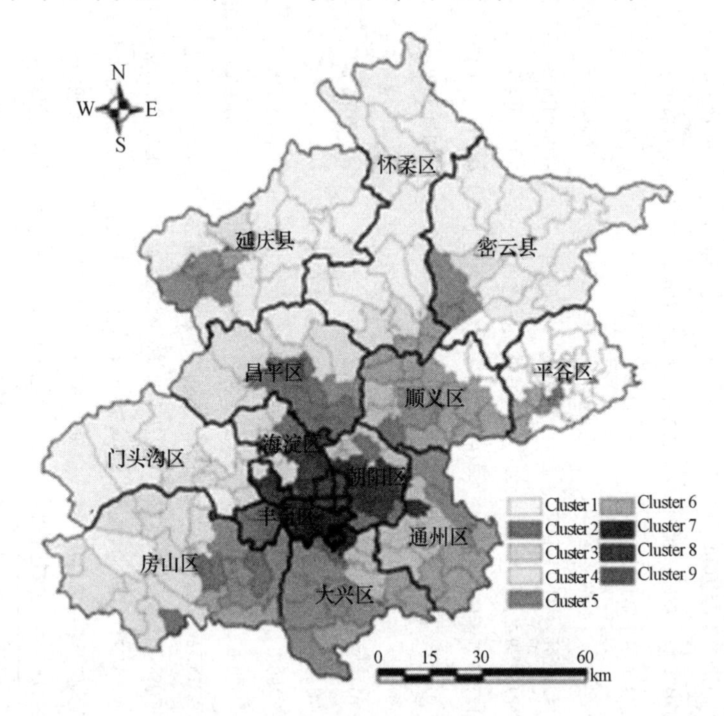

图 10-13 北京市 SOM 聚类结果空间分布

其各自的特征分别如下:

1 类型区主要分布在平谷地区,该区域降雨、NDVI、黄土、石灰岩含量显著高于其他各类,且人口密度、河流密度、道路密度、洪冲积物百分比较低,由于黄土结构松散,易受切割侵蚀,水土流失严重,因此该区主要受自然本底特征影响,环境风险较低,主要分布在平谷区、顺义东北部和密云南部地区;2 类型区特征:砂岩较多,各用地类型均等,河流密度、道路密度较低,环境风险较低,分布在地势较为平坦的延庆盆地(官厅水库下游)、大兴、通州等农业区;3 类型区特征:砂质页岩、石灰岩分布显著高于其他类,洪冲积物百分比较少,农化投入较低,海拔 400 m 左右,位于北京西部山区向平原区过渡地带,沿太行、西山方向由西南向东北延伸;4 类型区特征:海拔较高,植被覆盖度大,降雨丰沛,人口稀少,土地利用主要以林地为主,耕地较少,中性岩与酸性岩分布显著高于其他地区,主要分布在北京西部房山、门头沟,以及北部山区怀柔、延庆、密云山区;5 类型区特征:农化投入、LSU 以及耕地面积百分比显著高于各个地区,环境风险低于其他地区,环境风险因素主要以农业生产性投入为主导,主要分布在顺义中部、通州东南、大兴南部;6 类型区特征:

洪冲积物和残积物分布显著高于其他地区，土地利用中工矿用地密度、河流密度较大，主要分布在温榆河流域，城市中心向郊区农业区过渡地带；7类型区特征：工矿用地、河流、道路密度、洪冲积物百分比显著高于其他各地区，耕地面积较少，环境风险较大，在该区域人口集中，汽车流量大，主要分布在丰台、朝阳；8类型区特征：人口密度与道路密度均居首位，自然条件、土地利用、成土母质等因素对其环境风险影响并不显著，是典型的城市生活污染型区域，环境压力较大，主要分布在城中四区及海淀区；9类型区特征：工矿用地密度较高，重金属环境风险略低于7类型区和8类型区，主要在城区外围及近郊区，昌平垃圾填埋场分布于该地区。

5. 不同聚类结果中样点重金属含量值差异性分析

表10-9统计了所有样点在不同聚类结果中的土壤重金属含量情况。方差分析结果表明，北京市土壤重金属积累在不同聚类结果中存在显著差异。除了Cr和As外，其他元素在第7类型区中含量较高。同时，所有元素在第9类型区中含量均较高，第7和9类型区主要分布在城中心区，存在大量建设用地。Ni、Cr、和Zn在第4类型区含量相对较高，该区具有较高的海拔、降水量和归一化植被指数(NDVI)，人类活动干扰较少，进一步表明自然背景值对Ni、Cr和Zn存在较高的贡献率。

As元素在不同聚类结果中表现出同质性，差异性并不显著，原因可能是As的主要贡献中成土背景因素占有相当比例。Cu和Zn在第7和第9类型区中的含量高于第2、5、6类型区，表明城市化地区的Cu和Zn累积显著高于农业集约化地区。Cd、Pb和Hg在9大类中基本被割裂为两类，即高值区位于第7、9类型区(城市化地区)，其他地区的含量均较低。

6. 土壤重金属风险指数与环境变量的关系

采用Spearman分析研究9个类型区中土壤重金属与环境变量的相关性，不同的类型区中，重金属风险与环境变量的相关性也不尽相同(表10-10)，NDVI在第5、6、8类型区中与重金属风险显著负相关，在其他类型区则无明显相关性；纵观9类分区中，第5、6、8类型区与诸多变量相关性大，表明类型区中土壤重金属风险来源较为复杂，相反，第2、7、9类型区的风险来源较为单一，如第2类型区的风险仅与中性岩的分布显著相关。

对于具体的环境变量，位于北京城市郊区的第3、5、6类型区风险指数与人口密度显著相关，这表明，郊区人口密度的离散和聚集程度对重金属累积风险存在相关性，郊区合理布局人口是面源污染防控的关键；在第1、5类型区禽畜养殖量和工矿用地密度与风险指数存在正相关性，表明在平谷、通州和顺义等地区，工矿用地分布和禽畜养殖业的发展可能是调控的主导因子；然而熟制、黄土和残积物分布则与重金属风险分布无显著相关性。

表 10-9　不同类型区中样点的重金属含量统计分析 mg/kg

元素	统计项目	类型区								
		1	2	3	4	5	6	7	8*	9
	n	96	189	109	147	287	81	14	—	95
Ni	Means±SD	29.91±8.65	25.98±8.72	29.53±7.30	31.99±11.87	27.77±9.53	26.65±7.86	32.2±25.14	—	28.65±20.08
	Multiple comparisons	ab	b	ab	a	ab	b	a	—	ab
Cr	Means±SD	58.07±17.39	53.76±11.85	62.54±13.41	78.11±37.77	57.33±14.14	61.29±14.15	56.61±11.75	—	58.90±10.61
	Multiple comparisons	bc	c	b	a	bc	bc	bc	—	bc
Cu	Means±SD	53.81±37.18	53.59±35.62	67.51±65.25	62.69±44.47	53.98±40.56	67.68±43.94	79.08±58.14	—	71.44±54.82
	Multiple comparisons	b	b	ab	ab	b	ab	a	—	ab
Zn	Means±SD	74.23±20.31	70.24±19.57	79.72±23.15	83.61±18.05	72.18±17.55	80.96±28.28	87.51±22.84	—	81.64±22.2
	Multiple comparisons	bcd	d	abc	a	cd	ab	a	—	ab
As	Means±SD	17.10±10.71	15.47±7.88	18.63±10.75	14.79±7.87	15.17±7.45	16.87±7.61	15.14±6.09	—	17.56±7.98
	Multiple comparisons	ab	ab	a	b	b	ab	b	—	ab
Cd	Means±SD	0.24±0.15	0.24±0.15	0.24±0.19	0.22±0.12	0.23±0.29	0.25±0.12	0.33±0.29	—	0.25±0.2
	Multiple comparisons	b	b	b	b	b	ab	a	—	ab
Pb	Means±SD	49.93±48.26	44.25±34.48	53.98±39.64	55.58±61.36	43.76±30.07	54.65±34.69	65.44±45.49	—	63.08±43.5
	Multiple comparisons	ab	b	ab	ab	b	ab	a	—	a
Hg	Means±SD	0.15±0.28	0.13±0.10	0.28±0.48	0.20±0.24	0.14±0.15	0.29±0.19	0.94±0.73	—	0.42±0.55
	Multiple comparisons	d	d	c	cd	d	c	a	—	b

注：采样点在第 8 类区没有分布；不同的字母表示差异性通过 Dunn 0.05 水平对比检验。

表 10-10　聚类结果中土壤重金属风险指数与环境变量的相关性系数

参数	RI_1	RI_2	RI_3	RI_4	RI_5	RI_6	RI_7	RI_8	RI_9
人口密度	0.050	−0.092	0.409*	−0.031	0.925**	0.812**	0.313	0.268	0.050
禽畜养殖量	0.495**	−0.371	−0.203	0.248	0.707**	−0.141	−0.183	−0.214	0.495**
农化投入	0.312	−0.276	0.459**	0.358*	0.792**	−0.564*	−0.203	−0.277	0.312
高程	−0.284	0.022	−0.262	−0.217	0.055	0.611*	−0.301	−0.569**	−0.284
降雨量	0.088	−0.237	−0.289	0.534**	−0.385*	−0.511*	0.337	0.783**	0.088
工矿用地密度	0.369*	0.201	0.254	−0.008	0.646**	0.605*	−0.272	−0.738**	0.369
归一化植被指数	−0.155	−0.101	−0.262	−0.158	−0.709**	−0.828**	−0.398*	−0.560**	−0.155
河流密度	0.010	0.205	0.122	0.057	−0.449*	0.311	0.237	0.284	0.010
道路密度	−0.140	−0.095	0.648**	−0.09	0.091	0.245	0.352	0.423**	−0.140
一年两熟	−0.288	−0.111	−0.055	0.262	0.011	−0.488	−0.150	−0.306	−0.288
一年一熟	−0.205	−0.184	−0.258	−0.218	−0.484**	−0.586*	−0.495**	−0.442**	−0.205
黄土	−0.017	0.021	−0.434**	−0.333*	0.032	a	0.062	−0.170	−0.017
洪冲积物	0.145	0.344	a	−0.135	0.026	0.072	0.039	−0.109	0.145
砂岩	0.138	−0.256	0.130	−0.268	−0.173	−0.255	0.167	−0.141	0.138
砂质页岩	0.438**	0.274	0.406*	0.207	a	a	a	−0.185	0.438*
石灰岩	0.478**	0.097	−0.112	0.166	−0.127	−0.167	0.192	−0.355*	0.478*
酸性岩	−0.194	−0.236	−0.269	−0.420**	−0.127	a	a	a	−0.194
残积物	−0.132	0.390	a	a	0.026	−0.034	0.070	a	−0.132
中性岩	0.212	−0.531**	0.150	0.240	−0.130	a	0.062	−0.373*	0.212

注：*. 表示在 0.05 水平上的显著相关性（双侧检验）；**. 表示在 0.01 水平上的显著相关性；a. 表示无数据。

(二)自上而下的实证探讨

由于社会-生态系统的复杂性,难以做到完全量化出所有与污染物含量相关因子的关系,自然资源和环境管理者尝试寻找到能够指示污染物累积程度的变量,而寻找指示变量的前提是,对区域进行分级、分类预判。近些年,国内外学者对此做了大量工作(Schroeder 等,2007),如,水生态系统分类(aquatic ecosystem classifications,AEC)、生物多样性保育分类(biodiversity conservation classification,BCC)和森林系统服务分类(forest service classification,FSC)。社会-生态类型是指有机体和环境不断协同演化所形成的具有特定物质流、能量流、信息流特征的综合体,因此,对于土壤重金属社会-生态类型的划分意义在于,探寻不同类型的结构和功能特征,基于此调控土壤重金属含量,使其控制在合理范围之内。

为了满足土地利用管理需求,将北京市"自下而上"聚为 9 类缺乏一定的可行性,需进一步整合类型,根据此前章节对数据深入挖掘分析,可知北京市重金属进一步可归为三种类型,即区 1、3、4;区 2、5、6;区 7、8、9。再次运行 SOM 模型收敛为 3 类,结果分布见图 10-14A。

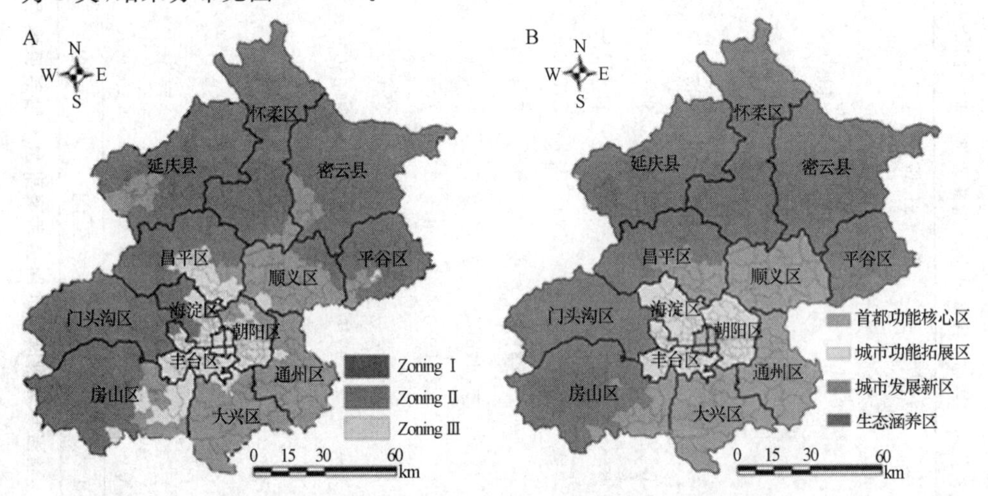

图 10-14 进一步聚类结果图(A)及北京市主体功能区规划图(B)

2008—2012 年,北京市政府成立北京市主体功能区规划编制工作领导小组,会同市发改委、市教委等 15 个部门单位组织编制了《北京市主体功能区规划》(图 10-14B),并与 2012 年由市政府组织发布实施。《北京市主体功能区规划》综合衔接北京市其他相关规划,包括《北京城市总体规划(2004—2020 年)》、《北京市土地利用总体规划(2006—2020 年)》、《北京市"十二五"时期国民经济和社会发展规划纲要》等。将全市国土空间确定为四类功能区域和禁止开发区域,四类功能区域包括:首都功能核心区、城市功能拓展区、城市发展新区、生态涵养区四类功能区域。

可以看出,《北京市主体功能区规划》是政府组织通过宏观战略和顶层设计研究制定的,是一种“自上而下”的区划方式,为了验证前文所提出的类型分区的合理性,将SOM进一步聚类结果图与北京市主体功能区规划图进行对比,分析其差异性和趋同性,并判别本研究所划分的合理性。

由图10-14可以看出本研究“自下而上”聚类的土壤重金属社会-生态类型区与“自上而下”制定的北京市土地功能区规划基本吻合,但仍存在部分细节性差距,除城中原四区(东城、西城、崇文、宣武)为首都功能核心区外,其他三区与土壤重金属社会-生态类型区相吻合。生态涵养区与Zoning Ⅰ相对应,城市发展新区与Zoning Ⅱ相吻合,城市功能拓展区与Zoning Ⅲ相吻合。但其又不尽相同,如Zoning Ⅲ相较于城市功能拓展区更趋向于与城市发展和工业化地区方向相一致,如将东部通州区部分乡镇、房山区良乡等乡镇以及昌平区部分与市区相连接的乡镇均纳入该区,表明其存在重金属累积的共性,在防控时可实行相应措施。

图10-14A 3个聚类区分布空间规律性明显,Zoning Ⅰ主要位于北京西部北部山区,土壤重金属风险较低,仍需以生态涵养为主,禁止从事污染性生产活动;Zoning Ⅱ主要位于东部南部设施农业分布区,农化投入在该区贡献显著,宜发展生态、观光农业,控制农化投入带来的风险;Zoning Ⅲ主要位于城区及周边,该区道路密度、人口密度均较高,且城市发展历史久远,历史贡献与现代累积共同作用,其中历史贡献包括历代铜币铸造、公园含铅绘画制品、废墟楼宇等,现代累积包括20世纪含铅汽油的使用残留、汽车轮胎的锌、镉等富集、垃圾填埋等,对于该区域应加大监测力度,采取生物、化学方式针对性去除历史累积,交通限行、粉尘控制等措施以减少干湿沉降。

四、调控的社会经济、技术工程与立法政策等相关研究

随着我国“四化”(城市化、工业化、农业集约化和信息化)进程的推进,土壤重金属污染可能会成为影响都市人群和生态环境健康的重要因素,都市区土壤污染问题不容小觑,尤其应该对于农用地和工业废弃地上存在的土壤污染问题给予足够的重视(赵沁娜,2006)。在重金属污染土地的开发治理过程中,需要考虑到都市土壤污染问题所具有的复杂性和敏感性,建立全面、多层级、社会生态相协调的风险防控长效机制。

在前文对土壤重金属污染时空规律演变、风险分区与风险综合管理框架的理论与方法研究的基础上,本研究认为土壤重金属污染风险管理是一个复杂系统工程,不仅有其来源组分、循环机制、利益相关者多元化等结构性复杂,而且还有其关系到社会稳定、经济循环、生态环境健康等功能性复杂。因此,本研究的防控对策以“源—路径—汇”为基本思路,建立“控源减排标准化—过程管理清单化—修复治

理市场化—环境效应无害化—政策结构立体化”的对策体系，为了保障对策的有效实施，提出以国土空间规划为技术手段的重金属联防联控、以产业布局和分区管制为重的源头控制、以市场经济为导向的土壤污染修复产业平台搭建、以政府为主导的“一揽子”政策法治保障机制四条政策建议，构建了土壤重金属污染风险管理政策保障体系，以提高公共治理的决策水平，增强控制土壤污染风险的能力，实现都市社会-生态系统的可持续发展。

(一)以国土空间规划为技术手段的重金属联防联控

国家发展和改革委员会2010年发布的《全国主体功能区规划》将国土空间分为城市化地区、农业地区和生态地区三类，这与土壤重金属污染来源的三个过程相吻合，因此在区域国土空间规划过程中有效协调三者关系有助于土壤重金属污染的控制。国土空间规划是“多规合一”的总体规划，即将经济社会发展规划、城乡规划、土地利用规划、生态环境保护等规划融合成为一个区域空间规划体系，通过运用划定城乡边界、污染土地置换开发、都市不同功能区产业布局优化配置、景观“源—汇”格局与生态过程动力学控制等空间规划技术手段，将“水—土—气”污染作为污染综合体(syndrome)，实现土壤污染的联防联控。

通过前文“自下而上”的空间聚类和“自上而下”的功能分区对比分析表明，土壤重金属防控应以主体功能区划为导向，分区施策。

(二)以产业结构布局和调整为重的重金属源控制

优化产业结构是当前国际经济格局调整和我国国民经济发展的结构性动力，通过优化产业结构可以为国民经济带来新的增长点，将涉重金属污染企业重新布局调整，空间布局上将其与易感人群和生态敏感区相隔离；推进产业升级，发展循环经济，降低重金属向环境系统的输出，发展低污染排放、低能源消耗、清洁生产的高新技术产业。产业结构布局调整并不意味着污染产业转移，而是注重产业内涵提升，提高工业废水、废气、废渣处理工艺水平，研发重金属提取和再循环技术，实行工业生态封闭运行制度，将重金属污染来源收紧在产业链条中。决策者可依据区域发展实际情况，将涉重金属污染产业向工业园区集中进行“圈区管理”，降低环境风险外部性。

通过对北京市土壤重金属时空变异特征研究发现，北京市土壤重金属风险管理大致可分为都市中心系统(朝阳、海淀、丰台、石景山，原城中四区等)，都市城郊农业生产风险系统(大兴、通州、昌平、顺义等)和都市远郊工矿开采风险系统(密云、平谷、怀柔、门头沟、房山等)等三大区域。针对不同风险管理区从宏观层面采取不同的环境治理措施，都市中心系统土壤重金属Cd、Pb、Hg来源主要为大气沉降以及历史遗留，通过产业优化布局、能源结构调整、控制路面扬尘等措施将是这一区域控制土壤重金属的有力途径，对于超标严重的污染场地宜采取修复治理措施，避免对地表生态系统造成威胁，其他对生态系统无威胁或威胁极小的区域可以自净为主；都市城郊农业生产风险系统，建立耕作退出生产功能机制，从产业源头上加强行业标准制定，研发 Cd、Pb、Cu、Zn 作为添加剂的替代产品，降低重金属通过农药、化肥、地膜、禽畜粪便等形式进入土壤的风险，鼓励企业研发地膜回收和资源化技术；都市远郊工矿开采风险系统中，重金属含量已超标地区全面叫停工矿开采活动，风险元素主要为 Cr、Ni，通过财政转移支付、企业分担等多融资渠道推进土壤重金属修复与治理。

建立区域土壤重金属污染清单管理制度，核算重金属物质流向/流量，依据不同社会-生态类型区划，摸清区域内重点污染来源行业企业，重点防控具有潜在环境危害风险的重金属排放企业，如电池制造、矿产采选、化工石化、医药制造、橡胶塑料制品、纺织印染、金属表面处理、金属冶炼及压延、金属矿物制品、皮革鞣制、金属铸锻加工、危险化学品生产储存及使用、农药生产、危险废物收集利用及处置等企业，加强含重金属的危险废弃物(如污水、污泥、矿渣)转移和处置利用监管。提高北京市污水污泥处理企业监管水平，保障污水污泥中重金属含量无害化处理过程。

依据来源清单核算污染源贡献率，分区依次排序进行优先控制和重点控制，结合北京市社会经济发展情况，制定源头控制指标消减方案。加快涉重金属污染行业、企业整合，淘汰产能落后、污染风险大的企业，完善企业排污奖惩制度，形成优势产业倒逼机制。

(三)以市场经济为导向的土壤污染修复产业平台

国内外经验表明，坚持土壤污染修复产业的全面市场化，有利于产业活力的释放，提高修复治理效率，盘活民间社会资本，需搭建以市场经济为主导的土壤修复产业平台。通过土壤重金属社会-生态系统框架分析，发现重金属污染修复涉及政府、企业和个人等利益相关者，具体可分为各级政府、城市规划机构、工业污染企业、禽畜养殖企业、土壤污染治理机构、土地开发商、社区居民、金融机构及科研机构等。以市场经济为导向，加快促进各利益相关者参与到土壤污染修复与治理产业，实现社会、经济、生态效益最大化。

北京市政府应依托现有农业、环保、国土、水利等部门相关职能机构履行土壤污染信息调查、整理、分析、评估与定期发布职责，建立健全土壤重金属修复市场监督机制；城市规划机构依据政府宗地污染信息进行土地资源优化配置，加强城市土地规划的科学性；工业污染企业应加强清洁生产意识，提高生产工艺，从原辅材料使用到产品产出各环节中，防止跑、冒、滴、漏现象，减少对土壤环境的污染影响，履行上报生产和污染情况数据义务，分配资金对已造成污染土壤进行治理和恢复；北京市禽畜养殖重点区域(如潮白河流域中下游、大兴区部分乡镇)加强禽畜粪便无害化处理力度,防止重金属直接通过堆肥进入土壤,以及通过水灌溉间接进入土壤;土壤污染治理机构通过统一招投标、定向委托等方式直接介入土壤污染修复与治理过程,制定合理的修复计划书、项目施工方案等。

随着我国土地管理及房地产事业的发展,开发商面临着承担风险的责任,开发商有权了解各自投资开发地块的土壤环境质量信息,如不及时发现土壤污染情况,将来可能面临不动产经济价值损失风险;土壤污染的直接受影响者是当地社区居民,享有对不动产周边土壤环境污染信息的知情权,还可委托第三方对环境进行监测评估,对自身不动产价值损失进行追诉,因此,应积极鼓励社区居民参与土壤保护和监督工作。目前,对于金融机构在污染土地开发中的作用还没有得到足够的认识,除投融资用于治理修复以外,还需要建立一套专项资金金融保险制度,使得污染土地资源性与资产性风险可控。资本的获得对于土壤修复产业非常关键,需要完备的投融资机制,带动投融资主体积极性。由于政府和企业是过去经济高速增长的主要获益者,因此地方政府、中央政府、企业应是主要责任主体,在企业主体不存在或者难以追责时,政府具有兜底责任,同时赋予承担责任主体所享有的权利和义务。

土壤环境修复产业是一个技术密集型和资金密集型产业,随着土壤重金属污染治理上升为国家战略,土壤重金属污染修复成为土壤环境修复领域的重大战略新型产业,产业潜力巨大,将会孕育一批拥有自主知识产权的环境修复企业。通过建立行业准入资质体系,完善招投标市场化运作机制,取消不公平竞争的"红顶中介",营造良好的市场经济环境,充分释放企业活力,形成健康良好的修复产业市场。

(四)以政府为主导的"一揽子"政策法治保障机制

"一揽子"政策法治保障机制,包括系统的法律法规、标准体系、行政管理体制、投融资体制、排污许可证制度(水、大气)、生态补偿制度、公众参与机制等。

法律法规的主要目的是以土壤重金属污染防治为主,法规中应规定土壤污染识别、调查程序、治理的责任者和所承担的经济责任,使土壤环境保护工作有法可依、有章可循。一方面对土壤重金属污染直接进行规范,另一方面主要从不同环境介质(如大气、水、固体废弃物)的污染防治(如《水污染防治法》、《大气污染防治法》)等环境保护单行法规进行法律界定;标准体系主要内容为不同土地利用类型的重金属含量控制标准,现行标准仅划分为三级标准,并未区分土地利用方式,应进一步细化为农业用地、工业用地、居民住宅用地等。

社会-生态系统强调管理主体的多层级性,因此,行政管理体系主要是建立形成从中央到地方相一致的"国家—区域—省级—市级—县级"环境保护行政管理体系，辅以“其他履行环境保护法定职责的部门—民间环保组织—普通群众”形成完善而高效的环境管理机构体系；搭建投融资平台，融入社会民间资本，对于具有主动投资治理受污染土地行为的企业、开发商、个人，给予优先开发权利、部分土地出让金或者土地开发分红。

排污许可证制度主要通过污染物来源进行控制，如排污企业、汽车燃油、饲料加工等从源头进行管理控制，同时运用经济手段，通过税收优惠制度、押金返还制度和政府补贴制度等激励企业、个人积极参与重金属源头控制；生态补偿制度是基于“受益者付费和破坏者付费”原则，对受污染地区或者农民个人进行补偿的一种环境经济政策，具有经济激励作用。

最后，应将公众参与以法律的形式体现，如公民享有对个人不动产因周边环境污染造成损失进行起诉的权利，对自身生活范围内土地污染情况享有知情权，推行信息公开制度。

五、存在的问题及研究展望

本研究在人地关系框架下，以社会-生态系统和土地利用系统理论为核心，将土壤重金属作为资源单元，开展了区域土壤重金属时空演化特征、景观格局特征关系、孕污环境分区及风险防控对策等相关研究。但是，这只是将社会-生态系统理论与土壤重金属风险管理相结合研究的尝试和开端，得到的结果也是初步的，仍存在许多值得深入思考和研究探索的地方。

（一）存在的问题

首先，都市区土地利用系统中土壤重金属来源复杂多样，是一个开放性的复杂系统，虽然本研究努力从人地关系视角剖析系统的结构功能、外部环境与内部机制，但仍存在由于数据获取量化有困难、模型构建不完整、尺度融合有缝隙等问题。此外，数据分析过程中不确定性分析有待进一步加强。

其次，对北京市土壤重金属进行社会生态系统管理分区（孕污环境分区）尽管取得了较为稳定的结果，分区的实现为也制定差异化政策响应机制提供了科学依据，但仍有可改进提高之处，如将大气沉降、污泥填埋、污水灌溉等影响因子加入模型，进一步挖掘区域类型内部物质流、能量流、信息流的交换与土壤重金属空间迁移演变规律，这些科学问题仍需得到解答。

（二）未来研究发展方向

北京市作为京津唐城市群的核心，历史文明久远，在一定程度上指引着我国其他城市发展的未来，人类活动造成的区域土壤重金属污染问题是土地风险管理的核心问题，一直备受关注。学者已在该区域开展了大量土壤重金属相关研究，从研究内容来看，主要集中在土壤重金属空间变异特征、环境风险评价、采样尺度效应、数字制图、来源解析及特定污染来源（如污水灌溉、城市污泥等）的环境效应研究等方面。而综合运用公共治理理论、土地利用系统理论和风险管理理论来研究土壤重金属问题还相对较少。因此，针对区域土地利用系统特征和环境功能分区，未来可能需要开展与国土规划、产业结构、参与主体相关的研究主要包括以下几个方面：

(1)国土空间规划/景观规划设计对土壤重金属污染防控实证研究；

(2)重金属社会-生态类型分区在国土空间规划中的应用研究；

(3)土壤重金属污染风险与不动产经济价值损失机制研究；

(4)重金属污染土地开发置换与投融资机制研究；

(5)土壤重金属污染风险与农户土地利用行为模式研究；

(6)不同情境模式下区域土壤重金属风险模拟与控制研究。

参考文献

Carter N H, Viña A, Hull V, *et al*. Coupled human and natural systems approach to wildlife research and conservation[J]. Ecology and Society, 2014, 19(3):43.

Céréghino R, Park Y S. Review of the Self-Organizing Map (SOM) approach in water resources: Commentary[J]. Environmental Modelling and Software, 2009, 24:945-947.

Commission European. Glossary: Livestock Unit. 2013. http://ec.europa.eu/eurostat/statistics-explained/index.php/Glossary:Livestock_unit_(LSU).

D'Emilio M, Caggiano R, Macchiato M, *et al*. Soil heavy metal contamination in an industrial area: analysis of the data collected during a decade[J]. Environmental Monitoring and Assessment, 2013, 185(7):5951-5964.

Folke C, Walker B, Scheffer M, *et al*. Resilience thinking: integrating resilience, adaptability and transformability[J]. Ecology and Society, 2010, 15(4):20.

Folke C. Resilience: The emergence of a perspective for social-ecological systems analyses[J]. Global Environmental Change, 2006, 16(3):253-267.

Giraudel J L, Lek S. A comparison of self-organizing mapalgorithm and some conventional statistical methods for ecological community ordination[J]. Ecological Modelling, 2001, 146 (1/3):329-339.

Günter S, Bunke H. Validation indices for graph clustering[J]. Pattern Recognition Letters, 2003, 24:1107-1113.

Hakanson L. An ecological risk index for aquatic pollution control. A Sedimentalogical Approach[J]. Water Research,1980,14(8):975-1001.

Hengl T,Heuvelink G B M,Stein A. A generic framework for spatial prediction of soil variables based on regression-kriging[J]. Geoderma,2004,120:75-93.

Huo X N,Li H,Sun D F,*et al*. Multi-scale spatial structure of heavy metals in agricultural soils in Beijing[J]. Environmental Monitoring and Assessment, 2010,164(3):605-616.

Liu X M,Wu J,Xu J M. Characterizing the risk assessment of heavy metals and sampling uncertainty analysis in paddy field by geostatistics and GIS[J]. Environmental Pollution,2006,141:257-264.

Luo L, Ma Y B, Zhang S Z, *et al*. An inventory of trace element inputs to agricultural soils in China[J]. Journal of Environmental Management, 2009, 90: 2524-2530.

Mcbratney A B,Mendonça M L,Minasny B. On digital soil mapping[J]. Geoderma,2003,117(1-2):3-52.

Nicholson F A,Smith S R,AllowayB J,*et al*. An inventory of heavy metals inputs to agricultural soils in England and Wales[J]. Science of the Total Environment,2003,311:205-219.

Ohl C,Krauze K,Grünbühel C. Towards an understanding of long-term ecosystem dynamics by merging socio-economic and environmental research[J]. Ecological Economics,2007,63(2):383-391.

Ostrom E,Cox M. Moving beyond panaceas:a multi-tiered diagnostic approach for social-ecological analysis [J]. Environmental Conservation, 2010, 37 (4): 451-463.

Ostrom E. A diagnostic approach for going beyond panaceas[J]. Proceedings of the National Academy of Sciences,2007, 104(39):15181-15187.

Ostrom E. A general framework for analyzing sustainability of social-ecological systems[J]. Science,2009, 325(7):419-422.

Ratha D S,Sahu B K. Source and distribution of metals in urban soil of Bombay, India,using multivariate statistical techniques[J]. Environmental Geology, 1993, 22:276-285.

Rijkenberg M J A. Degree C V. metal stabilization in contaminated road-derived sediments [J]. Science of the Total Environment, 2010, 408(5):1212-1220.

Rodríguez J A,Nanos N,Grau J M,*et al*. Multiscale analysis of heavy metal contents in Spanish agricultural topsoils[J]. Chemosphere,2008, 70:1085-1096.

Schroeder W, Pesch R. Synthesizing bioaccumulation data from the German metals in mosses surveys and relating them to ecoregions[J]. Science of the Total Environment,2007, 374:311-327.

Shi T Z,Chen Y Y,Liu Y L, *et al*. Visible and near-infrared reflectance spectroscopy-An alternative for monitoring soil contamination by heavy metals[J]. Journal of Hazardous Materials,2014, 265:166-176.

Tscherning K,Helming K,Krippner B, *et al*. Does research applying the DPSIR framework support decision making? [J]. Land Use Policy,2012, 29(1): 102-110.

Turner II B L,Fischer-Kowalski M. Ester Boserup:An interdisciplinary visionary relevant for sustainability[J]. Proceedings of the National Academy of Sciences,2010, 107(51):21963-21965.

Turner II B L,Kasperson R E,Matson P A, *et al*. A framework for vulnerability analysis in sustainability science[J]. Proceedings of the National Academy of Sciences,2003, 100(14):8074-8079.

Turner II B L,Lambin E F,Reenberg A. The emergence of land change science for global environmental change and sustainability[J]. Proceedings of the National Academy of Sciences,2007, 104(52):20666-20671.

Vesanto J,Himberg J,Alhoniemi E, *et al*. SOM Toolbox for Matlab 5,Technical report A57[R]. Helsinki University of Technology, 2000.

Wu C F,Wu J P,Luo Y M, *et al*. Statistical and geostatistical characterization of heavy metal concentrations in a contaminated area taking into account soil map units[J]. Geoderma,2008, 144:171-179.

Wu J G. Landscape sustainability science:ecosystem services and human well-being in changing landscapes[J]. Landscape Ecology,2013, 28(6):999-1023.

Wu Y Z,Zhang X,Liao Q L, *et al*. Can contaminant elements in soils be assessed by remote sensing technology:a case study with simulated data[J]. Soil Science,2011, 176(4):196-205.

白玲玉,曾希柏,李莲芳,等.不同农业利用方式对土壤重金属累积的影响及原因分析[J].中国农业科学,2010,43(1):96-104.

北京市统计局.北京统计年鉴[M].北京:中国统计出版社,2008.

陈同斌,郑袁明,陈煌,等. 北京市不同土地利用类型的土壤砷含量特征[J].地理研究, 2005,24(2): 229-235.

陈同斌,郑袁明,陈煌,等.北京市土壤重金属含量背景值的系统研究[J].环境科学,2004,25(1):117-122.

成杭新,庄广民,赵传冬,等.北京市土壤Hg污染的区域生态地球化学评价[J].地学前沿,2008,15(5):126-145.

丛源,陈岳龙,杨忠芳,等.北京平原区元素的大气干湿沉降通量[J].地质通报,2008,27(2):257-264.

董士伟,孙丹峰,张微微,等.基于农业资源与经济数据平台的资源利用决策及应用[J].农业工程学报,2012,28(1):127-132.

樊杰.人地系统可持续过程、格局的前沿探索[J].地理学报,2014,69(8):1060-1068.

方创琳.中国人地关系研究的新进展与展望[J].地理学报,2004(S1):21-32.

高隽.人工神经网络原理及仿真实例[M].北京:机械工业出版社,2003.

胡克林,李保国,吕贻忠,等.非平稳型区域土壤Hg含量的各种估值方法比较[J].环境科学,2004,25(3):132-137.

黄鸿翔,李书田,李向林,等.我国有机肥的现状与发展前景分析[J].土壤肥料,2006(1):3-8.

霍霄妮,李红,孙丹峰,等.北京耕地土壤重金属空间自回归模型及影响因素[J].农业工程学报,2010(5):78-82.

霍霄妮,李红,孙丹峰,等.北京市农业土壤重金属状态评价[J].农业环境科学学报,2009,28(1):66-71.

霍霄妮.北京市耕作土壤重金属空间格局及影响因素分析[D].北京:中国农业大学,2009.

姜菲菲,孙丹峰,李红,等.北京市农业土壤重金属污染环境风险等级评价[J].农业工程学报,2011,27(8):330-337.

蒋红群,王彬武,孙丹峰.北京市土壤重金属潜在风险预警研究[J].土壤学报,2015(4):731-746.

蒋红群.区域土壤重金属潜在风险评价与防治对策分析——以北京市为例[D].北京:中国农业大学资源与环境学院,2015.

李淑敏,李红,孙丹峰,等.北京耕作土壤4种重金属空间分布的网络特征分析[J].农业工程学报,2012,28(23):208-215.

李玉浸,高怀友.中国主要农业土壤污染元素背景值图集[M].天津:天津教育出版社,2006.

刘洪涛,郑国砥,陈同斌,等.农田土壤中铜的主要输入途径及其污染风险控制[J].生态学报,2008,28(4):1774-1785.

刘建光,李红,孙丹峰,等.MODIS土地利用/覆被多时相多光谱决策树分类[J].农业工程学报,2010,26(10):312-318.

陆大道,樊杰.区域可持续发展研究的兴起与作用[J].中国科学院院刊,2012,27

(3):290-300 .
仇焕广,廖绍攀,井月,等.我国畜禽粪便污染的区域差异与发展趋势分析[J].环境科学,2013,34(7): 2766-2774.
邱孟龙,李芳柏,王琦,等.工业发达城市区域耕地土壤重金属时空变异与来源变化[J].农业工程学报,2015,31(2):298-305 .
任旭喜.土壤重金属污染及防治对策研究[J].环境保护科学, 1999, 25(5):31-33.
邵学新,吴明,蒋科毅.土壤重金属污染来源及其解析研究进展[J].广东微量元素科学, 2007,14(4): 1-6.
史舟,郭燕,金希,等.土壤近地传感器研究进展[J].土壤学报,2011,48(6):1274-1281.
孙孝林,赵玉国,刘峰,等.数字土壤制图及其研究进展[J].土壤通报,2013,44(6):752-759.
谭晓冬,董文光.商品有机肥中重金属含量状况调查[J].环境管理,2006(1):50-51.
王彬武,李红,蒋红群,等.北京市耕地土壤重金属时空变化特征初步研究[J].农业环境科学学报,2014,33(7):1405-1414.
王起超,麻壮伟.某些市售化肥的重金属含量水平及环境风险[J].农村生态环境,2004,20(2): 62-64.
王晓燕,阎恩松,欧洋.基于物质流分析的密云水库上游流域磷循环特征[J].环境科学学报,2009,29(7):1549-1560.
吴春发.复合污染土壤环境安全预测预警研究——以浙江省富阳市某污染场地为例[D].浙江:浙江大学环境与资源学院,2008.
吴泓涛.北京市土壤和蔬菜重金属的区域分布与污染评价[D].重庆:西南农业大学资源与环境学院,2001.
夏敏,赵炳梓,张佳宝.基于 GIS 的黄淮海平原典型潮土区土壤重金属累积研究[J].土壤学报,2013,50(4):48-56.
徐争启,倪师军,庹先国,等.潜在生态危害指数法评价中重金属毒性系数计算[J].环境科学与技术,2008,31(2):112-115.
杨华峰.北京地区污水灌溉农田若干特征研究[D].北京:中国农业大学水利与土木工程学院,2005.
杨勇,梅杨,张楚天,等.基于时空克里格的土壤重金属时空建模与预测[J].农业工程学报,2014,30(21):249-255.
杨忠芳,成杭新,奚小环,等.区域生态地球化学评价思路及建议[J].地质通报,2005,24(8):134-139.
岳素青.SOM 神经网络的研究及在水文分区中的应用[D].南京:河海大学,2006.

赵沁娜.城市土地置换过程中土壤污染风险评价与风险管理研究[D].上海:华东师范大学,2006.

郑永红,张治国,姚多喜,等.煤矿复垦区土壤重金属含量时空分布及富集特征研究[J].煤炭学报,2013,38(8):1476-1483.

郑袁明,陈同斌,陈煌,等.北京市近郊区土壤镍的空间结构及分布特征[J].地理学报,2003,58(3):470-476.

郑袁明,陈同斌,陈煌,等.北京市不同土地利用方式下的土壤铅的积累[J].地理学报,2005,60(5):7 91-797.

郑袁明,宋波,陈同斌,等.北京市不同土地利用方式下土壤锌的积累及其污染风险[J].自然资源学报,2006,21(1):64-72.

周宪龙.北京地区种植业水资源优化利用研究[D].北京:中国农业大学,2005.

周永章,沈文杰,李勇,等.基于通量模型的珠江三角洲经济区土壤重金属地球化学累积预测预警研究[J].地球科学进展,2012,27(10):1115-1125.

朱艺峰,施慧雄,金成法,等.象山港海域水质时空格局的自组织特征映射神经网络识别[J].环境科学学报,2012,32(5):1236-1246.